"平安交通"

安全创新典型案例集

（2019）

"SAFETY TRAFFIC"

A Typical Set of Safety Innovation Cases（2019）

交通运输部安全委员会办公室 ◎ 编

人民交通出版社股份有限公司

北 京

内 容 提 要

本书汇编了2019年交通运输部"平安交通"安全创新案例征集评选活动中入选的15个特别推荐案例、30个重点推荐案例和59个优秀案例，内容立足于交通运输行业安全管理需求，涵盖了行业与企业、监管与自查、人员与环境、科技与文化等多个方面，对贯彻落实习近平总书记关于安全生产的重要指示，深入推进交通运输安全生产领域改革发展，全力推动行业安全生产改革创新，宣传推广行业好的经验、做法、成果有重要的意义。

本书可供交通运输行业相关企事业单位负责人、主管安全的负责人、相关安全监管从业人员等参考。

图书在版编目（CIP）数据

"平安交通"安全创新典型案例集. 2019 / 交通运输部安全委员会办公室编. — 北京：人民交通出版社股份有限公司，2020.1

ISBN 978-7-114-16119-3

Ⅰ.①平…　Ⅱ.①交…　Ⅲ.①交通运输安全—案例—中国　Ⅳ.①X951

中国版本图书馆CIP数据核字（2019）第272191号

Ping'an Jiaotong Anquan Chuangxin Dianxing Anliji（2019）

书　　名：	"平安交通"安全创新典型案例集（2019）
著 作 者：	交通运输部安全委员会办公室
责任编辑：	屈闻聪　林宇峰
责任校对：	赵媛媛　宋佳时
责任印制：	刘高彤
出版发行：	人民交通出版社股份有限公司
地　　址：	（100011）北京市朝阳区安定门外外馆斜街3号
网　　址：	http://www.ccpress.com.cn
销售电话：	（010）59757973
总 经 销：	人民交通出版社股份有限公司发行部
经　　销：	各地新华书店
印　　刷：	北京虎彩文化传播有限公司
开　　本：	880×1230　1/16
印　　张：	24.5
字　　数：	681千
版　　次：	2020年1月　第1版
印　　次：	2020年1月　第1次印刷
书　　号：	ISBN 978-7-114-16119-3
定　　价：	300.00元

（有印刷、装订质量问题的图书由本公司负责调换）

《"平安交通"安全创新典型案例集（2019）》
编 委 会

前　言

为贯彻落实习近平总书记关于安全生产的重要论述精神，全力推动交通运输领域安全生产改革创新，总结、交流、共享、推广安全生产工作好的经验、做法、成果，结合2019年"安全生产月"活动安排，交通运输部安委会办公室在全国范围内组织开展了"平安交通"安全创新案例征集活动，广泛征集行业在安全管理、科技兴安、安全文化等方面自主创新、务实管用、成效显著的典型案例。全国范围内共征集各类案例413个，其中安全管理类案例177个、科技兴安类案例191个、安全文化类案例45个。经各单位报送推荐和专家评选，共选出"特别推荐"案例15个，"重点推荐"案例30个，"优秀案例"59个。这些案例在不同方面、不同程度上呈现出创新亮点和推广应用价值，体现了安全改革创新理念，也为行业安全生产领域改革发展奠定了良好基础。

本次各单位报送案例立足于实际安全管理需求，涵盖了行业与企业、监管与自查、人员与环境、科技与文化等多个方面，主要呈现出以下4个亮点。

一是行业积极性高。各地管理部门、协办单位、行业企业等各方面均积极主动参与，有些省份在申报前专门组织了专家评审把关，此次报送省份共30个，部属单位及中直企业11个，报送案例总数较去年增长了27%，其中安全管理案例增长22%，科技兴安案例增长1倍，安全文化类案例增长2.14倍，行业对新科技的研发应用和安全文化建设积极性高，通过科技手段和安全文化建设提升安全管理水平的能力进一步加强。二是新举措好做法多。大部分案例均呈现出创新的特色和亮点，为行业在安全管理理念创新、安全科技进步和安全文化提升方面，提供了很好的范例。三是基层管理案例多。大量案例是基层部门和人员在工作中不断总结、思考、提升中完善形成的，为解决安全生产工作部分顽症痼疾提供了很好借鉴。四是可推广性强。大部分案例均在行业相关领域具有可推广、可复制的特点，进一步优化完善后广泛推广应用，可有效提升企业落实安全生产主体责任能力，强化安全监管执法效果，提升行业安全生产水平。

在未来的交通运输安全管理工作中，希望各部门各单位充分认识科技创新对引领行业安全发展的重要作用，高度重视安全创新工作，强化组织领导；广泛宣传典型案例，营造敢创新、学先进、破难题、强安全的"科技兴安"氛围，鼓励引导行

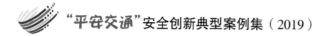

业涌现更多更好的各类安全创新案例；同时结合科技兴安工作，对入选案例予以重点关注和深度挖掘，注重先进经验做法和科技装备手段的推广应用，切实提升行业安全生产风险管控能力和隐患治理水平，有效遏制安全生产重特大事故发生。

值此成书之际，感谢所有提供案例的单位，无私地将优秀的经验提供给读者学习和分享；感谢各地交通运输管理部门、行业央企、部属有关单位积极响应、主动参与、周密组织、加强指导；感谢北京市交通委员会、中国船级社（质量认证公司）、交通运输部科学研究院、北京市交通委员会督查中心、人民交通出版社股份有限公司、中国交通企业管理协会等单位的辛勤筹办。希望本案例集的出版能够为行业安全发展和交通强国建设发挥更大作用。

交通运输部安全委员会

2019 年 11 月 20 日

交通运输部安委会关于 2019 年"平安交通"
安全创新案例征集评选活动情况的通报

目　录

第一篇　特别推荐案例

第二篇　重点推荐案例

第三篇　优秀案例

3

▶第一篇

特别推荐案例

低能见度行车安全智能诱导及防撞系统

基本信息

项目名称：低能见度行车安全智能诱导及防撞系统

申报单位：北京中交华安科技有限公司

成果实施范围（发表情况）：适用于大雾、团雾、强降雨、烟雾、沙尘暴、风吹雪等低能见度条件多发路段

开始实施时间：2013 年 6 月

项目类型：科技兴安

负责人：钟连德

贡献者：韩　晖、文　涛、廖文洲、陈　慧

案例经验介绍

一、背景介绍

随着我国高速公路建设投入的不断加大，基础设施建设不断加快，通车里程不断增加，高速公路通行能力强、车辆行驶速度快的特点及其在便捷性、经济性等方面的优势不断显现。但由于高速公路自身的特点，一旦遭遇恶劣气象条件，便极易引发交通事故。目前，在高速公路上，由于能见度降低而造成的交通事故屡见不鲜。据统计，近年来我国公安交通管理部门受理的道路

交通事故案件中，每年因大雾等恶劣天气导致的交通事故占比都接近30%，这类事故主要是由大雾、团雾等天气致使在车辆高速行驶过程中，道路上能见度迅速下降或交通情况突变造成的。

截至2018年底，我国已通车的高速公路里程已超过14万km，构成了"一带一路"倡议中陆路运输的主要载体，而根据公安部交通管理局在2018年底公布的数据，全国高速公路共有3188处团雾多发路段，累计总长度达到近 3 万km，影响超过1/5的高速公路。因此，针对性地实施低能见

度条件下的行车安全保障技术是践行"平安交通"的迫切需求。

二、经验做法

从低能见度下行车安全保障措施特点的角度考虑，传统的做法主要可以分为静态措施和动态措施，管理者往往会同时采用这两类措施。静态措施主要是针对低能见度天气情况，结合公路基础设施与交通特征，采用针对性的标志、标线、路肩振动带、安全防护等设施；动态措施主要是采用具有主动发光功能的诱导设施，如雾灯、凸起路标、轮廓标等来提高公路轮廓的可视性，同时也采用可变情报板、可变限速标志等交通控制和信息发布设施，从而为驾驶人提供安全提示、警示建议，以及发布控制和诱导措施提醒驾驶人采取合理的车速、车距等。但在低能见度条件下，现有的静态措施和动态措施无法满足行车安全的需求。

本项目研发的低能见度行车安全智能诱导及防撞系统（图1）是主动发光诱导设施中的一种，其智能化体现在：可根据能见度、照度和车流量状况等交通环境特征，采取相对应的诱导警示策略及针对性的管控方案。低能见度行车安全智能诱导及防撞系统利用设置在公路两侧的公路行车安全智能诱导装置（以下简称"智能边缘标"）为在途车辆提供安全诱导。在公路中央分隔带和路侧间隔设置智能边缘标等，采用无线通信技术实现联网协同控制，会根据不同的能见度与车流情况，采用不同的发光亮度、颜色、闪频等的组合来实施有针对性的诱导策略，为驾驶人提供道路轮廓强化、行车主动诱导、防止追尾警示等多种安全诱导工作模式，从而对在途车辆实现具有交通环境自适应特点的低能见度路段的安全诱导。

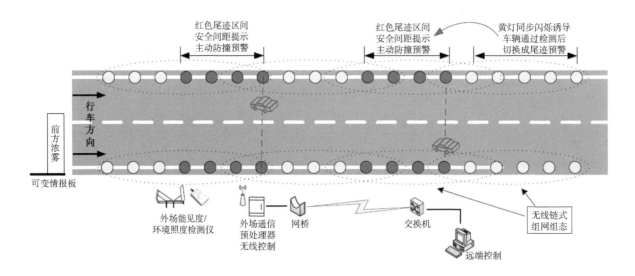

图1　低能见度行车安全智能诱导及防撞系统

三、应用成效

本项目的成果为低能见度条件下高速公路运营安全保障提供了工程技术、适用产品以及标准指南。在实际工程中的运用表明，本项目的成果显著地提高了大雾/团雾等低能见度条件下高速公路运营安全水平，降低了交通事故发生概率。成果的应用成效主要体现在以下几个方面：

1.科技创新推动安全保障水平提高

该项目的成果在国内外尚属首创，经鉴定为国际领先水平，成果荣获中国公路学会科学技术一等奖1项、云南省科技进步二等奖1项，并在2017年底被列入《交通运输建设科技成果推广目录》。

2.打造平安、智能交通，减少生命财产损失

项目成果注重对高速公路行车环境的智能化监测和诱导，将安全放在首位，响应了加快发展平安交通、智能交通的要求，也减少了因潜在的交通事故而导致的生命财产损失。

3.提高通行效率，增加营运收入

项目成果的应用，一方面可减少道路拥堵、通行不畅的现象，确保车辆能有序、安全地行驶，有效地提高高速公路的通行效率；另一方面，可减少高速公路管理部门因浓雾等低能见度天气原因封闭高速公路的次数，从而增加高速公路运营收入。

4.催生新的动能，实现发展升级

目前，项目成果已在河北、河南、山东、山西、陕西、安徽、湖北、湖南、新疆维吾尔自治区、云南、四川、贵州、重庆等省份得到了应用，具有良好的市场化、产业化前景。成果也得到"CCTV新闻频道""中国交通报"等众多媒体的报道。

四、推广建议

从高速公路行车安全保障的角度来说，低能见度行车安全智能诱导及防撞系统实现了对低能见度条件下高速公路车辆行驶的安全诱导，有效地减少了车辆行驶安全隐患。系统不采取硬性限速模式，而是促使驾驶人根据诱导装置提示，自行调控车速，以保持车与车之间的安全距离，从而有效地防范可能发生的一次及二次事故，成果应用省份各级管理部门均指出，系统具有良好的适用性、有效性、针对性，具有良好的应用效果和推广价值。

从市场化的角度来说，该系统的潜在市场十分广阔。公安部在2018年组织各地公安交警部门深入排查，根据最新排查数据，全国年均发生3次以上团雾的高速公路路段有3188处，团雾影响路段长度约3万km，全国近1/5的高速公路路段的行车安全受团雾天气的影响，成果推广应用前景十分广阔。

从产业化的角度来说，本项目不仅研制出了系统产品，还编制了《雾天公路行车安全诱导装置》行业标准，为规范该产品生产、推动产业化发展奠定了基础。结合公安部团雾路段数据，按照30%的路段应用雾天行车安全智能诱导系统计算，保守估计可以带动超过30亿元产值的新型交通安全设施产业，预防和降低雾天相关交通事故效果也将十分显著，对全国范围内公路行业应对恶劣天气具有重要意义。

五、应用评估

实施时间：2013年6月。

实施情况：目前，项目的成果已经成功在全国超过15个省份得到应用，累计应用里程超过300km。

适用范围：适用于高速公路上大雾、团雾、强降雨、烟雾、沙尘暴、风吹雪等低能见度天气情况多发路段。

成果成效：项目投入使用至今，实施路段未发生大雾、团雾等低能见度天气造成的严重交通事故，路政、交警和过往驾驶人反映应用效果良好，大幅提升了低能见度条件下高速公路的行车安全水平，并完善和丰富了不利气象环境安全行车综合处置的方法，提高公路交通抵御不良天气风险的能力，使用清洁能源、低成本、低功耗的设计方法，符合"平安交通"和"绿色公路"的发展战略。

努力方向：接下来，我单位将进一步优化相关技术、降低产品成本，并结合当前车路协同领域的行业热点，研发更多元化的道路交通安全设备。

智能化的全过程满堂支架施工安全预警管理

> 项目名称：智能化的全过程满堂支架施工安全预警管理
> 申报单位：云南云岭公路工程注册安全工程师事务所有限公司
> 成果实施范围（发表情况）：公路、建筑、地铁等现浇满堂支架施工项目安全预警，支架类型包含盘扣、碗扣及普通钢管支架等
> 开始实施时间：2016 年 11 月
> 项目类型：科技兴安
> 负责人：冉　涛
> 贡献者：李俊德、廖疆平、李永超、赵建辉、杨晓谦

一、背景介绍

部分现浇桥梁工程采用满堂支架法施工，受支架地基地质复杂、支架生产厂家产品良莠不齐、施工过程操作不规范、施工人员素质低、环境变化不可控以及支架实际受力不可见等因素的影响，导致满堂支架施工过程存在事故隐患，是施工现场安全管理工作的重点和难点。为尽最大可能性避免满堂支架垮塌事故的发生，公司提出构建智能系统，综合运用传感器技术、激光定位技术实现智能化全天候实时监测，分阶段及时预警，以便施工管理人员采取措施消除事故隐患，确保在危险情况下有时间组织人员有序撤离，从而保证工程及施工人员安全，避免重特大事故的发生。为实现此目的，云南云岭公路工程注册安全工程师事务所有限公司自主研发了满堂支架安全预警系统，该系统能够智能化地管理满堂支架全过程施工安全。

二、经验做法

对满堂支架现浇桥梁进行项目现场调研（图1），记录工程项目的地质条件、地形地貌、水文条件、设计构造特点、使用材料、搭设方式等，根据项目专项施工方案、风险评估报告等，确定满堂支架施工风险源。据此编制满堂支架安全预警监测方案，在支架搭设过程中，进行同步安装和监测。

图1　项目现场调研

运用Midas Civil软件对项目满堂支架进行三维建模（图2），仿真模拟浇筑过程，并对相关环境参数，如温度、湿度、风荷载等进行研究分析。对满堂支架的三维模型进行强度验算、刚度验算、整体稳定性验算、地基承载力验算。

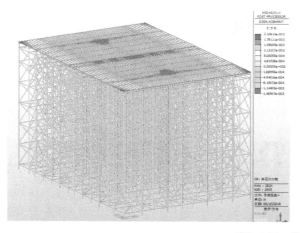

图2　Midas Civil三维建模分析

构建智能化的满堂支架安全预警系统（图3），通过射频识别、传感器、二维码、GPS卫星定位等相对成熟的技术感知、采集、测量物体信息（图4），实时获取监测、控制、连接过程的信息，并通过无线传感器网络、移动通信网络等信息网络实现物体信息的分发和共享，从而实现系统控制。研发并为系统配备智能化管理Web平台、智能化手机App终端，便于施工单位、监测单位、管理单位进行实时的数据查看与管理。本系统将现代科技应用到施工现场的管理中，为管理人员提供科学有效的决策依据，符合以人为本、科技兴安、智慧工地的理念。

满堂支架安全预警系统24h不间断地监测支架受力、沉降、变形、温度、湿度及位移等情况（图5和图6），将监测数据用数字、曲线或图片等方式表示出来。系统采用智能控制、智能通信、智能声光预警，确保时效性和准确性。系统智能分级预警，预警总控设备如图7所示，依据计算的预警阈值，进行绿色（安全状态）、黄色（警告状态）、红色（紧急状态）三级两报警的设置，实时反映支架安全状态，提前预警，为人员撤出和支架加固赢得宝贵的时间。

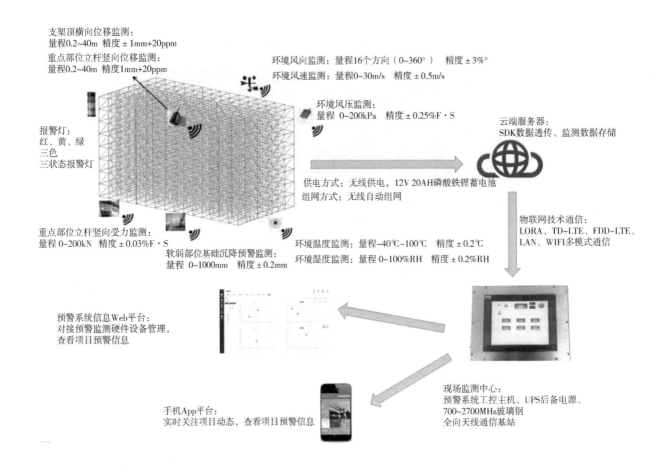

支架顶横向位移监测：
量程0.2~40m 精度±1mm+20ppm

重点部位立杆竖向位移监测：
量程0.2~40m 精度1mm+20ppm

环境风向监测：量程16个方向（0~360°）精度±3%°
环境风速监测：量程0~30m/s 精度±0.5m/s

环境风压监测：
量程0~200kPa 精度±0.25%F·S

云端服务器：
SDK数据透传、监测数据存储

报警灯：
红、黄、绿
三色
三状态报警灯

供电方式：无线供电，12V 20AH磷酸铁锂蓄电池
组网方式：无线自动组网

物联网技术通信：
LORA、TD-LTE、FDD-LTE、LAN、WIFI多模式通信

重点部位立杆竖向受力监测：
量程0~200kN 精度±0.03%F·S

软弱部位基础沉降预警监测：
量程0~1000mm 精度±0.2mm

环境温度监测：量程-40℃~100℃ 精度±0.2℃
环境湿度监测：量程0~100%RH 精度±0.2%RH

预警系统信息Web平台：
对接预警监测硬件设备管理，查看项目预警信息

手机App平台：
实时关注项目动态，查看项目预警信息

现场监测中心：
预警系统工控主机、UPS后备电源、700~2700MHz玻璃钢全向天线通信基站

图3　基于物联网的满堂支架安全预警系统构建

图4　部分数据采集设备

图 5 白天、黑夜大面积沉降及恶劣条件下监测场景

图 6 项目实施监测、预警

图 7 预警总控设备

三、应用成效

（一）该项案例的应用

该技术成果分别在云南省武易高速公路马官营桥上跨成昆铁路桥、大永高速公路大理东立交匝桥等6座桥上得到了成功应用，预警对象包括：悬臂结构转体桥支架、落地碗扣满堂支架、贝雷架为基础的碗扣支架、SPS+牛腿+贝雷梁+碗扣支架式支架、SPS+贝雷梁+盘扣支架等。在施工过程中，通过满堂式支架安全预警系统及时发现了支架受力超限、垫木压缩、立杆弯曲、沉降超限等情况，在采取人员紧急撤出、及时加固支架等措施后，工程建设得以继续进展，最终安全顺利地完成施工（图8）。

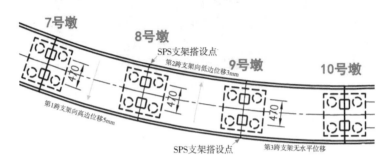

图8　SPS支架监测点位布置图（单位：mm）

现场应用充分证明本技术具有通用性、全方位、智能化、及时性、可视化及全天候等特点，弥补了满堂支架安全预警方面的空白。本技术从安全要素分析、关键因素控制、点面结合和阶段性预警入手，从新的角度为支架施工安全管理提供了可靠的依据，确保了施工过程的安全。

（二）该项目应用后取得的成效

1. 及时预警避免了事故发生

大永高速公路大理东立交E匝道2#桥第3联及第4联选用碗扣满堂支架，在现浇施工过程中，两联桥均出现报警情况，存在部分立杆轴压力值超过二级报警阈值的情况，其中第4联浇筑第2天出现3级报警，第3联混凝土全部浇筑完成后41#监测点位置最大沉降达到35.2mm，经检查还发现立杆出现20mm侧向弯曲（图9）。由于施工方采取有序撤离人员和及时加固措施，最终避免了重特大事故的发生。

图9　监测发现立杆侧向弯曲20mm

武易高速公路马官营左幅桥2017年4月28日该桥现浇箱梁第4次浇筑混凝土，14：29系统发出黄色信号，15：20系统自动发出红色警告信号，项目部立即停工，组织人员对支架进行检查。经现场查验，预警处立杆出现了肉眼可见的弯曲现象，最大侧向弯曲值为25mm，同时部分底托下垫木被压缩，支架横向位移5mm，满堂支架存在失稳倾向，施工单位立即组织人员对满堂支架立杆变形段落采取增加立杆、横杆、竖向斜杆等措施，调整立杆受力。最终，项目部于17：15完成混凝土浇筑任务，避免了重特大事故的发生。

2. 改进施工顺序，减少混凝土浇筑对支架受力的影响

浇筑顺序对支架安全性有一定影响。预警系统同步采集多个安全参数实施数据，发现浇筑顺序对满堂支架受力情况影响很明显：受浇筑顺序影响，立杆受力及基础沉降变化不均匀，可能出现外弧压力值大于内弧压力值的情况，而浇筑速率也会影响纵向压力值。

通过预警系统的24h不间断监测，施工方避免了重特大事故的发生，并发现环境变化对支架受力产生影响。云岭注安事务所预警监控平台如图10所示。

图10　云岭注安事务所预警监控平台

通过分析监测数据可以为支架设计计算、合理安排施工工序和优化施工工艺提供数据依据（图11）。

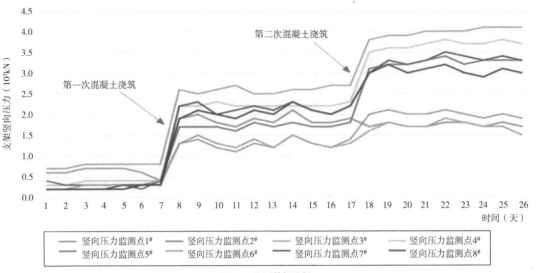

图11　监测数据分析

四、推广建议

目前的使用情况验证了系统的可行性和稳定性，系统已成功预防了多起满堂支架现浇工程重特大事故的发生，见图12，其中：马官营转体桥

（图13）直接经济价值10158.4万元，发生事故将影响成昆铁路的运营，预警后检查发现支架弯曲，垫木被压缩（图14）；大永高速E匝道桥，直接经济价值417.0056万元，预警后检查发现立杆出现严重弯曲险情（图15）。

序号	桥名	基础形式（5种）	满堂支架形式（2种）	距地高度	浇筑完成时间	现场响应情况				预警情况	现场支架状态	应对措施
						测量值／警告值	最大沉降（mm）	横向最大位移（mm）	竖向最大压力（kN）			
1	大永高速大理东立交D匝道第3联	SPS+贝雷梁	φ60盘扣	41m	2017.8.20	测量值	跨中30.6	5	53	黄色	异常	加强检查
						警告值	44≤L控<55	8≤S控<9	44.5≤N控<55.7			
2	大永高速大理东立交A匝道第3联	SPS+贝雷梁	φ48碗扣	58m	2017.9.14	测量值	跨中24.8	3	42	绿色	正常	—
						警告值	44≤L控<55	8≤S控<9	44.5≤N控<55.7			
3	大永高速大理东立交H匝道第2联	混凝土基础	φ48碗扣	10m	2017.8.12	测量值	跨中22.3	5	37	绿色	正常	—
						警告值	44≤L控<55	7≤S控<9	44.5≤N控<55.7			
4	大永高速大理东立交E匝道第3联	非对称SPS+牛腿+贝雷梁	φ48碗扣	35m	2017.8.31	测量值	跨中32.7	5	50	黄色	异常	加强检查
						警告值	44≤L控<55	8≤S控<9	44.5≤N控<55.7			
	大永高速大理东立交E匝道第4联	对称SPS+牛腿+贝雷梁	φ48碗扣	22m	2017.6.30	测量值	跨中28.4	5	58	红色	立杆弯曲20mm	人员有序撤离，加固后继续施工
						警告值	44≤L控<55	8≤S控<9	44.5≤N控<55.7			
5	大永高速黄草坝立交主线左幅第3联	钢棒+工字钢+贝雷梁	φ48碗扣	50m	2017.11.6	测量值	跨中58	3	40	红色	贝雷架挠度过大	增加基础横向刚度
						警告值	44≤L控<55	7≤S控<9	44.5≤N控<55.7			
6	武易高速马官营特大桥左幅	混凝土基础	φ48碗扣	22m	2017.5.1	测量值	跨中4.5	1	72	红色	支架弯曲25mm垫木被压缩	减缓施工速度，同时加固支架
						警告值	4≤L控<6	7≤S控<9	45≤N控<56.2			
	武易高速马官营特大桥右幅	混凝土基础	φ60盘扣	22m	2017.5.1	测量值	4.1	3	57	红色	垫木被压缩	减缓施工速度，同时加固支架
						警告值	4≤L控<6	7≤S控<9	45≤N控<56.2			

图12　监测成果一览

图13　成昆铁路旁的马官营转体现浇桥

图14　支架垫木压缩、开裂

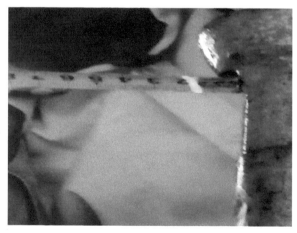

图15　立杆严重弯曲

本系统可以监测结构受力、支架变形和基础沉降，还对温度和湿度变化、风向和风力等环境参数进行同步监测，通过各类数据采集、分析，为施工单位提供必要的安全管理精细化资料，为施工方优化施工顺序提供有力的数据支持，具有

可以继续开发的潜在经济技术价值。因此，建议广泛推广本项目的创新成果。

五、应用评估

（1）先进性：系统建设中采用先进的信息技术、系统架构技术、数据库技术等，确保系统高效运行。

（2）可靠性：建立安全可靠的系统机制，确保系统连续不间断运行，并在各种突发、异常情况下快速恢复。

（3）实用性：实际工程中，操作人员能正确地进行操作、解读数据，并能独立地对采集的数据进行判断。

（4）流程化、标准化：整个系统具有完整的工作流程与标准。

（5）智能化、系统化：构建智能化满堂支架安全预警系统，可使用智能Web平台、智能手机App终端对系统进行查看与操作。

通过满堂支架预警系统采集满堂支架现浇桥施工过程实时数据，运用物联网对满堂支架现浇桥监控系统进行对接，以数据为风险判断依据，科学管理现浇桥施工安全，避免因经验判断失误导致满堂支架的事故发生而造成不良社会影响，助力交通行业智能化管理。

项目得到科研评价单位的如下评价：（项目）填补了在满堂支架施工安全监测领域的空白，总体上达到国内领先水平，在系统构建及智能预警方面达到国际先进水平，对公路施工安全领域具有重要的社会意义和经济价值。

合理地投入少量安全费用，可以及时识别检查人员视线外的不安全状态，让施工管理人员有时间采取加固或人员撤离措施，预防重特大事故的发生。目前使用预警系统避免重特大事故发生进而挽回的直接经济损失已经超过1.1亿元。故"智能化的全过程满堂支架施工安全预警管理"方法具有一定经济价值，能够提升路桥施工企业安全管理水平，丰富安全管理手段，有较大的社会价值。

项目的科学技术成果评价书如图16所示。

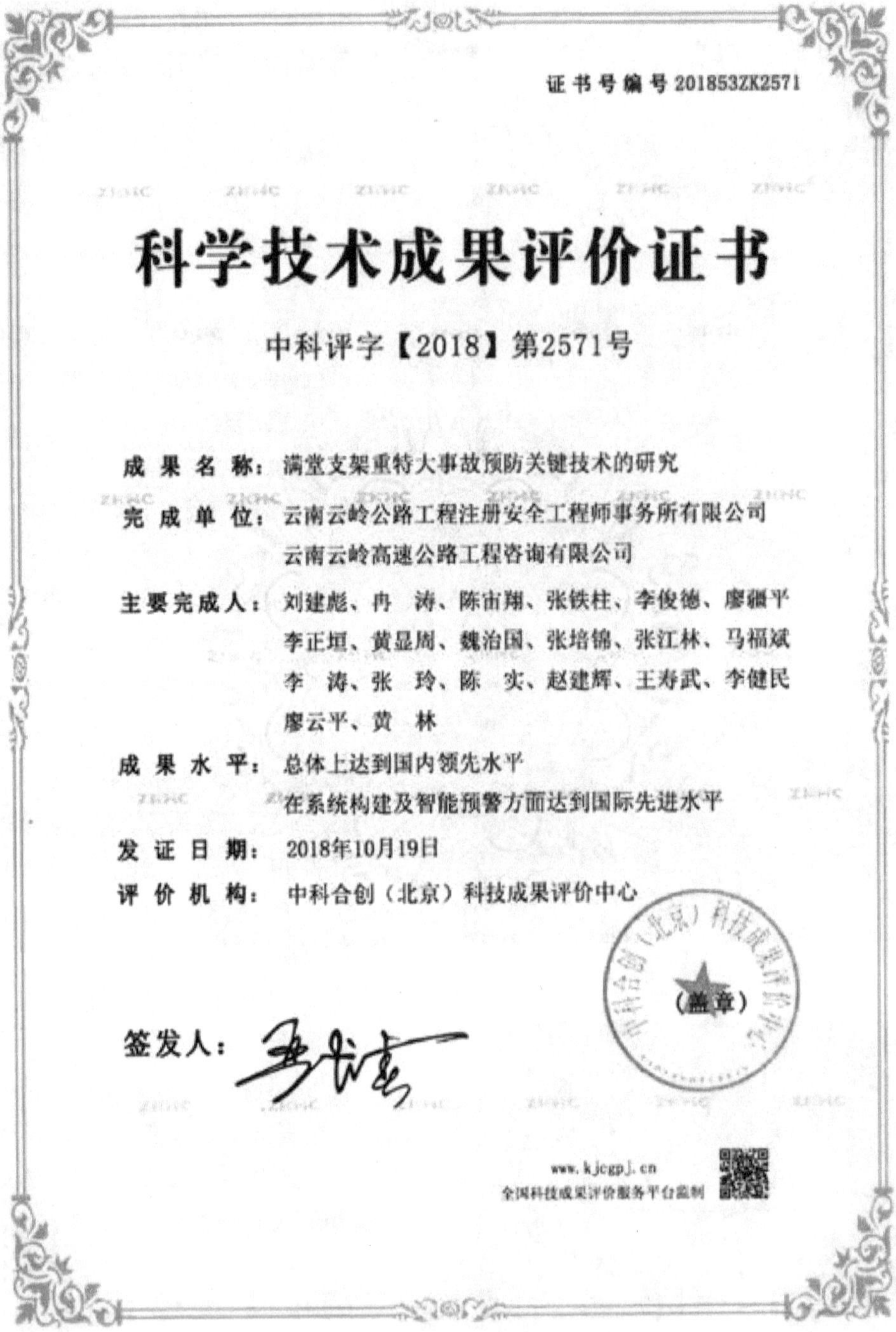

证书号编号 201853ZK2571

科学技术成果评价证书

中科评字【2018】第2571号

成 果 名 称：满堂支架重特大事故预防关键技术的研究

完 成 单 位：云南云岭公路工程注册安全工程师事务所有限公司

云南云岭高速公路工程咨询有限公司

主要完成人：刘建彪、冉　涛、陈宙翔、张铁柱、李俊德、廖疆平
李正垣、黄显周、魏治国、张培锦、张江林、马福斌
李　涛、张　玲、陈　实、赵建辉、王寿武、李健民
廖云平、黄　林

成 果 水 平：总体上达到国内领先水平

在系统构建及智能预警方面达到国际先进水平

发 证 日 期：2018年10月19日

评 价 机 构：中科合创（北京）科技成果评价中心

（盖章）

签发人：

www.kjcgpj.cn
全国科技成果评价服务平台监制

图16　科学技术成果评价书

道路运输"两客一危"安全管理
评价体系构建及应用

基本信息

项目名称：道路运输"两客一危"安全管理评价体系构建及应用

申报单位：交通运输部科学研究院

成果实施范围（发表情况）：江苏省"两客一危"运输企业、安全监管部门

开始实施时间：2019 年 3 月

项目类型：科技兴安

负责人：潘凤明

贡献者：陈　轩、周　京、田　建、姜一洲、马亚宁、蒋学辉

案例经验介绍

一、背景介绍

习近平总书记多次明确要求加快建立双重预防性工作机制，推动安全生产关口前移，深入排查和有效化解各类安全生产风险，坚决做好安全防范，提高安全生产保障水平。交通运输部不断加强安全生产形势分析研判、安全生产风险管理、隐患排查治理等工作。近年来，虽然道路运输事故数量得到遏制，但安全生产形势仍很严峻，尤其长途客运、旅游客运、道路危货运输的安全风险较大，重特大事故时有发生，保障"两客一危"车辆运输安全生产是推动道路运输行业科学发展、安全发展的难点和焦点。

江苏省在国内率先推进"两客一危"重点营运车辆主动安全智能防控系统，取得较理想的成效。目前全省已安装主动安全智能防控系统终端的"两客一危"车辆超过 41291 万辆，安装率达95%，先期安装车辆应用效果明显，对全省已安装主动安全智能防控系统的"两客一危"车辆有效监管行驶里程近 3.9 亿 km，对车辆高级别风险预警 1700 万余次，低级别风险预警 1.8 亿余次；事故率下降 40%，驾驶员的不安全驾驶行为和违法次数分别下降 48.6% 和 35.8%，交通事故直接经济损失和保险理赔金额下降 60% 和 48%。

随着主动安全智能防控系统终端的普及，形成了大量的报警数据，迫切需要加快主动安全智能防控数据的应用，充分发挥主动安全智能防控技术的作用。2018 年 1 月，交通运输部安全总监成平在江苏省进行春运检查时，对江苏省道路运输"两客一危"主动安全防控系统给予充分肯定，并提出要加快开展道路运输"两客一危"安全管理指数研究，相关研究成果形成标准、规范，进一步在全国范围内推广应用项目。2018 年开始，江苏省交通运输厅组织开展道路运输"两客一危"安全管理评价体系构建及应用项目，结合交通运输综合行政执法改革，将系统应用与监管、执法、安全、服务等理念相融合，进一步完善对车辆及驾驶员更精准、更有效的安全管理措施，强化运输企业安全主体责任落实，切实降低重点营运车辆道路交通事故，提升"两客一危"车辆安全管理信息化水平。

二、经验做法

（一）建立监控平台标准要求

监控平台应满足如下标准：

（1）《道路运输车辆卫星定位系统平台技术要求》（JT/T 796）；

（2）《道路运输车辆卫星定位系统终端通讯协议及数据格式》（JT/T 808）；

（3）《道路运输车辆卫星定位系统平台数据交换》（JT/T 809）；

（4）《道路运输车辆主动安全智能防控系统平台技术规范》（TJSATL 11—2017）。

（二）构建道路运输"两客一危"安全指数

分别构建企业、驾驶员、车辆、地区和行业的安全指数。

1. 企业安全指数

其构成指标包括安全生产标准化评分、安全记录、安全监控、车辆安全指数加权平均值、驾驶员安全指数加权平均值。其中，安全记录是指企业对运营中的车辆以及驾驶员的安全记录，包括百万公里道路事故人员死亡率、百万公里交通事故率、百万公里保险赔付金额、万公里车均交通违法扣分总数、车均企业交通执法处罚次数；安全监控是指企业对运营中的车辆以及驾驶员的安全监控，包括安全员查岗在线率情况、安全报警处置率、安全报警平均处置时长。

2. 驾驶员安全指数

其构成指标包括资质、基础情况、健康状况、疲劳驾驶风险、交通违法风险、车辆控制风险、逃避监控风险、行驶轨迹风险、驾驶习惯风险、安全档案等。

（1）资质：驾驶员的两客一危从业资质，包括从业资格证是否有效，驾驶证是否有效。

（2）基础情况：驾驶员的基本情况，包括年龄、性别、驾龄。

（3）健康状况：驾驶员的健康状况，包括有无心脑血管疾病、有无精神疾病前科、有无其他突发性疾病史、1 年内有无重大手术。

（4）疲劳驾驶风险：通过驾驶员在驾驶车辆时的疲劳驾驶情况统计来判定疲劳驾驶风险，包括超时驾驶报警千公里统计、疲劳驾驶报警千公里统计、日均驾驶时长。

（5）交通违法风险：通过车辆在运营过程中驾驶员交通违法情况的统计，来判定交通违法的风险，包括接打手持电话报警千公里统计、超速驾驶报警千公里统计、抽烟报警千公里统计。

（6）车辆控制风险：驾驶员在驾驶车辆时对车辆的行车控制，包括碰撞前车报警千公里统计、车道偏离报警千公里统计、车距过近报警千公里统计、注意力分散报警千公里统计、脱离监控报警千公里统计。

（7）逃避监控风险：驾驶员在驾驶车辆过程中逃避车内安装的监控系统的行为，包括设备失效报警千公里统计、离线位移日均报警统计。

（8）行驶轨迹风险：驾驶员在驾驶车辆过程中的行驶轨迹偏离和违规行驶的风险，包括路线偏离日均报警统计、夜间禁行日均报警统计。

（9）驾驶习惯风险：驾驶员在驾驶车辆过程中不安全的驾驶习惯的风险，包括风险驾驶行为报警千公里统计、空挡滑行报警千公里统计。

（10）安全档案：驾驶员的安全记录，包括交通事故千公里统计、交通违章扣分千公里统计、交通事故致死致伤千公里统计、行业监管部门通报次数千公里统计。

3. 车辆安全指数

其构成指标包括运行维护情况、档案信息、车辆安全配置情况。

（1）运行维护情况：车辆运营过程中对车辆维护的情况，包括车龄、总行驶里程、对发动机、转向系统、轮胎及车桥的维护记录。

（2）档案信息：车辆的存档信息，包括车辆事故千公里统计次数、车辆保险赔付千公里金额、车辆年检通过情况、车辆购买保险情况以及车辆技术等级的档案信息。

（3）车辆安全配置情况：车辆安装的安全系统配置情况，包括ABS防抱死系统、主动安全系统、主动制动系统、防侧翻系统、胎压监测系统以及车辆稳定控制系统。

4. 地区安全指数

地区安全指数为辖区内企业安全指数累加平均值。

5. 行业安全指数

行业安全指数为行业内企业安全指数累加平均值。

（三）编制道路运输"两客一危"安全指数计算程序

系统分析安全管理评价体系的构成，参考主动安全防控系统的数据采集情况和技术发展趋势，研究安全评价体系和指数算法，编制道路运输"两客一危"安全指数计算程序。

充分利用大数据、人工智能、行为识别、决策仿真等技术手段，将道路运输的各类系统按照风险等级进行建模，形成一套科学、客观、可操作的，围绕驾驶员、货物、企业、地区（行业）的道路运输"两客一危"安全管理评价体系，提供数字化、精确化的安全态势研判分析技术，为交通运输企业和安全监管部门的安全评价、安全考核、事故处置、事故规律分析等提供科学依据，不断提升"两客一危"领域安全管理水平。

（四）建立完善监管平台，稳定运行保障机制

在目前的道路运输车辆动态监督管理过程中，对道路运输车辆动态监控系统实施联合监督管理，强化道路运输企业落实动态监控的主要责任。建立省级统一的监管平台，保障监管平台数据与全国重点营运车辆联网联控系统对接畅通；负责升级优化完善监管平台的功能，依托监管平台做好相关道路运输信息的更新和共享交换工作；建立和完善监管平台良好稳定运行的保障机制。

道路运输企业建设或使用的监控平台、卫星定位视频装置应当在符合交通运输部规定的技术要求基础上，同时符合江苏省相关技术规范标准，通过标准符合性技术审查，且必须在省交通运输厅公告的有效批次内，确保车辆行驶监控数据完整、准确、上传及时。

三、应用成效

已经在系统平台计算驾驶员安全指数、车队安全指数等，并将数据提供给运输企业，为企业安全管理提供了科学依据，使企业安全管理水平不断提高。

已经在系统平台计算企业安全指数，并将其提供给行业监管部门。截至2019年5月底，企业安全指数覆盖全省"两客一危"企业1266家，根据计算，这些企业平均得分为65.02分（总分100分），可以看出还有巨大的管理改善空间。从得分分布上来看，绝大多数企业得分处于60~70分的区间，得分超过70分的企业有31家，低于60分的企业有26家。得分低于60分的企业将被作为重点监管对象，由相关部门督促其提高安全管理水平。

与此同时，通过分析企业安全指数得分情况也能清楚地看到企业目前在安全管理上存在的问题，如报警处理率、及时率以及企业对车辆的各类安全报警的管理及处理结果。企业安全指数能够帮助行业监管部门掌握企业的安全管理水平，同时得分明细可以清楚地显示出企业目前管理存在的主要问题，便于企业进行针对性改进，安全

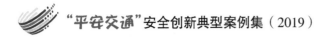

指数的改善情况也可以反映企业落实整改措施的有效性。

四、推广建议

（1）制定道路运输"两客一危"监控平台的行业标准，在全行业推进道路运输"两客一危"监控平台建设。

（2）进一步完善道路运输"两客一危"安全管理评价指数，形成标准的系统模块，明确接口，在其他基础较好的省份先行推广。

五、应用评估

本项目的实践应用起到了如下作用：

（1）完善了道路运输"两客一危"安全管理评价体系，为运输企业的人员培训、考核管理、精准化的安全管理提供科学依据。

（2）得到的数据为监管部门提供了量化的安全态势研判工具，为风险防控和差异化监管提供了基础。

（3）促进了社会安全信用体系建设，并为选择合作企业提供了参考。

（4）对主动安全防控系统提出了完善建议，促进更多高新技术应用于道路运输"两客一危"安全管理。

（5）完善了重点营运车辆主动安全智能防控管理办法，保障"两客一危"车辆主动安全防控系统有效发挥作用，提升了"两客一危"车辆的安全管理水平。

高速公路桥隧相接处隧道洞口双横梁护栏研发

基本信息

项目名称：高速公路桥隧相接处隧道洞口双横梁护栏研发

申报单位：北京中交华安科技有限公司

成果实施范围（发表情况）：重庆、福建、辽宁、陕西、四川、内蒙古等省高速公路隧道入口

开始实施时间：2018 年 4 月

项目类型：科技兴安

负责人：刘会学

贡献者：李　勇、王成虎、于海霞、张宏松、卜倩淼

案例经验介绍

一、背景介绍

我国幅员辽阔，地形地貌多样，山岭重丘区地势起伏较大。在高速公路的修建过程中，开山挖隧及跨江河架桥在所难免，这在我国西部地区尤其为常见。截至2017年末，全国公路总里程为477.35万km，其中高速公路里程为13.65万km；公路桥梁83.25万座、5225.62万m，其中特大桥梁4646座、826.72万m，大桥91777座、2424.37万m；全国公路隧道16229处、1528.51万m，其中特长隧道902处、401.32万m，长隧道3841处、

659.93万m。据不完全统计，西部山区的公路桥隧比例可达50%，部分路段桥隧比例甚至达到了70%。

在山岭地区，当桥梁端点与隧道口间的距离较近时，在设计施工中必须考虑两者之间的相互影响。当桥梁与隧道之间相互影响时，相应的桥梁端点、隧道口与桥隧之间的连接路段统称为桥隧连接部分，简称桥隧连接或桥隧相接。受地形和地势的限制，我国山岭地区公路上桥梁与隧道相接的情况较为普遍。

近年来，随着我国经济的飞速发展及公路的

大规模建设，汽车保有量呈不断增加趋势。车辆性能的不断改进，全国各地商品流通的规模与速度快速增长，促进了车辆运行速度的提高以及运营车辆中的重型车比例不断增长，导致对道路交通安全实际防护需求的不断提高。而现今的路侧防护设施，尤其桥梁与隧道相接处的防护设施尚不能充分满足日益增长的安全防护需求。

桥隧相接路段没有条件设置有效的安全防护设施或者设置的防护设施未进行合理的过渡处理，是桥梁与隧道相接处突出的安全隐患，而常规的护栏结构由于要设置基础或是埋置护栏立柱，不适用于桥隧相接路段。

北京中交华安科技有限公司针对这一安全防护需求，秉承"科技引领、创新驱动"的发展理念，研究开发出一种具有自主知识产权的SB级双横梁可移动护栏，该护栏适用于桥梁连接隧道洞口处安全防护的护栏结构，保护车辆行驶至隧道洞口路段的行车安全，降低车辆碰撞隧道洞口或隧道端墙事故的发生率以及事故严重程度。该护栏结构无须在桥面"生根"，不破坏现有桥面结构。护栏加工实现工厂化生产、现场装配，简化安装程序、节约施工周期，便于在全国范围内的公路桥隧相接路段推广应用。

二、经验做法

1. 技术创新

本桥隧相接处隧道洞口双横梁护栏结构为国内首创，防护等级达到SB级，安全性高，现场施工安装工艺简便，适用于桥隧相接处隧道洞口事故多发路段的安全防护。本护栏结构取得了国家交通安全设施质量监督检验中心出具的检测报告，为桥隧相接处隧道洞口的安全防护提供了解决方案，填补了国内此领域的空白。

2. 宣传培训

公司针对建设单位、设计单位、施工单位等潜在用户提供产品信息宣讲服务或施工安装技术培训，发放产品宣传册及安装使用手册，使用户清晰地了解产品的用途、性能及使用方法，提高产品认知度。

3. 多渠道销售

公司采用自主销售及委托代理销售等多渠道销售模式，提高市场销售额。

4. 完善的质量控制及售后服务

产品的质量是安全的保证。公司严控生产流程及加工质量，保证用户使用的产品与经过碰撞试验检测的产品性能完全一致。同时提供技术支持、现场安装指导等完善的售后服务，解决用户在使用中遇到的疑问，确保施工安装质量。

三、应用成效

本项目的社会效益主要体现在解决了我国高速公路桥梁与隧道连接处隧道洞口的安全防护问题，保护车辆行驶至隧道洞口路段的行车安全，降低车辆碰撞隧道洞口或端墙交通事故的发生率以及交通事故严重程度。人的生命是无价的，本项目成果的应用可有效减少由于车辆碰撞隧道洞口或端墙导致的人员伤亡，带来巨大的社会效益。

本项目的经济效益也十分可观，2017年末全国公路总里程477.35万km，其中高速公路里程13.65万km。年末全国公路桥梁83.25万座、5225.62万m，其中特大桥梁4646座、826.72万m，大桥91777座、2424.37万m。全国公路隧道16229处、1528.51万m，其中特长隧道902处、401.32万m，长隧道3841处、659.93万m。如此大的桥隧体量，桥隧相接路段的安全防护需求不容小觑。

仅以特长隧道与长隧道计，假设现有10%的特长隧道与长隧道存在桥隧相接路段且需要安全防护设施完善与处理，每个路段包含2个上行方向隧道洞口，则需要处理的隧道洞口数量约为（902+3841）×10%×2≈950个。假定每个桥隧相接处隧道洞口需要设置护栏80m，每米护栏以2000元计，则潜在的市场销售额约为1.52亿元。因此，研究成果的工程应用性强，产品市场化前景广阔，预期可取得良好的经济效益。

四、推广建议

（1）建议对全国范围内的高速公路和一级公路桥隧相接路段进行定期排查，对于运营过程中发现存在安全隐患的路段，本着"人的生命至上"的发展理念，对存在隐患的路段进行处理，安装本项目的科研创新成果——双横梁护栏，保障驾乘人员的生命安全。

（2）建议进一步优化产品，拓展适用范围。对于一些有安全防护需求，但不便于设置护栏基础的路段，如施工作业区、收费广场等路段，也可视具体情况对本项目进行推广应用。

五、应用评估

本项目已实现创新科研成果转化，形成的成果实现了批量生产销售，应用于重庆、福建、辽宁、陕西、四川、内蒙古自治区等省份多条高速公路的桥隧相接处隧道口，产品销售总量逾15000m，解决了约200个隧道口处的安全问题。自成果应用以来，应用成果的隧道口处未发生车辆穿越双横梁可移动护栏碰撞隧道口的事故。成果的应用显著提高了高速公路的整体安全水平，得到用户的一致好评。

案例 5 ▶ 公路隧道施工期空气粉尘及酸性气体净化装置研发与应用

基本信息

项目名称：公路隧道施工期空气粉尘及酸性气体净化装置研发与应用

申报单位：甘肃省交通科学研究院有限公司

成果实施范围（发表情况）：用于隧道施工期，在甘肃两徽高速公路 2 座特长隧道施工中应用，取得专利 2 项

开始实施时间：2017 年 6 月

项目类型：科技兴安

负责人：支鹏飞

贡献者：张新雨、冯小伟、张　岩

案例经验介绍

一、背景介绍

1. 项目研究背景

在公路隧道施工期，存在如下问题：第一，施工单位对施工通风管理重视不够、手段不多，钻孔、爆破、装渣、运输、喷锚支护、二次衬砌等多道工序平行作业，施工中产生的粉尘、有害气体，机械化设备排放的尾气，混凝土作业中产生的粉尘，造成隧道工作面（俗称"掌子面"）至二衬间的粉尘、烟雾较大，严重影响了距工作面10～15m附近区域作业人员的视线，存在较大的安全隐患；第二，施工期间架设风机的常规通风方案只能将新风送至距工作面20～30m处，有些施工单位基于节约投入的考虑，私自降低通风电能供给，特别是在爆破开挖阶段，因通风效率低下，从爆破到清渣阶段的时间通常在1～2h，造成开挖施工作业时间较长；第三，工作面爆破后，在规定的通风时间内，常规通风措施难以使工作面30m范围内空气质量达到安全卫生标准要求，施工作业人员在很长时间内处于这种环境

中，不利于身体健康。

在改善施工工作面30m范围内的空气质量，尤其是粉尘及CO、SO_2、N_2O_5等有害气体浓度，缩短爆破时间与可施工时间之间的时间间隔，保证作业人员身体健康、加快施工进度等方面，常规通风措施还有很多可提升空间。

2. 项目研究意义

一是快速改善施工工作面30m区域内的空气质量，尤其是粉尘及CO、SO_2、N_2O_5等有害气体浓度，保证作业人员身体健康。

二是快速减少施工工作面附近因爆破开挖、渣土运输作业产生的粉尘、烟雾，为施工作业提供较为安全的视野条件。

三是缩短爆破开挖与出渣运输之间的时间间隔，加快施工进度。

为创造良好的作业环境，保障施工人员的健康和安全，保证工程的进度，本项目从空气净化技术角度出发，开发了一套体积小、能耗低、效率高的移动式空气净化装置，以实现局部区域空气的快速净化，有效降低有害气体的浓度。

二、经验做法

（一）装置使用效果分析

装置在甘肃省两当至徽县高速公路的峡口隧道和果老隧道工程施工中得到应用。以峡口隧道监控为例，将装置放置在距工作面10m处，具体结果为：

（1）在正常通风条件下，不使用装置时监测空气质量，在距工作面10m、500m、1000m处，测得的PM2.5、PM10等粉尘和CO、NO、NO_2、SO_2等有害气体24h浓度基本无变化，部分指标大于规范要求；

（2）在正常通风条件下，连续使用装置24h并监测空气质量，测得装置对粉尘的净化率为50%~60%，对烟尘、有害气体的降解率为30%~50%；

（3）装置对PM2.5、PM10等粉尘和CO、NO、NO_2、SO_2等有害气体具备一定净化作用，在使用装置4h之后，装置附近3m范围之内的大部分空气质量指标能满足规范要求。

（二）空气净化装置使用方案

1. 开展公路隧道空气组成检测与分析

监测隧道施工期不同时段内的有害气体CO、SO_2、NO_2、PM2.5、PM10、TSP等含量，持续时间为24h，主要监测区域为工作面30m范围内（图1）。监测时同步观测风速、气压等常规气象参数。分析空气质量是否满足规范要求，确定检测空气的成分。

图1 地下空间内空气环境质量监测

2. 制定空气净化方案

（1）确定装置布设方案。根据空气质量监测结果，确定隧道空间粉尘及主要有害气体的浓度，进而确定装置布设的位置、数量并布设装置（图2）。

图2 装置现场应用

（2）针对性地配置净化液。根据有害气体的成分及浓度，考虑施工作业环境空气污染程度确定净化液配方。

3.净化效果分析及净化液更换

通过实时的空气质量监测，对装置的净化效果进行评价。根据净化液的浓度、隧道空气质量的变化情况，确定净化液更换周期。

三、应用成效

1.空气净化装置

研发的隧道空气净化装置，包括送风系统、空气过滤器、水循环系统及出风系统（图3），是一套体积小、能耗低、效率高的移动式空气净化装置（图4）。该装置采用先进的空气过滤方法及反冲洗污水处理器，可以实现对局部区域空气的快速净化，有效降低有害气体的浓度，改善公路隧道施工期的空气质量，提高工作环境安全性。该装置已取得国家发明专利1项（专利号：ZL 2012 1 0545422.8），国家实用新型专利1项（专利号：ZL 2012 2 0695796.3）。

2.装置应用效果

装置在甘肃省两当至徽县高速公路的峡口隧道和果老隧道工程施工中得到应用，具体效果（持续24h）为：

（1）对PM2.5、PM10等粉尘和CO、NO_2、NO、SO_2等有害气体具有净化作用；

（2）对粉尘的净化率为40%~65%，对烟尘的净化率为45%~55%，对有害气体的降解率为30%~45%。

3.研制出净化液的配方

根据隧道中空气的成分，研制出适用于公路隧道爆破后空气净化的净化液配方，配方主要成分为常规化学药品，市场上较易获取，并且净化后溶液较为稳定、处置方便，避免对环境的二次污染。

4.装置操作方便、简单

使用时只需将装置安装在固定位置，将液体接入罐中，接通电源即可使该装置运行，操作方法简单，对操作人员无特殊要求。净化液有独立包装，更换简单易行。

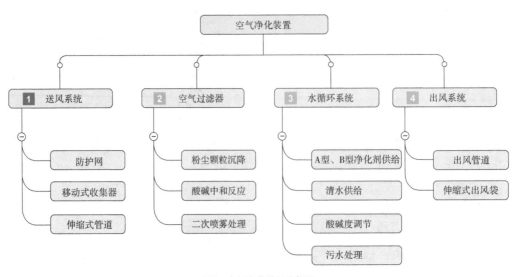

图3 空气净化装置分解图

图4 空气净化装置

四、推广建议

1. 装置体积小、可移动性强，适合在狭小空间使用

在原有通风除尘设备的基础上，净化装置能够有效改善局部区域（如施工工作面附近区域和隧道弯道通风不畅区域）的空气质量，设备体积小，驱动电源为220V交流电源，可在狭小空间中充分发挥作用。

2. 装置可操作性强，使用成本低廉

设备对粉尘进行回收和沉淀处理并定期清理，通过配置溶液回收酸性气体，采用氧化法处理CO、NO等未被完全净化的有毒有害气体，针对性较强。所用溶液均为常规净化剂等化学药品，市场上较易获取，使用成本低廉。

3. 产品易于市场化

净化装置取得了相关专利，体积小、操作简单、价格低廉，可用于公路隧道、铁路隧道、轨道交通、矿山采掘等行业。

五、应用评估

净化装置为甘肃省交通科技项目"地下工程施工期空气粉尘及酸性气体净化技术研究"的主要成果，已经审请并取得2项专利，专利证书分别如图5和图6所示，并自2017年6月起在甘肃省两徽高速公路的2座隧道进行了现场应用，目前拟在甘肃省敦当高速公路的施工隧道中进行推广应用。

1. 空气净化效果明显

净化装置对公路隧道掘进时钻孔、爆破、装渣、无轨运输、喷锚等施工过程中产生的有毒气体、烟气、粉尘颗粒具有很好的净化作用。对粉尘的净化率为40%～65%，对烟尘的净化率为45%～55%，对有害气体的降解率为30%～45%。

2. 促进环保健康作业

净化装置能有效减少空气中的有害气体，同时减少PM2.5、PM10等人体可吸入颗粒物，减轻有害气体与颗粒物等对人体的伤害，降低地下空间作业人员患职业病的概率。

3. 努力方向

净化装置可以进行升级，采用更为智能化的监测、净化一体机；装置还可用于轨道交通、矿山矿井、煤炭采掘等行业。

证书号第1465184号

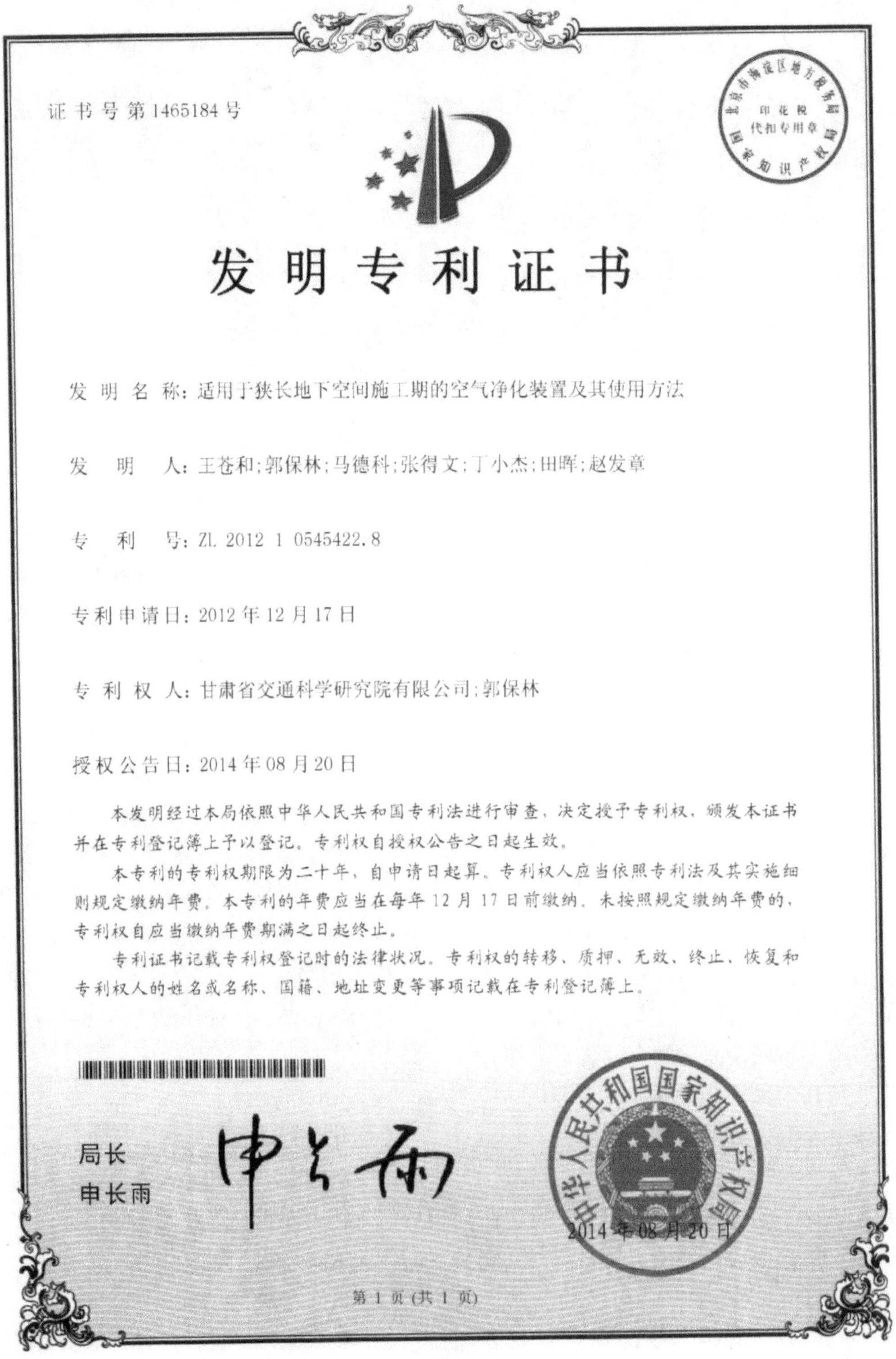

发明专利证书

发 明 名 称：适用于狭长地下空间施工期的空气净化装置及其使用方法

发 明 人：王苍和；郭保林；马德科；张得文；丁小杰；田晖；赵发章

专 利 号：ZL 2012 1 0545422.8

专利申请日：2012 年 12 月 17 日

专 利 权 人：甘肃省交通科学研究院有限公司；郭保林

授权公告日：2014 年 08 月 20 日

　　本发明经过本局依照中华人民共和国专利法进行审查，决定授予专利权，颁发本证书并在专利登记簿上予以登记，专利权自授权公告之日起生效。

　　本专利的专利权期限为二十年，自申请日起算。专利权人应当依照专利法及其实施细则规定缴纳年费。本专利的年费应当在每年 12 月 17 日前缴纳，未按照规定缴纳年费的，专利权自应当缴纳年费期满之日起终止。

　　专利证书记载专利权登记时的法律状况。专利权的转移、质押、无效、终止、恢复和专利权人的姓名或名称、国籍、地址变更等事项记载在专利登记簿上。

局长
申长雨

第 1 页（共 1 页）

图5　装置发明专利证书

证书号 第 2909067 号

实用新型专利证书

实用新型名称：适用于狭长地下空间施工期的空气净化装置

发　明　人：王苍和;郭保林;马德科;张得文;丁小杰;孙瑜;顾瑞海
　　　　　　田晖

专　利　号：ZL 2012 2 0695796.3

专利申请日：2012 年 12 月 17 日

专利权人：甘肃省交通科学研究院有限公司
　　　　　　山东高速青岛公路有限公司

授权公告日：2013 年 05 月 15 日

　　本实用新型经过本局依照中华人民共和国专利法进行初步审查，决定授予专利权，颁发本证书并在专利登记簿上予以登记。专利权自授权公告之日起生效。

　　本专利的专利权期限为十年，自申请日起算。专利权人应当依照专利法及其实施细则规定缴纳年费。本专利的年费应当在每年 12 月 17 日前缴纳。未按照规定缴纳年费的，专利权自应当缴纳年费期满之日起终止。

　　专利证书记载专利权登记时的法律状况。专利权的转移、质押、无效、终止、恢复和专利权人的姓名或名称、国籍、地址变更等事项记载在专利登记簿上。

局长　田力普

2013 年 05 月 15 日

第 1 页 （共 1 页）

图6　装置实用新型专利证书

案例6 ▶ 智慧工地安全管理

基本信息

项目名称：智慧工地安全管理

申报单位：广西荔玉高速公路有限公司

成果实施范围（发表情况）：荔浦至玉林公路平南三桥项目全线

开始实施时间：2018 年 8 月

项目类型：科技兴安

负责人：张荫成

贡献者：黄显全、杜海龙、吕东滨、杨茗钦、廖汝锋

案例经验介绍

一、背景介绍

"智慧工地安全管理"是"智慧地球""智慧城市"理念在工程安全管理领域的体现，是一种崭新的安全管理理念。"智慧工地安全管理"具体就是将感应器植入建筑、机械、人员穿戴设施、场地进出关口等各类物体中，并且将感应器普遍互联，形成"物联网"，再与"互联网"整合在一起，实现安全管理相关人员与工程施工现场数据的整合。

"智慧工地安全管理"也指工地安全管理信息化与智能化，围绕施工过程安全管理，建立互联协同、安全监控、语音播报、气象预报、封闭管理等安全信息化生态圈，实现项目安全管理信息化与智能化，以提高项目安全管理水平。

随着我国经济的快速发展，新型城镇化建设的积极推进，全国各地建筑工地数量和规模不断扩大。与此同时，建筑工地安全事故频发、建筑质量问题频出，建筑工地扬尘、噪声扰民等问题引起了社会的广泛关注。据住建部统计，2016年全国共发生房屋市政工程生产安全事故 442起、死亡554人，与2015年同期相比，事故起数减少

80起、死亡人数减少94人，同比分别下降15.33%和14.51%。2015年，全国有32个地区发生房屋市政工程生产安全事故，其中有10个地区的死亡人数同比上升。2016年的事故率和死亡率与2015年同期相比虽然均有所下降，但还是为我们敲响了安全生产的警钟。监管不到位是建筑安全生产事故频频发生的关键原因之一，因此，建立长效机制，搭建有效地监管平台，用物联网、传感器等技术来加强安全监管力度，实现工地安全管理的智能化、精细化显得尤为重要。

二、经验做法

（一）安全体验培训中心

为进一步提高管理人员和作业人员的安全意识和安全技能，项目建立安全体验培训中心，培训中心内设有实物安全体验馆（图1）和VR安全体验室（图2）。相关人员可以通过第一人称"亲身"体验各种施工安全事故、第三人称回顾事故发生的情景、科学学习施工安全规范和操作规程。安全体验培训中心能快速、低成本地展现安全教育内容，起到安全警示作用。通过VR沉浸式体验，能够让体验者切实体验到发生危险时的紧张和无助，引起体验者对施工安全的重视和敬畏，增强体验者对安全事故的理性认知和感性认识，从而达到增强其安全意识的效果，让体验者真正把安全放在心上，把心放在安全上，实现从"要我安全"到"我要安全""我会安全""我能安全"的转变，从而实现本质安全型管理。

图1　实物安全体验馆

图2　VR安全体验室

（二）劳务实名制管理

作业人员实名制管理是动态监管作业人员进退场情况的有力手段，提高了项目作业人员数据管理的严谨性和数据更新的及时性，防止作业人员未参加安全培训就直接上岗作业，保障作业人员的合法权益，保证项目安全生产。项目推行人员二维码信息验证制度，作业人员进场前，经安全管理部教育培训并考核合格后，发放作业人员信息二维码标签，通过在施工现场设置二维码展板（图3）和在安全帽上粘贴二维码等措施，让管理人员在施工现场就能判断作业人员是否经过安全教育培训，并能查询到作业人员的安全教育培训考核情况和持证情况。

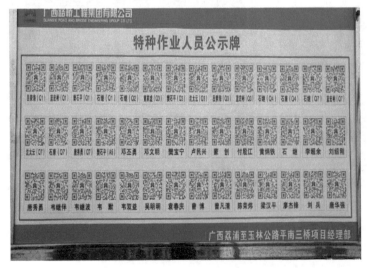

图3　施工现场二维码展板和手机扫描二维码显示的特种作业人员信息

（三）人脸识别门禁系统

项目采用人脸识别系统（图4）、车牌识别系统（图5）等现代化的先进管理手段，对项目施工现场进行封闭式管理，凡是要进入施工现场作业的人员，必须先经过安全管理部门的安全入场培训并登记造册后，方能将其信息录入系统后台，也只有录入了信息的人员，才能"刷脸"进入施工现场，从根本上杜绝了以往部分作业人员未经安全教育就进入施工现场作业的现象。凡是要进入现场的施工车辆、设备必须向项目设备部门进行报备，项目设备部联合安全管理部对进场车辆、设备进行验收，对操作人员证件进行查验，验收合格后发放准入牌，只有获得准入牌的车辆、设备方能进入施工现场。

图4　人脸识别门禁系统

图5　施工区域车牌识别道闸系统

（四）"智慧工地安全管理平台"

项目启用"智慧工地安全管理平台"，这是一个集现场安全隐患排查管理、重大危险源监控、危险作业申请、安全验收等多项功能于一体的手机处理平台（图6），它以信息化的手段形象化、可视化地展示在建项目安全管理体系运转情况，以管控由巡查缺失、整改滞后、监控不到位、教育不全面等问题引发的事故风险。

（五）数字化远程监控系统

项目大桥施工现场两岸各安装了1个360°全景鹰眼，广东江门钢结构加工厂安装了2个360°全景鹰眼，加工厂棚内安装了3个高清球机。所有监控设备均采用海康威视的产品，360°全景鹰眼的镜头可实现37倍变焦，可放大监控距离达600m，监控画面实时存储，可存储不少于30个自然日的影像资料，可实时查看或回放影像资料，通过设定一定规则实现抓拍、统计功能（图7）。项目两岸现场还装有IP语音广播喇叭，管理人员坐在监控指挥中心即可对大桥各个施工关键区域制止违章操作、下达整改指令等，相关人员还在上下班时间定时播放安全广播、安全操作规程等。

图6 智慧工地安全管理平台手机端处理平台（截图）

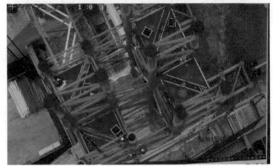

图7 "鹰眼监控系统"抓拍现场安全施工情况的照片和监控记录

项目制定监控指挥中心管理制度，每天安排专人值班。通过使用监控系统，各级管理人员都能准确快速了解项目施工现场的实际情况，及时发现现场隐患并要求整改。通过鹰眼监控系统及IP广播系统，可实现对施工现场的无死角安全监管，及时排除发现的隐患，真正实现监控指挥中心集中监管的功能设想。

（六）"班前会"管理体系

项目在各个施工区设置了视频监控系统，对"班前会"的开展情况进行监督并收集资料，严格规范"班前会"活动的开展形式、保证其质量（图8）。在"班前会"上，相关人员除了组织"三个检查"（检查作业人员精神状态、检查作业人员的劳保用品佩戴是否正确齐全、检查设备设施工具是否安全），还对作业人员进行血压测量和酒精浓度测试（图9），保证作业人员基本的健康状态达标且没有酒后上岗，方能允许其进入施工现场。

图8　视频监控下的"班前会"开展情况

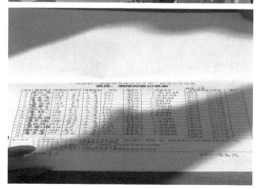

图9　"班前会"后进行血压测量和酒精浓度测试

（七）搅拌站"绿色施工"管理

1. 混凝土集控中心

混凝土集控中心的投入使用（图10），不仅优化了操作流程、精细化了配合比等，更从根本上解决了搅拌站管理操作人员在高噪声、高粉尘环境长时间工作的难题，为职工的职业健康提供了进一步的保障。

图10　混凝土集控中心

2. 扬尘监控系统

搅拌站设置扬尘监控系统（图11），实时检测现场环境数据，可远程进行喷淋作业，降低现场的PM10、PM2.5值。并在场站内设置了两台30m射程的雾炮，当扬尘量超过一定值的时候启动雾炮，对整个上料区内进行水雾抑尘。

搅拌站主机及罐顶具备脉冲反吹除尘、料位报警功能。主机和水泥罐顶端均设置有除尘装置，既环保又节约。水泥泵送入罐的过程中无粉尘溢出，混凝土生产投料过程中无粉尘产生，生产前端做到粉尘零排放，生产线使用至今仍一尘不染。水泥罐设置了料位报警装置，罐被装满时会发出声光警报，防止设备损坏。

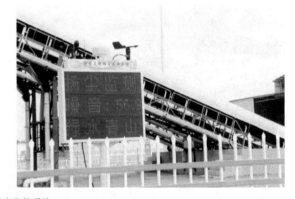

图11　扬尘监控系统

3. "节材减排"系统

场站内设置的3套设施处理污水，分别是砂石分离机、四级沉淀池、压滤机（图12）。

砂石分离机主要是处理洗车排出的污水，它可以把污水中的碎石和河砂分别分离出来，进而重复利用。除掉砂石的泥浆水可以由四级沉淀池或者压滤机处理，污水量不大的情况下由四级沉淀池慢慢沉淀后排出，污水量大的情况下启动压滤机，泥浆水经过压滤机处理后排出清水，清水可循环使用。通过以上3套设施的组合使用，可保证污水的零排放，贯彻绿色环保理念。另外，压滤机还可以对江水进行净化处理，保证洪水期生产用水的质量。

4. 气象温度监测系统

项目设置"小型气象站"（图13），实时监测大气温度、风速、风向及降雨量。

图12 砂石分离器、压滤机和四级沉淀池

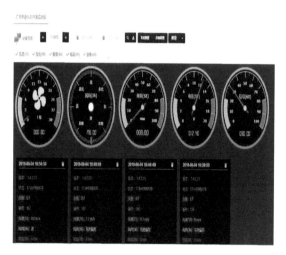

图13 小型气象站

三、应用成效

"智慧工地安全管理系统"集人员入场前安全教育培训、施工现场作业人员实名制管理、施工车辆、设备的安全验收、施工现场封闭式管理、安全隐患排查管理、重大危险源监控、危险作业申请、安全验收、数字化远程监控、气象监测、环保施工等多方面安全管理功能于一体,形成闭环式的安全管理系统,有效地推进了项目安全管理体系的运转,并能够对安全管理体系运转情况进行实时监控,有效地降低了因监管不到位而导致安全体系运转不畅,进而降低导致安全事故发生的概率,真正实现工地安全的智能化、信息化、精细化管理。

四、推广建议

"智慧工地安全管理系统"适用于施工点较

为集中的建筑施工项目。

五、应用评估

1.项目上的应用效果评价

(1)安全教育培训体验中心:能快速、低成本地展现安全教育的内容,起到安全警示作用。

(2)实名制管理:能快速了解现场作业人员的安全教育培训和持证情况等。

(3)门禁系统管理:真正实现了施工现场封闭式管理,杜绝未录入系统的人员和设备进入施工现场。

(4)"智慧工地安全管理平台":以信息化的手段形象化、可视化地展示在建项目安全管理体系运转情况,以降低由管控巡查缺失、整改滞后、监控不到位、教育不全面等问题引发安全事故的风险。

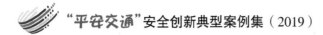

（5）实现了对施工现场无死角安全监管，及时制止发现的隐患，真正实现了监控指挥中心集中监管的功能。

（6）搅拌站"绿色施工"管理：实现了"节材减排"，贯彻了绿色施工理念。

2. 创新点

（1）远程对分散的建筑工地进行统一管理，避免频繁派遣人力去现场监管、检查，减少工地人员管理成本，提高工作效率。

（2）通过视频监控系统及时了解工地现场施工的情况、施工动态和进度、防范措施是否到位，特别是对于面积比较大的工地和重点项目，企业领导也可以实时远程监管。

（3）出现异常状况和突发事件时可以及时报警，提醒管理人员及时处理。

（4）监管建筑工地现场的建筑材料和建筑设备的财产安全，避免因物品丢失或失窃给企业造成损失。

（5）将施工实况展现于客户面前，向客户展示工地的建设规划和进度，达到良好的宣传效果，也便于合理制订生产计划。

（6）对出入工地的人员进行统计和权限控制，同时实现对员工的考勤以及对访客的管理。

（7）防范外来人员翻墙入侵、越界出逃，或非法入侵危险区及仓库等场所，保证工地的财产安全和各类人员的人身安全。

3. 经济效益

众所周知，传统建筑行业属于劳动密集型产业，粗放式的管理使工地的劳动力、材料、机械设备的利用都存在着严重的浪费。美国行业研究院的研究报告显示：工程建设行业的非增值工作（即无效工作和浪费）高达57%，而在制造业，这一数字仅为26%。从国外的经验及目前国内建筑行业的发展情况来看，开展"智慧工地"建设是实现精细化管理的最佳手段，也就是说"智慧工地安全管理系统"建设是手段，实现工地精细化管理是目标，最终达到在减少施工成本、保护环境的同时按时保质保量完成工程建设任务的目的。因此，本课题的研究成果将会产生显著的经济效益。

基于车联网大数据的保险风控
AI 云平台建设与实施

基本信息

项目名称：基于车联网大数据的保险风控 AI 云平台建设与实施

申报单位：北京中交兴路信息科技有限公司

成果实施范围（发表情况）：线下召开发布会，线上微信公众平台发表

开始实施时间：2017 年 6 月

项目类型：科技兴安

负责人：王　芳

贡献者：姬立冬、王文陶、郭蕊晶、吕双喜、王　跃

案例经验介绍

一、背景介绍

（一）政策引导与技术创新下的商业车险费率改革必然要求

自2015年国家政策调控开始，全国商业车险费率全行业统一模式开始改变，保险公司逐步取得自主定价空间，这对保险公司的风险成本预测能力与核保定价管理水平提出了更高的要求。基于车联网大数据，精确预测每辆车的风险成本的新一代车险定价模型应运而生。

（二）保险市场主体对一个涵盖全国范围车辆的风险管理云平台的迫切需要

车险行业经营情况的整体改善，需要建立一个覆盖全量市场的车联网平台作为数据来源和管控基础，并建立统一的风险识别与量化标准，使各家保险主体依照同一个标准识别与量化风险，避免因信息不对称造成保费价格竞争。保险公司希望通过技术手段的引入和业务模式的创新，扭转车险长期亏损的局面。

（三）防灾减损、提高道路安全管理水平的多赢选择

承保端通过更精确的风险评测降低业务风险，对于个体来说，可以有效地降低赔付成本，但对于整个保险行业来说，只是将风险在不同保险市场主体之间进行转移。为确保货运车辆公共平台长期、安全、稳定运行，中交兴路货运平台结合大数据技术，对车辆运营情况、驾驶员驾驶行为进行分析，有效纠正驾驶员的不良驾驶习惯，提高其驾驶安全水平，这对整个保险行业具有重要的战略意义。

二、经验做法

本项目基于来源丰富、海量的多种数据，以"AI安全大脑"为导向构建了保险风控AI云平台，实现风险智能评测、智能引擎提醒以及智能事故预警等保险科技服务。

（一）创新手段

1. 国内首创运用车联网大数据建立重载货车保险风险预测模型

根据重载货车的日常行驶特征，将车联网大数据加工成运营数据、道路数据、驾驶数据、业务数据四大类，包括运营率、超速行驶时长占比、日均疲劳驾驶里程等数十项驾驶行为数据因子，结合中国保信所提供的商业车险承保、理赔数据，采用行业领先的GAM算法建立了保险风险预测模型，通过分析车辆过去的日常行驶特征，准确预测其未来的保险风险成本。

2. 国内首个基于RNN和Hadoop技术的交通事故侦测云平台

在海量车联网数据的基础上，本项目有效融合了权威第三方的交通事故历史记录，形成多维车联网大数据，创造性地应用循环神经网络算法，开发出基于车联网大数据的交通事故识别模型。实现对600多万辆货车的驾驶员的驾驶行为的动态监测与实时分析运算，第一时间准确地侦测出交通事故，还原事故现场并及时通知救护人员，从而降低人身伤亡概率，形成良好的社会效益。

3. 基于多源数据融合技术首创商用车理赔反欺诈智能引擎

目前货运车辆保险行业的反欺诈判断，主要通过人工分析和现场勘查等方式实现，缺乏有效的技术手段，导致欺诈行为识别率低，反欺诈成本高，给保险公司带来极大的损失。本项目创新性地引入车联网大数据，进行多源数据融合研究。第一时间获取用户出险报警信息，通过货车车载设备上传的行驶轨迹和行驶记录，对货车出险时的位置、行驶速度等信息进行大数据对比分析，判断车辆是否存在欺诈嫌疑。

4. 首创基于道路匹配算法评估商用车运营安全系数

现有的核保政策主要针对车辆的价格、车型、车龄等自然属性以及上一年度的出险次数而制定，忽略了驾驶员的驾驶习惯、理赔成本等特征信息。本项目创新性地将道路匹配算法和空间数据运算进行有效整合，综合保险公司出险记录以及全国货运平台的路段安全隐患统计结果确定道路的风险类型和风险程度，通过对所有频次求加权平均值的方式得出货车危险程度评分，不但可为货车驾驶员安全驾驶评分提供依据，而且可为车辆保险业务提供数据支持。

（二）功能设计

1. 风险评测功能

提供业务、运营、道路、驾驶等四大类22项动态风控因子的实时查询服务，图表化展现查询结果。

2. 实时安全提醒功能

跟踪查看车辆的违规状态，并可针对超速、疲劳驾驶等状况发送短信提醒或进行人工电话提醒。

3. 行驶轨迹查询功能

车辆行驶过程中，系统对车辆进行定位，从车速、里程、时间3个维度反映车辆行驶情况，并提供轨迹查询功能。

4. 车辆驾驶行为汇总报告

对车辆进行驾驶行为数据信息汇总，生成报告，包括车辆行驶总时长、总里程、报警总次数、超速和疲劳驾驶的数据等。

5. 违规统计报告

直观展现所有受监控车辆的驾驶员在各个时间段的违法疲劳驾驶时间、超速行驶时间占比情况。

6. 车辆地域分布

统计车辆运营地域分布情况，按照运营省份、城市分布车辆数进行展示，反映不同地域整体运营情况。

7. 保险理赔评估

查询车辆在指定时间点前后12h的运行轨迹，核实轨迹与车辆出险地点是否匹配，提供理赔欺诈以及道德风险排查服务。

（三）保障措施

1. 制度方面

建立精细化运营体系，工作目标清晰明确，强化责任机制，建立系统化的工作组织，最大化利用管理资源。

2. 管理模式方面

采用现代扁平化的管理模式，以业务服务为核心，以后勤部门为保障，相互配合，共同完成企业的重大项目、研发重要技术。

3. 资金方面

北京中交兴路信息科技有限公司（以下简称"中交兴路"）持续多年针对货运行业的数据应用领域投入大量的研发专项资金，以实现科技成果的智慧化、落地化。

4. 人员方面

中交兴路拥有研发人员160余人，专业人员近400人，其中有1人拥有博士学历，有62人拥有硕士学历。加速创新成果在各行各业的全面应用。

三、应用成效

（一）保前风险评测模型准确可靠，获行业一致认可

1. 基于车联网大数据的模型评测结果准确可靠，风险预测能力远超传统精算模型

该模型在技术水平上领先于行业，并且经过了人保财险、平安财险等10余家大型保险公司总部的实际校验，结果相比传统车险定价模型有质的提升，得到全行业的普遍认可。

2. 通过中国保信向全行业提供模型查询接口，模型评测结果成为行业标杆

自2017年11月起，在人保财险、平安产险等8家大型保险公司开展服务试点，为近300万辆重载货车提供了850万次数据服务。在2018年中国保险业创新国际峰会上荣获"优秀保险技术服务商奖"。

3. 有效降低保险公司承保风险，改善业务品质

参与试点的保险公司在试点期间有效降低了承保重载货车的保险风险。在试点期间，平安财险青岛分公司所承保的A类、B类优质车辆的实际出险率只有7.5%，远低于当地25%的平均出险率。

（二）保中风险管控有效降低车辆的行驶风险，实现驾驶员、车队、保险主体多方共赢

平台结合大数据技术、智能分析、实时计算，对车辆行驶行为、驾驶员行为进行分析，并实时提醒，有效纠正驾驶员的不良驾驶习惯，提高驾驶安全系数。

（三）智能理赔评估体系，有效协助保险公司进行反欺诈排查

1. 轨迹查询功能

以国内某知名保险公司为例：2018年4月~8月末，5个月内有效查询次数2339次，直接减损数额515.74万元，案均赔付成本降低5%~10%。对车辆套牌、"小案大做"等典型欺诈行为进行快速识别和排查指引。

2. 事故真实性回溯模型

让保险公司在赔案审核中增加AI手段，简化了原有的人工核对、经办人现场核查等原始排查手段，将简易事故回溯定性排查时间缩短至分钟级，助力保险行业缩短赔付时间、提升服务水平。

（四）实时发现重大交通事故

结合实时路段情况、路过车辆的速度变化情况、采集点预警提示、驾驶员制动措施等一系列辅助信息，综合进行事故实时判定，尤其重点关注高速公路恶性事故。

四、推广建议

本项目基于全国货运平台和以其为基础构建的车联网大数据平台，依托高级统计学习技术、神经网络深度学习技术以及大数据存储及分析技术建立商用车风险管理AI云平台，构建从承保端到理赔端的全流程风控闭环，向国内外保险公司提供全方位的风险管理服务，有效帮助保险公司在保前识别和量化风险、在保中监控和防范风险、在保后及时核查风险，从而降低全行业重载货车保险的出险率和赔付率，有效提高保险公司的经营效益，进一步改善全社会商用车安全生产管理水平。

五、应用评估

本项目于2017年6月开始应用，目前已经与中国保信、人保财险、中国平安、大地财险、中华联合等国内大部分保险公司建立了合作关系。在保险公司承保过程中参与制定定价策略，在保障过程中提供安全风控服务。保中风控累计服务车辆近30万辆。

在以往，保险公司只能通过车型、车系、品牌、吨位、使用年限等"从车"因素，粗略地判断车辆风险成本。随着车联网技术的普及，外界获取车辆的行驶里程、驾驶员驾驶习惯、行驶道路环境等"从人""从用"数据成为可能。自2017年11月起，中交兴路组织了人保财险、平安产险、太平洋产险、国寿产险、中华联合产险、大地产险、阳光产险、天安产险8家大型保险公司开展服务试点，成功为近300万辆重载货车提供了850万次数据服务。

在试点6个月内，平安财险青岛分公司不断优化重载货车业务结构，使优质车辆（A类车辆）占比明显提升，劣质车辆（E类车辆）占比明显下降。该公司在试点期间所承保的A类、B类优质车辆的实际出险率只有7.5%，远低于当地25%的平均出险率。

人保财险的数据分析报告显示，自2013年本平台提供危险驾驶行为实时提醒服务后，货运车辆出险率持续降低，载重10t以上的货车降幅尤其显著。2016年，货运车辆总体出险率为24.9%，较2013年下降1.1个百分点。载重吨位10t以上货车出险率为33.4%，较2013年降低6.1个百分点；10t以下货车出险率为16.8%，较2013年下降0.9个百分点。

以国内某知名保险公司为例：2018年4月~8月末，5个月内有效查询次数2339次，直接减损数额515.74万元，案均赔付成本降低5%~10%。结合实际使用情况发现，对车辆套牌、"小案大做"、虚假拼凑、换驾逃逸等典型事件能做到快速识别和排查指引。将简易事故回溯定性排查时间缩短至分钟级，借助AI手段，助力保险行业缩短赔付时间、提升服务水平。

"驾运宝"安全生产信息化平台

基本信息

项目名称： "驾运宝"安全生产信息化平台

申报单位： 重庆贝叶科技发展有限公司

成果实施范围（发表情况）： 已在重庆、四川、山东、云南、青海、湖北、贵州、内蒙古、甘肃等10省区推广，目前平台学员用户23万余人；项目成果在《中国道路运输》2018年第4、第8期，2019年第6期发表

开始实施时间： 2016年1月

项目类型： 科技兴安

负责人： 唐 勇

贡献者： 李淑庆、王代瑜、高浪华、王 皆、秦大华

案例经验介绍

一、背景介绍

当前，我国道路运输行业安全生产形势总体偏好，但各种事故频发、高发、多发的压力依然存在，行业及企业管理工作滞后，管理工具比较简单，主体责任落实不到位，从业人员的安全教育培训缺失，安全生产形势比较严峻。

随着通信网络的大规模覆盖与信息技术水平的不断提升，移动用户快速增长，手机已经成为人们的生活必需品，并得到普及，为运用"互联网+"和大数据改造传统的道路运输行业、大幅度提升安全生产信息化水平、促使从业人员的安全教育彻底落实提供了可能。

开发"驾运宝"安全生产信息化平台的目的，就是要依托云计算、人工智能等技术，让信息在行业监管部门、企业、从业人员之间高效互联互通，解决难以召集从业人员集中进行安全学习的痛点和难点，解决现有企业安全管理工具简陋杂乱、不成体系的困扰，便捷地实现远程在线安全教育、隐患排查监控、安全监管、风险控制等安全生产管理工作，提升企业及驾驶员的安全意识、社会责任感及行业归属感，降低事故发生率，从而大幅度地降低社会成本。

平台由重庆贝叶科技发展有限公司与重庆交通大学共同研发，由可以实现交通运输行业安全生产信息化管理的一系列软件构成，多项功能属国内首创。

"驾运宝"平台系统开展工作的机理为：

（1）以网络安全教育为抓手，以"科技兴安"为导向，以人为本，实现了"互联网+教育+安全"的跨界融合；

（2）平台集安全教育培训、专项培训、继续教育、网络考试、车辆管理、隐患排查治理、安全管理、安全监管等多种软件及功能于一体，利用电脑、平板电脑、手机等现代信息化设备，以网站、软件、短信、微信、手机App等多种形式展现；

（3）以人工审核、人脸识别、随机抓拍、电子签名等方法进行真实性验证，为行业管理部门、企业单位、从业人员提供方便、快捷、廉价的信息化沟通、学习、管理的工具。

系统自运营以来，得到社会各界广泛赞誉，先后有23万余人成为平台学员，6000余家企业利用平台提供的信息化管理工具强化企业安全管理。平台为道路运输行业及企业的安全生产信息化水平做出了较大贡献。

二、经验做法

1.建立政产学研的工作体系

重庆贝叶科技发展有限公司作为重庆交通大学的产学研合作基地，与多位专家、教授共同为如何解决交通运输领域安全生产中的痛点、难点反复讨论、研究。2017年9月，在重庆市运管局安监处、沙坪坝区交委、运输管理中心以及其他地区运输管理部门领导的共同参与指导下，逐渐形成了"驾运宝"安全生产信息化管理功能体系，该体系仍在不断完善。

2.优先解决安全教育问题

长期以来，职业驾驶员接受安全教育时间少、周期长，企业归属感和社会责任感匮乏，安全意识不强，警惕性不高，已成为交通运输行业的重要隐患之一。传统的安全培训方式由于实施复杂但作弊简单，给行业、企业带来巨大隐患，因此，"驾运宝"提出以"安全教育"为切入点，解决企业的实际困难，且操作简单，过程严谨、管理科学、系统稳定，容易得到企业和驾驶员的认可。

3.辅助延伸至从业人员安全作业及管理

除了安全教育方面的应用外，"驾运宝"的终端App系统中还有关于安全生产的一些典型功能，可以解决日常工作中的难点问题，如车辆三检、车辆维修、二级维护、安全会议、隐患排查、企业规章制度的阅读、远程签名等。同时，系统可为运输企业安全管理人员提供包括审核学习、安全例检、隐患治理、会议管理、信息发布以及企业安全生产工作的预警、报警功能；为监管部门提供企业及从业人员的安全生产状况，通过数字化、可视化的图表展示企业、区域相关风险及隐患数据，易理解，易操作。

4.以点带面，快速推进

无论是网络安全教育培训工作，还是安全生产信息化，对于没有使用过"驾运宝"的企业而言，均是一种尝试，必定有一个建立信任的过程。系统在重庆沙坪坝区、万盛经开区、长寿区、南岸区、涪陵区、巴南区等部分区县运输企业试点后，得到了企业的高度评价，继而在该区域安全生产会议上进行推广，响应的企业很多；同样，在四川成都青白江区、南充市，青海海北藏族自治州、云南西双版纳自治州、湖北天门市等地均以此方式稳步推进，当地运输企业响应积极，相关工作也得到当地主管单位的充分肯定。

三、应用成效

1.经济效益

传统模式的安全教育培训对于从业人员和企业而言，都是非常困难的事情，需要较高的时间、人力、物力等成本，产生直接和间接损失。

采用"驾运宝"模式，将节约95%以上的成本；同时，"驾运宝"的信息化安全管理工具的普及使用，可大幅度地减少企业、从业人员甚至行业管理的成本。

2. 社会效益

（1）解决工学矛盾，提升安全意识。

让从业人员利用碎片化的时间在手机上进行安全学习，可以有效利用空闲时间，随时随地均可学习，进而有效解决工学矛盾，养成学习习惯，做到警钟长鸣。

（2）降低企业运营风险，提升工作效率。

通过切实帮助企业落实安全生产主体责任，减少安全生产责任事故，提高工作效率，最终降低企业运营风险，提升企业营利能力，促进行业健康稳定发展。

（3）提升行业监管信息化水平，有利于全面促进安全生产信息化。

通过提升监管信息化水平，在提高工作效率的同时，降低行业监管难度，继而促进企业安全生产信息化，推动行业全面信息化的实施，有利于促进社会进步。

四、推广建议

建议对"驾运宝"安全生产信息化平台系统予以备案，以便向全国各地道路运输企业推广使用"驾运宝"系统，开展从业人员教育培训考试等相关工作。

五、应用评估

截至2019年初，本项目已获得8份软件著作权登记证书，并有2套系统获得教育部科技发展中心的查新认证，确认其多项功能在国内具有先进性。

2016年6月6日，以"驾运宝"安全教育系统为基础的"驾运宝"项目被重庆市经信委评选为首批"重庆市2016年'互联网+'试点项目"，建议扩大推广范围；同年6月15日，系统被市科委认定为"重庆市科学技术成果"，也确认了系统在全国具有先进性，2018年，本系统获得中国（小谷围）"互联网+交通运输"创新创业大赛优胜奖。

本项目具备可针对各区域、各行业的个性化调整及扩展功能，系统成熟、运行稳定，已拥有大规模应用的能力和经验，建议在全国范围推广。

案例9 ▶ VLOC 渤海深水航路技术保障信息系统

基本信息

项目名称：VLOC 渤海深水航路技术保障信息系统

申报单位：中远海运散货运输有限公司

成果实施范围（发表情况）：在中远海运散运公司内全面推广应用；相关论文在《中国远洋海运报》《天津航海》等杂志上发表；获得 2013 年度"中国航海学会科学技术奖"二等奖

开始实施时间：2013 年 10 月

项目类型：科技兴安

负责人：黄志强

贡献者：黄少云、周长根、黄天翔、石福安、林燕兴

案例经验介绍

一、背景介绍

21世纪初，在世界经济全面复苏的带动下，中国各大重点建设工程陆续开工，房地产业和汽车工业的迅猛发展，国内骨干钢铁企业的铁矿石进口量与日俱增；与此同时，国际油价的大幅上涨，极大地增加了海运成本。因此，建造大型、先进的矿石专用船来满足大宗矿石的运输任务就是必然趋势和选择，矿石船明显地向超大型矿砂船（VLOC）发展。以中远海运散货运输有限公司（以下简称"中远海运散运"）"宇中海"轮和"宇华海"轮为例，载重量达30万t，船长达到327m，夏季满载吃水达到21.43m，执行的航次任务是巴西至曹妃甸港的铁矿砂运输。

巴西马德里亚角（PDM）港和图巴朗（TUBARAO）港及曹妃甸港均能满足满载吃水要求，但其间从渤海老铁山水道航行至曹妃甸锚地间这一段长约60n mile、水深在24.0~25.0m的航线，导致两轮从安全保有量考虑，只能吃水20.5m，不能达到满载吃水21.43m的装载条件，使得两轮长期处于亏载状态。如果能利用渤海潮汐资料，使两轮达到满载状态，即可增加吃水0.8m，相当于多装载约13600t货物，单船单航次运费可增加34万美元。中远海运散运联合国家海洋环境预报中心，开发出一套"VLOC渤海深水航路技术保障信息系统"，对覆盖渤海、黄海的风暴潮—天文潮耦合数值进行精细化计算，提供VLOC航经渤海水域的潮汐预报，使得"宇中海"轮等30万tVLOC等利用0.5～1.0m的潮汐，安全通过预定航线，满载进入曹妃甸港，从而达到效益和安全的双赢。

二、经验做法

该项目开创了船舶航道安全预警信息预报的先河，填补了国际国内在深水航路安全保障方面利用海上潮汐计算与预报的空白，研究成果具有原创性、先进性。针对特定航线的潮位保障，一方面通过对历史天气过程的整理系统总结影响该航线的天气及风暴潮特征，另一方面充分利用实测数据，掌握该航线的真实水深，利用数值预报系统计算该航线的潮位（风暴潮—天文潮耦合），结合预报经验提供该航线的潮位预报。具体工作如下：

（1）收集、整理覆盖该航线的水深数据，主要采用2012年最新的电子数字化海图；另外，采用中远海运散运在无较大天文潮时安排VLOC非满载通过该航线并测量航线水深。

（2）根据精细化的海图水深数据完成水深较浅的航线控制点选取，建立覆盖渤海、黄海的精细化风暴潮—天文潮耦合数值预报系统，航线分辨率为1~2km，计算区域开边界由16个常用分潮驱动。用渤海沿岸潮位站（成山头、蓬莱、龙口、潍坊、黄骅、塘沽、曹妃甸、秦皇岛、葫芦岛、营口、大连、丹东港等）的数据验证该模型的精度；用经检验的数值模型计算航线上各点的天文潮。

（3）采用再分析风场，针对2000年以来较大风暴减水过程进行数值后报验证，以检验数值预报系统在风暴减水情况下的准确性；另外，通过数值计算分析总结该航线的风暴减水特征和规律。

（4）根据预计的VLOC进港时间，及时启动数值预报系统。预报员依据系统的计算结果，结合对天气系统（尤其是易引起较强减水的风暴潮过程）的分析预测，给出该航线的潮位预报。

通过以上工作步骤，实现了以下功能：

（1）建立的非结构网格精细化风暴潮—天文潮耦合模型可用于航行预报：利用非结构网格技术建立了精细化的风暴潮—天文潮耦合模型，计算了近年来渤海的天文潮，通过与沿岸、近海24个潮位站调和分析值对比，平均均方差为20.6cm，表明模型能很好地模拟渤海的天文潮。此外，利用该模型计算了2000年以来5次较大风暴减水过程，从风暴减水和总潮位对比来看，模拟与实测值十分吻合，说明所建立的模型能很好地刻画渤海的风暴潮过程。

（2）分析得到造成渤海海域风暴减水的天气特征，分析统计了2000—2010年期间环渤海沿岸站的风暴减水特征：年平均大于50cm和大于100cm分别约为30天和4.5天，渤海海峡内比海峡口外更容易出现减水，且渤海海峡内的减水值比海峡口略大；夏季6月—8月出现减水过程较少，9月—次年4月整个渤海减水频繁，强度较强。

（3）进行了VLOC货船航行路线的可行性分析：2013年8月和9月，公司派出4艘船舶测量各航路水深。第一、第二、第四次行驶的航线水深都大于26.5m，均超过各点海图水深1m以上，但在第三次测深时，在吃水深度较大的情况下，虽然实际水深大约27m，但仍有抖动感，因此航行通过实际水深超过26.5m、趁涨潮航行时安全性较高，即第一、第二、第四次航路安全性较高，而第三次该航路航行安全性较低。

因此，考虑到航行距离为60n mile左右，航速为8节，从老铁山水道至曹妃甸锚地航行时间约为8h，又考虑到起航处老铁山水道水深较深，建议船舶在涨潮到平潮前1~2h从老铁山水道出发，随着航行时间的推移和潮波的传播，可以保证船舶行进至水深较浅各点时，潮位处于平潮以上，从而保证航行安全。

三、应用成效

"VLOC渤海深水航路技术保障信息系统"自2013年建立以来，依托该信息系统的技术支撑，中远海运散运共安排"宇中海"轮、"宇华海"轮、"新鞍钢"轮、"合平"轮、"中海韶华"轮等10余艘VLOC满载航行近60艘次，最大满载吃水22.10m（"中海韶华"等轮），共计多装载货物近80万t，共计直接节约燃油成本近2000万美元。本项目的成功研发和运用，是公司船舶、岸基及相关合作单位在精细化风暴潮—天文潮耦合数值海洋潮汐信息预报系统技术研发方面的一个新突破。本项目不仅提高了公司的航海技术水平、经济效益，还对促进航道安全信息预警、海上潮汐预报起到了重要的推动作用。同时，项目的成功实施，为推动航运企业和有关科研单位进一步加强"产、学、研"交流与合作创建了一个更为广阔的平台。

四、推广建议

"VLOC渤海深水航路技术保障信息系统"作为船舶、岸基及相关专业技术单位合作的典范，是有关技术管理人员、经营管理人员、船舶船员、科技研究人员的智慧和汗水，开创了船舶航道安全预警信息预报的先河，填补了国际国内在深水航路安全保障方面利用海上潮汐计算与预报的空白。

目前，中远海运散运共有30万~40万t级VLOC船舶25艘，这些船舶分别执行巴西至曹妃甸、大连、营口、马迹山等铁矿砂运输任务，系统也可以相应地应用到其他水域，为船舶安全通航提供准确预报。此系统还可以推广到中远海运散运公司其他船队，如沿海型船队、巴拿马型船队、灵便型船队，甚至也可以推广到中远海运集团系统内外所有船型，包括油船、集装箱船、杂货船等，在系统内实现信息资源共享，节约研发经费，增加载货量，节约燃油，提高经济效益。

五、应用评估

中国航海学会于2013年8月13日组织了鉴定会，经专家鉴定，该项目成果达到了国内领先水平，同意项目通过鉴定，建议加快该成果的推广应用。该项目获得2013年度"中国航海学会科学技术奖"二等奖，并荣获原中远集团第四届"青年创新创效项目"二等奖。

自2013年至今，中远海运散运开展的60余艘次的航行实践表明，"VLOC渤海深水航路技术保障信息系统"的预报值安全可靠。船舶可依此制订更加科学合理的装货计划，每艘VLOC在巴西装货港承运的货物比该系统启用以前多出近13000t，在航运市场长期低迷的情况下，取得安全和效益的双赢。在当前国际社会日益注重节能环保的形势下，我们将更为广泛地应用此系统，实现效益、安全、环保、节能的"多赢"局面，为社会经济发展做出更大的贡献。

案例10 ▶ 作业人员"知安全、行安全、奖安全"积分制管理

基本信息

项目名称：作业人员"知安全、行安全、奖安全"积分制管理

申报单位：中交文山高速公路建设发展有限公司

成果实施范围（发表情况）：高速公路建设

开始实施时间：2017 年 12 月

项目类型：安全管理

负责人：汪俊杰

贡献者：王　琳、李赤谋、涂家林、刘冠杰、钟家伟

案例经验介绍

一、经验做法

文马文麻高速公路项目由文（山）马（关）高速公路与文（山）麻（栗坡）高速公路组成，总投资158亿元，其中建安费122.77亿元。项目采用"BOT+EPC+政府建设补贴"模式投资建设运营，项目资本金比例为40%，其中政府方资本金出资35%，中交联合体资本金出资5%。

分析近年来发生的施工事故或险情，多数是由作业人员违章作业引起的。为此，文马文麻项目积极探索、推进项目现场作业人员"穿透式"管理及建筑工人实名制管理活动，通过创新安全管理手段，开展"知安全、行安全、奖安全"积分制管理活动，奖优罚劣，引导作业人员按操作规程作业，杜绝违章施工。

1.方案制定

编制"知安全、行安全、奖安全"积分制管理活动实施细则，内容包括实施方案、覆盖范围及形式、组织领导、宣贯形式、安全观察员设置要求、安全行为积分标准及积分规则、月度评比及奖惩标准等。

2. 明确安全行为积分标准

安全行为积分标准分为奖分标准和扣分标准两种类型，如图1和图2所示。

3. 建立档案并设定基础分值

结合建筑施工实名制管理手段，对所有参加入场安全教育培训并经考核合格的管理和作业人员建立档案，并给每名人员设定12分基础分值。

安全行为奖分标准示例

序号	安全行为奖分标准情形	奖励分值	备 注
1	长期自觉规范佩戴个人安全防护用品，遵章守纪，按操作规程进行施工作业，无违章行为，保障个人安全表现优秀的	1	
2	指出、纠正、制止他人的违章行为，保障他人安全	1	
3	发现、报告作业场所安全隐患（不含组织安全检查时发现的隐患）	1	发现重大事故隐患奖励2分
4	发现、报告并主动消除作业场所安全隐患，保障作业环境安全	2	
5	出现险情、事故、及时报告，并积极有效参与应急救援与处置	2	
6	提出合理化建议，改善提升班组安全管理水平	2	
7	在地方主管部门、业主、监理、公司、子（分）公司等上级单位检查中受到认可、表扬	2	
8	其他情形		

图1 奖励标准示例

安全行为扣分标准示例

序号	安全行为扣分标准情形	扣减分值	备 注
1	酒后作业，或在施工现场喝酒	6	
2	无故不参加安全教育培训、检查、会议、应急演练等活动	1	
3	进入施工现场未规范穿戴劳动防护用品（如高处作业未系安全带，电焊作业未戴防护面罩和绝缘手套，气割作业未戴防护眼镜，凿毛、打磨作业未戴防尘口罩，水上临水作业未穿救生衣，电工作业未戴绝缘手套等）	1	
4	特殊工种无证上岗（如起重机驾驶员、起重指挥、高低压电工、电焊气割工、架子工、叉车驾驶员、船员等）	3	
5	不服从项目部现场管理人员管理，威胁、辱骂甚至打人等	6~12	
6	在施工区域钓鱼、游泳等	2	
7	操作、驾驶证照不齐或未经进场验收的特种设备	2	
8	使用安全防护装置缺失或损坏的机械设备（如圆盘锯无防护罩，齿轮、皮带等传动部位裸露等）	2	
9	擅自毁坏现场安全标志牌、安全设施（如撕毁、涂改安全警示标识，擅自移动灭火器、救生圈等）	2	
10	作业过程中不专心（如起重吊装作业时玩手机、戴耳塞听音乐等）	1	
11	盾构机驾驶员等关键岗位未严格执行交接班制度	2	
12	宿舍内乱拉乱接电线（宿舍内擅自更改插板插头、擅自使用大功率电器等）	1	
13	野蛮作业、冒险作业	3	
14	其他情形		

图2 扣分标准示例

4. 活动宣贯

（1）以多种形式组织召开"知安全、行安全、奖安全"积分制管理活动启动仪式，对全体人员进行宣贯。

（2）在班前会议、入场安全教育培训等活动中组织对"知安全、行安全、奖安全"积分制管理活动进行宣贯，营造良好的活动氛围；每月召开一次"知安全、行安全、奖安全"积分制活动专题会，并在会上对本月活动进行总结和表彰（表彰形式为现金奖励及佩戴绶带）。

（3）在项目生活区、办公区、施工现场重点区域等设置"知安全、行安全、奖安全"积分制管理活动宣传展板及表彰展板。

（4）可制作"知安全、行安全、奖安全"积分制管理活动宣传视频，并进行展播。

5.设置安全观察员并进行奖分、扣分管理

（1）每个项目设置安全观察员，配发"安全观察员徽章"，并在实名制管理系统中进行授权。

（2）安全观察员应从项目经理部（领导班子、安全管理部、工程部、设备部、质检部等）和分包单位（现场负责人、班组长、安全员）中选择。项目经理部设置的安全观察员总数不超过7名，其中在项目领导班子中和专职安全管理人员中可分别设置1~2名，在工程部、设备部、质检部分别设置1名；分包单位设置安全观察员总

数不超过3名，作业人员数量超过50人的分包单位可设置1名。

（3）由项目各部门、分包单位按要求上报推荐安全观察员人选，项目活动领导小组召开专题会议审查推荐人选，确定安全观察员并进行授牌。

（4）安全观察员轮岗原则：按照各部门、分包单位的员工人数比例，每个季度对安全观察员进行轮换。当发现安全观察员安全观察能力不足或不能坚持积分管理原则时，活动领导小组应取消其资格，重新评选安全观察员。

（5）安全观察员为兼职，必须通过培训后方可上岗，应充分了解安全行为积分标准及奖扣分规则，坚持奖分、扣分原则，通过现场察看和询问来查验一线作业人员的作业行为及班组的管理行为，根据规则发放积分卡进行奖分、扣分确认，并做好登记，登记表如图3所示。

月度"知安全、行安全、奖安全"奖分（扣分）登记表

项目名称：　　　　　　　　　　　　　　　　　　　　　　　　　　　　　时间：　　年　　月

序号	姓名	所在部门/班组	奖（扣）分值	奖（扣）分事由	日期	发卡人

图3　奖、扣分登记表

（6）建议每名安全观察员每月行使奖分、扣分管理权限的次数控制在15次左右，其中行驶奖分权限次数应控制在10次以上。

（7）奖分、扣分原则：坚持公平、公正原则，正向激励原则，全范围覆盖原则和对比选优

原则。

6.开展月度积分统计及奖惩

（1）以自然月为周期，统计所有管理人员、作业人员的积分情况，并进行排名。

（2）按照超出基础分值的积分给予10元/

分的奖励标准，对积分值超过12分的人员进行统计，给予现金奖励［比如张三5月份积分为15分，则应奖励10×（15−12）=30元］，奖励结束后，积分恢复为基础分值12分。

（3）对积分为7~12分（含7分和12分）的人员不奖不罚，积分值继续沿用。

（4）对积分为1~6分（含1分和6分）的人员，必须重新组织其进行入场教育培训，经考核合格后方可重新上岗作业，积分恢复为基础分值12分。对累计出现3次月度积分为1~6分的人员，清退出场。

（5）对积分值为0分的人员，立即清退出场。

（6）对月度积分排名前5名的人员分别给予200元、150元、100元、50元、50元的额外现金奖励，并授予月度"'知安全、行安全'先锋个人"荣誉。当出现积分相同的情况时，遵循未被扣分的优先，提出合理化建议加分的优先，积极有效参与应急救援与处置加分的优先，发现、报告并主动消除作业场所安全隐患加分的优先的原则。

（7）对施工班组的奖励，计算班组加权平均积分，对加权平均积分值排名前3名的班组分别给予300元、200元、100元的现金奖励，并授予月度"'知安全、行安全'先锋班组"荣誉。

（8）每半年对"知安全、行安全"先锋个人、先锋班组进行表彰。

（9）在年度安全工作会议上对"知安全、行安全"先锋个人、先锋班组进行表彰。

7. 费用核销

将开展"知安全、行安全、奖安全"积分制管理活动的费用预算列入安全生产专项费用使用计划。对实际发生的费用，由项目安全总监审核，项目支部书记审定，项目经理签字确认，列入安全生产专项费用。

8. 先锋个人及班组公示

制作专门的宣传栏，将"知安全、行安全"先锋个人和先锋班组作为表率进行公示，持续宣传其正面形象。

二、应用成效

通过开展"知安全、行安全、奖安全"积分制管理活动，对作业人员安全行为进行观察，实行积分制管理，对"知安全""行安全"的行为进行奖分，反之则进行扣分。对积分成绩优异的人员进行物质、精神奖励，使作业工人有获得感，得到尊重、关心和认可，积极参与到施工现场安全管理活动中去；对积分不足的人员重新开展入场安全教育或清退出场，可有效减少现场违规作业，保证施工安全。

三、推广建议

通过活动的开展，切实督促从项目领导至一线作业人员履职，充分发挥安全生产正向激励、反向约束作用，调动广大作业人员的安全生产积极性和主动性，减少人的不安全行为，促进本质安全管理，提升项目安全生产力，确保项目稳定向好发展。活动尤其适用于建筑施工作业人员安全管理。

重庆市水上安全预警预测系统

基本信息

　　项目名称：重庆市水上安全预警预测系统

　　申报单位：重庆市涪陵区港航管理局

　　成果实施范围（发表情况）：在重庆乌江银盘电站下游 79km 范围内运行近 30 个月，目前已经累积水位、流速数据超过 1000 万条

　　开始实施时间：2016 年 10 月

　　项目类型：科技兴安

　　负责人：汪剑波

　　贡献者：钟　鸣、朱　俊、马瑞鑫

案例经验介绍

一、背景介绍

　　2016年6月，中共中央发布《长江经济带发展规划纲要》，明确提出了内河水运生态优先、绿色发展的战略定位。乌江为长江上游南岸最大支流，流经黔、渝两地，于重庆涪陵汇入长江，为两地深度融入长江经济带提供了一条经济高效、绿色环保、通江达海的水运大通道，随着2017年乌江"乌涪段"（乌江渡至涪陵段）的全线复航，乌江航运将迎来更大的机遇和挑战。乌江下游受流域暴降大雨和电站下泄非恒定流影响，因此乌江下游洪水具有来势凶猛、洪水变幅大、涨跌速度快等特点，是典型的山区航道。为贯彻落实交通运输部"综合、智慧、绿色、平安"4个交通建设和"互联网+便捷交通"战略部署要求，加快推进物联网在内河航运安全保障工作中的创新应用，保障乌江水上航运安全与防洪应急指挥，涪陵区港航局联合交通运输部天津水运工程科学研究院（以下简称"天科院"）共同研究开发了基于物联网技术的重庆市水上安全预

测预警系统。

二、经验做法

重庆市水上安全预测预警系统是为解决山区河流上游电站放水和流域暴雨汇流导致下游水位骤涨、流速激增、流态复杂等隐患。重庆市涪陵区港航局与天科院深入合作，充分发挥天科院在内河港航、水动力和信息化技术领域的优势，通过物联网技术、GIS开发技术、大数据分析技术、北斗卫星通信导航技术以及天科院自主研发的基于历史水文数据和水文预测分析数学模型，实现基础GIS操作、实时监测信息动态显示、洪水预测分析、监测数据历史统计分析、监测终端状态自检、安全预警管理和日志管理等7大功能。通过沿江布设的5个监测站点实现了水文信息的连续性实时动态采集；洪水预测分析提供自动预测和人工辅助预测两种预测方式，实现了对航道断面未来2h内的精细化水文信息预测分析；监测数据统计分析并积累了乌江航道历史水文大数据库；监测终端状态自检实现了对外场监测终端的运行状态监测，确保设备运行正常。通过重庆市水上安全预测预警系统在乌江段的成功示范建设，为乌江航运安全提供了全天候、实时性、动态化的水上安全监测与科学预警。

该系统建设是深入学习习近平总书记关于长江经济带"生态优先、绿色发展"和交通运输发展黄金期等一系列重要批示和指示，贯彻落实交通运输部党组"综合、智慧、绿色、平安"4个交通发展要求以及加快推进长江上游航运中心建设要求的创新举措。

三、应用成效

该系统于2016年10月在乌江银盘电站下游79km范围内进行成功示范应用，成为重庆市"互联网+港航管理"领域的重要实践和典型系统。系统自部署以来，运行稳定，没有出现中断、系统崩溃等重大问题，并针对部分功能结合港航管理局实际业务操作进行优化调整。截至2019年5月30日，已积累800万条水文监测数据。从目前的系统试运行结果来看，该系统能很好地

实现水文监测与预报功能，较好地为港航管理局业务管理和应急决策提供科学支撑，提高工作效率。利用该系统可以更加直观和方便地获得乌江航道水文信息，提高港航业务管理的精细化和科学化。2017年5月，乌江汛期来临，涪陵区依靠该系统，成功地应对了同年6月24日和7月1日两次洪峰过境。

2017年8月，重庆市涪陵区港航管理局牵头，由重庆市涪陵区人民政府联合天科院在重庆涪陵召开了"重庆市水上安全预测预警系统（乌江示范段）院地科研合作项目成果咨询与推介会"。会议邀请了交通运输行业规划、建设、科研、海事以及港航管理与服务等领域的专家与学者进行了咨询与讨论。与会专家和代表对本项目成果给予了高度评价，一致认为本项目通过研究初步解决了乌江水位和流速监测不全面、手段不先进、预警不及时等问题，弥补了地方在航运安全决策管理工作中的不足。与会专家认为，该系统是一个探测手段先进、计算模型科学、预测预警准确的综合信息平台，具有超前的理念、先进的管理决策模式和广泛的推广价值，将会对内河水域，特别是山区河流的通航管控、防洪度汛和应急处置发挥巨大作用。

四、推广建议

重庆市水上安全预测预警系统以成熟先进的技术手段和稳定高效的数据采集设备，实时监测获取航道水文信息，融合航道地形信息和历年水文数据，利用科学的水文预测模型计算，最终提供准确、及时、有效、实用的水文预测预报数据。系统着重解决用户最关心的上游电站放水、流域暴降大雨、船舶安全监管等航道水文应急问题，对重庆市港航管理局和涪陵区港航管理局起到重要的服务支撑作用，同时对于乌江全航段、嘉陵江以及其他内河都具有很好的借鉴意义和推广价值。

五、应用评估

重庆市水上安全预测预警系统是重庆市涪陵区港航局与天科院联合，在深入研究山区内河

航道河流特点和水上安全应急保障科技支撑基础上，共同研究开发的内河水上安全保障服务系统。该系统主要是通过先进的物联网技术手段实时监测乌江航道水文信息，通过数学模型对航道水位、流速、流量等关键要素进行计算、分析和预测，进而实现对示范段的水上安全风险预测预警和基于水文大数据的统计分析。本项目的研究成果初步解决了乌江水位和流速监测不全面、手段不先进、预警不及时等问题，弥补了地方在航运安全决策管理工作中的不足，为乌江航运安全、畅通和高效发展提供了可靠的技术支撑。该成果具有良好的示范效应，在重庆市内乃至全国内河水域均具有较高的推广价值。该系统也是进一步落实院地合作协议的成果，对进一步加强院地技术交流、促进科研成果转化具有重要的意义。

 桥梁防撞视频监控系统研发与运用

 基本信息

项目名称：桥梁防撞视频监控系统研发与运用

申报单位：广州港股份有限公司铁路分公司

成果实施范围（发表情况）：东江公路大桥、东江铁路桥、麻涌铁路桥

开始实施时间：2016 年 8 月

项目类型：科技兴安

负责人：和海宁

贡献者：吕洪涛、李天龙、蒋仕光、屈拥军、吴雨昕

 案例经验介绍

一、背景介绍

广州港股份有限公司铁路分公司辖下的东江铁路大桥、麻涌铁路大桥经常受到来往船舶剐蹭、撞击。撞桥事故严重影响通航秩序，对桥梁上方车辆通行造成安全隐患，并给铁路分公司及船主带来较大的经济损失。因此，非常有必要建设一套主动式防撞系统，在来船超高时，主动提醒船主避让以降低撞击风险，预防撞桥事故的发生，并在事故发生后对事故情况进行取证和分析。

二、经验做法

1. 总体思路

系统利用传感器技术，持续对危险高度水平面进行扫描，当感知到设定水平面出现物体时，自动分析物体类别，系统判断为超高船舶时，立即启动报警系统提示船主，从而避免碰撞。

2. 技术方案

在桥梁两侧各安装两组激光测距设备，在限高水平面上下一定夹角范围内进行激光扫描，实现对超高来船的检测。在获取到超高信息后，通

过船舶自动识别系统（AIS）、图像分析技术对检测对象进行智能分析，排除飞鸟、雨水等其他干扰因素。

确定为超高船舶后，随即启动安装在桥梁上的警灯、蜂鸣器、显示器，对来船进行声光警告，并发送警报信息至后台管理人员；同时启动AIS识别、抓拍等功能对超高来船进行持续跟踪和记录，将记录信息存储至后台，作为事故取证和分析的资料。

3. 创新点

（1）动态监测超高船舶，发现来船高度异常立即向船舶发出警告信息，预防碰撞，保护桥梁、船舶，维护航道、铁路、道路交通秩序。

（2）定期生成系统月度运行报告，对过往船舶的行为进行统计分析，建立与海事部门的联动机制，为海事部门优化宣传教育和监管方式提供数据支持，防患于未然。

三、应用成效

系统完成部署后，实现了有效预警，大量过往船舶收到超高报警信息，做到了降低桅杆或抛锚等待退潮通行，从而避免大量超高船舶撞桥事故。自2017年4月东江桥防撞系统投入使用以来，系统共收到有效超高报警两万余次，经分析及校对，已避免潜在碰撞事故500余次，记录实际撞桥事故29次，为铁路分公司减少经济损失约162万元。

原来需要4人进行大桥日常检查，现在只需1.5人进行远程监控和日常管理，显著降低了桥梁的管理及维护成本，提高了对桥梁情况的感知能力，降低了巡检人员的工作风险。

系统投入使用后，得到相关政府部门的关注和周边广大企业的借鉴学习。广州市交委、广州海事局指挥中心领导到现场指导工作，粤高速、中山公路局、广州公路养护所到场观摩学习。

中山公路局、广州公路养护所也启动了水上大桥防撞系统项目，中山公路局计划在全市推广该系统。目前，九江大桥已引进安装该系统，运行效果良好，港珠澳大桥防撞视频监控系统项目建设工作正在紧密筹备中。铁路分公司在2018年将该系统推广安装至麻涌铁路大桥。

四、推广建议

建议在通航净空较低的桥梁、管理及维护难度较高的桥梁及跨越繁忙航道、维系重要交通线路的桥梁上进行推广应用。

五、应用评估

（1）该系统能够有效预防船舶撞桥事故，记录事故现场情况。

（2）该系统能够提升管理者对桥梁情况的感知能力，降低桥梁管理及维护成本。

（3）系统运行情况稳定，可靠性强。

（4）系统充分运用激光测距、AIS、监控抓拍、智能分析等信息化技术，实现了科技、创新、高效、实用的有机融合。

案例13 ▶ 北京市交通行业应急资源管理"一张图"可行性研究项目

项目名称：北京市交通行业应急资源管理"一张图"可行性研究项目

申报单位：北京市交通委员会安全监督与应急处

成果实施范围（发表情况）：搭建北京市交通行业应急资源管理"一张图"原型系统，在交通委应急处内部应用

开始实施时间：2018 年 6 月

项目类型：科技兴安

负责人：刘福泽

贡献者：乔 捷、刘 涛

一、背景介绍

暴雨导致的洪涝灾害是影响城市交通运行的重要因素。近年来，北京市汛期多次经历强降雨，道路积水、塌方等突发事件易发多发，做好防汛应急工作，是做好首都交通应急工作的重中之重。目前交通防汛应急工作信息化水平还不是很高，各类应急资源数据停留在纸面上，没能得到有效利用。同时，汛期各类突发事件的处置对指挥调度的时效性和科学性要求比较高。目前远

程调度处置仅仅依靠视频音频传输，缺少提供辅助决策的信息化平台，因此亟须建立相应的应急系统平台，以便更好地满足应急管理工作需要。

在上述背景下，交通应急资源管理"一张图"平台将作为交通应急管理的重要技术支撑，为提高普通公路、高速公路等处的相关突发事件的预防和应急处置能力，做好汛期指挥调度工作发挥重要作用。

二、经验做法

北京市交通应急资源管理"一张图"系统借助计算机技术、地理信息技术、云计算技术、物联网技术等，将分散在各级政府、各个部门的多种形式、不同来源的应急信息资源，根据实际应用的需要进行整体集成与组合，构成一个高效的应急信息资源管理系统，实现风险源管理的信息化、资源管理的可视化、应急响应决策的科学化以及事件后评估的规范化，全面提升风险防范能力和应急响应能力，为交通应急管理系统提供数据支撑，为领导、业务专家与工作人员提供智能化的信息技术支持服务。

系统采取B/S架构，服务器端安装Oracle或SQL Server等数据库，客户端浏览器通过Web Server和GIS Server同数据库进行数据交互。系统的数据是通过调研北京市交通委各部门，得到的2017年1月—2019年6月北京市交通行业突发事件、应急队伍、应急资源、地灾积水隐患点、下凹式立交桥、雨水泵站、视频摄像头位置等数据。

从交通行业使用者的角度出发对系统进行设计，根据与交通委多次研讨得到的结论，系统分为首页展示、事件应急、隐患点管理、资源管理、统计分析、信息简报6个子系统。

三、应用成效

1. 首页大屏展示

首页主要进行可视化表达和系统界面操作，在大屏上展示出北京市范围内突发事件、道路积水隐患点、地质灾害隐患点、道路视频摄像头、雨水泵站、下凹式立交桥的空间分布；对于刚上报的暂未处理的突发事件会进行报警提示，点击可定位查看具体信息；统计一周内发生的各类突发事件，并以图表形式展示；显示北京市内雷达图、降水图实时情况，点击相应按钮可放大查看过往6h的情况；点击图上各路段上的视频图标，可以调取该摄像头的视频流信息，查看该道路上的实际情况。

2. 突发事件应急

事件应急主要包括突发事件维护、突发事件定位、应急资源查询以及最佳路径分析功能。接报突发事件时，首先可以根据突发事件位置或者路段桩号进行事件定位，对其进行初报、续报、终报的操作，然后通过空间查询获取周边应急队伍驻点的信息，选择最适合的队伍驻点进行最佳路径分析，规划出最佳的路线，通知该队伍驻点负责人前往事件发生地进行处理。

3. 隐患点管理

隐患点管理主要包括隐患点查询、隐患点聚类分析、隐患点维护和周边资源查询。资源的查询分为事件查询和隐患点类型查询。隐患点可视化主要包括图层控制和挂牌显示。周边资源查询是统计一定范围内的应急资源来生成资源报表，以便评估。

4. 资源管理

资源管理主要包括应急资源查询、应急资源维护、驻点目录树建立和生成物资报表。资源的查询分为目录树查询和所选驻点的详情查询。资源的增删改则是基于数据库的操作资源数据。

5. 统计分析

统计分析主要针对过往的突发事件进行总体情况统计、同比和环比分析、原因分析以及地域分布分析。可以根据日期类别等条件筛选出相应数据，以报告+图表的形式导出，便于工作人员进行月度季度统计，提高了工作效率。

6. 信息简报

信息简报主要包括简报上传下载、关联网站跳转、登录日志管理和权限管理。其中，简报上传下载是为了上传有关气象、突发事件文件。关联网站跳转是为了方便处置突发事件时，查看相关网页。利用日志管理功能可以管理登录系统的用户，进行权限的设置，并记录相应的登录信息。

四、推广建议

（1）交通行业应急资源管理"一张图"系统整合了2017年1月—2019年6月间北京市交通行业突发事件、应急队伍、应急资源、积水隐患点、下凹式立交桥、雨水泵站、视频摄像头的应急资源数据，可以以此为例对北京市的所有应急资源进行整合，构建覆盖北京市应急资源的"一张图"，提高北京市交通安全和应急保障能力。

（2）针对交通行业突发事件，应急资源管理"一张图"系统形成了一套"事件接报-周边队伍驻点查看-最优路径分析-音视频指挥调度（待开发）-事件续报-事件终报-存储到云数据库"的处置流程，可以对该流程进行推广，加快智慧城市、智慧交通的建设步伐。

应急资源管理"一张图"系统从系统实现的角度进行应急资源的分类，根据日常工作与行政决策的处置过程不同而进行应急资源的可视化展示，因此分类过程要将理论知识与实际开发经验相结合，以增加系统可操作性和实效性。例如系统将高速道路视频接入地图，使相关工作人员在查看突发事件的同时可以调取周边监控，方便指挥调度。又比如系统增加了桩号解析功能，可以将路政行业的桩号里程快速方便地转换成地图上点的经纬度，方便相关工作人员查看与指挥调度。

五、应用评估

项目实施时间：2018年6月上旬至今。

项目实施情况：使用中。

项目实施范围：北京市交通委应急处内部

应用。

项目实施成果：包括交通行业应急资源管理"一张图"可行性研究报告和交通行业应急资源管理"一张图"原型系统。

项目实施成效：应急资源"一张图"系统将分散在各级政府、各个部门的多种形式、不同来源的应急信息资源，根据实际应用的需要进行集成与组合，形成一个高效的应急信息资源管理系统，实现风险源管理的信息化、资源管理的可视化、应急响应决策的科学化以及事件后评估的规范化，全面提升相关部门的风险防范能力和应急响应能力，为交通应急管理系统提供数据支撑，为领导、业务专家与工作人员提供智能化的信息技术支持服务。

项目未来努力方向：

（1）处理突发事件时，增加远程视频指挥调度功能；

（2）增加对北京市突发事件分布的安全态势分析；

（3）增加基于应急资源分布的风险区域评估；

（4）增加根据应急预案对突发事件等级进行初判的功能。

依托安全责任属地化
打造立体化安全监管

基本信息

项目名称：依托安全责任属地化 打造立体化安全监管

申报单位：上海市闵行区交通委员会

成果实施范围（发表情况）：上海市闵行区

开始实施时间：2018 年 1 月

项目类型：安全管理

负责人：喻永乐

贡献者：金新其、顾新晓、姚秀权、张佳伟、梁锦胜

案例经验介绍

一、背景介绍

1. 现有安全监管体系运行不畅

上海交通行业企业监管体系不够完善，在市级层面，一般由市交通委下属事业单位进行监管；在区级层面，一般由区交通委下属事业单位进行直接监管；安全监管干部一般以兼职为主。区内各街道和各镇一般不参与交通行业企业安全监管。这样的监管架构，难以满足横向到边、纵向到底的监管要求。

2. 监管对象庞大与监管人员缺乏的矛盾突出

上海市闵行区有254万人口，面积为373km²，闵行区交通委承担着全区的交通基础设施建设、交通市场监督管理、综合交通规划编制、公路市政道路管理等工作，工作面广、工作量大，工作要求还越来越高。而区交通委机关仅有26个公务员编制，安全监管科2名公务员，5个基层单位仅有10位工作人员专职或兼职负责安全工作，需要监管3291家交通行业企业。区交通委下属区运管所货运科仅有6位工作人员，平时需要承担办证、复审等十分繁重的业务工作，还需要监管2593家货运企业安全工作，人力资源十分紧张。

3. 安全监管底数不清

由于种种原因，普通货运企业通常在其道路运输经营许可证4年有效期到期后才办理续期手续，在这4年中，有些企业可能已经不再经营货运业务，有些企业搬到了外区甚至外地经营，有些企业甚至已注销。这就造成了很多交通行业企业底数不清、情况不明。

二、经验做法

闵行区交通委下发《闵行区交通委员会关于调整闵行区交通委员会2018年安全生产（消防安全）委员会成员单位的通知》（闵交安〔2018〕4号），首次正式将各街镇对口部门负责人纳入交通委安委会。各街镇（工业区）明确了分管领导、安全对口部门、具体监管干部，委安委办印发了通讯录。2018年初，区安委会把交通行业近4000家企业名单全部下放到各街镇（工业区），进行属地监管；同年9月份，把闵行区在建市政工地清单也全部发放给街镇落实属地监管。

1. 全面推进"一企一档"工作

"底数不清、情况不明是最大的隐患"，摸清底数是最基础的安全工作之一。闵行区交通委安委办起草下发了关于推进"一企一档"建设的文件，要求各街镇（工业区）全面督促企业建立"一企一档"。各街镇（工业区）工作人员根据区交通委下发的清单，一一通过电话联系企业，有些企业甚至要联系十几次才肯配合建档工作。有些街镇工作人员赶到宝山、嘉定等外区，上门搜集建档资料。有些街镇还借助街镇安监所、交警等其他部门的力量，共同推进建档工作。建档过程中，发现不少货运企业失联或者不肯配合，闵行区交通委安委办就把1400家相关企业列入运政业务平台黑名单，直到企业配合街镇建立企业档案后，才将其移出黑名单。2018年11月28日，委安委办组织力量对各街镇（工业区）"一企一档"工作进行了验收，除了货运企业外其他企业都完成建档，安监平台也已录入1600家企业的

信息。

2. 实现企业登录、查询信息化

"一企一档"工作推进力度大，获得了很多企业的书面信息资料，但通过原始方式查询企业信息不是长久之计，而新投资开发一个平台不仅耗资巨大而且周期长。闵行区委安委办工作人员获悉当时的区安监局有监管平台后，2018年3月多次去当时的区安监局协商沟通在对方的平台上录入交通行业企业安全信息事宜。经过多次协调，该局终于同意在安监平台上增设交通行业模块，在该局法制科牵头协调下，闵行区交通委安委办工作人员与平台设计单位进行了对接，提出了详细的平台升级需求，现具备了基本信息录入、分类统计查询等功能。这也是全市首个录入交通行业企业安全信息的区级平台，得到了市交通委安监处领导的点名表扬。

3. 印发年度检查计划并进行闭环管理

闵行区交通委印发了《闵行区交通委员会关于制定年度安全生产监督检查工作计划的通知》，对交通系统年度检查进行规范化管理。各街镇、工业区每月至少对辖区内的5家交通行业单位开展安全检查；交通运输管理所每月至少对列管范围内的15家交通行业单位开展安全检查；交通行政执法大队每月至少对列管范围内的10家交通行业单位开展安全检查；市政工程管理所、公路管理所、航务管理所和交通工程建设安全质量监督站每月至少对列管范围内的5家交通行业单位开展安全检查。根据闵行区交通委下发的年度检查计划，委属单位、各街镇（工业区）一年累计检查1453家企业。闵行区交通委安委办督促各单位每月上报当月安全检查情况，下月上报前月检查隐患闭环管理情况。

4. 建立全市首家区级专家库

组建了交通行业安全专家库。专家库按不同专业领域分为客运、危险货物运输、汽车维修、道路养护、港口航运、停车场库、普通货物运输及综合共7个专业组。最终31位安全业务水平突出、实践经验丰富的专家入选闵行区交通行业安全生产专家库。定期选取专家库里的专家担任培训安全干部，随同闵行区领导、闵行区交通委领

导进行安全检查，接受闵行区交通委安委办决策咨询等工作。

三、应用成效

1. 构建了立体式监管体系

闵行区范围内，本来只有区交通委科室及5个委属单位在监管交通行业企业安全，现在各街镇（工业区）都有了对口管理部门，监管体系发生了质的变化。从平面式的"监管网"转变为立体交叉的"监管网"。

2. 监管力量增长

交通行业企业安全监管属地化后，有些街镇（工业区）是一个部门在监管，有些街镇是两个部门在监管，据统计现全区共有46位工作人员从事交通行业企业安全监管工作，是过去的监管人员的近4倍。通过建立专家库，为加强安全监管提供了更好的智力支持，实现了监管力量的多元化。

3. 企业底数、情况更加明晰

通过推进"一企一档"工作，对4000多家企业排查梳理，梳理出700多家无效企业，它们要么已经注销，要么不再经营，或者在监管力度加大后注销了经营许可证。在安监平台搭建交通行业模块后，各街镇、各交通企业数量一目了然，各企业安全人员持证情况、特种设备情况、车辆情况一清二楚。

4. 企业检查覆盖率明显提高

2018年共检查了1453家企业，2019年度检查计划也安排了1432家企业，每年检查企业数量占全部企业数量的50%左右，远远高于往年10%~20%覆盖率。

5. 监管信息查询更加便利、高效

现安监平台已录入约1600家企业的基本信息，通过查询安监平台，既可以查询某个企业的基本情况，也可以统计分析全区交通行业企业安全干部持证情况、安全标准化达标情况、特种设备检验办证情况、运输企业车辆情况。

四、推广建议

一般而言，直辖市交通行业企业较为集中，街镇机构配备较为完整，建议在直辖市区级管理部门推广闵行区交通委的做法。

五、应用评估

上海市闵行区交通委推进交通行业安全（街镇）属地化完善监管系统这一创新案例，取得了预期效果，得到了市交通委、区安委办领导的肯定和表扬，《闵行报》也进行了宣传报道。但还存在着以下问题。

（1）街镇监管人员问题。有些人员没有事业、公务员等编制，报考执法证存在障碍，没有执法证等证件，有时企业不太肯配合。

（2）街镇企业管辖权问题。有些企业在本区注册，但在外区甚至外地经营，街镇监管人员是否可以跨街镇、跨区执法检查存在着较大争议。

（3）安监平台的权限有待扩大。目前正在进一步协调区应急管理部门，增加检查、复查记录功能，以及重点企业自查、事故统计分析等功能。

危险货物安全生产信息化服务平台

项目名称：危险货物安全生产信息化服务平台

申报单位：大连集发南岸国际物流有限公司

成果实施范围（发表情况）：大连集发南岸国际物流有限公司危险品场站及相关客户、码头、船公司、监管部门

开始实施时间：2018年1月

项目类型：科技兴安

负责人：章冬岩

贡献者：唐传斌、强　雷、迟玉章、连世聪、庞德群

一、背景介绍

大连集发南岸国际物流有限公司（以下简称"集发南岸"）管理一个危险货物专业场站，危险货物的不稳定性及操作复杂性决定了需要对危险货物进行特殊的货物堆场管理。危险货物的库区及堆场，由于其装卸、堆存货物的特殊性，更需要建立完善的规划体系。危险货物场站是特殊的货运物流场站，在满足生产活动和客户的需求的同时，必须将安全管理工作信息化、智能化课题纳入整体系统设计，以客户、危险货物为核心进行安全管控，为客户提供安全高效的链条式物流服务，为监管部门提供可视化的全程物流安全监管。

大连集发南岸国际物流有限公司是大连港集装箱全资子公司，场地定位为大连口岸危险货物进出口的后方堆场，担负整个地区的危险货物、集装箱物流职能。

危险货物是具有易燃、易爆或具有强烈腐蚀性的化学物品，其生产、使用和存储的过程均涉及安全问题。在履行口岸危险货物物流职能、为客户提供高效便捷的服务同时，必须保证危险货物的仓储、运输、监管过程绝对安全。

二、经验做法

危险货物场站的生产活动核心和安全核心是危险货物，一切生产活动和安全管理活动都要以货物特性出发。集发南岸以多年来积累的危险货物大数据为核心，包括理化特性、操作须知、包装、运输、仓储、作业工艺、主要危险性、应急处置办法、历史作业数据等，作为整个服务体系的数据基础，借助信息化手段，在生产、安全管理、客户服务方面，建立信息化管控体系，打造以货物和客户为核心的全链条服务平台。

（一）建立以安全为核心的危险品场站专用操作系统

在生产方面，不同于一般的场站生产系统，集发南岸针对危险货物场站，建立了以危险货物为核心的生产操作系统。系统全面涵盖了所有业务点，实时跟踪操作数据，实现"所有业务数据化，所有数据业务化"，任何一种业务都有数据进行支撑，任何时候都可以从系统获取所需要的信息。业务委托模块与计划模块、智能大门模块、场地无线操作模块，形成了完整的业务和系统操作闭环。

在财务计费方面，系统中内置了所有协议和计费规则，与操作系统动作和业务类型一一对应，在实际业务中与现场计划、操作、检查桥信息对接，做到了计费自动结算，实现了高效操作和内部管控（图1）。

大连集发南岸国际物流有限公司通过建立完善的危险货物储存系统，结合场区内无线终端操作，实现场地仓库及堆存区货物图形化显示方式，达到快速查询数据的目的。操作人员只须将光标悬停在场图中的集装箱上，即可实时获得场内集装箱的箱号、货物名称、位置、货物类别、来源、应急联络人及电话等信息（图2）。系统通过数据传输，可直接在控制中心的大屏幕显示，所有信息一目了然。

图1 系统财务计费界面

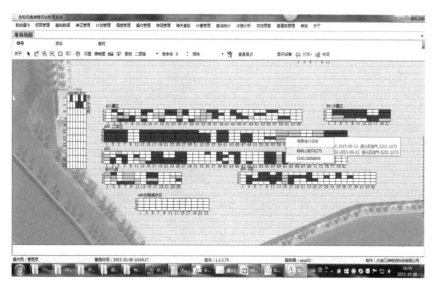

图2 图形化可视界面

分类显示功能可按不同集装箱层数进行分类实时显示，也可按不同危险货物类别进行分类实时显示（图3）。需要注意的是，这里的分类显示，是一个操作模块，用户可根据自己的需求调整所要显示的类别，同时自定义所需显示的颜色标识。

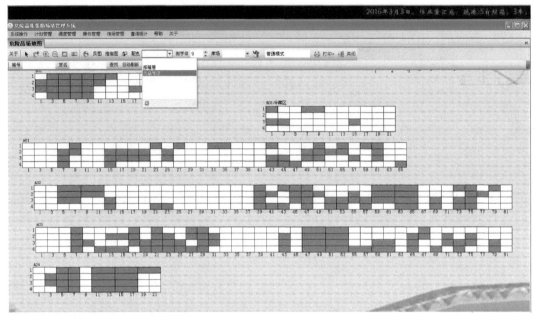

图3　分类显示功能示例

系统全面接入海关、检验检疫、海事、港口局、码头、船公司等的数据接口。所有进出口操作在系统中以电子监管指令进行校验。同时，对于危险品操作数据、场站实时操作情况，与集团、政府监管部门进行实时共享。

系统对所有操作数据进行分类归档和分析，根据需要自动生成各类报表，提供危险品操作大数据。

系统将计划、调度、仓库作业、现场操作、车辆、检查桥的信息完全打通，涵盖所有日常业务操作。计划部门的作业指令直接发送到现场作业模块，现场人员按照电子化作业指令清单进行实际操作（图4）。根据危险货物作业特点，系统内置针对危险货物作业的拍照、拆装箱、安全要求，形成系统规则，规范作业。

图4　现场采用手持无线终端进行操作

（二）安全生产管理全面信息化

在安全生产管理方面实现全面信息化。在实际安全生产管理中，集发南岸具备多种安全设施、设备，进行了多项安全设施、设备基础建设，贯彻执行了大量安全生产规章制度，在安全管理，尤其是危化品仓储运输作业管理方面积累了大量的经验和数据，形成了一整套安全生产管理体系。

以此为基础，集发南岸策划将所有的安全基础设施、安全制度、管理理念，结合现场业务数据及危险品货物动态，特别是集发南岸总结归纳的所有危品货物的安全理化性能数据，利用智能化信息技术，归纳安全制度，使安全审批和监管工作流电子化，打造了一套集成的可视化安全生产信息系统，把所有的安全生产管理要素纳入进来，全面整合硬件、软件、流程、制度，使所有安全要素有机结合，实现安全生产管理的可视化、模块化，形成一个综合的智能化动态安全管理信息平台，其系统架构如图5所示。

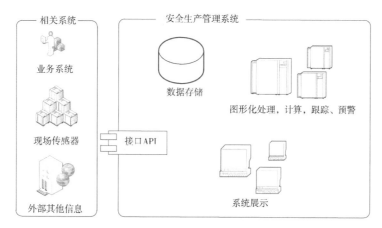

图5　安全生产管理平台系统架构

同时，集发南岸利用互联网和移动计算技术，为客户提供全链条、一站式的物流跟踪服务，为监管部门提供安全监管数据依据。

作为整合一体化的安全生产管理平台，平台包含以下模块：

1. 图形化实时场地信息监控

将电子照片地图、电子矢量地图实时迭代入系统场区图，同时将安全装备、应急物资库及物资、作业岗位、疏散集结地、卡口、污染物收集设施（环保设施）、堆场库房信息、消火栓、建筑物等各种信息实时迭代到系统场区图上，实现在日常监护、应急指挥作战时的人员及资源快速调动、现场状况掌控、人员疏散、交通疏导、污染控制等辅助功能。

2. 数字监管平台

平台与场站系统业务数据有机结合，实时迭代各类安全信息。把所有智能设备、安全设施、监控设施统一接入一个图像化平台中，实时更新数据，操作系统不同权限显示不同的信息布局。

平台中主要涵盖如下信息：

（1）消防设施、工控设施信息；

（2）作业数据信息，包括集装箱号，货物信息等；

（3）MSDS 信息；

（4）视频监控信息；

（5）周界报警相关信息；

（6）温度信息，由红外测温系统获取。

3. 文档管理

统一收集存放各类政府文件、公告、公司发布的各项日常安全生产管理规定，各类安全技术文档，以数据库形式分类进行存储，方便调用查阅。

建立员工安全教育电子档案，存储培训课件。案例分析、事故处理报告、安全统计信息等均公开，供相关人员查阅。

4. 工作流

实现现场巡检、安全检查、安全资质管理等日常安全生产管理工作的电子化流程。

建立安全生产日常管理工作流信息系统，实现管理数字化、流程化、模式化，同时将数据纳入数据库，智能化提取数据，进行多维度统计分析，为安全生产管理决策提供数据支撑，逐步建立安全管理大数据。

5. 应急管理

异常情况下，系统自动触发报警，自动调阅相关的处置方案和处置流程，提供相关的安全操作、集装箱货物信息，并在系统中自动集成到一个界面，可供统一查阅、分发，提高应急反应速度。

6. 监控系统

建立完善的监控系统，对场站进行实时监控（图6）。

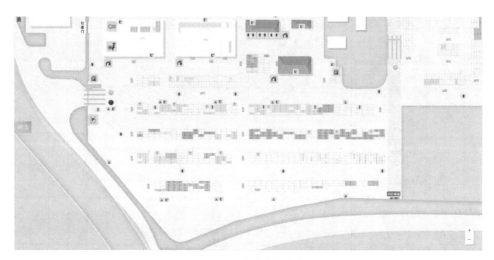

图6　监控系统界面

（三）利用互联网、移动计算技术，建立全链条的危险货物经营服务平台

在安全信息系统、场站操作系统的基础上，利用互联网技术，给客户提供业务办理服务，重点聚焦网上危险品三级审批、网上预约送箱服务（图7）。利用移动计算技术，在移动端为客户提供危险品审批进度查询，实时跟踪、查询货物、集装箱当前运输状态。实时推送相关订单信息，个性化定制移动信息服务。

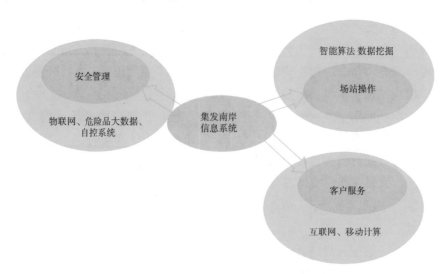

图7　集发南岸危险货物经营服务平台

1. 危险品出口货物三级评估系统

将现有人工三级评估业务流程"翻译"为系统操作，依托互联网技术和移动计算技术，推出了客户网上三级评估系统（图8）。该系统以货

物评估为线索，由客户发起，各职能部门顺次参与，使整个三级评估流程电子化。该系统将客户和公司各部门审核人员从繁重的审核工作中解放出来，极大地提高了工作效率，整个流程清晰简洁。系统内置了客户资质、危险货物数据库，审核结果准确，并且有章可循，有据可查。

图8 危险品出口货物三级评估系统界面

用户在评估审批通过后，可以直接在网上预约系统界面（图9）对该批货物进行送、提货预约，指定操作日期、车队、操作人，直接接入集发南岸场站系统，生成送提货计划，并进入计费、现场作业环节，形成一个完整的业务闭环。

图9 网上预约系统界面

2. 移动端服务体系

依托场站系统和预约系统，集发南岸进一步开发了基于移动计算的客户服务系统，做到全方位的信息覆盖。客户通过访问集发南岸微信公众号，可以随时随地查询到货物在场地内的作业、堆存、查验信息以及三级评估进度。

三、应用成效

1. 经济效益分析

通过信息化方式大大节省操作成本，同时可推动危险货物堆存行业整体效益向安全可控、降低成本损耗方向发展，提升企业核心竞争力发挥重要的作用。实现全过程的物流跟踪，为客户提供一站式的危险品物流服务。

2. 社会效益分析

（1）通过（数据）图形化系统，简单直观地展示操作现场的危险品货物堆码情况，降低了人工协调成本，减少了场地操作的繁复工艺。实现对危险货物操作的实时掌控。

（2）依托动态数据，向客户开放货物的性状、位置、业务、收费状态，客户可以通过移动端全程跟踪交运的货物，在保证货物安全的同时，提供高效便捷的服务，履行集发南岸的危险货物物流职能。同时，为相关安全监管部门提供实时、可视化监控数据，保障安全监管的实时有效。

四、推广建议

（1）多维度深入研究挖掘和应用危险品大数据，研究危险货物操作流程和工艺，为安全管理、生产经营提供数据保障。

（2）引入更多物联网技术，扩展数据感知范围，继续提高系统集成度和智能化程度。

（3）充分利用互联网和移动计算技术，加强与外部的数据联动，关注网络化信息服务。

五、应用评估

作为区域性危险货物场站，集发南岸依托现代信息化技术，动态连接软硬件系统，以信息技术管理生产场所要素和危险货物，接入实际业务数据，实时监控所有货物和安全设施动态，结合危险品大数据，做到全方位、多角度、高时效的安全监管。同时将安全管控工作纳入电子工作流，全面实现了危险货物场站安全生产管理的信息化、集成化，全面提高了安全预警范围和时效性、准确性，重新梳理繁复的危险品操作流程，在保证安全操作的前提下，通过快捷顺畅的一站式的操作系统，为客户打造了方便、快捷的智能化服务通道，形成一体化安全生产管理经营平台。

▶第二篇

重点推荐案例

基于行车安全的隧道入口减光构造物与减速标线设计方法及工程应用

基本信息

> **项目名称**：基于行车安全的隧道入口减光构造物与减速标线设计方法及工程应用
>
> **申报单位**：云南武倘寻高速公路有限责任公司
>
> **成果实施范围**（发表情况）：武倘寻高速公路东西向长隧道入口，目前减光构造的设计方法已有国家发明专利 1 项，论文 2 篇
>
> **开始实施时间**：2018 年 6 月
>
> **项目类型**：科技兴安
>
> **负责人**：孙武云
>
> **贡献者**：彭余华、李俊锋、王　珏、范新荣、解　斌

案例经验介绍

一、背景介绍

国内外研究与实践表明，公路隧道入口段一般是交通事故的多发地点，其事故率是隧道内事故率的 2~3 倍，远高于其他一般路段。车辆驶入隧道过程中驾驶人会经历剧烈的光照强度变化，这种由空间和环境的剧烈变化所形成的"黑洞效应"，会导致驾驶人难以辨别前方交通信息和路面状况，易引发交通事故。

目前，我国隧道入口减轻或消除"黑洞效应"的常见做法是入口段设置加强照明，或是采用植物减光和削竹式洞口等，但收效不大。而隧道入口设置减光构造物、减速标线等措施共同作用可较大程度上减轻"黑洞效应"，从行车安全性、舒适性及节能降耗的角度出发，隧道入口段进行一定的减光设计非常必要，符合"资源节约、节能高效、安全提升"的绿色公路建设理念，对于建设平安交通和实现公路建设健康可持续发展具有重要意义。

二、经验做法

1. 隧道入口"黑洞效应"实车测试与数值表征

调查驾驶人对"黑洞效应"的感受程度并进行量化分类是减轻"黑洞效应"的前提。

首先，将驾驶人的明暗感受初步分为"非常暗""比较暗""一般暗""舒适"4类，实车测试晴朗白天云南省多条高速公路4、6车道的隧道入口驾驶人视点照度数据。

其次，针对驾驶人在分类临界值附近可能会出现分级模糊进而导致难以正确判断"黑洞效应"的感受所处类别的情况，采用Fisher判别法对试验结果进行处理，构建优化模型来概括分类之间的差异，使得初步的模糊视觉感受等级分类借助数据分析技术获得更准确的分类标准，进而对实测照度数据进行重新处理归类，从而得出更合理的明暗感受分级。

最后，分别以隧道洞内外驾驶人视点照度值为对象，分析4、6车道隧道入口处单位时间内驾驶人视点照度变化幅度，建立驾驶人明暗感受分级与视点照度变化之间的关系，实现了隧道入口"黑洞效应"中驾驶人明暗视觉感受的分类数值表征。

2. 隧道入口光环境测试方法与减光构造物光环境设计基本参数

某隧道入口光环境测试是将一年四季分为夏季、春秋季、冬季三个环境照度强度类别，每类选择10~15个晴朗白天的10：00—16：00（东八区）时段，以中国典型小汽车为测试车辆，将照度计的光度头固定于车内驾驶人视点高度处并与视线方向一致，测试隧道入口前方不同位置处驾驶人的视点照度，以0.2s时间间隔（心理学试验中常用最小视觉刺激时间，与照度计记录数据时间间隔相同）记录照度计所测数值。

减光构造物光环境设计基本参数涉及：驾驶人明暗感受标准、控制速度、始端照度设计参数E_{out}、末端照度设计参数E_{in}。驾驶人的明暗感受标准选取由"黑洞效应"明暗感受标准中对应的舒适阈值；根据车道数及路段限速不同，选择进入隧道的控制速度，6车道一般为80~100km/h；

始端视点照度参数根据实车试验所测隧道入口驾驶人视点照度的变化，分析出基本不受隧道影响的位置作为始端计算位置，再将此位置利用光环境测试所得的数据进行排序，选取90%~95%对应的照度值作为减光构造的始端视点照度设计参数E_{out}；末端视点照度设计参数则以实测的隧道照明开始位置处的试点照度为基准，按"黑洞"效应感受为舒适的阈值，结合隧道洞口至照明开始位置的距离，推算得洞口断面的照度数据。

3. 基于Ecotect减光构造物内渐变光环境仿真与透光率参数组合

在大量光环境仿真基础上，遮阳棚始端透光参数$T_{始} \geq 0.7$时，遮阳棚内视点照度降低的效果不大，遵循"功能满足、色彩协调"的原则，初定一种遮阳材料透光参数组合方案：初始段遮阳材料透光参数$T_{始}$=0.4~0.6，末尾段透光参数$T_{末}$=0.1~0.2，相邻遮阳材料透光率之间差值< 0.3。对首尾差值≥ 0.3的透光参数组合增设中间段遮阳材料，采取内插的方法确定其透光参数大小。

在确定遮阳棚长度时，需首先在初始长度及分段的基础上进行遮阳棚全长内光环境仿真，若不满足驾驶人"黑洞效应"感受标准中"舒适"的阈值，则以每分段1m的步长依次增加遮阳棚长度，再次进行光环境仿真直至驾驶人适应良好，以此得到不同视点照度、控制速度条件下的遮阳棚长度（图1、图2）。

4. 钢拱骨架—PC板组合式遮阳棚施工工艺

1）遮阳棚材料选型

从施工方便性角度出发，考虑风载、雪载、自重等因素，遮阳棚的承重骨架拟采用HW200×200型钢。

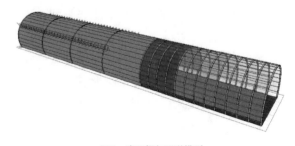

图1 遮阳棚与隧道模型

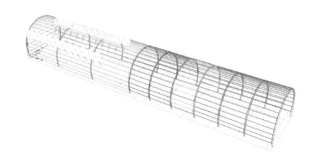

图 2　隧道内灯具布置图

进行遮阳板材料规格类型市场调研与功能特性选型，选择符合透光要求及价格、力学性能、耐久性较好的材料作为隧道入口遮阳棚的遮阳材料。

2）遮阳棚结构设计

依据外（风、雪）荷载、结构自重、遮阳板的抗拉强度，确定承重骨架的间距、断面尺寸及遮阳板的厚度与形式。从标准化施工角度考虑，遮阳棚的肋板间距拟取固定值 4m，相邻的肋板之间用连接杆进行连接，连接板的长度与肋板间距保持一致。遮阳板铺设在钢拱架 + 连接杆上，主要承受风压和雪压。

3）遮阳棚施工工艺

遮阳棚上部主要由钢拱架、钢柱和 PC 浪板三个部分组成。

5. 隧道入口减速标线选型及与减光构造协同设置

常用的减速标线有横向减速标线、纵向减速标线、鱼刺形减速标线，使用 uc-win/road 建立公路隧道入口模型，在隧道入口处分别添加三类减速标线的多种方案，邀请 10 名拥有 2 年以上驾驶经验的中等技术驾驶人员进行动态仿真测试，记录在限速 90km/h 和 100km/h 时的视认距离、降速段长度和车速降低率，以车速降低率为主要评价指标，综合分析各减速标线降速段长度和视认距离，得出降速效果排序。

三、应用成效

隧道入口设置一定长度的减光构造后，明显改善了晴朗白天公路隧道入口的"黑洞效应"，并且为降低隧道入口加强照明创造了条件，有望实现运营安全与节能减排的双重效果。

四、推广建议

目前，本单位拟对云南省部分公路隧道入口实施减光构造等措施，但不同地区的光照水平、隧道入口的控制速度有较大差异，应因地制宜地推广使用。

五、应用评估

本项目针对受"黑洞效应"影响较为严重的东西走向隧道入口进行布设，目前减光构造的设计方法已获得国家发明专利 1 项：《一种隧道入口遮阳棚渐变光环境设计方法》，有关减光构造的公开发表论文有《毗邻隧道洞口遮阳棚光环境及二次污染数值模拟研究》《阿鲁伯隧道入口遮阳棚设计》。

本单位开展的"基于行车安全的隧道入口减光构造物与减速标线设计方法及工程应用"，贴合应用实际，满足隧道安全防范要求，"人防"和"技防"相结合，落实了加强隧道安全的责任，对降低交通事故、保障人身安全起到了重要作用。

案例 2 ▶ 甘肃省高速公路运营管理危险源辨识和风险分级管控工作指南

基本信息

> 项目名称：甘肃省高速公路运营管理危险源辨识和风险分级管控工作指南
> 申报单位：甘肃省高速公路局
> 成果实施范围（发表情况）：甘肃省高速公路运营系统
> 开始实施时间：2018 年 6 月
> 项目类型：安全管理
> 负责人：张军仁
> 贡献者：郭文军、耿永锋、师传琛、董玉宝、丁　宁

案例经验介绍

一、背景介绍

2016 年 12 月 18 日，中共中央、国务院出台《关于推进安全生产领域改革发展的意见》，明确提出建立安全预防控制体系。随后，各地各部门就安全生产领域构建风险分级管控和隐患排查治理的"双重预防"体系进行有益探索。甘肃省高速公路局以此为指导，顺势而谋、择机而动、围绕全省 4242km 高速公路安全运营，坚持源头防范、系统治理，认真总结历年来全省高速公路运营过程中安全生产方面所积累的有效做法和实

践经验，对涉及"人""车""路""环境"的安全风险进行系统排查，组织专门工作小组和编纂人员，搜集大量素材、历时半年予以反复整理、修订，在前期形成《甘肃省高速公路运营管理危险源辨识和风险分级管控工作指南》（以下简称《工作指南》）初稿基础上，组织省安监局、省交通运输厅及厅属其他 5 家行业局有关领导、专家、召开评审会议对《工作指南》进行评审，最终定稿并汇编成册，并在全省高速公路运营系统推广运用。

二、经验做法

一是建制度。探索建立了全省高速公路运营系统《安全生产风险管理办法》《生产安全事故隐患排查治理办法》《隧道安全运营指导意见》等制度，以制度为准绳、为基础，构建全省高速公路运营系统安全生产领域"双重预防"体系。二是查风险。《工作指南》结合高速公路运营实际，从收费管理、隧道管理、清障救援、车机安全和内保治安等五个方面着手，梳理了安全生产工作中的426条易发风险点，并进行了评估，提出了切实可行的防范措施，明确了当前高速公路运营中16个岗位的安全操作规程。三是成体系。按照当前甘肃高速公路局—处—所—站四级收费运营体系，应急救援中心—清障救援大队—清障救援中队三级救援体系，明确不同层级、不同工作内容、不同工作岗位在日常安全管理中的安全风险点及管控措施，最终形成系统性、全方位的高速公路运营管理安全风险分级管控体系。

三、应用成效

一是具有创新性。《工作指南》集成甘肃高速公路运营管理危险源辨识和风险分级管控诸多方面，是全省高速公路运营系统构建"双重预防"体系以来，首部汇编成册、内容体系较为完整的工作规范；《工作指南》是高速公路运营管理单位开展安全工作的一本工具书，能够为各地高速公路运营单位在安全生产领域开展"双重预防"工作提供一个良器和参照。

二是具有实践性。高速公路运营具有点多、线长、面广的普遍性特点，日常安全运营管理中不同程度存在"看不清""想不到""管不到"

的工作难题，《工作指南》的编纂，争取尽可能最大化地将高速公路安全生产领域风险点查找出来并制订措施，切实解决了一线安全管理工作难题。《工作指南》内容结合了全省高速公路安全运营实际，能够切实引导各级人员更加全面、细致地抓好日常安全工作。

三是具有深刻指导意义。《工作指南》将高速公路运营当中的安全风险逐一建档入账，将危险源和风险点进行全面辨识和分级管控，力求探索出高速公路运营领域安全风险分级管控的一套务实管用的好方法，力求达到人人重安全、人人知风险、人人懂防范的目的。

四、推广建议

建议在从事高速公路运营管理的机构和人员中予以推广。

五、应用评估

《工作指南》于2018年6月编纂完成，已在全省高速公路运营管理系统9个高速公路处，38个收费所和14个清障救援大队及4个直属单位中实施。实施一年来，各级各部门结合岗位实际认真组织进行学习、按照《工作指南》中的防范措施强化安全风险分级管控。主要效果是：高速公路收费运营及清障救援一线职工的安全风险分级管控意识不断强化，一线职工在安全风险分级管控中有了实实在在的抓手；高速公路安全运营工作更加实现了"事后处置"到"事前预防"的有效转变；高速公路运营过程中的一线安全工作更加实现了抓早抓实抓细。按照危险源辨识和风险防控"全面、动态"的要求，在今后《工作指南》执行过程中，尚需不断总结经验并予完善。

案例 3 ▶ 晋阳高速公路牛王山隧道基于全向广域毫米波雷达的公路隧道运行安全精准监测及智能预警系统

基本信息

项目名称：晋阳高速公路牛王山隧道基于全向广域毫米波雷达的公路隧道运行安全精准监测及智能预警系统

申报单位：山西交通控股集团有限公司晋城高速公路分公司

开始实施时间：2017 年 11 月 16 日

项目类型：科技兴安

负责人：梁勇旗

贡献者：张　伟、卢拥军、窦新霞、贺晓利、车志英

案例经验介绍

一、背景介绍

随着经济社会的快速发展，晋阳高速公路通车 20 多年来，车流量不断增大，牛王山隧道经常出现严重堵车现象，2015—2016 年连续两年是全省事故率最高的隧道之一。牛王山隧道监控系统虽设置有视频事件检测器，但其覆盖范围仅涉及隧道出入口，且该系统是基于 CCTV 视频事件检测方式，极易受污染、振动、光线、气候等影响，漏报或误报率较高，检测效果很不理想，无法对隧道内发生的特殊事件进行准确检测，不能及时向过往车辆发送预警信息，极易造成二次事故。

二、经验做法

牛王山隧道毫米波雷达精准感知隧道运行安全动态监测及智能预告预警系统于 2017 年 11 月 16 日安装 1 套，并开始试用，经过对 2017 年 11 月至 2018 年 9 月共计 10 个月的数据进行统计分析，毫米波雷达精准感知隧道运行安全动态监测及智能预告预警系统共检测到特殊交通事件 5682 起，其中慢行车辆事件 3829 起、停车事件 1391

起、行人事件 462 起，经监控人员复核后，仅有 6 起误报事件，事件检测误报率可以达到全天（24h）＜1 起，而牛王山隧道内的视频事件检测设备同期检测误报率为 15.4%，充分证明了毫米波雷达精准感知隧道运行安全动态监测及智能预告预警系统检测的准确、全面、及时、稳定和可靠。

三、应用成效

经过一年多的测试和近半年的试运行，将晋阳高速公路牛王山隧道毫米波雷达精准感知隧道运行安全动态监测及智能预告预警系统的使用情况总结如下：

1. 受工作环境影响小

由于隧道内油污大、能见度差，视频检测系统极易因环境因素影响到检测的准确率，而毫米波雷达精准感知隧道运行安全动态监测及智能预告预警系统是通过雷达进行事件检测，基本不受环境和天气影响。

2. 实现预警联动，降低事故率

基于此系统运行的各项运行指标准确稳定，现已实现特殊事件的预告预警，在检测到隧道内发生特殊事件后，由系统自动在隧道口小型情报板发布预警信息，提示车辆慢行，从而减少交通事故的发生，安装此系统后，牛王山北线事故率下降 46%，真正为车辆的安全运行提供了重要保障。

3. 监控人员工作强度降低

在逐渐认可此套系统的高准确和可靠性后，隧道监控员也逐步降低了检测范围内的监控频率，从而减轻了隧道监控员的工作强度和工作压力。

四、推广建议

因公路隧道具有封闭、视线差、空间小、救援困难等特性，一旦发生交通事故，高速公路的通行能力和安全性都将受到影响，会对社会公众的生命和财产安全造成一定威胁。为进一步提升山西省高速公路的安全运营管理水平与道路通行能力，有效降低交通事故率与拥堵率，努力提高经济效益，建议在车流量大、事故率高的特长隧道推广使用该系统，提高特殊事件发现时效，减少交通事故发生频次，推进山西高速公路的智能化发展之路，助力构建安全、便捷、高效、绿色的现代综合交通运输体系。

案例 4 ▶ 雾区引导防撞系统推广应用

基本信息

项目名称：雾区引导防撞系统推广应用

申报单位：山西省交通科技研发有限公司、山西省交通运输安全应急保障技术中心（有限公司）

成果实施范围（发表情况）：2018年山西省高速公路雾区防撞系统安装完成58.75km，2019年预计安装87.01km的高速路段

开始实施时间：2018年9月

项目类型：科技兴安

负责人：梁 斌

贡献者：刘 晓、贾 磊、董旭明、周晓旭、戎 浩

案例经验介绍

一、背景介绍

由于"团雾"预测预报难、区域性很强，车辆难以提前得到通知或警示，等驾驶人意识到有雾的时候，车辆已驶入团雾中心，有时驾驶人刚从一团雾中出来，可下一团雾却又在不经意间降临，让人防不胜防，常常酿成重大交通事故，因此团雾被称为高速公路上的"流动杀手"。据统计，雾天发生交通事故的概率比平常高出几倍，甚至几十倍，因浓雾、团雾造成多车连续追尾事故屡有发生，造成严重损失。

此外，通过交通广播或其他的信息提示方式，无法对团雾内车辆行驶提供有效引导。

因此，设计一套完备的、能在团雾区域内对车辆进行引导的防撞系统，可以有效减少团雾引发的交通事故，减轻人员伤害，降低财产损失。

二、经验做法

团雾多发段雾区引导防撞系统，是按照固定间距连续安装的、可控智能诱导系统，由智能诱导装置、上位控制软件、通信链路、环境传感器组成。

智能诱导装置设置于中央分隔带和路侧成对安装，双向每个断面设置 4 套，纵向（行车方向）按照 20m 等间距布设，可以借道路护栏立柱安装。

能见度检测仪选址在既要能反映当地公路路面的气象状况，也要能代表周边一定范围内的自然状况的地点。监测点周边不应有高大林木、大范围稠密的灌木丛林和建筑物的阻挡；不受烟火源的污染，不邻近较大水体等。

上位控制软件安装于监控分中心管理计算机，与区域（现场）控制器进行无线通信，远程控制前端设备的运行策略，掌握系统的运行状态。该监控软件可以用于对外场设备的控制，控制权限属于辅助级，允许该计算机关机，该计算机关机以后控制权由数据预处理器自动接管。

三、应用成效

雾区引导防撞系统使用效果如下：

当路段内能见度大于 500m 时，区域内影响正常行驶的天气因素较小，因此黄色诱导灯、红色预警灯均处于关闭状态，设备处于低功耗模式，待机状态。

当能见度大于 300m 且小于 500m 时，区域内驾驶人视线受到一定程度影响，可通过加强道路轮廓，保证行车安全。系统进入道路轮廓强化模式，道路两侧黄色诱导灯开启常亮状态，通过高反差的灯光标示道路轮廓，红色警示灯一直关闭，有效引导车辆正常通行。

当能见度大于 200m 且小于 300m 时，区域内天气因素影响安全行车，系统进入行车诱导模式，自动开启黄色诱导灯并按照特定频率同步闪烁，闪烁频率默认为 30 次 /min，使用动态灯光提醒驾驶人小心驾驶，标示道路线形，引导车辆前行，红色警示灯一直关闭。

当能见度小于 200m 时，系统进入防追尾警示模式，无车辆经过时，黄色诱导灯闪烁；当有车辆经过时，在车后一段距离的黄色诱导灯转换成红色警示灯，车辆驶过一定时间后（由车距控

制策略确定），再由红灯切换为黄灯，红色警示区间会随着车辆向前移动，在车辆后形成一段尾迹灯光，尾迹灯光长度默认为 3 组 60m，警示后车避免驶入尾迹灯光区域，保持合理车距，以防止追尾等严重交通事故的发生。

四、推广建议

2018 年，山西省内高速公路团雾多发路段，雾区引导系统累计安装完成 58.75km。

2019 年将迎来更大范围的推广与安装，同时对已安装段落的雾区引导防撞系统的维护工作也将陆续开展。

五、应用评估

雾区引导防撞系统于 2018 年 9 月开始安装实施，截至 2019 年 3 月，系统已覆盖全省 21 个团雾路段，长度共计 58.75km。具体安装路段如下：

S50 太佳高速公路东段 K20+500~K25+500（5km）、太长高速公路路段 K825~K828（3km）、S46 忻阜高速公路路段 K3~K6（3km）、S66 平榆高速公路路段 K83~K86（3km）、S50 榆佳高速公路黄河大桥段 K214~K215+500（1.5km）、G55 二广高速公路路段 K443~K445（2km）、G18 荣乌高速公路灵山段 K1077~K1079（2km）、G55 二广高速公路路段 K487+500~K491（3.5km）、S40 灵河高速公路原神段 K161~K164（3km）、S46 五保高速公路路段 K161~K166（5km）、S50 太佳高速公路西段 K141~K143（2km）、G20 青银高速公路夏汾段 K902~K904（2km）、G20 太原绕城高速公路路段 K37~K39（2km）、S45 阳黎高速公路路段 K505+500~K507（1.5km）、G5 京昆高速公路太旧段 K438~K440（2km）、京昆高速公路平阳段 K55+900~K58（2.1km）、G2201 长治环城高速公路路段 K25~K27（2km）、S80 陵侯高速公路路段 K130+650~K133+130（1.5km）、G5 京昆高速公路侯临段 K726~K731（5km）、G22 临吉高速公路路段 K1006+600~K1010+050（3.5km）、S88 垣孙高速公路路段 K48~K51+100（3km）、S75 运三高

速公路路段 K99~K104（5km）。

目前，雾区引导系统安装部分路段已竣工验收，投入使用的雾区引导系统运行正常。

2019 年，雾区引导防撞系统预计安装 87.01km，同时针对已安装的雾区引导防撞系统维护等相关工作也将陆续开展。雾区引导防撞系统的产品升级、使用功能丰富等相关工作也将继续进行。

案例 5 ▶ 重庆交通运行管理平台

基本信息

项目名称：重庆交通运行管理平台

申报单位：重庆市交通运行监测与应急调度中心

成果实施范围（发表情况）：该系统已部署至重庆市交通局及下属的公路局、运管局、港航局、交通执法总队、质监局和部分区县交通局，应用于交通安全应急工作

开始实施时间：2014 年 7 月

项目类型：科技兴安

负责人：伍　跃

贡献者：张　驰、许天洪、曾　迪、郭晶晶、张　杰

案例经验介绍

一、背景介绍

为解决重庆市交通行业安全监管和应急管理工作中存在的信息不对称、协调联动能力差、应急通信保障能力不足、应急信息服务水平不高、数据服务安全应急能力不强等问题，实现对交通行业突发事件监测能力现代化，应急管理与决策科学化，突发公共事件预警预防与应急反应和处置快速化，全面提升服务行业管理、安全应急和公众出行的能力，实现应急事件信息报送和流转的便捷化，缩短信息流转的时间，保留信息最大价值；提高应急通信保障能力，确保应急事件处置"看得见、听得到、喊得应、调得动"；提高业务数据的统计分析能力，为交通行业安全应急工作提供强有力的数据支撑，重庆市交通局利用信息化手段打造了"重庆交通运行管理平台"（以下简称"平台"）。

二、经验做法

通过深入的需求调研，平台从安全应急实际

业务出发，分别开发了信息报送、应急通信、数据分析、出行服务等功能，实现了应急事件信息报送的扁平化、应急调度的可视化、数据分析的实战化、出行信息发布的便捷化，各个功能各自独立又相互融合协同，切实提高了安全应急工作的处置能力和信息化水平。

1. 信息报送扁平化

传统的层级化报送模式导致应急事件信息报送延迟，降低了应急响应速度和处置效率。为改变这一状况，平台通过扁平化的信息报送方式，实现了"一级报送、多级响应"。以平台处理高速公路交通事故为例，一线执法人员在事故现场通过平台应用程序（App）将事故情况以文字、图片、视频、语音等多种方式进行报送，大队、支队、总队各个层级的处置人员均可以通过该平台在同一时间获取事故情况，并根据情况在平台内下达指令，指挥事故处置，协同进行交通管制、车辆分流、信息发布等多种业务场景。如果事故涉及营运车辆，还可以在平台内将该事故信息同步分享给道路运输管理部门，共同参与事故处置。提高了信息流转的速度，增加了信息报送的手段，丰富了信息承载的内容。

2. 应急调度可视化

以往发生安全事故各级领导和人员不管距离远近，都要第一时间赶赴现场指挥处置。这既延长了处置时间，也降低了处置效率。为实现应急处置的可视化，提高应急处置的效率和能力，平台开发了音视频会商功能，利用该功能可以快速打通现场与会场的联系，将移动终端（手机、无人机）视频、车船视频、固定监控视频、会议室视频等多个视频画面组建在一个视频会议中，各级处置单位通过多画面的视频会议查看具体情况、沟通处置措施、下达处理指令，真正解决了应急事件处置"一呼百应、多方参与"的迫切需求，提高了应急事件的处置能力和应急通信保障水平。

3. 数据分析实战化

交通行业门类众多，涵盖工程建设、客货运输、道路养护等多个方面，每时每刻都在产生大量的业务数据，充分利用好这些海量数据，以安

全应急为出发点和落脚点，才能真正实现数据为交通行业安全应急服务。目前平台接入和整合了高速公路、交通执法、出租汽车等行业数据，通过建立数据分析模型，从不同的维度和角度对数据进行统计和分析，形成了不同门类和板块的交通数据分析专题，为交通安全工作的事前预防、事中监督、事后处置提供了科学有力的数据支撑和决策辅助。比如，针对交通事故频发的高速公路，平台专门开发了交通事故分析板块，结合路面车流量、天气情况、路段特征、时间、车型车道等多种因素进行关联分析，尝试发现交通事故呈现的规律、特征和异常，从而为高速公路管理提供科学的合理化建议和措施。同时平台还将运管、公安、高速公路、交通执法等部门的人、车、户信息进行整合，提供综合的信息查询，解决一线执法人员在安全工作中的数据需求。通过以上方式，不断提升数据辅助安全应急的水平和能力。

4. 出行服务便捷化

平台可以将应急事件中影响公众出行的道路拥堵、轨道故障、交通管制等交通出行信息，推送到交通网站、广播、热线、App 等媒介，以提高服务公众出行的能力，也从侧面缓解了事件现场的安全管理压力。

三、应用成效

1. 交通行业安全应急体系初步建立

经过持续不断的推广和培训，目前平台已覆盖所有涉及安全应急的交通局属单位和部分区县交通局，重庆市交通安全应急的信息化水平显著提升、应急事件响应速度和处置效率明显提高、业务数据辅助和服务安全应急的能力不断增强。近几年，重庆市交通安全应急工作，先后受到了交通运输部、市委市政府的表扬和肯定，其他省市交通同仁也多次来到我单位参观交流交通安全应急工作。平台还获得了重庆市交通科学技术奖奖励委员会颁发的"2016 年度重庆市交通科学技术奖"。平台的推广普及，畅通了应急事件信息渠道、丰富了应急事件信息资源、提高了信息使用价值，"协同处置、联勤联动、统一指挥"的综合应急体系初步建立。

2. 应急事件处置效率显著提升

"一报多响"的信息流转模式使得信息上报、批示下达、共享发布等各个环节更加顺畅和便捷。平台自2014年7月上线运行至今，共接到包括公路阻断、气象灾害、安全事故等各类信息超过17万条（日均百余条），通过各种渠道向公众发布出行信息万余条。"一呼百应"的可视化应急通信方式提高了应急事件处置和指挥能力，平台先后参与了包括"万州公交车坠桥""渝东北地区暴雨水毁""渝黔高速边坡垮塌"在内的多起高速公路交通事故的应急通信保障，真正实现了应急事件处置"看得见、听得到、喊得应、调得动"。

3. 数据服务安全应急的能力不断增强

数据分析既是评判安全应急管理工作的手段，也是改进管理措施的科学方法。平台整合了重庆市交通行业的海量数据，经过多次探索和尝试，以实际业务需求为导向，与技术背景深厚的单位深度合作，通过对数据的多维度、多条件、跨行业的关联分析，不断挖掘数据间可能存在的关联，我中心先后编写了《高速公路车流量与交通事故关联性浅析》《夜间禁行时段危化品车辆和营运客车违规通行报告》《夏季危化品车辆通行高速公路特征等与交通安全相关的数据分析报告》等上百份数据分析报告。我中心通过数据分析，尝试寻找交通安全相关事件发生规律，不断为交通安全应急工作提供合理化的措施建议。

四、推广建议

1. 以重要的应急事件为抓手，助力平台的推广使用

平台推广前期遇到不少阻力，各级人员对改变现有的工作方式、引入新的工作手段，始终抱有抵触情绪。为改变这一现状，我中心积极对接重庆市交通局安全监督处，让平台参与重要的应急事件处置，充分发挥平台在安全应急处置中的优势，经过几起重要应急事件以后，平台得到了各级处置人员和领导的认可，从而有效地推动了平台的推广和使用。

2. 平台的推广应有相关文件支撑

为配合平台在各个单位的推广使用，重庆市交通局先后出台了《关于加强全市交通行业突发事件信息报送工作的通知》《重庆市高速公路交通阻断（事件）信息报送规范》《重庆市交通运行监测与应急调度管理办法》等文件，通过上述文件规范交通行业各单位通过平台开展交通安全应急工作。较好地推动了交管平台在各个单位的推广使用。

3. 平台建设应紧抓主要需求，并根据用户合理化建议不断优化

为确保本平台能够落地使用，切实提高交通行业安全应急能力。平台开发前期先后自上而下和自下而上地进行了双向需求调研，从中找到共同需求和痛点，重点解决信息迟缓、指挥不畅、数据不用等长期存在的问题，并逐步完善各个单位在信息共享、数据查询、出行信息发布等方面的不同功能。从安全应急工作实际出发，既解决了机关单位在安全应急工作中长期存在的"信息不畅、眼耳闭塞"问题，也满足了基层单位在安全应急工作中的具体业务需求。同时，为不断完善平台在使用过程中存在的问题，调整和优化相关功能，逐步提高服务安全应急工作的能力。平台建立了问题和建议反馈路径，通过线上实时收集、线下实地走访、定期举办培训交流等方式，积极收集相关问题和使用建议，及时对平台系统进行版本更新，确保平台常用常新、越用越好。

五、应用评估

重庆市交通运行管理平台实现了工程可行性设计的相关功能和需求，为重庆市交通行业提供了一个集信息流转、应急通信、数据分析、应急管理、出行服务等于一体的综合安全应急业务系统。切实提高了交通安全保障、应急处置和运行服务水平，满足重庆市交通行业安全应急工作的基本需求。

还需要继续做好平台相关功能和模块的建设、完善，做到功能齐备；持续对数据资源进行整合优化，确保提供更加科学高效的辅助决策依据；加快系统运行体制建设，强化人员操作培训；确保平台稳定、高效、安全运行。

基于 FMEA 下的客渡船舶全生命周期风险管控方法

项目名称：基于 FMEA 下的客渡船舶全生命周期风险管控方法

申报单位：中国船级社

成果实施范围（发表情况）：中国船级社厦门分社客渡船检验工作

开始实施时间：2013 年 1 月

项目类型：科技兴安

负责人：林耿菁

贡献者：刘剑锋、周　聪、王朝阳、何骏杰、林百坚

一、背景介绍

交通安全是关系到国家和人民群众生命财产安全的大事。党的十九大报告指出："要树立安全发展理念，弘扬生命至上、安全第一的思想，健全公共安全体系，完善安全生产责任制，坚决遏制重特大安全事故。"厦门是国家级旅游城市，水上客运及旅游观光业较为发达，年客运量达 3500 多万人次，主要客运航线包括厦门至周边陆岛居民渡运以及鼓浪屿等旅游热门航线的客运。目前，厦门及漳州地区中国船级社在册登

记的客渡船总数约为 180 艘，其中乘客定额大于 100 人的船舶为 65 艘，主要集中在鼓浪屿等航线。如何更好地为人民群众的出行提供安全保障，助力地方旅游观光业的发展，一直是中国船级社厦门分社的工作方向，也是打造人民满意的交通，践行交通强国建设的体现。多年来，中国船级社厦门分社始终秉承"安全、环保，为客户创造价值"的服务宗旨，充分发挥船检主力军作用，将平安交通建设的要求有机地融合到日常船舶检验工作中，创新性地将 FMEA（Failure Mode and Effect Analysis）故障风险分析方法及全生命周期理论

的风险分析模型引入辖区客渡船检验和管理中，根据梳理出的客渡船安全运营风险，提出富有针对性的防控措施，形成了一套基于故障风险分析的客渡船舶检验管理机制，持续有效地保障辖区客运船舶的运营安全。

二、经验做法

厦门分社建立了以 FMEA 分析方法以及全生命周期理论相结合的风险管控方式，对客渡船从建造伊始直至报废注销所面临的各类风险源进行评估，站在船舶检验机构的角度，从减小风险发生的概率和降低危险事件发展为事故的概率两方面入手，提出了以下具体的风险防控措施。

1. 减小风险发生的概率

1）优化检验流程控制，提升检验服务质量

一是细化检验各环节工作控制，受理申请时确认船舶检验是否过期，船舶申请的检验类型是否满足要求，评审指派时对法规新生效的要求或需结合检验落实的专项行动内容进行评审提示，现场检验时要求执行验船师应在检验服务前做好准备和分工、检验中细致不漏项、检验完成后及时将书面整改清单一次性提交申请方，证书签发时确认全部缺陷整改满意后方可办理船舶检验证书，同时通过案卷分级测量、现场监控等方式对检验服务质量进行监控，保证检验过程依法依规。二是参照《长江等内河客渡船检验质量终身责任制暂行办法》的要求，进一步加强验船师在审图、产品、建造及营运等不同检验环节的协调配合，全方位地保证客渡船检验质量。

2）多措并举，持续提升辖区客渡船舶安全质量

一是严格按照平安交通专项行动以及针对客渡船舶开展的各类专项核查的要求，制订工作计划和检验项目表，着重梳理老旧客渡船舶图纸案卷资料并完成图纸电子化，专项核查客渡船救生 / 消防设备、航行限制条件、重量重心变化、抗风等级核定等方面情况，借助专项行动的机会排查和消除隐患。二是借助厦门市政府"美丽厦门"和相关环保工程，持续推进辖区老旧船舶淘汰更新，同时推动新能源技术在客渡船更新换代

上的应用，不断提升厦门地区客渡船整体的安全技术、绿色技术水平。三是抓好源头控制，采取阶段性检查、现场活动监控等形式，不断加强建造船舶、转入船舶的检验质量，切实把好检验质量关，从源头上确保辖区船队的安全质量水平。

3）注重检验人员培养，提高服务能力

一是利用各种培训交流、邮件、微信群等方式及时将主管机关的新政策和法规的新要求告知全体验船师，对于检验中发现的问题，及时讨论确定解决方案，不断更新验船师技术知识储备。二是鼓励年轻验船师参加一专多能培训，同时加强验船师现场检验沟通协调能力的培养，强化专业性和综合能力提升，打造一支专业技术精、综合能力强的全能型验船师队伍。

4）主动帮扶，加强监督，促进客户管理水平提升

一是针对辖区中小型船厂居多、总体修船能力不强的特点，厦门分社制订了客渡船《修船检验开工会议记录》《修船质量证明书》的统一模板，供修船厂使用，帮助其明确船舶修理过程中关键的各种检查和试验项目，以及质检和报验的要求，促进船厂形成一套相对标准化的客渡船维修流程。二是借助培训、微信群、定期走访等方式将最新的政策及法规要求传达给辖区客渡船客户，强化客渡船运营公司的安全主体责任，帮助客户提升安全管理水平。三是通过定期审核及验船师现场抽查等手段加大对辖区服务供方机构的监管，规范其服务行为，杜绝检测服务不认真、不合规等行为的出现，力求客渡船相关检测结果真实有效。

5）加强与辖区水上交通主管部门联动，建立联合安全检查机制

一是利用重大活动及节日时段开展客渡船海事船检联合安全检查；二是及时了解船旗国检查（FSC 检查）情况，协助主管机关及时消除受检船舶滞留缺陷；三是通过例行的每季度海事—水运—船检三方联席会，定期通报客渡船舶检验管理相关情况、新法规新要求的落实情况及相关工作的开展情况等信息，加强相互协作配合；四是通过与辖区各海事部门举行技术研讨会等交流方

式，解决法规理解上的争议，商定统一的检验监管控制措施。

2.降低危险事件发展为事故的概率

1）完善分社应急响应预案

根据中国船级社《机海损信息收集、分析及处理程序》《福州分社国内航行船舶应急响应行动预案》的要求，进一步完善分社应急响应预案。通过各种有效途径，及时了解和掌握辖区客渡船的运营安全状况，一旦发生海损事件，及时全方位了解受损船舶的即时情况并上报，积极配合相关各方采取高效、妥当的应对措施，尽力避免危险事件发展为安全事故；当船舶发生重大安全事故时，立即按照应急响应预案的要求，积极协助和配合上级事故处理小组和当地海事等相关部门，最大限度地减少和降低事故危害。

2）协助船公司提升危险防范和事故应急处置能力

通过船东安全会、客户拜访等形式向船公司宣贯客渡船安全管理及应急防范措施的重要性及相关要求，促进客渡船公司提升危险防范及事故应急处置能力，要求船公司定期进行安全检查，确保应急设施的有效性，组织各种应急演习，关注演习人员的实操能力和演习效果，确保客渡船发生事故时能第一时间保证人命安全，避免事故的升级。

三、应用成效

通过引入风险管控的客渡船检验管理，辖区客渡船安全运营形势得到了进一步提升，为人民群众的安全出行提供了有力保障，具体表现在以下 4 个方面：

1.厦门辖区客渡船整体安全质量不断提升，船队结构得到持续优化

借助各专项行动的开展以及老旧船淘汰更新计划的持续推进，辖区客渡船的历史遗留问题已基本得到解决，船舶检验质量不断提升，原采用旧标准设计建造的客渡船按照预定更新计划将于今明两年内全部退出客运市场，木质客渡船基本实现淘汰，采用新标准、新技术设计建造的客渡船陆续投入市场，船舶品质及船龄结构均得到较

大改善。目前，辖区 10 年以下船龄客渡船占比从 6 年前的 22.6% 提高到 39.4%，平均船龄从 16 年下降到 13.9 年，厦门辖区客渡船总体安全质量水平得到显著提升，同时客渡船的新能源和绿色技术应用进入探索实践阶段。

2.同当地主管机关建立协同合作机制

通过相互走访、技术研讨等形式，与辖区各海事部门共同研究辖区客渡船舶检验监管模式，协调处理检验和 FSC 检查发现的典型问题，针对辖区客渡船活动座椅、广告灯箱、救生筏布置等典型问题，共同研究制订切合实际的处置要求，采取船检海事联合发文的形式对外发布和实施，使问题得到妥善解决；大型活动及重大节假日期间，分社均联合相关海事处及水运部门共同开展客渡船联合检查，确保客运安全有序。通过建立有效的协同合作机制，多年来辖区客渡船安全事故率为 0。

3.客渡船管理公司以及中小船舶修造厂安全生产理念不断提升

通过分社多年来的培训、走访以及宣贯，帮扶辖区客渡船管理公司以及中小船舶修造厂逐步走向正规化管理的道路，形成了一套适合自身发展的企业安全生产管理体系，一些龙头企业规模逐年扩大，体现出安全生产和经营的良好成效，在辖区范围内形成了良性的带动和示范作用，目前辖区个体经营的客渡船占比下降到 12%。

4.优化分社客渡船检验管理模式

分社通过优化客渡船检验内部管理流程，加强检验人员培训，跟踪检验发现问题的处理落实，强化服务供方机构监管等方式，从"事前—事中—事后"的关键环节对检验过程进行管控，保证船舶检验质量；同时，不断提升服务品质，加强内外部工作协调，大幅缩短了证书办理的时间，得到了辖区客渡船船东的一致好评。

四、推广建议

基于 FMEA 下的客渡船舶全生命周期风险管控方法在厦门客渡船上的运用取得了较好的成效，为国内航行船舶的检验及监管探索了新的管理思路，中国船级社厦门分社下一步将把此风

险管控方式推广到辖区其他国内航行船舶检验中去。

五、应用评估

厦门分社以建造伊始直至报废注销全生命周期作为分析范围，利用 FMEA 分析方法，将客渡船全生命周期分为船舶建造、船舶运营、船舶维护、船舶淘汰报废四个重要环节，结合 FMEA 故障风险分析法，从"人为因素""管理因素""突发因素"三个故障模式中分析故障产生的风险源，识别风险源的威胁程度及发生概率，对各类风险源进行评估。如图 1 所示。

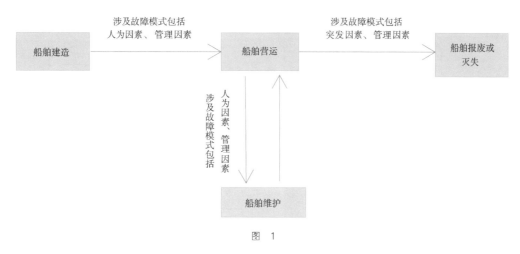

图　1

1. 风险源的识别

风险源的识别见表 1。

风险源的识别　　　　　　　　　　　　　　　　　表 1

故障模式	序号	风　险　源
人为因素	1	船东一味追求低成本、短周期建造模式，不注重建造质量，船舶制造厂对于技术工艺和生产管控的投入不足，无法保证短周期高质量
	2	船厂建造方式较为落后，导致施工精度不足，现场施工人员的质量稳定性较差，从而影响客渡船总体建造品质
	3	船员操作技能不足，对于船上关键设备（如救生筏、无线电设备等）操作不熟练；船员责任心不足，对船舶的维修不到位
	4	船舶经营人对客渡船稳定性及安全要求认识不足，营运中随意改变客舱布置，固定压载，增加旅客座位等
	5	部分个体船东安全意识不足，认为厂修护是一笔较大支出，仅对客渡船航行必需的机械设备、船体外观进行维护，对于防火分隔、救生设备及无线电设备等维修不积极
管理因素	6	船舶修造厂管理制度及质量保障体系不健全，生产管理能力薄弱，内部质检部门缺乏有经验的质检人员，各级报验制度未能得到有效执行
	7	部分客渡船经营公司未建立有效的安全管理体系，安全管控能力薄弱，对管辖船舶的监督检查和岸基支持不足
	8	部分客渡船船东对于老旧客渡船未能及时制订相应更新淘汰计划，缺少针对性的管理措施，人力物力投入不足，在较低安全标准状态下维持运营
突发因素	9	航行途中遭遇恶劣天气和海况，如大风，大浪，浓雾，强雷电； 航行途中突发机械故障、火灾爆炸、碰撞触礁； 航行途中船上人员突发疾病、伤亡事件

2. 风险的评估

根据 FMEA 理论将风险源发生的概率、威胁度的划分以及风险评估见表 2~ 表 4。

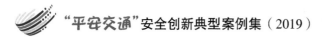

发生概率等级划分表　　表2

发生概率等级（PI）	定　义
1	很少发生——不太可能发生但有可能性
2	偶尔发生——在全生命周期的某一时间段可能发生
3	经常发生

威胁度等级划分表　　表3

威胁程度等级（SI）	描　述	定　义
1	轻微	系统局部故障，对人员安全、系统性能或污染产生的影响较低
2	临界	对人员安全、污染产生一定影响
3	严重	对人员安全产生伤亡影响或产生严重污染

厦门辖区客渡船风险源评估表　　表4

风险源序号	可能造成的后果	威胁程度（SI）	发生概率（PI）	风险等级（SI×PI）
1	船厂为了争取更多订单，过度压低价格或赶工期，造成船舶建造品质下降，随着船舶运营时间的增加将不断显现	2	2	4
2	船舶存在先天建造缺陷，隐患潜伏期较长	3	3	9
3	船舶部分设备不能充分或正确得到使用，加大船舶安全事故发生的概率	2	2	4
4	船舶的空船重量及相应吃水增加，稳性逐步降低，船舶倾覆概率增加	3	2	6
5	船舶发生火灾或危险事件时，无法有效的遏制或及时联系救援，容易使危险事件发展为事故	2	3	6
6	船舶修造质量得不到保证，客渡船隐患无法有效排除，造成客渡船带病营运	3	2	6
7	客渡船日常维护不到位，容易造成机械设备老化和故障，应急设备不能有效工作	2	2	4
8	老旧船舶总体安全性能下降，事故率上升	3	3	9
9	船舶发生倾覆、灭失、失控等事故	2	1	2

注：风险等级≥6属于高风险故障，风险等级≤2为低风险故障，其余为中等风险故障。

秦岭终南山公路隧道 "互联网 + 消防" 智慧消防云平台

基本信息

项目名称：秦岭终南山公路隧道 "互联网 + 消防" 智慧消防云平台

申报单位：陕西省交通建设集团公司秦岭终南山公路隧道分公司

成果实施范围（发表情况）：已在秦岭终南山公路隧道投入运行，获得国家计算机软件著作权 1 项，发表科技论文 1 篇

开始实施时间：2018 年 4 月

项目类型：科技兴安

负责人：杨海峰

贡献者：李继勇、杜晓兵、杨晓珂、何彦辉、罗国栋

案例经验介绍

一、背景介绍

随着山区高速公路建设的发展以及通车里程的增加，长隧道及特长隧道数量不断增多，长大隧道安全管理已受到越来越多的社会关注。各项数据说明公路隧道内一旦发生火灾，不仅会造成人员的伤亡、车辆的损毁，而且会造成巨大的社会影响和经济损失。减轻公路隧道火灾带来的损害程度，一方面要在隧道运营中加强火灾的监控和监测，以做到提早发现、及时处置；另一方面

要充分保障隧道现有消防应急设施的完好，在火灾初期就利用相关消防设施形成有效的救援态势将火势控制，防止出现更大规模火灾和燃爆事故。对于长大公路隧道，一般设置有消火栓灭火系统，消火栓按照规范应每 50m 设置一处，尤其是特长公路隧道消防管网距离长、消火栓终端数量多，运营管理难度大。一旦发生消防管道爆管、消火栓漏水情况，一般通过人工巡查或逐段查找方式确定漏水点，由于漏水点一般较为隐蔽，加之管线较长，排查往往需要大量时间，这会导致隧道

消防高位水池水位快速下降，水量无法达到应满足的火灾延续时间（I级长隧道和特长隧道不低于 3h，其余隧道不低于 2h），给隧道安全运营火灾处置造成了一定安全隐患。

而物联网的高智能程度、可扩展性、资源共享的特点，尤其适用于长大公路隧道消防设施管道距离长、终端数量大、维护监管难的特点。目前，我国许多城市都已开展了城市建筑的智慧消防物联网建设，并取得了良好的应用效果，由于公路隧道与房建建筑相比，消防设施位置偏远且较为分散，不利于各个设施之间的组网和连接，已运营的公路隧道在设计时也未预留后续消防设施的智能化接口，智能设施安装难度大，并且物联网在公路隧道消防中的应用也鲜有研究和报道。

秦岭终南山公路隧道"互联网＋消防"智慧消防云平台（以下简称平台）以秦岭终南山公路隧道水消防系统管网运行监测需求为重点，结合物联网和移动互联网技术的应用，通过搭建现场传感器、无线传输模块、云平台服务器以及 Web 端（网页端）应用软件页面开发，实现了对秦岭终南山公路隧道水消防系统管网终端点位压力和流量的实时无线监测和异常自动报警功能。

二、经验做法

秦岭终南山公路隧道双向 4 车道，单洞长度 18.02km，双洞全长 36.04km，设有监控中心 1 处、高位水池 1 处，消火栓箱每 50m 设置一处，共 779 个，隧道消防水系统与隧道同步建成投入使用，现已运营 12 年，消防管道距离长、消火栓数量多，难免有消火栓或支管漏水情况且不易及时发现。为深入贯彻实施陕西省交通运输厅"科技兴安"号召，扎实推进平安隧道、智慧隧道建设，提升在役长大公路隧道水消防系统管网的监测效率与智能化管理水平，陕西交通集团隧道分公司多次组织技术人员现场实际勘察调研，排除技术难点，论证可行性实施方案，开发完成了平台，该平台能实现远程实时监测隧道消防管道压力和流量运行变化，一旦消防支管或消火栓漏水，其相应位置的支管管道水压和流量将发生变化，当变化超过一定阈值时，监测平台自动提示报警信息和对应设备位置，使监控值机人员能够及时掌握漏水点信息，尽快安排维修处置，最终实现人机互助、精准采集、全程测控的物联网监控模式。具体技术方案和做法如下：

1. 平台总体架构

为实现隧道管道流量、压力等数据的远程实时监测，首先应对消防支管安装智能传感器进行数据采集，利用通信技术和物联网云平台进行数据传输、分析及存储，通过互联网 Web 页面显示管网数据、提示报警信息。隧道消防管网监测平台分为采集层、传输层及应用层。采集层通过各种智能传感器检测隧道水消防管网的相关运行参数（压力、流量等），并将采集数据通过无线自组网技术或移动通信网络技术发送至数据层；传输层通过一定的通信方式和协议实现数据的上传与下载；应用层对传输层发送的数据进行存储、管理以及分析，提供平台与用户的交互界面，最终以 Web 端网页形式展现（图 1）。

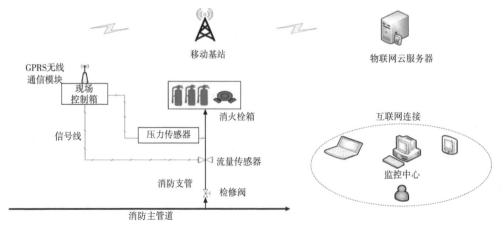

图 1　平台总体架构图

2. 平台开发实现

1）数据采集层

传统消防管道监测采用单一的压力测量方式，只能测量管道或终端瞬间漏水压力变化，在传感器安装时加入流量测量仪表可在压力未明显变化时可检测到持续性漏水，达到监测双重保证。隧道消火栓为 DN65 双出口，内嵌于洞壁内侧消防箱内，间距狭窄无法在消火栓处直接安装传感器，消火栓至消防主管道之间的一段消防支管（约0.7m）位于隧道检修道下方，通过在消防支管上安装流量和压力传感器，可以实时检测消防支管至消火栓之间管道的流量和压力，根据流量和压力变化，可确定具体漏水点位。

2）数据传输层

对于已运营公路隧道，传感器数据传输全部采用有线连接，需进行长距离线路敷设，设计成本较高，一般采用数据无线传输。考虑到监测系统的独立性、布线成本、易集成等因素，采用移动通用无线分组业务（GPRS）方案进行数据传输，把数据上传到云端服务器。

3）应用层

应用层是系统人机交互的核心，采用 B/S 架构，监测平台软件功能应实现在地理信息系统（GIS）地图上显示测量点位置、数据、现场设备信息，支持消防管道压力、流量的数据采集、显示和存储，可完成历史数据的查询导出，可根据现场消防管道实际压力、流量更改报警阈值，超出阈值可在 Web 页面自动弹出报警信息，并显示具体位置。该平台软件界面如图 2 所示、报警状态如图 3 所示。

图 2　平台软件界面截图

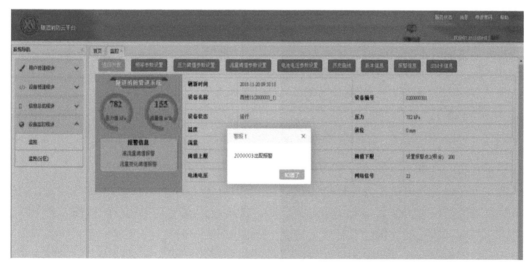

图 3　平台报警状态截图

三、应用成效

平台的运行实现了基于物联网和 GPRS 无线通信技术开发的长大公路隧道消防管网监测平台，解决了在役长大公路隧道消防设施监管距离长、位置偏远、较为分散且没有预留智能化接口的问题，能够对长大隧道消防管网压力和流量进行远程实时监测和异常报警，快速、高效和精准地发现管道漏水位置，大大减少了管道漏水处置的响应时间，降低了人工巡查频率，有效提高了长大隧道水消防系统监管的效率和实时性（图4）。

图4　隧道消防支管漏水检测与现场测试图

四、推广建议

下一步，陕西交通集团隧道分公司将根据各消防管网终端的实际情况，研究合理准确的压力和流量变化阈值，既能减少平台的误报率，又能确保报警提示的快速性。通过平台的大数据，进一步挖掘长大公路隧道水消防管网系统的运行规律和最佳养管模式。

五、应用评估

平台于 2018 年 11 月投入试运行，该平台目前运行稳定、功能良好。该平台以移动互联概念、物联网、云存储等先进技术为基础搭建，隧道监控值机员或消防管理人员无论在任何时间、地点，只需用一台可连接互联网的电脑或手机登录对应网址，就可在网页上在线监测消防管道压力、流量数据，实时掌握当前消防管道运行情况。

当消防支管或消火栓发生漏水，管道压力或流量会发生一定变化、超出一定范围时平台能够自动监测并根据对应漏水位置快速发出报警提示，相当于为监控值机员和消防管理人员配备了"智慧千里眼"，大大减少了管道漏水处置的响应时间，有效提高了秦岭终南山公路隧道水消防系统监管的效率和实时性。同时，该平台也是物联网技术在国内公路隧道消防水系统上的首次探索与实践。

根据该平台应用开发的"秦岭终南山公路隧道智慧消防云平台 V1.0"软件，取得了国家《计算机软件著作权登记证书》（登记号：2018SR875980）；根据该系统的设计及实现撰写的科技论文《基于物联网的长大公路隧道消防管网监测平台设计与实现》已同期公开发表；相关新闻稿件已在中国公路网、陕西交通运输厅网站进行宣传报道（图5）。

中国公路网

搜索关键词　看资讯　🔍

投稿须知
2019WTC专题

中国公路学会
科学技术奖申报管理系统

| 头条 | 要闻 | 综合 | 建设 | 养护 | 运营 | 杂志 | 平台 | 智库 |
| 深度 | 地方 | 影像 | 会展 | 科技 | 产品 | 数据 | 服务 | 出行 |

2019世界交通运输大会
智能绿色引领未来交通
2019年6月13-16日　国家会议中心(北京)

秦岭终南山公路隧道首创以"互联网＋隧道消防"搭建智慧消防云平台

作者：杨晓珂 陕西交通集团隧道分公司　　来源：中国公路网

时间：2018-11-28 10:49:08

　　为深入贯彻实施陕西省交通运输厅"科技兴安、管理强安"的号召，扎实推进平安隧道、智慧隧道建设，近日，由陕西交通集团隧道分公司技术人员以"互联网＋隧道消防"理念开发的隧道智慧消防云平台投入试运行。秦岭终南山公路隧道消防水系统已安全平稳运行近12年，消防管道距离长、消火栓数量多，难免有消防栓或支管漏水情况，为确保消防水量和水压保持在规定范围，传统的管理措施是通过人工巡检或逐段查找方式确定漏水点，费时费力功效低，并且漏水以后隧道高位水池水位快速下降，致使无法满足隧道灭火用水需求，给隧道安全运营造成了安全隐患。

　　该平台以移动互联概念、物联网、云存储等先进技术为基础搭建，首先在隧道消火栓支管处安装了测量管内水压力和流量的智能传感器，经移动信号网络将现场传感器数据同步上传至云端物联网服务器。隧道监控值机员或消防管理人员无论在任何时间、地点，只需用一台可连接互联网的电脑或手机登录对应网址，就可在网页上在线监测消防管道压力、流量数据，实时掌握当前消防管道运行情况。当消防支管或消火栓发生漏水，管道压力或流量会发生一定变化，在超出一定范围时平台能够自动监测并根据对应漏水位置快速发出报警提示，相当于为监控值机员和消防管理人员配备了"智慧千里眼"，大大减少了管道漏水处置的响应时间，有效提高了秦岭终南山公路隧道水消防系统监管的效率和实时性。

　　该平台是物联网技术在国内公路隧道消防水系统上的首次探索与实践，同时，"秦岭终南山公路隧道智慧消防云平台V1.0"软件经国家版权局版权保护中心审核通过，已获得国家计算机软件著作权证书。(来源:中国公路网 作者：杨晓珂 陕西交通集团隧道分公司)

24小时热文

吉林省首批！集安公路口岸自助查验通道正式启用

瓜州中队：及时查处破坏公路附属设施 偷逃通行费的违法行为

《北京市轨道交通乘客守则》今日施行 车厢内不得进食

内江市公路局：举行公路危化品泄漏处置联合演练

重庆高速20个省界收费站年底前将全部取消

关注一下，不做时代的旁观者

微信公众号　　微信订阅号

图5　中国公路网报道截图

船舶智能化规范标准助力航运安全

> 项目名称：船舶智能化规范标准助力航运安全
> 申报单位：中国船级社
> 开始实施时间：2018 年 5 月
> 项目类型：安全管理
> 负责人：詹　宇
> 贡献者：刘　学

一、背景介绍

随着经济全球化的深入和世界航运技术的发展，以及航运界对船舶安全、经济、节能、环保的渴求愈加强烈，在运输业中占据重要比重的船舶运输，正在向信息网络化、运行智能化方向不断发展。人工智能等新兴技术的成熟，为智能船舶的实现构筑了令人可期的未来。

国家在全面推进"智能交通"等战略规划中，明确提出了"提高船舶智能化水平，培育智能船舶等战略性新兴产业"。工信部在 2015—2016 年，组织开展了"智能船舶顶层规划""智能船

舶 1.0"科研项目。

作为船舶领域提供技术服务的重要单位，中国船级社深深地感受到智能船舶的发展，迫切需要一本规范来引导，在这种情况下，中国船级社基于长期的研究和积累，于 2015 年 12 月，发布了全球第一份《智能船舶规范》。该规范对智能化系统和智能船舶进行了定义，将智能船舶功能分为智能航行、智能船体、智能机舱、智能能效管理、智能货物管理和智能集成平台六个部分，船舶制造单位和船东公司可根据自身情况，灵活搭配选取能够满足的智能功能，并取得中国船级社授予的智能船舶附加标志。

大连船舶重工有限公司为招商集团建造的两艘 30.8 万吨级超大型油轮（VLCC）（T300K-82/83）油轮项目，入中国船级社单船级，由中国船级社大连分社建造入级处承担现场检验，申请取得中国船级社智能船舶附加标志 i-Ship（N,M,Et,C,I），是工业和信息化部立项的高技术船舶研究重大专项——智能船舶 1.0 的实船示范项目。该研究课题由上海船舶研究设计院牵头，中国船级社、中国船舶工业系统工程研究院、上科所、海兰信、招商能源、大连船舶重工等多家单位参研。智能船舶 1.0 的目标，是计划在 2020 年前，通过基础共性技术研究、关键技术开发、示范应用验证，实现船舶数据的综合应用、辅助决策功能。

二、经验做法

为满足项目船舶科研以及智能规范和指南中的要求，示范船项目设置了网络、信息两个平台，以及智能航行、机舱运维、能效管理、智能液货、船岸一体通信五个模块来实现。各平台和模块主要实现的功能如下所述。

（1）网络平台：为了满足智能船舶上的应用程序要求，网络平台采用万兆级以太网技术，以先进的网络结构为其他智能应用提供一个高性能、可扩展的平台。具有网络数据的高交换性能，可提供多媒体的数据支持能力。

（2）信息平台：作为满足各个智能系统应用兼容性、开放性和安全性要求的基础，解决了全船信息的集成与融合、智能思维搭建问题。主要完成了后台服务端的数据计算与分发，前台应用集成与数据显示的功能和工作。

（3）智能航行：通过数据通信设备，获取船舶航线海区的气象海况信息，结合船舶油耗、航速、时间等要求，在保证船舶、人员和货物安全的条件下，设计和优化航路、航速。并通过信息采集，对本舶与其他船舶间避碰提供辅助决策建议。

（4）机舱运维：提供对主要设备（主机、发电机、锅炉、推进轴、部分风机、部分泵组等）运行过程的健康状态评估、健康状态分析、健康

事件处理、健康档案与管理等，可根据上述情况为船舶操作者提供辅助决策建议。

（5）能效管理：可实现船舶能效智能监测、能效 / 能耗实时分析与智能评估、节能减排辅助决策和辅助能效管理等。为船舶提供监测、分析、节能、报告等服务。在船舶不同纵倾条件下，寻优纵倾角度，生成相应的最佳配载方案。

（6）智能液货：将液货系统与相关辅助系统集成化，通过监测、计算、分析，为货舱和货物保护提供辅助决策建议，指导整个系统的有效运行。

（7）船岸一体通信：在原有 FBB/VSAT 基础上，增加了 3G/4G/WiFi 等通信设备，建立了船岸、船船的间接和直接通信链路，具备安全防护及数据加密处理能力。对智能平台上传的数据具有轻量化处理和压缩功能。

大连分社建造入级处项目组以标准规范、指南等对该示范船进行了仔细的核查和现场检验，为了实现数据的综合应用，实船设置了智能网关等数据采集单元，将不同种类的通信协议转换为统一格式，通过网络构建再传输给各需要的应用模块和平台。为了使辅助决策功能建议更加合理和准确，对船舶各重要设备进行了典型工况信息采集，使用先进算法计算评估出辅助决策的评判参考线，使给出的预警、报警等信息更加的实际和精准。

三、应用成效

作为示范应用船，T300K-82 号船交付后将成为全球首艘获得中国船级社授予的 i-Ship（N,M,Et,C,I）智能附加标志的船舶。

通过不同系统数据的采集、整合，实现了数据的综合分析和应用，使船舶操作者可以方便快捷地在一个工作终端核查其关注的信息，在设备异常或报警时，结合智能系统给出的辅助决策建议，更便捷地对问题进行处理和解决，可以通过智能系统自动生成一些原本需要人工手填的文件资料。同时，通过船岸传输，也使岸基管理人员实时了解到船舶的各项运营参数，并在必要时为船上人员提供技术支持。

智能系统作为船东和船员的一种辅助监控、分析、管理工具，可以促使船舶达到更加经济、更加环保方式运营的目的。

四、推广建议

示范应用船所得到的实践数据和相关经验积累，将为智能船舶 2.0 "2025 年前实现船舶远程控制、部分自主"，以及智能船舶 3.0 "2035 年前实现船舶的完全自主"的目标，提供技术支撑。智能船舶规范标准的确定、完善和执行，也会促进智能船舶系统设备标准化、产业化发展，为智能制造和国家工业技术提升贡献力量。

五、应用评估

项目实施时间为 2017—2019 年，在大连船舶重工有限公司为招商集团建造的两艘 30.8 万吨级 VLCC（T300K-82/83）油轮项目进行示范应用。现第一艘示范应用船 T300K-82 号已完成船舶航行试验，预计于 2019 年 6 月下旬交付并投入使用。智能系统的功能，能够满足中国船级社 i-Ship（N,M,Et,C,I）智能附加标志的各项要求。

通过现场检验，中国船级社大连分社建造入级处现场项目组也收集到了部分船舶制造厂、项目参研单位等对智能船舶规范、指南的改进意见，后续将会反馈本单位规范编制部门，以期不断改进升级，利用新兴技术，科技兴安，为工业和信息化部智能船舶项目持续助力，使船舶更加安全、绿色、环保、节能，为船舶公司降低运维成本，使其在业界不断提升竞争力。

多媒体安全教育培训工具箱
推广应用

项目名称：多媒体安全教育培训工具箱推广应用

申报单位：齐鲁交通发展集团有限公司建设管理分公司

成果实施范围（发表情况）：青兰高速公路莱芜至泰安段改扩建工程

开始实施时间：2019 年 5 月 1 日

项目类型：科技兴安

负责人：孔　杰

贡献者：周洋洋、姜维亮、高宏伟、胡　勇、程　伟

一、背景介绍

目前齐鲁交通发展集团在建高速公路项目 11 个，总里程 1074km，项目点多、线长、面广，参建人员众多，安全教育培训工作繁重且易疏漏。多媒体安全教育培训工具箱将传统的安全培训电教室建档、考勤、培训、考试、阅卷等主要功能集于一个工具箱之中，能让安全管理人员便捷、灵活、随时随地展开安全培训，且因培训内容为动画视频的形式，可直观、生动、形象地展现在每位参加教育的人员面前，既打破了以前的枯燥的开会讲解，更直观地让施工人员认识到施工中存在的安全隐患、更容易令作业人员重视施工过程安全问题、更容易使其接受安全教育的内容，又让专职安全管理人员彻底从繁重的培训工作中解放出来。鉴于以上优点，在集团公司部分项目中推广使用了多媒体安全教育培训工具箱，对从业人员进行安全培训教育，从而实现安全工作的全员、全过程覆盖，真正做到安全生产标准化、常态化、全员化，促进项目安全生产形势持续稳定，减少安全事故发生。

二、经验做法

1. 实现了进场安全培训台账资料的系统化

（1）真正实现了实名制。在以往培训的过程中，考勤往往通过人员纸质版签到。而工具箱采用二代身份证、指纹、IC/ID 卡等多种方式进行考勤，不但避免了代签到、漏签、字迹潦草等问题，而且成功采集了从业人员的身份信息。

（2）线上试卷考核。以往通过纸质版对从业人员进行试卷考核，岗前培训往往滞后，不能真正通过试卷考核从业人员是否达标上岗。而通过培训结束后，使用工具箱答题器线上考核，克服了某些从业人员不会写字，书面不整洁，试卷代写，不能及时收回、批阅等一系列的弊端。

（3）更有力的数据统计和记录。工具箱采用二代身份证采集数据信息，能够真实地反映出一个从业人员培训多少学时，有没有进行过安全培训，培训了哪些内容，是否与生产实际相符等一站式记录，更好地规避了未经培训就上岗的安全风险。

2. 实现了进场安全培训内容的多样化和趣味性

工具箱内的培训内容主要从安全意识、安全知识、安全技能三大板块展开，课件基本涵盖了施工现场安全管理所涉及的所有内容，安全法律法规、典型事故案例、自救互救技能以及不同的施工工艺、不同的作业工序和工种等都有动漫或视频等多媒体资源，真实地还原了施工现场环境，寓教于乐，使培训过程生动有趣，大大提升了作业人员的学习兴趣和培训效果。

3. 实现了安全监管的信息化和自动化

工具箱培训信息可以通过互联网同步至平台，上级管理部门实现了对下属单位安全培训情况的自动化管理。

给各安全管理人员安装的移动应用 App 使得监管无处不在。安全管理人员将"安全通"安装于智能手机中，与移动式多媒体安全培训管理平台相关联，通过扫描工具箱生成的二维码，便可获取该人员的安全培训记录、培训档案、证件、违章记录等信息，从而进行实时、远程管理，并对事故隐患进行全过程、闭环管理。

三、应用成效

（1）多媒体安全教育培训工具箱系统的引入，是利用科技手段提升安全管理工作的一次尝试，使用后受训人员普遍反映培训效果良好。各使用单位也真正体会到了自动建档、打卡考勤、动画培训、无线答题、自动评分的优点，真正解决了现有安全培训课程不全面不系统、现场安全培训受时间和场地限制、安全培训档案不规范、记录不全、安管人员开展安全培训工作量大的问题。

（2）同时获取的人员基本信息还可与建设单位、监理单位及各施工单位的人力资源管理部门和财务部门进行信息共享，能较好地避免农民工登记和农民工工资发放存在的疏漏和瞒报、漏报等情况发生，为农民工人数的统计建册提供一项非常良好的辅助手段。

（3）通过制作，将施工作业人员培训二维码标志牌放置于施工作业集中区域，配合钉钉办公软件实地定位签到，既能规范专职安全员每日对重点施工部位和工序进行安全巡视，又能在专职安全员每日巡视到该区域的时候，扫描二维码，获取在该区域作业的某一人员的安全培训记录、培训档案、证件、违章记录等信息，确定是否是习惯性违章"黑名单"人员，从而决定对违章人员进行再教育或处罚，达到安全隐患排查治理系统的相关简化功能，使专职安全员能全面了解作业人员的安全生产动态，有针对性地对"黑名单"人员进行重点关注和超前提示，有效解决安全管理工作"人、机、料、法、环"中人员管理的难题。

四、推广建议

工程建设投资大、占线长、参建施工单位多、一线作业人员多且多为"放下锄头拿起瓦刀"的较低的农民工。而对于施工安全管理任务重的工程建设项目，多媒体工具箱能够更大地发挥其作用。

使用单位应与产品提供单位签订资源定期更

新服务合同，以便于及时将新行业动态、新安全规范、新典型案例向从业人员进行培训。

配合施工现场安全隐患排查治理系统，能够更好地帮助专职安全管理人员开展安全管理工作。

五、应用评估

多媒体安全培训工具箱便于携带，适合于流动培训；减轻安全培训人员的工作量；以生动易懂的动漫图片、视频作为培训形式，使受众更容易接受；培训内容系统、规范，自动生成的档案标准不易丢失；培训数据自动上传平台，便于相关管理部门进行查询和监管；移动应用App使得监管无处不在，能达到对事故隐患进行全过程、闭环管理。

案例10 ▶ 创新管理模式 构建公路建设安全咨询长效机制

基本信息

项目名称：创新管理模式 构建公路建设安全咨询长效机制

申报单位：齐鲁交通发展集团有限公司建设管理分公司

成果实施范围（发表情况）：齐鲁交通发展集团各在建项目

开始实施时间：2018 年 10 月

项目类型：安全管理

负责人：卢 瑜

贡献者：张田涛、郑广顺、于 浩、李月祥

案例经验介绍

一、背景介绍

当前，山东省正处于全面加快高速公路项目建设的特殊时期，项目多、任务重、里程长。齐鲁交通发展集团作为全省高速公路建设的主力军，目前承担着全省 40% 的高速公路在建任务，共 11 个在建项目、1074km，任务异常繁重，未来五年将是集团公司高速公路建设的高峰期，工程建设总体规模大，在建项目多。在迎来工程建设大发展机遇的同时，也面临着巨大的挑战，特别是工程建设安全管理工作面临巨大压力。在集团公司工程建设快速发展的大背景下，建设管理分公司改进和创新工程建设安全管理方式，积极推动建立工程建设安全管理咨询机制，引入外部高水平的专业化团队开展安全咨询工作，推动工程建设安全管理工作更富成效、更进一步。

国外的建设工程领域安全管理已经引入第三方安全管理，对项目安全情况进行跟踪监测，提出合理化建议，确保安全风险管控全面和到位。国内工程建设领域的第三方咨询目前仍处于探索阶段，齐鲁交通发展集团在创造性建立了安全咨询长效机制，引入第三方专业安全咨询团队，开展公路工程建设领域安全咨询的探索与实践。

小四新"成果目录，在项目上推广应用。

二、经验做法

与交通运输部科学研究院交通运输安全研究中心深度合作，借助其专业优势、人才优势和项目咨询经验，在工程建设安全管理制度体系建设、长效管理机制研究、品质工程和平安工地创建、定期现场咨询、安全新技术应用、工程安全科研创新等方面开展了咨询合作。在安全生产管理体系建设方面，一是依据国家最新法律法规和政策、方针，结合齐鲁交通发展集团项目管理实际，制修订了《工程建设安全生产管理办法》《安全生产责任制考核办法》等系列配套管理办法，完善了安全生产管理制度体系。二是明确了集团公司、建设管理分公司、项目办三级管理层面安全管理责任划分，建立了安全生产责任清单，责任制落实有据可依；三是编制风险分级管控与隐患排查治理双重预防体系文件，构建双重预防体系。在安全生产标准化建设方面，编制《集团公司高速公路工程施工安全标准化指南》和安全防护、临时用电等标准化实施手册，规范了安全生产标准化建设。在"平安工地"建设暨现场安全咨询方面，根据"平安工地"建设咨询（每半年一次）和现场安全咨询（每季度一次）工作计划，截至目前，已对京沪改扩建、文莱、宁梁、新台、新宁、新台、岚罗等在建项目共开展了 2 期"平安工地"建设咨询和 4 期现场安全咨询工作，对项目办、各参建单位"平安工地"建设内业资料管理及各施工标段桥梁、隧道、高边坡、安全防护、临时用电、特种设备管理、两区三厂等重点部位和关键环节的安全管理进行了现场指导咨询，针对各项目均出具咨询报告（共 20 余份报告）并提出了具体改进措施，取得了较好效果，项目安全生产管理水平得到了有效提升。在工程建设安全"四新"推广应用方面，提供当前国内安全生产新材料、新设备、新技术、新工艺，每半年发布 1 次"五

三、应用成效

通过构建和实施安全管理咨询长效机制，引入第三方安全咨询：一是明显强化了项目建设管理单位落实公路建设项目安全管理主体责任的规范化和科学化水平，切实解决了管理水平不完全适应项目风险特点和满足工程安全需求的问题；二是显著加强了项目建设监理单位和施工单位对工程建设安全生产的重视程度，促使其主动提升工程安全管理能力和施工现场安全技术措施；三是提高了施工作业现场的标准化程度，形成全项目施工"安全管理一体化"和"技术管控一致化"。

四、推广建议

建立公路工程建设项目安全咨询长效机制，引入第三方专业安全咨询队伍，能够为项目建设单位、监理单位和施工单位提供规范、专业、科学和有效的管理对策和技术指导，对于提高公路建设安全水平具有明显作用；同时，第三方安全咨询行业的发展受国家政策的引导、支持和鼓励，符合国家产业政策发展要。基于以上，在公路工程建设行业推广应用第三方安全咨询长效机制将对行业安全发展具有积极意义和重要价值。

五、应用评估

建立安全咨询机制，借助第三方安全咨询机构的专业力量，弥补基层单位或项目安全生产管理和技术创新精力与能力的不足，通过找专业人做专业事，实现安全咨询服务与工程建设项目安全管理的有机结合，是在公路工程建设领域实践"现代安全管理模式"的有效探索，很好地体现了项目安全管理的模式创新和机制创新，对不断提高公路工程建设领域安全生产水平具有十分积极和重要的作用与意义。

湘江二级航道二期工程
爆破施工安全管理

项目名称：湘江二级航道二期工程爆破施工安全管理

申报单位：湖南省水运建设投资集团有限公司

成果实施范围（发表情况）：航道工程、船闸工程

开始实施时间：2015 年 11 月

项目类型：安全管理

负责人：汪映红

贡献者：段建华、李　俊、周　丁、周　钦、万　勇

一、背景介绍

湘江二级航道二期工程属于 2015 年底新开工的交通运输部、湖南省重点交通基础设施建设项目，也是国务院确定的湖南省对接长江经济带重点建设项目。项目为湖南省第一个紧邻已建枢纽一线船闸新建二线船闸、补建鱼道进行生态补偿的纯社会公益性项目。项目批复总概算 31.23 亿元，主要建设内容包括在株洲航电枢纽和大源渡航电枢纽各新建一座 2000 吨级标准二线船闸、一座鱼道和跨船闸桥梁及其他相应配套设施。项目两个主要控制性工程——株洲、大源渡航电枢纽二线船闸及鱼道工程露天爆破量 97 万 m^3、航道水下爆破量 68 万 m^3。爆破施工具有工程量大、国内首次紧邻京广铁路和正常运营枢纽一线船闸爆破施工、枢纽通航水位以下爆破施工、正常通航水域水下爆破施工等特点，爆破施工环境极其复杂，对爆破震动速度、爆破飞散物等控制要求极为严格，在这种复杂周围环境和地质条件下爆破作业，国内之前还没有成熟的先例。

二、经验做法

1. 复杂环境下露天爆破主要技术

工程所处的位置水文、地质情况和周围环境条件复杂，紧邻的京广铁路、一线船闸、附近村民房屋、通航船舶等重点保护目标对爆破振动速度、爆破飞散物的控制要求极为严格，同时地下水对钻孔、装药、填塞作业影响最大，贯穿于整个爆破工程作业中。

根据现场实地情况，工程采取针对性的措施和技术创新，因地制宜综合运用浅孔爆破、深孔爆破、预裂爆破等爆破技术，取得了良好的减震和有效控制飞散物的效果。首次采用沟槽爆破和深孔爆破相结合的爆破方式，阻断了爆破地震波的传播，提高了工程爆破开挖的效率；在露天爆破作业中首次成功运用套管护壁技术，提高了在夹泥、夹砂岩层、地下水丰富区域爆破钻孔成孔率；在地下水丰富地带，采用塑料袋装填黄黏土 + 粗砂 + 塑料袋装黄黏土材料分层分段填塞，既固定药卷，又避免了冲炮现象发生。

2. 复杂环境下水下爆破主要技术

工程水下爆破施工时需保证相邻航道船舶正常通航，且过往船舶较多，施工与通航安全要求很高。施工水域水流较急、风浪大，必须考虑爆破网络在水中的抗压、抗拉、抗折、抗风浪、抗水流漂浮物冲击等防护措施。同时，爆破区域距离国家三级文物空灵寺较近，需控制爆破产生的震动，防止对其造成损害。水下炸礁冲击波会对周围渔业资源造成影响，在施工中需要采取适当的防范措施，将危害效应降至最低。

工程采用新型的 Precistech 定位定向仪，提高了水上钻孔炸礁作业船舶定位、定向、定点的速率和精确度；利用全国内河先进的水上钻孔作业平台进行水下爆破钻孔作业；采用毫秒爆破网络，减少爆破产生的地震波、冲击波；采用"小药量警示爆破"的方法，使鱼群在爆破期间远离爆破区域，同时加强工程区及周围水域渔业资源的监测，有效保护鱼类资源生态环境。

3. 基于过程管理的风险评估

总体风险评估： 在全国水运工程领域首次结合工程等级、水文条件、通航条件、气候环境条件、地质条件、施工工艺、事故救援可行性、施工风险状态监控等船闸工程评估指标的分类、赋值标准进行施工阶段总体风险评估和基于 BIM 信息技术风险评估。

专项风险评估： 结合项目总体风险评估意见，委托第三方开展爆破施工专项安全风险评估，作为爆破技术方案和施工组织设计的依据。

4. 全面推行施工标准化

湘江二级航道二期工程结合项目特点，工程开工之前率先在全省试点出台实施《湖南省水运工程施工标准化指南（船闸分册）》，建立起"实施有标准、操作有程序、过程有控制、结果有考核"的标准化管理体系，并已成为湖南省地方标准。

针对爆破工程的特殊性，制订了具有湘江二级航道二期工程特色的爆破标准化施工工艺（工法），以卡片、手册形式发放到管理人员和施工人员手中，做到人人知晓、人人做到；推进爆破作业班组管理规范化，严格落实班组人员实名制管理和考核，爆破作业人员建立工地个人信息档案，持证和岗位技能合格后才能上岗作业；重视爆破作业人员安全教育和素质培养，针对现场爆破复杂环境和地质缺陷，强化一线爆破班组的技能培训和施工作业总结，执行爆破班组首次作业合格确认制和清退制。

5. 扎实推进品质工程示范

湘江二级航道二期工程作为湖南省交通运输厅、交通运输部确定的全省、全国公路水运"品质工程"示范创建项目，同时深入组织开展"平安工地"示范活动，严控安全风险。

在爆破工程施工过程中，建立了建设单位委托第三方、监理单位、施工单位的多层次独立开展施工安全监测监控预警系统，着重对京广铁路、一线船闸、国家三级文物空灵寺、居民点等安全关键点制订专项安全监测方案，实施全过程专项监控、记录和预警。针对深基坑开挖、爆破施工、水下爆破施工等重大事故隐患治理任务进行"一单四制"（交办制、台账制、销号制、通报制）和"隐患清零"管理；每月、每季度对参建单位开展"平安工地"建设专项检查考核通报，考核结果直接与企业信用评价挂钩。

6. 大力实施智慧工地建设

湘江二级航道二期工程认真践行创新发展理念，积极将现代工程管理理念、管理技术和管理方法深入贯彻在工程建设中，通过项目综合管理云平台信息监控系统、BIM 协同管理技术等创新管理模式，"智慧工地"建设实现了项目爆破施工现场预警、管控、评估，实时动态科学指导现场生产作业，结合项目总体安全管控体系，形成多重爆破施工安全生产保障体系。

项目创新建成国内水运建设领域首个虚拟现实（VR）安全体验馆，对一线班组施工人员进行安全教育和交底。围绕"品质工程"示范创建积极组织开展"六比六赛""安康杯""四新五小"等主要内容的劳动竞赛活动，激励现场从业人员开展施工工艺和 QC 技术攻关创新，并已取得一系列成果，船闸基坑石方开挖深孔浅埋预裂爆破新工艺技术获得"2017 年全国交通行业优秀质量管理小组"称号，《复杂条件下二线船闸爆破控制关键技术研究》荣获湖南省交通运输工会 2017—2018 年度厅直（系统）科技创新优秀成果一等奖。

三、应用成效

本项目在实现爆破施工安全生产"双零"目标的同时，确保了已运营的株洲、大源渡航电枢纽一线船闸以及京广铁路、跨一线船闸桥、航道水域正常通航、附近居民点等邻近建（构）筑物和社会公共安全。项目自开工以来，每年均荣获全省重点建设项目目标管理优胜单位、全省在建高速公路及重点水运工程"平安工地"示范项目等荣誉；作为全省交通建设领域唯一在建项目在

2018 年全省交通运输工作会议进行大会经验交流发言。湖南卫视、湖南经视、人民网、人民交通网、湖南日报、中国交通报、红网、湖南交通杂志等媒体分别就项目爆破施工、安全管理等好的做法进行了多次现场采访报道，株洲航电枢纽二线船闸于 2018 年 10 月 30 日实现高质量通航。

湘江二级航道二期工程船闸爆破开挖工程先后通过中国爆破行业协会理事长汪旭光院士为组长的专家组现场评审和科技查新，并最终从全国工程建设领域申报的 89 项工程项目中荣获中国爆破领域最高奖项——中国爆破样板工程（部级样板工程），成为湖南省整个工程建设领域首个中国爆破样板工程。

四、推广建议

项目参建单位在爆破施工安全管理不断探索创新实践，产生并积累了丰富实用的施工工艺做法和行之有效的安全管理方法经验，下阶段将进一步加强爆破安全管理科技创新技术的总结提炼以及复杂条件下爆破施工安全管理成功经验的推广和借鉴。

五、应用评估

湘江二级航道二期工程通过采取一整套符合工程实际的爆破控制工艺，综合集成运用了各项爆破技术，取得了良好的减震和有效控制飞散物的效果，同时强化了爆破安全过程管控，经中国爆破行业协会理事长汪旭光院士为组长的专家组现场评审，项目爆破安全管理取得的成果达到国内领先水平，经济和社会效益显著，对全国今后类似工程的爆破安全管理具有示范引领作用。项目相关成果情况如图 1 和图 2 所示。

湘江二级航道二期工程爆破施工安全管理获奖及应用评估情况如图 3~ 图 5 所示。

项目荣获"中国爆破行业样板工程"

株洲航电枢纽二线船闸建成通航

株洲二线船闸爆破安全技术交底

虚拟现实（VR）安全体验教育

露天爆破首次运用套管护壁技术

小药量警示爆破驱走爆破水域鱼类

爆破作业中对居民点震动监测

已近尾声，船闸主体正在施工，土石方开挖剩余工程量主要集中在下游引航道。

基于BIM技术，采用的无人机构建了施工工程三维实景模型（见图 3 和图 4）。

图 3　基于BIM技术株洲二线船闸上游引航道三维实景建模

图 4　基于BIM技术株洲二线船闸下游引航道三维实景建模

量，未对工程产生较大影响。

（4）施工环境

附近居民以举报款未到位为由阻工事件时有发生，主要以阻断弃渣运输道路为主，对工程影响较大。

3　风险评估

3.1　风险评估方法

目前深基坑工程事故频繁发生，通过对 300 多个深基坑工程实例的事故原因调查表面（见表 1）：施工和设计是主要的原因[1]。

表 1　深基坑事故原因统计表（h>6m）

事故原因	事故次数	占总数比例/%
勘察	16	4.6
设计	125	36.0
施工	176	51.2
监理	5	1.5
监测	10	2.9
业主	12	3.5
总计	344	100.0

本文利用层次分析方法与模糊综合评价方法相结合，首先利用层次分析法（APH）搭建风险指标结构，

基于BIM信息模型技术安全风险评估

图 1　湘江二级航道二期工程爆破施工安全管理

图2　湘江二级航道二期工程爆破施工安全媒体宣传报道

部级样板工程证书

工程名称： 湘江二级航道二期工程船闸爆破开挖工程

证书编号： BJYBGC-009-2018

完成单位： 湖南省水运建设投资集团有限公司
河南前进永安建设工程股份有限公司
中交第二航务工程局有限公司
河南富顺实业集团有限公司
湖南省航务工程有限公司

中国爆破行业协会
2018年11月

图3　湘江二级航道二期工程船闸爆破开挖工程荣获"中国爆破行业样板工程（部级样板工程）"

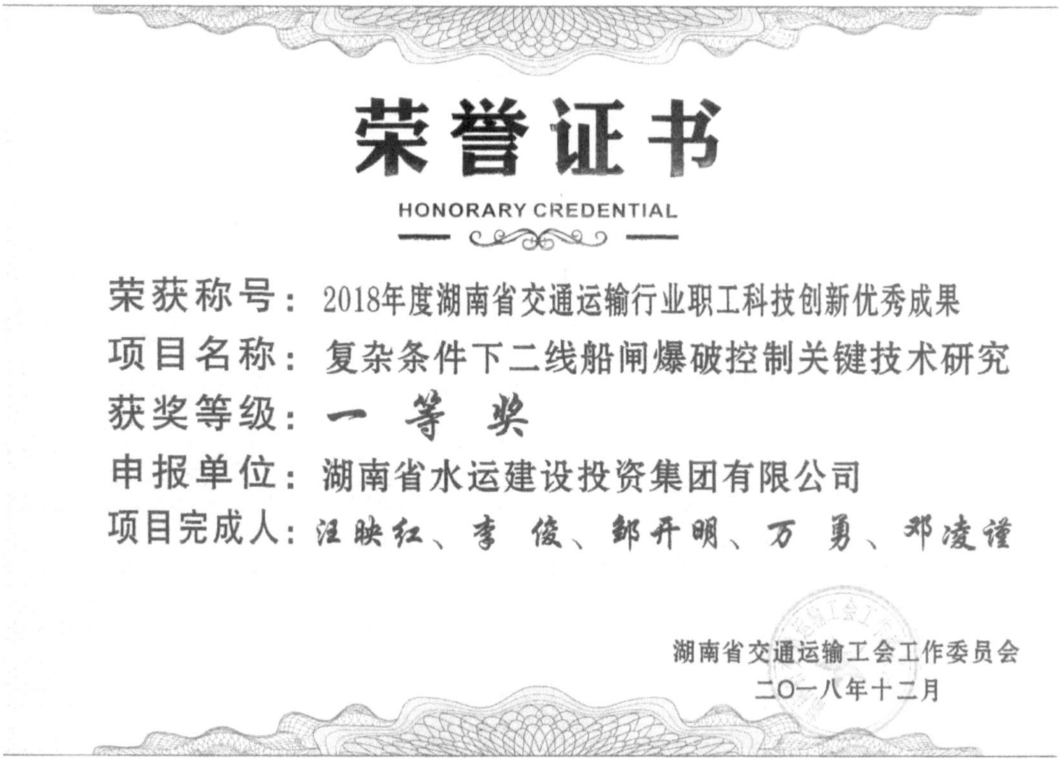

荣誉证书

HONORARY CREDENTIAL

荣获称号： 2018年度湖南省交通运输行业职工科技创新优秀成果

项目名称： 复杂条件下二线船闸爆破控制关键技术研究

获奖等级： 一 等 奖

申报单位： 湖南省水运建设投资集团有限公司

项目完成人： 汪映红、李 俊、邹开明、万 勇、邓凌谨

湖南省交通运输工会工作委员会
二〇一八年十二月

图4　湘江二级航道二期工程《复杂条件下二线船闸爆破控制关键技术研究》荣获
"2018年度湖南省交通运输行业职工科技创新优秀成果"一等奖

附件1

报告编号：

2 0 1 8 1 1 B P 0 0 6 9

科学技术成果评价报告

中国爆协（评价）字[2018]第069号

成 果 名 称：湘江二级航道二期工程船闸爆破开挖工程

成 果 类 型：样板工程

完 成 单 位：湖南省水运建设投资集团有限公司
河南前进永安建设工程股份有限公司
中交第二航务工程局有限公司
河南富顺实业集团有限公司
湖南省航务工程有限公司

委托评价单位：湖南省水运建设投资集团有限公司

委 托 日 期：2018年9月25日

评 价 形 式：会议评价

评 价 机 构：中国爆破行业协会科技成果评价中心

评价完成日期：2018·10·29

中国爆破行业协会科技成果评价中心

二〇一七年制

图 5

科 技 成 果 简 要 技 术 说 明 及 主 要 技 术 经 济 指 标

简要技术说明：

湘江二级航道二期工程爆破施工具有爆破工程量大、国内首次紧邻京广铁路和正常运营枢纽船闸爆破施工、枢纽通航水位以下爆破施工、正常通航水域水下爆破施工等特点，爆破施工环境复杂，对爆破振动速度、爆破飞散物的控制要求极为严格。

复杂环境下露天爆破主要技术

主要采用浅孔和深孔露天爆破；岩层结构整体性比较好的部位采用预裂爆破；在重点保护地域采用沟槽爆破。套管护壁技术：在夹泥、夹砂岩层、地下水丰富区域，为提高钻孔成孔率，露天爆破作业中首次采用套管护壁技术；在炮孔成形后，放置 PVC 塑料管护壁。不同材料分层分段填塞方法：在地下水丰富地带，采用塑料袋装填黄黏土+粗砂+塑料袋装黄黏土材料，分层分段填塞。

复杂环境下水下爆破主要技术

采用新型的 Precistech 定位定向仪，提高了水上钻孔炸礁作业船舶定位、定向、定点的速率和精确度。钻孔设备先进：采用了工效较高、性能良好的 ZQ100 型航道潜孔钻机，利用全国内河先进的水上钻孔作业平台进行水下爆破钻孔作业。浅点控制技术措施：密切关注施工水位情况；严格控制施工工艺；严格控制钻孔位置精度。生态保护措施：采用毫秒起爆技术，严格控制炸药使用量；采用"小药量警示爆破"的方法，使鱼群在爆破期间远离爆破区域；加强工程区及周围水域渔业资源的监测；采取增殖放流、人工鱼巢设置的补救措施。

基于过程管理的风险评估：

总体风险评估：在全国水运工程领域首次进行总体风险评估、基于 BIM 技术风险评估。

专项风险评估：结合项目总体风险评估意见，对爆破施工分项工程方案委托第三方开展了专项安全风险评估，作为爆破技术设计和施工组织设计的依据。

主要技术经济指标：

本项目两个主要控制性工程—株洲、大源渡航电枢纽二线船闸及鱼道工程露天爆破量 97 万方，航道水下爆破量 68 万方。

株洲、大源渡航电枢纽船闸年单向水运通过能力均由 1260 万吨提升至 3710 万吨，彻底解决水路运量增长原一线船闸通过能力的限制，船闸利用率由 72%提升至 90%。船舶待闸费用节约效益每年为 6200 万元。株洲和大源渡航电枢纽水路运输成本对比公路运输，2020、2030、2040 年节省费用产生效益为 23700、123200、218000 万元。

项目作为落实《关于依托黄金水道推动长江经济带发展的指导意见》的具体举措，实施后大大提高了湘江河段枢纽过闸能力，航道条件大为改善，适应了船舶大型化，有效降低了货物运输成本，进一步发挥了湘江水运干支直达、江海联运优势，显著改善了湖南省综合运输条件，提高了进出湖南省物资的运输能力。

项目率先试点出台实施的《湖南省水运工程施工标准化指南（船闸分册）》，成为湖南省地方标准，将在全省水运建设领域全面推广使用。

在湖南省交通建设领域第一个开展"品质工程"示范创建，率先创新出台《项目"品质工程"示范创建实施方案》，提出根据《交通运输部公路水运品质工程评价标准（试行）》对标达标管理，形成可复制和推广的经验在全省范围推广。

创新出台制定《项目施工标准化考评办法》、《项目首件工程认可制实施办法》等管理制度，切实提升了项目施工工艺和建设管理水平，对今后类似建设项目有示范引领作用。

图　5

综 合 评 分 与 评 价 结 论

综合评分：89.5

评价意见：

2018 年 10 月 21 日，中国爆破行业协会在株洲主持召开了"湘江二级航道二期工程船闸爆破开挖工程"科技成果评价会。评价委员会专家（名单附后）对工程进行了现场踏勘，听取了项目完成单位的工程成果汇报，审阅了相关资料，经质询与讨论，形成评价意见如下：

1. 申报的资料齐全，内容详实，符合科技成果评价要求。

2. 湘江二级航道二期工程船闸爆破开挖工程的施工环境复杂，为国内首次同时紧邻京广铁路线、运营枢纽船闸和国家三级文物的露天爆破施工与通航水域水下爆破施工，对今后类似工程具有示范意义。

3. 该项成果综合集成运用了各项爆破技术，取得了良好的减振和有效控制飞散物的效果；首创了小药量驱离鱼类爆破方法，有效地保护了爆破区域的鱼类安全。

4. 水下爆破采用先进的 Precistech 定位定向仪，提高了水上钻孔炸礁作业船舶定位、定向、定点的速率和精确度，有效地提高了水下爆破作业的效果。

5. 在全国水运爆破工程领域首次运用施工阶段总体风险评估、基于 BIM 技术进行风险评估，确保了施工质量与安全。

综上所述，该项成果已在湘江二级航道二期工程船闸爆破开挖中得到成功应用，经济和社会效益显著，具有国内领先水平。

评价委员会主任：

2018 年 10 月 21 日

图 5

评价专家名单					
姓　名	工作单位	职　称	所学专业	现从事专业	签　字
汪旭光	北京矿冶科技集团有限公司	院　士	含能材料	炸药与爆破	汪旭光
张正宇	长江水利委员会长江科学院	教授级高工	工程爆破	工程爆破	张正宇
杨旭升	陆军研究院工程设计研究所	高级工程师	地雷爆破	工程爆破	杨旭升
陈寿如	中南大学	教　授	采矿工程	工程爆破	陈寿如
周明安	国防科学技术大学	教　授	工兵专业	工程爆破	周明安
王小林	西安科技大学	教　授	采矿工程	工程爆破	王小林
宋锦泉	广东宏大爆破股份有限公司	教授级高工	采矿工程	工程爆破	宋锦泉

评价指标和评分	
技术创新程度	22.7
技术经济指标的先进程度	18.6
技术难度和复杂程度	8.9
技术重现性和成熟度	12.9
技术创新对推动科技进步和提高市场竞争能力的作用	8.3
经济或社会效益	18.1
评分结果	89.5

图5　湘江二级航道二期工程爆破施工安全管理成果评价报告

一种绞滩船舱底渗水报警系统

基本信息

项目名称：一种绞滩船舱底渗水报警系统

申报单位：长江重庆航道局

成果实施范围（发表情况）：长江重庆航道局

开始实施时间：2017 年

项目类型：科技兴安

负责人：毛卫东

贡献者：任　毅、王天祥、蔡小林、熊　辉、张俊杰

案例经验介绍

一、背景介绍

以交通强国战略为统领，以平安交通建设为抓手，改变安全管理模式、注重安全监管水平、构建安全责任体系，大力提升新时代长江航道安全治理能力和保障水平，为航道科学发展、转型发展筑牢安全屏障。

二、经验做法

2017 年，长江重庆航道局针对老旧船舶年久失修，船舱漏水时有发生，具有重大风险源的安全问题，制作应用船舶舱底渗水报警系统，采用多个探测器对各船舱进行布防监控，利用 GSM 通信网络传递报警信息，且向消防系统发出启动指令信号，有效地提高了老旧船舶安全管理监控。确保了重庆航道的安全稳定发展。

1. 实施船舶舱底渗水报警系统的重要意义

安全生产是单位健康发展的基本前提，关系到每位职工的切身利益。实践证明，只有把安全生产的重点放在事故预防上，提前采取预防预控措施，才能有效防范和减少事故，最终实现安全生产。

2. 创新推广引用船舶舱底渗水报警系统在重庆航道安全管理工作中的重要作用

船舶在航行或停泊中，船舱底部不可避免地存在积水情况；特别是针对 1966 年、1972 年生产的绞滩船，在维修经费日益紧张的情况下，不可能每年进行上墩维护，而且多数绞滩船是作为趸船供他船停靠，难免出现碰撞等情况。如何解决在当前维修经费紧张的情况下保障船舶的安全性，建设满足防范功能及可靠性需求的报警网络系统，是当前急需解决的问题。

3. 船舶舱底渗水报警系统给重庆航道带来的真实效应

1）真实效果

自船舶舱底渗水报警系统深入推行以来，长江重庆航道局老旧船舶的安全系数不断提升，船舱渗水报警系统当某一船舶舱室进水达到探头安装设定高度时，探头送出一个检测信号至浸水报警系统将信号放大后，提供给数据平台和值班人员手机，并向消防自启动系统发出指令，消防泵启动排水。同时通过系统蜂鸣器发出警报并连续指示，显示相应舱室位置。当在船当班人员接到报警电话后，按下"消除"键，结束全部电话号码报警，解除主机现场警号声，但不撤除防区布防状态。这样既减少了趸船当班职工的巡查事项，又减少了事故的发生。同时，也为老旧趸船的安全靠泊提高了可靠的技术支撑。

2）趸船渗水实现自动监控

船舱渗水报警系统自动收集报警点传来的数据，实时监控舱底渗水情况，系统报警均有声音信号输出，相关报警信息会在预置的五组通信号码上显示。如果船舱发生进水，将触发舱底水浸探测器向水浸报警系统传递信号，蜂鸣器立即发出声音报警；同时水浸报警系统通过数据平台（GSM）迅速向储存的通讯号码传送报警信息，具备全天候监控功能。

当船舱进水时，水浸探测器触点检测到信号后，经渗水报警系统检测放大处理后，通过 GSM 通信网络主动向值班人员手机发出报警信息，且向消防自启动系统发出启动指令信号，同时报警信号传给数据平台；数据平台和值班人员手机随

时都能查看和访问时实数据。

3）应急处置能力显著提升

自船舶舱底渗水报警系统推行以来，针对趸船渗水危险源（点）采取切实有效的防护措施，为职工完善应急救援条件提供了可靠的技术支撑。同时，长江重庆航道局也加大了应急应变演练活动，不断提升应急处置能力，强化职工业务水平，提高职工安全技能。使职工不断地从各种应急演练中汲取经验教训，把握安全实质，丰富安全内涵，掌握安全主动，减少事故的发生。特别是每年 6 月，长江重庆航道局都会结合"安全生产月"，组织"应急应变演习周"活动，局属各单位都会分门别类地组织开展进水抢险、抛锚、船舶搜救等演练，全面提升职工安全技能素质。通过应急应变演练，检验职工应对水上突发事件的快速反应、综合指挥、应急救援和配合协调能力，为保障突发事件的应急处置提供了坚实的基础。

长江重庆航道局自 2017 年开始实施船舶舱底渗水报警系统以来，经过四个多月的运行，工况良好，达到了对老旧船舶船舱渗水自动监测、报警的目的。提高了老旧船舶的安全系数。安全管理水平不断提升，安全基础不断夯实，辖区航道畅通。船舶舱底渗水报警系统为此作出了巨大贡献。

三、问题探讨

推行船舶舱底渗水报警系统过程中，存在以下问题：

系统出现故障后，船员不能自行解决相关技术难题，需专业人员上船解决，这对老旧趸船渗水突发事故的处置造成了一定的影响。如不及时解决，将会对航道生产安全带来影响。

四、应用评估

通过创新推广引用船舶舱底渗水报警系统，长江重庆航道局安全管理水平得到有效提升，将老旧趸船渗水事故危害控制在一个相对较低、相对稳定的水平，为长江重庆航道的安全发展、稳定发展提供了坚实的基础保障。

 公路养护综合安全体验馆

基本信息

项目名称：公路养护综合安全体验馆

申报单位：玉溪公路局

成果实施范围（发表情况）：云南省

开始实施时间：2018年11月

项目类型：科技兴安

负责人：陈　波

贡献者：丁文彪、李崇芬、施昆宏、王晏洪、刘　金

案例经验介绍

一、背景介绍

以互联网为核心的新一轮科技和产业革命蓄势待发，人工智能（AI）、虚拟现实（VR）等新技术日新月异，虚拟经济与实体经济的结合，将给人们的生产方式和生活方式带来革命性变化。在国家大力推进VR产业的背景下，公路养护行业安全管理引入VR展示应用已势在必行。

二、经验做法

1. 公路养护行业内建成首个安全体验馆

玉溪公路局在云南省公路养护行业内建成首个安全体验馆，安全体验馆分为实体安全体验区和VR安全体验区，占地面积86m²。实体安全体验区包括："综合用电体验""安全帽撞击体验""安全带体验""安全急救体验"等项目。通过模拟现场施工环境，针对容易出现物体打击、高空坠落等安全问题进行真实演示。体验者通过亲身体验，真切了解安全的重要性和安全保护设备的必要性等，让安全教育培训更有针对性、实战性。

VR安全体验区包括："养护作业交通安全事故""高空坠落""火灾应急逃生""灭火器使用""机械伤害事故""车辆坠落事故"等项

目。将新型的 VR 科技应用到安全生产管理工作中，模拟火灾、高空坠落、机械伤害等真实场景下的安全事故和险情，让体验者在虚拟的环境中真实完整、生动形象地感受发生安全事故造成的深刻教训。

2. 安全培训的质量和效果得到明显提升

VR 安全体验馆打破了传统的被动式培训模式，让职工能够感受施工过程中可能发生的各类危险场景，从而亲身感受违规操作带来的危险，积极主动地去提高安全意识、掌握安全操作技能，防范事故发生。VR 安全体验馆将以往的"说教式""灌输式""填鸭式"教育创新为在安全可控的环境中，"动态模拟互动体验"教育，更能体现出以人为本、安全发展的理念，通过这种"触手可及"的教育方式将安全防范意识和安全知识形象地展示在职工眼前。

1）高度逼真的故事场景

VR 安全体验馆是基于真实数据建立的数字模型，采用 VR 技术和电动机械结合打造，严格遵循工程专业设计的标准和要求，通过强大的三维建模技术建立逼真的三维场景，从而使场景更加真实完整，体验感更强，安全教育效果更明显。

2）视、听、体验事故全过程

VR 安全体验馆可以实现全交互式三维实训仿真，对安全事故进行全过程"真实"再现，体验者戴上 VR 眼镜后，身临其境地实际操作，通过视觉、听觉、触觉，感知隐患的存在。

3）安全便捷、感知丰富

先进的 VR 设备填补了传统安全教育无法体验或体验不深刻的空白，解决了实训过程中潜在的安全隐患，同时新型的科技体验激发了工人参加安全教育的兴趣，工人对安全事故的感性认识也会增强，创造的更加逼真的虚拟环境也满足了培训教育的感知需求。

4）丰富的安全生产知识

VR 安全体验馆不仅涵盖公路养护安全操作规程，也涵盖了公路养护施工中常见的各类安全事故模拟，通过 VR 技术的应用，加强了体验者对安全生产知识的掌握。

5）打破时间空间的限制，随时随地反复体验

VR 虚拟仿真软件应用于安全生产教育，充分发挥了它不受时间和空间限制的优势，体验者进入虚拟环境后可对细部节点、违章操作以及正确做法进行学习，反复的学习体验，可提高培训质量、提高职工的安全防范水平和应对能力。

3. 实体安全体验与 VR 安全体验相结合

实体安全体验馆以实景模型、图片展示、案例警示、亲身体验等方式，让安全体验受训人员通过视觉、听觉来体验施工现场危险源，从而提高安全意识。VR 安全体验馆采用成熟的 VR、3D、多媒体技术，结合 VR 设备、电动机械、智能平台、全面考量工地施工的安全隐患，以三维动态的形式全真模拟出工地施工真实场景和险情，实现施工安全教育交底和培训演练的目的，体验者可通过 VR 体验这种寓教于乐的形式，实体安全体验与 VR 安全体验相结合，更容易激发职工参与安全教育学习的兴趣，强化体验者对安全事故的感性认识，事故教训更为深刻。

三、应用成效

新一代"互联网 +VR"智能安全体验馆，是全新一代的安全体验馆。通过 VR 及互联网 IT 技术在安全教育及训练中的应用，从而全面提高工人的安全意识和自我防范意识，促进企业安全管理。

1. 改变传统的安全教育方式

通过印在书本上的图文与课堂上多媒体的展示来获取安全知识，这样学习一会儿就渐显疲惫，学习效果不明显，VR 技术能将三维空间的事物清楚地表达出来，能使学习者直接、自然地与虚拟环境中的各种对象进行互动，并参与到事件的发展变化过程中去，从而获得更大的控制和操作整个环境的随意度。这种呈现多方面信息的虚拟学习和培训环境，将为学习者掌握新知识、新技能提供更直观的方式。

2. 真实体验强化安全防范意识

VR 安全体验馆可以对真实场景进行模拟，让公路养护职工对公路养护中的基本安全常识

以及技术操作规程更加了解。让每个职工对公路养护中出现的问题有更直观的了解、学习到发生事故的正确处理方式，并且学会对应的防范常识以及应急措施。VR安全体验馆能够将施工现场的安全事故通过虚拟现实技术让施工人员进行体验，从而让他们感受到因为违规操作而带来的巨大危害，起到强化安全防范意识的作用，促使他们去熟练掌握安全操作的方法。

3.VR技术优化学习内容，让其更加可视化、形象化

VR技术仿真和交互的特性，能将抽象、难懂的安全技术知识以更生动、直观、全面的方式呈现，用"亲历"式体验增强职工的安全教育。实践证明，这些增强现实的元素所产生的可视化效果，通过模拟创建安全事故发生的场景，可使体验者现场体验安全事故，直观感受事故悲惨后果和带来的危害。

4.加速建立安全教育新模式

随着"互联网+"被纳入国家战略，科技正高速向安全教育席卷而来。VR能将图片、数据等教学元素融入虚拟环境中，更容易引起受教育职工的兴趣，强化职工对安全事故的认识，从而提高职工对安全防范的重视。且虚拟场景建造不受场所约束，可根据设计者的需求最大限度模仿场景。VR安全教育培训还有一个很重要的优势，就是能节约成本。VR安全教育培训近乎真实地模拟了安全事故，只需要花费一定的资金去制作，就能在不同的场景中进行体验培训，并且能反复使用，最大限度避免了材料、人工的浪费，契合绿色环保理念。

四、推广建议

建议在国内公路养护管理单位、公路养护施工单位（企业）中推广应用。

云南普通国省干线公路养护安全作业规程 3D 动漫解析

基本信息

项目名称： 云南普通国省干线公路养护安全作业规程 3D 动漫解析

申报单位： 玉溪公路局

成果实施范围（发表情况）： 云南省

开始实施时间： 2013 年 3 月

项目类型： 科技兴安

负责人： 陈　波

贡献者： 张云强、马建峰、赵　金、普春林、杜沅钊

案例经验介绍

一、背景介绍

随着现代公路网络建设的快速发展，公路交通运输通行能力稳步攀升，公众安全便捷出行条件极大改善。在国省干线公路公益性服务定位下，公路养护等级提升、行车密度加大、行车时速提高与公路干部职工安全技能不足、安全意识不强、自我保护能力不够的矛盾渐趋突出，公路养护职工伤亡时有发生。为进一步提高公路养护干部职工的安全意识、安全技能，避免或减少公路养护安全事故的发生，切实保障公路养护干部职工的切身利益迫在眉睫。

执行《公路养护安全作业规程》（JTG H30—2015）是确保公路养护作业人员安全的重要举措，事关人民群众生命财产安全，事关改革开放、经济发展和社会稳定大局。结合云南普通国省干线公路特点和养护作业实际，研究形象、生动、直观的《公路养护安全作业规程》3D 动漫教育片显得尤为重要，同时，能让基层公路养护职工更轻松地理解、掌握安全作业规程，成为公路养护安全管理的一项重大课题。

二、经验做法

1.组建团队理想变为现实

一直以来，不管是安全工作管理者，还是运用安全作业规程的职工，都需要牢记安全规程，并将安全规程的运用与实践相结合，但是由于各种原因，让安全规程落地仍存在这样或那样的问题。玉溪公路局也迫切地想找到一种更适合公路养护职工群体宣贯的安全教育片，于是3D动漫的想法就孕育而生，但3D动画制作是一件艺术和技术紧密结合的工作，不仅对技术要求颇高，还需要大量的人力、时间、资金投入。在玉溪公路局人才技术缺乏的情况下，抽调非动画专业的6名基层职工，成立了公路养护安全作业规程3D动漫创作小组，以创新思维、不怕吃苦的精神，以"白加黑、五加二"和查资料等方式，边学习、边攻克一个个3D动画制作技术难关，吃透弄懂《公路养护安全作业规程》的规定和要求，整个团队呕心沥血，奋战了116天，一个非专业的团队将《云南国省干线公路养护施工安全防范解析》3D动漫安全宣传教育片，以直观、形象、生动的形式展现在公路养护职工面前。

2.精准解读公路养护安全作业规程

《云南国省干线公路养护施工安全防范解析》3D动漫安全宣传教育片，由开篇绪言、公路养护安全作业常识、作业控制区的布置、案例分析等构成，根据《公路养护安全作业规程》（JTG H30—2015）及交通行业对公路养护安全生产管理的相关规定和要求，结合云南公路特点，分析云南国省干线公路养护施工在安全生产管理过程中存在的重点、难点、焦点等问题，重点研究公路养护施工作业中的安全生产管理、安全技术防范、安全标志规范布设与撤除等（图1）。

图1 宣传教育片视频截图

3.利用三维技术首创安全教育模式

《公路养护安全作业规程》3D动画虚拟现实系统通过2D和3D动画形式，采用现代多媒体技术，把生硬的"安全作业规程"条款和基本操作常识，变成形象、逼真、生动的动画电视画面。其目的是对从事公路养护作业的职工进行更新颖的安全教育，摆脱、改变过去那种"发本书、教师讲、讲完考"的传统培训方式，通过动画的方式来模拟不安全行为带来的事故，尤其是历史上发生的公路养护安全事故，将这些安全基础知识、事故案例利用图文、动画的形式出现在电视或其他显示终端上，让职工知道就是因为操作者违反了操作规程，才酿成了事故。通过这些有血、有肉、有声、有色并带有艺术语言的动画画面，使养护职工在心灵深处受到震撼，并清楚地知道违章作业带来的严重后果，从而通过学习安全作业规程，达到遵章作业的目的，避免事故的发生，实现安全生产。

用计算机现代化动画手段把《公路养护安全作业规程》"化繁为简"，让规程中的条文形象生动展现，可读性文字转换为可视可听的视频动画形式。着力解决基层干部职工在学习掌握安全作业规程方面的误区和盲区，贴近实际、贴近现场，满足不同专业分类、不同学历层次的广大干部职工的学习要求（图2）。

4.精准把握与公路养护实际结合

紧密结合云南公路实际，准确把握普通国省干线公路路窄、弯多、坡长及自热气候多变等客观因素，全面分析公路养护作业在不同公路等级、作业时长、作业内容及作业方式情况下的安全设防要求，把云南公路养护作业的实际实情融入《公路养护安全作业规程》的规定和要求上来。

分析研判公路养护作业常见性安全事故，找准摸清安全事故发生的原因，用虚拟的安全事故教训调动基层养护职工安全思想，客观反映公路养护安全作业控制区布设及相关安全设防工作的重要性和必要性。结合长期开展安全管理工作及执行安全作业规程的经验，以及公路养护作业安全控制区布置的实际情况，重点对基层公路养护职工执行《公路养护安全作业规程》的薄弱环节进行解析（图3）。

图2　生动形象的动画

图3　充分结合实际工作经验

5. 理论与实践相结合

不定期组织职工模拟公路养护施工现场交通安全标志标牌规范设置演示，采用先设、后纠错、再示范的新模式，参训人员通过此种新模式学得快、记得牢。通过模拟演示，检验职工在公路养护施工过程中落实、执行标准的基本情况。从而增强了干部职工对公路养护安全作业规程的感性和理性认识，职工的交通安全意识、安全技能和管理能力得到提高，为安全生产管理工作奠定了基础。

三、应用成效

1. 云南省公路养护行业内强制推广

玉溪公路局不断探索公路养护安全生产管理课题，经过系统总结、提炼、整合，于2013年完成了《云南国省干线公路养护施工安全防范解析》3D 动漫，动漫以直观、形象、生动的形式开展职工安全知识宣传培训教育，从而提高了公路养护干部职工的整体安全意识、安全技能和事故防范能力，在公路管养行业内为首创。2016年结合《公路养护安全作业规程》（JTG H30—2015），对《云南国省干线公路养护施工安全防范解析》进行了升级，公路养护施工安全作业培训教育具备了形象直观且完整全面的培训教材，通过通俗易懂、寓教于乐的宣传教育方式，解决了授课老师水平不一，职工接受出现差距的弊端，同时也解决了点多、面广、难于全面反复的教育的客观实际和困难。

2017 年 3 月 7 日，玉溪公路局举办全省普通国道干线公路养护安全规程与安全文化建设发布会，推广玉溪公路局安全文化建设的经验和做法，强制推行《云南普通国省干线公路养护安全作业规程》3D 动漫宣教片。

2. 形象直观普及公路养护安全作业规程知识

一是公路养护安全管理人员宣讲普及《公路养护安全作业规程》更加简便、准确，《公路养护安全作业规程》具备了广泛传播性。公路养护职工能够更加直观、明了地学习掌握《公路养护安全作业规程》，基层干部职工能够最大限度地学通弄懂。

二是激发了广大公路养护干部职工的学习兴趣，学规程、用规程逐步转变为主动行为、自觉行为，营造了学规程、用规程的浓厚氛围。全省2 万多名公路养护干部职工进行了观看学习，规程得到了广泛普及，全员安全意识和安全素质得到了提高，安全生产的自觉性和自我防范能力明显提升。

三是《公路养护安全作业规程》原原本本地以视频动画形式进入了基层公路养护职工的学习过程中，相关规定要求结合实际，应用于公路养护作业的全过程，普通国省干线公路安全作业控制区的布置整体得到了规范和加强，有效避免了公路养护作业安全事故的发生和经济损失，安全生产态势稳中趋好。

3. 为"平安交通"建设奠定基础

公路养护安全管理和生产的实际成效巩固了"平安交通"建设成果，维护了公路养护干部职工和过往驾乘人员的生命财产安全。规范化的公路养护安全作业行为也树立了公路交通行业良好形象，得到了社会公众的广泛认可和肯定。

四、推广建议

建议在全国公路养护管理单位、公路养护施工单位（企业）中推广应用。

港口危险货物安全监管政策
关键问题研究及应用

项目名称：港口危险货物安全监管政策关键问题研究及应用
申报单位：辽宁省交通运输事务服务中心
成果实施范围（发表情况）：辽宁省
开始实施时间：2015 年 12 月 1 日
项目类型：科技兴安
负责人：张志华
贡献者：刘大勇、拓晓川、李庆洲、褚冠全、吕广宇

一、背景介绍

我国港口危险货物吞吐量大、危险货物种类多、装卸储运工艺复杂，安全生产监管任务繁重、压力很大。港口危险货物事故时有发生，特别是 2015 年 8 月 12 日，天津港瑞海公司危险品仓库发生特别重大火灾爆炸事故，造成 165 人死亡，8 人失踪。这起事故，引起了国内和国际社会的极大关注，也反映了我国港口领域极为严峻的安全生产形势。为了加强危险化学品安全管理，国家出台了《危险化学品安全管理条例》等一系列

法律法规，为了加强港口危险货物安全管理，交通运输部出台了《港口危险货物安全管理规定》《港口危险货物重大危险源监督管理办法（试行）》等一系列法规和规范性文件。这些法律法规对预防和减少港口危险货物事故，保障人民群众生命财产安全，促进交通运输安全发展起到了非常重要的作用。由于这些法律法规部分条款，特别是涉及操作层面的内容规定不够具体，地方港口行政管理部门在执行过程中很难把握，给管理部门和企业带来了很多困扰。本项目瞄准当前港口危险货物安全生产迫切需要解决的重大问题，开展

港口危险货物安全监管关键问题政策研究，提出符合行业特点的政策措施，为制修订港口危险货物安全生产监管法规和规范性文件，提供理论依据和决策支持。本项目对建立健全我国港口危险货物领域安全生产长效机制，提升安全生产风险预防预控能力具有重要的理论和实践意义。

二、经验做法

（1）在港口危险货物建设项目安全条件审查、安全设施设计审查、安全设施验收的"三同时"中有关核心审查要点，通过与否的判定指标等方面取得重大突破，为港口行政管理部门实施安全审查、行政许可，严把建设项目安全生产关提供了指导与决策的依据，为修订《港口危险货物安全管理规定》提供了技术支撑，相关审查要点与判定指标被直接借鉴使用。

（2）基于港口危险货物风险特点和监管重点环节，构建了港口危险货物安全管理监督检查指标体系，在法规文件条款转化为监督检查和处罚依据、凝练监督检查要点等方面取得重大突破，攻克了港口行政管理管理部门安全检查依据不充分、内容不系统、规范性不强等技术难关，为港口行政管理部门实施安全监督检查、更好履职履责提供了技术支撑。

（3）基于港口危险货物风险特点和港口企业作业的重点环节，构建了港口危险货物作业设施设备安全检查指标体系，在将技术标准规范条款梳理归类、形成适用于港口危险货物企业的安全检查指标等方面取得重大突破，解决了港口企业风险辨识不系统、隐患排查不全面等技术难题，为港口企业对照标准规范开展风险辨识、强化隐患排查治理提供了技术支撑。

（4）在港口危险货物重大危险源备案类别划分、程序设计、备案要件设置方面取得重大突破，为重大危险源备案管理规范化提供了技术支撑。首次提出了新建、改建和扩建危险货物港口建设项目的"起始性"重大危险源备案和"重新进行"重大危险源备案的概念，构建了适用条件、具体时间节点、要件等关键指标，为港口行政管理部门加强重大危险源管理提供了详细明确的决策依据。

（5）基于港口危险货物事故风险特点和监管现状，构建了加强港口危险货物安全监管队伍建设的关键指标体系，提出了确保应急管理职责落实到位的应急督查模式，解决了港口行政管理部门在队伍建设缺少关键指标为依据、应急督查内容不清晰等技术层面的难题。

关键技术内容：

本项目结合港口危险货物安全生产现状，考虑基层港口行政管理部门安全生产监管的实际迫切需求，坚持理论与实际相结合、目标导向与问题导向相结合的指导原则，重点开展了五大方面的研究：①危险货物港口建设项目安全监督管理政策研究；②港口危险货物重大危险源监督管理方式方法研究；③港口危险货物安全监督检查指标体系及操作方法研究；④港口危险货物安全监管队伍建设关键环节研究；⑤港口危险货物应急管理督查模式研究。

本项目内容既涉及危险货物港口建设项目安全监督管理政策、港口危险货物重大危险源监督管理方式方法、港口危险货物安全监管队伍建设关键环节、港口危险货物应急管理督查模式等侧重于管理方面的研究，也涉及港口危险货物安全管理监督检查指标体系、港口危险货物作业设施设备安全检查指标体系等侧重于技术方面的研究，是集管理科学和工程技术于一体。

在本项目研究成果的基础上出台了6个规范性文件和4个标准规范，直接用以指导港口行政管理部门开展港口危险货物安全生产监管和应急工作。交通运输部在修订《港口危险货物安全管理规定》（交通运输部令2017年第27号）时直接引用了危险货物港口建设项目安全监督管理政策文件的多项条款。交通运输部在指导地方部门实施港口危险货物安全监督检查工作时，对港口危险货物安全管理监督检查指标体系、港口危险货物作业设施设备安全检查指标体系进行了推广和示范。技术成果得到良好应用推广，效果显著。

三、应用成效

项目以解决港口危险货物安全监管政策关

键问题为导向，研究成果在辽宁港口进行示范的同时，在其他地区进行了推广，主要应用情况如下：

（1）港口危险货物建设项目安全审查有关核心要点，通过与否的判定指标等方面所取得的重大突破，已应用于《辽宁省危险货物港口建设项目安全监督管理办法(试行)》《辽交港航发〔2016〕386 号）。交通运输部修订《港口危险货物安全管理规定》（交通运输部令 2017 年第 27 号）时直接引用了文件的多项条款，向全国进行了推广应用，对于规范港口危险货物建设项目安全审查起到了显著的效果。

（2）构建的港口危险货物安全管理监督检查指标体系，为《辽宁省港口危险货物安全监督检查工作操作指南（试行）》（辽交港航发〔2017〕312 号）提供了技术支撑。港口行政管理部门在经营资质、管理机构与人员资质、安全管理制度和规程、教育培训、设备设施、安全投入、个体防护、作业与现场管理、重大危险源管理、隐患排查治理、应急管理、事故/事件管理等方面的监督检查中得以应用并取得良好成效，解决了港口行政管理管理部门安全监督检查依据不足、内容不系统等问题。交通运输部在指导地方部门实施港口危险货物安全监督检查工作时，进行了推广和示范。

（3）构建的港口危险货物作业设施设备安全检查指标体系，解决了企业风险辨识和隐患排查缺少系统、科学依据的问题。大连、营口、锦州港口企业在对码头安全设施、罐区安全设施、辅助生产系统安全设施、消防安全设施、安全标志、个体防护设备进行隐患排查时得到应用并取得显著成效。该成果已应用于《辽宁省港口危险货物安全监督检查工作操作指南（试行）》（辽交港航发〔2017〕312 号），交通运输部在指导地方部门督促企业开展风险辨识与隐患排查工作时，进行了推广和示范。

（4）研究提出的"起始性"重大危险源备案和"重新进行"重大危险源备案相关政策，已应用于《辽宁省港口危险货物重大危险源监督管理办法（试行）》（辽交港航发〔2016〕448 号），解决了重大危险源备案管理缺少具体细则、程序不清晰的难题。

（5）研究构建的加强港口危险货物安全监管队伍建设的关键指标体系，已应用于《辽宁省港口危险货物安全监管队伍建设指导意见》中。研究提出的港口危险货物应急管理督查模式，已应用于《辽宁省港口危险货物应急管理督查办法（试行）》《辽宁省交通厅港航管理局港口危险货物重特大事件应急预案》中，为港口行政管理部门加强队伍建设和应急督查提供了更加细化的指标依据。

四、推广建议

坚持以港口危险货物安全监管需要解决的关键问题和天津港瑞海公司危险品仓库特别重大火灾爆炸事故需要吸取的教训为导向，以形成操作性强的研究成果为目标。聚焦港口危险货物安全监管重点环节、重点问题，在建设和运营阶段、重大危险源监督管理、日常安全监督检查、队伍建设、应急管理督查等方面给出具体指导性研究结论。整体研究成果形成了一系列法规文件和标准规范，解决了长期困扰港口行政管理部门的问题，对于提升港口危险货物安全监管水平具有意义重大，有助于彻底扭转天津港瑞海公司危险品仓库特别重大火灾爆炸事故给港口安全带来的负面影响，研究总体处于国际先进水平。

五、应用评估

本项目于 2017 年 12 月在辽宁省范围内全面实施，实施范围为辽宁省辖区内交通运输主管部门及港口（危货）企业，开展本研究对于加强港口危险货物安全监管将起到积极作用，有利于规范行业安全监管行为、促进企业落实主体责任，预防事故发生。此外，更加明确的建设项目安全监督管理程序有利于建设单位节省申报时间，提高经济效益。本项目于 2018 年荣获"中国航海学会科学技术奖"二等奖。

高山峡谷区高速公路改扩建
安全保障技术措施

基本信息

> **项目名称：** 高山峡谷区高速公路改扩建安全保障技术措施
> **申报单位：** 云南省交通规划设计研究院有限公司
> **成果实施范围（发表情况）：** 交通系统道路改扩建
> **开始实施时间：** 2015 年 9 月
> **项目类型：** 科技兴安
> **负责人：** 李志厚
> **贡献者：** 李江涛、万　里、杨文旭、曲亚明、陶宏亮

案例经验介绍

一、背景介绍

昭通至会泽公路是国家高速公路网 G85 重庆—昆明公路的一段。本项目起于昭通鲁甸互通立交，接麻柳湾至昭通高速公路，止于会泽互通立交，接会泽至待补高速公路，全长 104.41km，全线改扩建江底互通式立交，利用既有鲁甸、田坝、迤车、阿都、黑土、会泽 6 处互通式立交。

全线在既有二级公路基础上采用四车道高速公路标准改扩建，设计速度 80km/h。

昭会高速公路是云南省第一条一次规划、分期实施的高速公路，是云南省第一条跨省修建的高速公路，也是云南省第一条在高山峡谷区改扩建的高速公路，项目主要特点及难点为：

（1）本项目为高山峡谷区高速公路改扩建工程，位于云贵高原北部，属滇东高原与黔西高原分界处，地形复杂，沟谷密度大，切割深，山坡陡峻。

（2）路线所经地段海拔相差大，纵坡大、路段长，区段气候差异明显，营运安全压力大，运营安全是工程设计控制的重点。

（3）地形复杂，部分路段桥隧工程集中，除部分路段为坝区外，其余路段地形狭窄，地面横坡陡峻，桥隧工程比例大，防护工程受路线线位影响比较敏感，工程集中艰巨。

（4）分离式路基高差大、距离远，横向联络迫切。

（5）项目为改建工程，交通流量大，重载车辆多，施工保通困难。

（6）沿线生态脆弱，局部路段存在季节性冰冻与雾霭。

（7）山区地质构造断层多，岩堆、滑坡发育，坝区不良岩土多。

二、经验做法

1. 理念创新

以敢于创新和探索的新的设计理念和思路，借鉴国内外高速公路改扩建成功的经验，灵活应用技术标准和各项指标，突出高山峡谷区高速公路改扩建特点，坚持自己特有的设计优势结合既有工程的实际情况，打造以人为本的具有人性化、个性化的"安全、环保、舒适、和谐、经济、资源节约"的出省运输大通道及带动沿线旅游观光、经济发展的高速公路。

（1）做到百分之百地利用既有二级公路，最大限度地减少对既有二级公路的影响与干扰，做到"安全畅通、经济节约、环保和谐、实用舒适、服务社会、易于管养"。

（2）项目属于改扩建工程，针对原有二级公

路部分路段纵坡大、路段长，交通事故多发，运营安全风险大的突出问题，通过"编辫子"方式，上下行多次交叉换岸，将原有二级公路长大纵坡路段改为上坡幅，新建下坡幅，解决高山峡谷区高速公路连续长陡下坡带来的行车安全问题。

（3）改扩建路段原有道路为云南省南北大通道北段的重要路段，车辆来往频繁，是云南经济发展的重要通道之一改扩建施工期间，原有二级公路需要保持车辆正常通行，必须采取措施尽量降低改扩建工程施工对原有道路通行的影响。

2. 技术创新

（1）高山峡谷区改扩建高速公路选线技术。

昭会高速公路路线位于云贵高原北部，属滇东高原与黔西高原分界处，地形复杂，沟谷密度大，切割深，山坡陡峻，山岭间分布有昭鲁盆地、迤车盆地、会泽盆地等小型山间盆地，具河谷、坝区、山区相间分布的特点。改扩建的重点就是解决高山峡谷区的长大纵坡问题，路线原则上尽量利用现有昭通至会泽汽车专用二级公路作为一幅路基，为提高昭会高速的安全性，将现状二级公路的连续长下坡路段用于高速公路的上坡方向半幅路，通过"编辫子"方式将新建一幅路作为下坡方向，将平均纵坡控制在3%以内，并根据地形条件拟合设计，灵活新建另一幅，形成整体式路基、分离式路基。隧道、牛栏江特大桥路段均采用分离式路基（图1）。

图1 分离式路基

全线顺二级公路拼宽路段长52.3km，新建分离式路段长53.7km，针对长下坡路段设置5

处避险车道。通过对推荐方案的线形一致性进行评价，主要得出以下结论：

①经测算，小客车预测运行速度值均在110km/h 左右，大货车预测运行速度值均在70km/h 左右。

②小客车和大货车相邻路段运行速度差均未超过 10km/h，线形一致性较好。

③老路大口子垭口至田坝段（平均纵坡3.9%）、田坝至小石桥段（平均纵坡 3.4%）、红石岩至黑土段（平均纵坡 3.9% ~ 4.3%）、邱家垭口至会泽坝区段（平均纵坡 4.1%）四段通过"平面分离，纵面分台、交叉换岸、编辫子"方式将新建一幅路作为下坡方向，原老路作为上坡方向，并将新建一幅连续降坡路段的平均纵坡控制在 3% 以内，同时老路的 16 个小半径曲线全部位于上坡方向，较大幅度地提升了行车安全性。

交工验收后试通车两年，根据沿线交警部门反馈得到的数据来看，交通事故明显减少，运营效果优良。

（2）结合复杂气候条件，合理布设线位，实现气象选线。

本项目地处乌蒙山区，区内海拔高差悬殊，地形条件复杂，为典型的高原山地构造地形，山高谷深，江河切割，地势陡峻，沟壑纵横，片区内海拔高差达 3773m，立体气候十分突出，总体气候特征为春晚、夏短、秋早、冬长，异常天气频频，各类气象灾害繁多，危害重。尤其是冰雪、冰凌天气危害尤其严重，主要出现在 10 月至次年 2 月，据统计，区内年均降雪日数 15.1 天，雪落地后平均有三分之一融化，积雪日数平均有9.3 天，最大雪深为 23cm，期间极易造成车辆大量滞留。

原有二级公路邱家垭口段路线处于海拔高度2000 米以上，冬季经常出现结冰现象，致使交通中断，特别是大型货车滞留，相关部门每年均投入大量的人力物力进行疏通，给我省与内地物资运输的主动脉带来了极大的影响（图2）。

本项目结合区内立体气候的分布特点，合理布设线位，确定合理的设计标高，新建邱家垭口特长隧道，避开了邱家垭口段冰凌天气的影响，缓解了因冰雪、冰凌天气造成的车辆滞留问题，

确保了南北大通道的畅通。

图2　交警疏导交通

三、应用成效

（1）单洞单向特长隧道运营安全保障与防灾减灾技术。

依托昭会高速大口子及邱家垭口两条单洞单向特长公路隧道，采用理论研究、数值模拟、实体隧道试验、运营隧道试验与测试等方法，针对单洞单向特长隧道运营安全保障与防灾减灾技术进行了科研立项研究，科研成果揭示了单洞单向特长公路隧道的事故特征，提出了人员疏散模式；提出"主动消防控火，抑制灾害规模"的防灾救援理念，建立了"感温光纤和图像型火灾探测 +隧道低压细水雾控火"的主动消防控火系统；提出了单洞单向特长公路隧道主动防灾减灾量化管理与分段控制措施。科研成果经验收委员会鉴定，总体达到国际先进水平，并首次在大口子及邱家垭口两条单洞单向特长隧道应用。

（2）高山峡谷区高速公路改扩建节约增效和安全保障技术研究与工程示范。

①解决了高速公路改扩建和大修过程中老规范护栏安全防护性能不满足新规范的问题，通过对原有护栏再利用升级改造，使其安全防护性能大幅提升，能够达到现行设计规范的 A 级防护等级。

②提出了窄路肩条件下的护栏改造方案，以确保老路利用段不会因设置护栏而加宽路肩，从可明显降低施工的难度、缩短工期和节省投资。

③本项目研究的技术改造方案能够避免拆除原有护栏设置新的护栏所带来施工时间长且投入

较大弊端，为公路运营单位提供更加经济、有效的护栏安全性能提升策略。

④研究的隧道洞口与桥面路段温度空间分布规律技术形成了涵盖空间路面温度数据采集、处理、展现等步骤在内的一整套流程与方法；建立了路面温度与潜在路面结冰的一整套技术与方法。

⑤研制的新型路面结冰专用诱导标志弥补了目前传统的可变信息标志在恶劣天气条件下可视认性差的缺陷，与高速公路气象监测系统智能联动，实时反映高速公路路面状况信息，并作出诱导警示。

⑥提出昭会高速公路既有路拱安全处置技术方案。

（3）“平面分离、纵面分台、交叉换岸、编辫子”方式在小勐养至磨憨高速公路改扩建中运用，提高了老路的利用率和行车的安全。

四、推广建议

高山峡谷区高速公路改扩建安全保障技术措施，对高速公路改扩建项目的公路选线、施工保通、隧道防灾减灾、交安工程升级改造等方面有较好的借鉴意义。

五、应用评估

项目实施开始时间为 2015 年，实施范围为昭会高速。实施成效：为运营的效率提升和安全保障创建了良好条件和坚实基础，取得了较好的经济和社会效益并被确认为科学技术成果（图 3）。

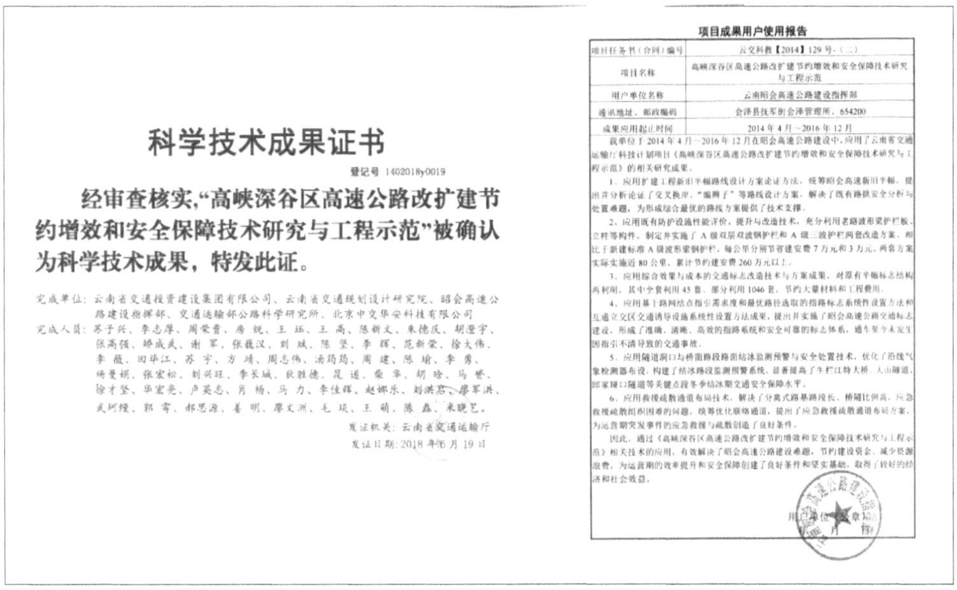

科学技术成果证书

登记号 1402018y0019

经审查核实，“高峡深谷区高速公路改扩建节约增效和安全保障技术研究与工程示范”被确认为科学技术成果，特发此证。

完成单位：云南省交通投资建设集团有限公司、云南省交通规划设计研究院、昭会高速公路建设指挥部、交通运输部公路科学研究所、北京中交华安科技有限公司

完成人员：苏子兴、李志厚、周荣贵、房锐、王珏、王高、陈新文、朱德庆、胡澄宇、张高强、娇成武、谢军、张巍汉、刘斌、陈坚、李辉、范新荣、徐大伟、李薇、田华江、苏宇、方靖、周志伟、汤筠筠、周建、陈瑜、李勇、杨曼娟、张宏松、刘兴旺、李长城、秋胜德、晁遂、柴华、胡晗、马蓉、徐才坚、华宏亮、卢英志、肖杨、马力、李佳辉、赵娜乐、刘洪启、廖军洪、武珂缦、郭雪、郝思源、姜明、廖文洲、毛坝、王萌、陈鑫、米晓艺。

发证机关：云南省交通运输厅

发证日期：2018 年 6 月 19 日

项目成果用户使用报告

项目任务书（合同）编号	云交科教【2014】129 号-（二）
项目名称	高峡深谷区高速公路改扩建节约增效和安全保障技术研究与工程示范
用户单位名称	云南昭会高速公路建设指挥部
通讯地址、邮政编码	会泽县抚军街会泽管理所，654200
成果应用起止时间	2014 年 4 月～2016 年 12 月

我单位于 2014 年 4 月～2016 年 12 月在昭会高速公路建设中，应用了云南省交通运输厅科技计划项目《高峡深谷区高速公路改扩建节约增效和安全保障技术研究与工程示范》的相关研究成果。

1、应用扩建工程新旧半幅路线设计方案论证方法，统筹昭会高速新旧半幅，提出并分析论证了交叉换岸，“编辫子”等路线设计方案，解决了既有路拱安全分析与处置难题，为形成综合最优的路线方案提供了技术支撑。

2、应用既有防护设施性能评价、提升与改造技术，充分利用老路波形梁护栏板、立柱等构件，制定并实施了 A 级双层双波钢护栏和 A 级三波护栏两套改造方案，相比于新建标准 A 级波形梁钢护栏，每公里分别节省建安费 7 万元和 3 万元，两套方案实际实施近 80 公里，累计节约建安费 260 万元以上。

3、应用综合效果与成本的交通标志改造技术与方案成果，对原有半幅标志结构再利用，其中全套利用 45 套、部分利用 1046 套，节约大量材料和工程费用。

4、应用基于路网结点指引需求度和最优路径选取的指路标志系统性设置方法和互通立交区交通诱导设施系统性设置方法成果，提出并实施了昭会高速公路交通标志建设，形成了准确、清晰、高效的指路系统和安全可靠的标志体系，通车至今未发生因指引不清导致的交通事故。

5、应用隧道洞口与桥面路段路面结冰监测预警与安全处置技术，优化了沿线气象检测器布设，构建了结冰路段监测预警系统，显著提高了牛栏江特大桥、大山隧道、邱家垭口隧道等关键点段冬季结冰期交通安全保障水平。

6、应用救援疏散通道布局技术，解决了分离式路基路段长、桥隧比例高，应急救援疏散组织困难的问题，统筹优化联络通道，提出了应急救援疏散通道布局方案，为运营期突发事件的应急救援与疏散创造了良好条件。

因此，通过《高峡深谷区高速公路改扩建节约增效和安全保障技术研究与工程示范》相关技术的应用，有效解决了昭会高速公路建设难题，节约建设资金、减少资源浪费，为运营期的效率提升和安全保障创建了良好条件和坚实基础，取得了较好的经济和社会效益。

用户单位（公章）

年　月　日

图 3

案例17 ▶ 泰州大桥安全文化示范建设与实践

基本信息

项目名称：泰州大桥安全文化示范建设与实践

申报单位：江苏泰州大桥有限公司

成果实施范围（发表情况）：江苏泰州大桥有限公司

开始实施时间：2018年8月

项目类型：安全文化

负责人：徐泽敏

贡献者：阚有俊、汤海学、宋建辉、吴　冰、薛云龙

案例经验介绍

一、背景介绍

江苏泰州大桥有限公司管辖泰镇高速公路和江宜高速公路近90km高速公路。泰州大桥作为江苏省重要的过江通道，是世界首座三塔两跨钢箱梁悬索桥，获得国际桥协"杰出结构工程奖"。

安全生产标准化建设代表着现代安全管理的发展方向，作为一个动态持续改进的系统管理体系，实现企业安全管理工作规范性、系统性、预防性的全过程控制管理，对有效提高企业安全生产管理水平具有显著作用。

员工的安全理念和安全行为是企业安全生产标准化建设的基础性、关键性因素。当前，虽然员工普遍认识到安全生产的重要性，但对安全生产理解仅停留在安全生产工作本身，安全生产系统化认识存在明显的偏差，参与安全生产各项活动的积极性、主动性不足，安全理念急需从"要我安全"向"我要安全"转变。高速公路行业安全生产标准化建设偏重于企业内部安全管理，对高速公路公众出行安全服务较少，尚未形成系统化的公众出行安全服务体系。

安全畅通是高速公路永恒的主题。泰州大桥

公司始终把安全畅通作为运营管理的首要任务，狠抓安全生产，保障路桥畅通。2018 年以来，公司以交通运输部首批交通运输安全文化建设先行先试单位为契机，学习借鉴杜邦、壳牌等世界一流企业安全文化建设先进经验，瞄准国内石化、电力行业等一流企业，运用系统思维，综合评估泰州大桥清障救援、工程养护、收费服务等作业管理特点，系统开展安全文化诊断，编制安全文化建设建议书，总结提炼公司安全文化核心价值观等，探索构建高速公路运营企业高水平安全文化体系，为业内同行提供示范。

二、经验做法

人是安全生产工作中最活跃、最具决定性的因素。公司高度重视员工的安全管理，组织开展形式多样的安全教育培训，员工的安全意识和安全技能明显提高。随着通车车流持续攀升和路桥服役年限增长，路桥运营安全管理的难度增强、要求提高。要保障泰州大桥的高质量发展，实现"国际视野、国内一流"企业战略目标，必须坚持不懈抓好安全生产工作。公司一致认为安全文化建设是提升安全管理水平、实现本质安全的重要途径。

1. 夯实安全承诺，彰显安全领导力

泰州大桥建立包括安全价值观、安全愿景、安全态度、安全使命和安全目标等在内的安全承诺。泰州大桥经营层高度重视安全管理工作，以身作则，遵守和维护安全标准，在安全工作中真正投入时间和资源，明确将公司安全理念与企业发展战略相对接，有效地彰显了经营层的安全领导力。

2. 推行标准作业，贯彻安全执行力

1）推行《安全作业标准卡》

通过调查各岗位、各类作业过程和各类设施设备事故，从人、设备、管理和环境四个维度分析作业流程中存在的风险以及各类事故原因，梳理出各岗位作业时的基本动作要领，明确岗位操作的动作与口述配合，建立《安全作业标准卡》，有效提高各岗位作业的安全水平。

2）制作《岗位应急处置卡》

重新梳理应急预案，重点是现场处置方案，请有实际操作经验的现场管理人员和岗位作业员进行讲解，最终明确各岗位应急处置流程与措施，制作《岗位应急处置卡》，有效提高现场人员应急处置能力。

3. 丰富安全活动，提升安全意识

1）征集安全卡通形象

安全生产卡通形象是创新安全宣教的手段，丰富安全宣教产品的积极探索，旨在使安全生产的抽象理念形象化，在全公司营造"安全第一、生命至上"的浓厚氛围，提高职工安全意识，推动公司安全文化高质量发展。活动开展过程中，共征集到 21 件作品，作品都具有安全元素，融入泰州大桥特色，体现泰州大桥安全理念，具有美观性、品牌性、应用性、传播性的特点。目前，卡通形象"平平"和"安安"已在全公司广泛宣传使用（图 1）。

设计作品	设计单位	网络选票	网络排名	设计作品	设计单位	网络选票	网络排名	设计作品	设计单位	网络选票	网络排名
	泰州东收费站	3505	1		海陵收费站	2809	2		海陵收费站	1671	3
	泰州大桥北收费站	1504	4		高港收费站	1290	5		大泗收费站	1165	5
	丹阳新桥收费站	814	7		泰州大桥背收费站	660	8		扬中收费站	307	9

图 1　部分征集到的安全卡通形象设计作品

2）观念促发展 思辩引智慧——开展安全生产辩论赛

辩论赛从筹备至决赛历时接近两个月，采用淘汰制进行。各基层单位踊跃参与，共组成12支代表队，围绕安全主题展开辩论。经过初赛、复赛的激烈比拼，最终有4支队伍脱颖而出，进入决赛阶段。在辩题准备、各抒己见的辩论过程中，全体员工都受到了启发，加深了理解、增长了见识。

3）员工参与安全管理

（1）开展安全网络调查。

采取不记名安全网络调查的方式，最大限度地收集员工对安全工作的真实感受和独立观点（图2）。共有418人提出建议，占员工总数的87.82%，具有较高的普遍性和代表性，为公司提升安全管理能力提供了重要的参考意见。目前征集到的意见都已有明确的反馈，通过修订《安全管理手册》《安全文化手册》《安全操作规程》《标准作业卡》，开展安全活动等方式，使员工融入公司日常安全管理过程中。

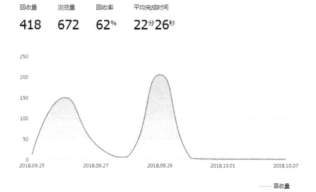

图2　问卷调查统计

（2）常年开展安全随手拍活动。

为拓展安全风险识别途径、完善风险管控措施，构建安全利益共同体，泰州大桥鼓励员工对身边的安全隐患进行上报。

通过制度化的形式，明确上报渠道、问题整改责任人、整改信息反馈、激励措施，有效地营造时时处处事事人人关注安全的氛围。

4. 注重顶层设计，规范理念行为

1）提炼《安全管理手册》

在修订完善安全管理制度和员工安全行为规范的基础上，厚植安全文化理念，总结提炼安全组织、安全责任、安全培训、安全沟通、安全考核等12方面，形成《安全管理手册》。

2）编制《安全文化手册》

采用逆向思维法，从领导寄语、安全理念、安全管理、风险防控、行为修养、安全活动、应急管理等方面，编制具有高速公路营运企业特色的《安全文化手册》（图3、图4）。

图3　安全管理手册内容框架

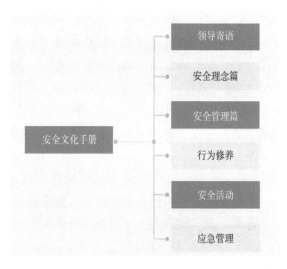

图4　安全文化手册内容框架

5. 构建培训体系，提升全员素质

通过明确岗位安全培训标准、编制安全培训系列教材、建设安全示范教育基地等手段，探索培训内容规范化、培训方式多样化、培训手段现代化和培训管理信息化的安全生产教育培训体系，全面提升员工安全生产素质（图5）。

1）明确岗位安全培训标准

编制重点岗位人员岗位说明书，绘制重点岗位人员作业流程图，从认识、理解和掌握三个层次，形成不同岗位人员培训标准。

2）编制安全培训系列教材

教材全面涵盖安全责任制、安全法律法规、

安全教育培训、收费管理、服务管理、清排障管理、信息服务、机电维护、风险管理、隐患排查与治理、

职业健康、应急管理、安全文化等方面内容。

图5　安全培训教材

3）录制安全教育培训视频

视频基本涵盖收费作业、清排障作业、机电维护作业和信息服务作业系列，刻录并制作岗位人员日常作业安全教育培训视频。

4）完善安全生产教育培训试题库

根据现行有效的安全生产法律法规及标准规范的要求，收集并完善不同层级、不同岗位人员的安全生产培训试题库，试题库分自查自测和限

时考核，通过开发手机软件，实现随用、随查、随测。

5）自制重点岗位作业沙盘模型

确定重点岗位人员作业范围，基本涵盖收费、清排障、机电维护、信息服务作业等，梳理重点岗位人员作业流程，采用 3D 模型进行沙盘演示（图6）。

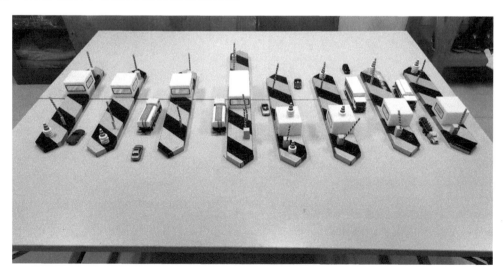

图6　模型沙盘演示

6）建设安全示范教育基地

理论学习与实践训练相结合，通过互动式和融入式体验培训，使参培人员能够透彻理解培训内容（图7~图9）。

（1）设置收费区、排障区、养护区、服务区4个安全操作规程展示区。利用电子信息屏循环播放各岗位安全标准化操作流程、高速公路事故案例等。

图7　安全示范教育基地

图8　安全体验室项目

图9　安全示范教育基地效果图

（2）设置安全体验室，分别为安全帽撞击体验区、现场急救体验区、应急疏散体验区、安全标准佩戴展示区、安全标志展示区、安全防护用品展示区等微体验区域。

（3）根据每个岗位的特点，采用沙盘推演，为各岗位员工量身打造全新的安全体验教育。

6. 规范服务行为，防范法律风险

1）编制《泰州大桥清排障知识手册》

对公司历年排障抢险救援案例进行安全风险

评估，总结经验与教训，警醒员工做到事前自觉、事中自律、事后自省，真正达到安全工作自律、工作安全自觉。

2）编制《道路交通事故法律责任事故汇编》

收集涉及收费高速公路经营单位责任性交通事故案例，分析事故原因，重点是路桥运营公司承担法律责任的情况，明确经营服务风险防范重点，以及在落实企业安全生产主体责任和隐患排查与治理等方面存在的一些具体问题，并有针对性地提出了切实可行的对策措施（图10、图11）。

图10　清排障知识手册框架

图11　案例汇编框架

7. 构建防控体系，防范安全风险

1）泰州大桥运营安全风险防控与示范

目前桥梁风险辨识评估和管理大都针对桥梁设计期和施工期，针对运营期的桥梁风险的研究和实践尚属空白。泰州大桥克服了构建运营期长大桥梁安全风险防控体系中面临的困难及核心问题，创新性地提出了长大桥梁运营期安全风险管理的一揽子解决方案，填补了运营安全风险管理在长大桥梁领域的空白。该课题获得中国公路学会2018年度"中国公路学会科学技术奖"，为国内外在役长大桥梁运营安全风险防控提供典型示范。

2）建成安全风险防控示范站

运用《长大桥梁运营安全风险防控与示范》等课题成果，介绍风险因子辨识、评估方法，明确风险清单和等级，制作风险告知牌、员工风险告知卡、站区风险分布图，编制《收费站安全风险辨识手册》《危险货物安全技术说明书汇编》，构建具有泰州大桥特色的文化站区，营造浓厚的安全文化氛围，促进科研成果转化落地（图12、图13）。

图12　风险宣传室

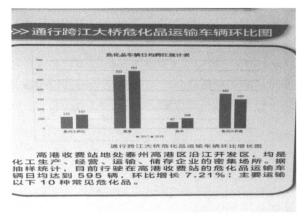

图13　危险品车辆通行情况

8. 引导公众参与、搭建沟通桥梁

1）打造公众出行安全宣传走廊

率先实现全路段出行信息服务全覆盖。充分发挥高速公路营运企业自身优势，通过沿线收费站、可变信息屏、公众服务微信号、公司网站等，开展专题宣传、设置安全宣传专区等，多层次、多角度宣传高速公路安全行车知识。

2）建设交通安全主题服务区

拓宽"服务区+"融合式发展，深化安全文化建设。结合公司实际，制订《交通安全主题服务区建设实施方案》，在服务区现场分别设置视频宣传区、展板宣传区、酒驾体验区、交通标识区、知识问答区等，通过答题促销等形式，将互动体验融入经营管理活动中，提高驾乘人员的参与度（图14、图15）。

图14　安全知识互动区

图15　酒驾体验区

三、应用成效

泰州大桥安全文化示范建设与实践活动，提高了全员的安全素质，改善了公众出行行为，营造了良好的安全学习、安全参与的氛围。

1. 提炼形成安全理念

《安全管理手册》《安全文化手册》，让全员在安全理念、价值观、愿景等方面形成共识，规范领导层、管理层、执行层安全行为准则，增强经营层安全领导力、促进了公司安全管理水平和员工安全意识的提升。

2. 形成公众安全互动

通过出行安全宣传走廊和安全主题服务区建设，搭建与公众安全互动的平台。项目实施以来，发布公众安全服务信息 2.5 万条、受理顾客咨询 5840 次，进入安全主题服务区车辆共计 88.5 万辆，参与各类安全活动互动 5.3 万人次，互动率达 59.99%，取得了良好的效果。

3. 建成风险防控示范站

将公司《长大桥梁运营安全风险防控与示范课题》深化落地，将安全科研成果与基层管理相结合，提升基层单位安全风险防控水平。

4. 打造教育培训基地

与科研单位合作开展"岗位人员安全生产教育培训体系"研究工作，在扬中收费站建成安全示范教育基地。将互动式、体验式培训，代替传统的"读制度、看视频、要签名"老三样模式，使安全措施从生硬的管理制度变成切身真实的感受，提高员工安全认知能力，取得了良好的培训效果。2018 年 7 月以来，累计内部轮训 24 次，受训人员 450 人，外部培训 20 次，受训人员 350 人。

5. "双卡"促进岗位规范

推行《安全作业标准卡》《岗位应急处置卡》，明确各岗位的风险点、操作要求以及发生事故时应急处置措施，有效地规范了现场操作行为，提高了现场应急处置能力。

6. 提供有益经验探索

泰州大桥具有高速公路和跨江大桥的显著特点，公司安全文化建设充分结合高速公路运营管理和在役长大桥梁风险防控特点开展，为业内同行安全文化建设积累了有益经验，为打造安全文化示范企业提供"泰桥蓝本"。

四、推广建议

安全文化是企业文化的重要组成部分，安全管理最终是安全文化的管理。

1. 高速公路安全文化具有自身特点

高速公路公益性特点，决定了高速公路运营企业安全文化建设具有显著的自身特别，它不仅是企业内部安全文化建设，也要承担公众交通安全出行宣传的社会责任。

2. 安全文化建设需持之以恒

企业安全文化建设是一项系统工程，其成效很难在短期内显现。企业经营层的重视程度和执行能力是安全文化建设的关键因素，如何处理好安全文化建设与企业战略发展的关系，是安全文化建设必须面对的课题。

五、应用评估

泰州大桥安全文化示范建设与实践形成了符合高速公路运营企业特点的安全文化体系，为高速公路运营管理企业开展安全文化创建工作提供有意义的经验和探索，让管理成为文化，用文化推动安全。泰州大桥安全文化示范建设具有一定的可复制、可推广性，可为推动高速公路行业高质量发展提供坚实保障。

G75 兰海高速公路下行线 K2039+050 边坡监测与预警系统

项目名称：G75 兰海高速公路下行线 K2039+050 边坡监测与预警系统

申报单位：广西北投集团沿海高速公路分公司南宁管理处

成果实施范围（发表情况）：G75 兰海高速公路下行线 K2039+050 边坡

开始实施时间：2018 年 12 月 25 日

项目类型：科技兴安

负责人：刘源泉

贡献者：关　勇、卢伟鹏、欧　文

一、背景介绍

广西北部湾投资集团有限公司沿海高速公路分公司南宁管理处管辖路段于 2015 年 10 月完成改扩建运行通车，因广西区雨季汛期降雨时间长并且降雨量大，2017 年管辖路段内共发生 9 处边坡塌方，2018 年发生南宁至北海方向 K2037+170 处边坡塌方，该点共挖运土方 38431.15m³，挖运石方 24937.32m³。高速公路边坡监测和管理是高速公路管养的重点工作，为给过往驾乘人员提供安全行车环境，为确保西南出海大通道沿线高速南宁处管辖路段安全、畅通，为及时监测预警高速公路边坡滑落给过往车辆出行安全带来的隐患，2018 年下半年，广西北部湾投资集团有限公司沿海高速公路分公司携手广西移动和上海诺基亚贝尔，在 G75 兰海高速公路下行线 K2039+050 边坡共同研讨运用一套基于窄带物联网（NB-IoT）技术的山体滑坡监测和预警系统，监测与预警系统项目位于南宁市良庆区南晓镇南东方向约 1km 处，距南间出口约 1.6km，属于剥蚀丘陵地貌，边坡体主要由粉质黏土、全风化层、强风化层组成，自然边坡坡角为 14°~ 38°，原高速公路人工边坡设计分 3 级放坡，坡率为 1∶1.5，坡高约 30m，坡面采用挂三维网与喷播植草进行防护。

二、经验做法

G75 兰海高速公路下行线 K2039+050 边坡监测与预警系统项目主要由地质环境采集监测子系统和 4G 千里眼两部分组成，通过现场布设高精度角度位移传感器、物联网智能网关和监控进行数据采集，无线传输至云平台统一存储、大数据分析和实时监测报警。采用蜂窝窄带物联网与高精度角度传感器相结合，配套使用 4G 千里眼视频辅助监测的方式进行部署。当埋在地下约一米的传感器捕捉到细微的泥土松动，随即在短短几秒内，便将监测数据（包括震动、冲击力以及角度变化等）通过窄带物联网网关设备上报到云端监测平台。触发数据通过 NB-IoT 网络上传，系统经过数据测算分析后，通过短信和电话实时将预警信息送达沿海高速公路道路养护负责人，相关人员通过中国移动 4G 千里眼对现场情况远程实时确认，以便及时对滑坡点进行加固或清理作业，防止地质灾害危及道路行车安全。

三、应用成效

截至 2019 年 6 月 1 日，该边坡监测与预警系统累计发生位移报警 12 次，震动报警 1 次，整体应用效果如下：

服务网关 GW 电池电量一直保持在 60% 以上，太阳能板供电正常。网络信号强度一直保持在 −70dbm 左右的良好覆盖区域内，保证了数据的有效可靠传输。

节点 0 角度位移传感器，电池电量一直保持在 90% 以上，工作状态正常。信号强度一直保持在 −70dbm 左右的良好覆盖区域内，有效保证数据传输的可靠性和及时性。节点 1 角度位移传感器，自安装运行后于 1 月 8 日监测到一次震动事件，震动幅度为 0.12mm，结合当时连续阴雨天气或其他因素，提醒应多加关注发生滑坡的潜

在风险。

节点 2 角度位移传感器，自安装运行后于 1 月 4 日监测到一次震动事件，震动幅度为 0.1mm，结合当时连续阴雨天气因素，该位置应多加关注发生滑坡的潜在风险。自安装运行后未检测到冲击力事件，说明该节点位置未发生滑坡或其他自然灾害事件。

自安装运行后于 2019 年 3 月 9 日晚 11 时 38 分 5 秒，成功监测到数据异常变化并提前预警，监测预警系统的云端平台向高速公路养护管理人员发送了一条预警短信和电话语音提示，养护技术人员立即到现场勘查发现山体松动和小部分滑坡现象，当即对滑坡点路段的高速公路路肩进行交通管制和清理作业，防止了地质灾害危及道路行车安全。目前监测与预警系统运行正常，并取得了阶段性效果。

四、推广建议

广西山区面积占全区面积的 70% 以上，地质灾害易发多发，尤以高速沿路山体滑坡现象更为频繁。基于窄带物联网技术的地质监测系统不受气候影响，网络覆盖更广，终端电池续航更长，可以做到无人值守，多点触发的算法使得预警系统自动化监测，高效省力。山体滑坡监测和预警系统的建设将为"智慧高速"增添一道出行保障。

五、应用评估

该边坡监测与预警系统具有全面感知、实时监测、高效传输、智能分析等优势，根据现场位移和震动变化情况能准确捕捉公路边坡灾害发生前特征信息，识别存在的安全隐患，评估隐患发生的可能性。养护技术人员可直接通过手机客户端或 PC 端，随时随地查看实时监测数据、监控视频并接收异常报警信息，如遇突发事件可第一时间联动各应急部门，确保复杂地势环境下高速公路运营通行的安全，同时也为将来构建智慧高速公路体系提供了有效数据支持和技术保障。

"海事之眼"船员远程核查系统

项目名称："海事之眼"船员远程核查系统

申报单位：中山海事局

成果实施范围（发表情况）：海事现场执法、船员人证核查、船舶配员核查、渡船首末航报告

开始实施时间：2018 年 7 月 30 日

项目类型：安全管理

负责人：梁 军

一、背景介绍

2018 年 8 月，基于交通运输部海事局信息化建设规范和数据资源，应用人脸识别、移动互联网、大数据、云计算技术，依托微信公共平台，广东海事局组织研发的"海事之眼"微信小程序上线试运行，该小程序可面向全国船员提供"刷脸"认证并远程绑定其所在船舶服务，可面向全国海事系统执法人员提供"刷脸"登录并现场核查在船船员服务，为船员在船任解职、在船船员适任和船舶符合最低安全配员规则提供了可靠的解决方案。自上线以来，"刷脸"次数 36972

次，注册用户 3709 人。共对船舶开展配员核查 10319 人次，涉及船舶 3886 艘次，船员自主打卡核查 2375 人次，通过人脸识别开展的船员核查占核查总数的 90% 以上。已有来自 29 个省区市 47 个地市的用户访问"海事之眼"，累计访问用户近 6000 人，访问量达 2.5 万人次。

长期以来，便利船员办理任职（解职）、确保在船船员符合所在岗位的任职条件、在船船员符合所在船舶最低安全配员规则是困扰船员职业生涯、船舶及船公司安全营运、海事管理机构履行监管职责的三大难题，这直接关系到水上交通安全。在传统方式下，船员任（解）职须要前往海事处登记相关信息，交通、时间成本高、信息准确性无法保障；在船船员是否符合任职条件和船舶是否满足最低安全配员规则，需执法人员核查在船船员人、证、岗符合情况，非现场核查无法保证情况属实，现场核查则难免影响船舶营运效率和船员日常活动。相关活动中，也存在一定的廉政风险。

"海事之眼"微信小程序的研发，是按照智慧交通海事篇相关部署和要求，基于交通运输部海事局共享数据库资源，依托微信公共平台，应用用户手机认证、活体人脸识别，调用手机地理信息定位功能，使用海事后台大数据、云计算服务和网络信息安全二级保护机制，可支持全国船员和海事人员在线使用。该程序已实现用户及活动的时空唯一性认定和逻辑性关联，一是可支持船员自主刷脸绑定和解除绑定在船船舶以实现便利的船员任解职，二是可支持渡口渡工刷脸认证后远程报告开渡、停渡时点和每次渡运客货图片，三是可支持海事执法人员刷脸核查船员身份及其在船岗位适任条件，和船舶执行最低安全配员规则情况。

"海事之眼"结合了远程定位、人脸比对、生物识别、大数据处理等技术，是用于准确掌握在船船员信息的一款微信小程序，该平台架构可通过后续升级满足大面积高并发的使用需求，且用户端无须安装新程序，具备易部署、可扩展、操作简单、便于推广等特点。在开发过程中，做了以下工作：

（1）深入挖掘数据，完成精准建库。充分利用交通运输部海事局共享数据库的建设成果，系统分析中山辖区进出港船舶的船籍港信息，有针对性地获取船员数据。通过分析过往五年中山辖区进出港船舶的统计数据，发现进入中山辖区的内河船员发证地以华南地区为主，海船船员发证地较为分散，为此，相应导入了华南地区内河船员数据和全国所有海船船员数据，共导入船员信息数据78万条次。

（2）研究执法标准，推敲业务逻辑。通过法规学习、理论研究、跟船实操、头脑风暴等形式，确定了船员人证核查的模式为船员认证、绑定船舶、获取配员要求、逐个"刷脸"打卡、提交核查报告的主动核查方式，以及海事人员筛选船舶、发出核查指令、船员接收指令、开展配员核查、反馈核查报告的被动核查方式，基本满足现场执法的要求。

（3）发扬工匠精神，吃透文件要求。船舶最低安全配员表是船舶配员核查的重要依据，中山海事局项目研发组充分发扬精益求精的工匠精神，系统研究了船舶配员相关规定，结合内河船舶配员表的新变化，将规则文本转换成判断逻辑，在人证核查软件中根据船舶参数自动生成配员表格，方便船员打卡。

（4）确定系统载体，打通服务平台。为提升用户体验、降低使用门槛，让船员自愿使用这个系统，经过不断选型、建模比对，研发组决定以目前广受欢迎的微信小程序为载体研发，一方面是微信在船员群体中覆盖面广，使用微信小程序可最大范围地引导船员使用；另一方面是微信小程序的研发遵循标准流程和技术语言，大大降低了研发周期与成本。同时，船舶配员核查指令的发出与任务回收直接通过广东智慧海事监管服务平台实现，既能快速地对船舶发出核查任务；又能够充分利用智慧海事平台强大的数据展示功能，快速识别船舶的配员核查结果，指导海事现场精准执法。

通过"海事之眼"船员远程核查系统的应用，现场执法人员能够快速获取船舶配员要求，准确核查实际配员情况，使得更加简便、高效的船员远程核查方式成为可能，解决了船员人证核查工作"最后一公里"的问题。具体成效体现在三个方面：一是现场节点停船核查，变为航行中随时远程核查；二是扰民式上门核查，变为人性化不见面自主核查；三是任解职人力审核，变为人工智能自动审核确认。

此外，"海事之眼"小程序正在进行迭代开发，功能将陆续拓展至中小型码头自主向海事机构报送港口建设费相关装卸作业信息、防污作业单位自主向海事机构申报作业活动信息、船载危险货物集装箱装箱现场检查员自主申报装箱作业信息等范畴，为更多的社会服务对象和海事监管活动提供便利、可靠、安全的信息化辅助手段。

二、经验做法

"海事之眼"以船舶远程人证核查为切入角度，创新性地将人证核查从拦停船舶、船员被动接受检查转变为船员主动核查、主动打卡的方式，探索现场执法船员人证核查的新模式，现场执法船员管理业务实现了以下转变：一是现场节点停船核查，变为航行中随时可查；二是扰民式上门核查，变为文明的不见面自主核查；三是任解职人力审核，变为人工智能自动审核确认。

（1）船员远程核查系统解决了海事现场人证核对的问题。

船员是水上交通安全的关键因素，多年来，海事部门对船员的管理一直沿袭着纸质签注、纸质核查的管理传统，即人工核对人证一致办理任解职、登轮核查船员证书等，管理成本居高不下，管理效能不易控制。有了"海事之眼"船员远程核查系统后，船员核查由海事检查变成了船员自主核查并报送，不仅增强了船员参与海事管理的主动性，而且扩大了核查船舶的覆盖面，同时降低了海事管理成本，基本解决了海事现场船员管理"谁在船"的问题。

（2）船员远程核查系统解决了海事现场精准执法的问题。

按照设计思路，"海事之眼"船员远程核查系统的使用场景是广东智慧海事监管服务平台与远程核查系统联动，实现智慧海事平台电子报告线自动触发，向过线船舶发出船舶配员核查要求短信→收到指令后船员打开微信小程序核查配员→核查结果反馈给智慧海事平台、核查结果异常船舶报警提示→对结果异常的船舶实行现场执法，通过这样的执法联动，有效做到了智慧与现场相结合，基本实现海事现场精准执法的要求。

（3）船员远程核查系统解决了渡工首末航报告问题。

目前，中山海事局的渡口采取了首末航电话报告制，使用该系统后，渡工可直接刷脸报告首航开渡与末航收渡情况，基于系统针对渡船／渡工的专门设计，渡工可选择每航次或末航报告填

写渡运情况，由系统自动生成渡运报表，实时掌握渡运动态。

通过远程电子核查替代现场登轮检查，降低了海巡艇的油耗和海事人员的执法成本。船员可自发打卡并主动提交核查结果，不需要到海事业务大厅办理，降低了相对人的交通成本。同时，核查结果后台电子化记录，减少了纸质材料的消耗，降低了办公成本。

"海事之眼"项目软件（一期）开发及运行维护费共计 29.8 万元，含一年质保。自上线以来，"刷脸"次数 36972 次，注册用户 3709 人。共对船舶开展配员核查 10319 人次，涉及船舶 3886 艘次，船员自主打卡核查 2375 人次，通过人脸识别开展的船员核查占核查总数的 90% 以上。已有来自 29 个省区市 47 个地市的用户访问"海事之眼"，累计访问用户近 6000 人，访问量达 2.5 万人次。

三、应用成效

经济效益：通过远程电子核查替代现场登轮检查，降低了海巡艇的油耗和海事人员的执法成本。船员可自发打卡并主动提交核查结果，不需要到海事业务大厅办理，降低了相对人的交通成本。同时，核查结果后台电子化记录，减少了纸质材料的消耗，降低了办公成本。

社会效益：通过远程电子核查替代现场拦停登轮检查，减少了对船舶正常航行的干扰。船员可自发打卡并主动提交核查结果，不需要到海事业务大厅办理，通过优质服务降低了相对人的交通成本，相对人满意度得到提升。

环境效益：通过远程电子核查替代现场登轮检查，能实现对部分违规行为的精准检查，减少海巡艇航行里程，有效降低了船舶燃油消耗，减少大气污染。同时降低了船艇设备损耗，一定程度上延长了船艇使用年限。

四、推广建议

推广情况：受邀参加交通运输部相关会议，分享"海事之眼"开发和应用经验；借助"平安西江"建设，在西江沿线各分支局间推广应用；

通过中山海事局船畅中山微信公众号、中山海事局政务通等平台发布推广信息，并在中山局范围内开展应用培训；在外单位来交流调研智慧海事相关内容时推广。

媒体报道情况：先后在交通运输部微信公众号专栏文章"见证 40 年 | 海事有故事"、中国交通报及中国海事微信公众号文章"海事之眼　照亮安全服务'最后一公里'"、广东海事微信公众号文章"'海事之眼'，让西江现场船员监管进入'刷脸'时代"等推广宣传"海事之眼"。此外，还有第一航运物流、莆田新闻网等媒体主动报道"海事之眼"。

应用情况：海事之眼小程序上线后，受到了船员、船东、海事执法人员的一致好评，一是船员能够自主使用"海事之眼"小程序进行在船岗位核对并上报，二是海事执法人员能够使用该小程序快速获取船员信息。

推广前景：向所有海事执法人员推广应用，通过远程核查，减轻基层一线现场执法压力，利用现场巡航的机会向船员推广应用"主动打卡"功能，实现船员自主核查；通过 VHF 甚高频呼叫方式远程引导船员应用；向船东推广应用，通过"刷脸"能够快速掌握船员及拟任岗位匹配信息，判断船员的任职符合性要求；船员能够使用该小程序向海事部门报告在船船员情况，还能够快速查询已有的证书信息等。

五、应用评估

本项目以微信小程序为载体，运用人脸识别技术，通过大数据比对查询船员基本信息。能够较好地支持海事现场执法，解决船舶配员检查、船员远程核查的问题，基本满足一线对船员核查的需求。程序简洁易用，排版布局合理，功能划分清晰，扫码即用，无须安装，易于推广，得到执法人员和船员朋友的一致认可。建议继续优化人脸扫描的识别速度，进一步提升用户体验。

高速公路养护施工安全预警系统

基本信息

> 项目名称：高速公路养护施工安全预警系统
> 申报单位：河北省高速公路京沪管理处
> 成果实施范围（发表情况）：河北省高速公路管理局全局对标学习并推广应用
> 开始实施时间：2019年1月
> 项目类型：科技兴安
> 负责人：姜　涛
> 贡献者：李俊国、刘致清、梁　栋、田宝新

案例经验介绍

一、背景介绍

高速公路养护施工作业时，养护作业人员在高速公路上临时进行施工作业，以往是通过摆放反光锥进行安全防护，一旦有车辆突然闯入施工区域，容易导致安全事故发生。及时有效的高速公路养护施工安全预警系统是应对突然闯入施工区域的有效保障。

二、经验做法

高速公路养护施工安全预警系统是由信号接收器、信号发射器、信号转换器、报警器、振动传感器组成，利用红外线对射原理，当两组红外线对射点之间有障碍物遮挡时，接通或关闭信号，通过无线发射，将异常工作信号传导给报警器，发出声、光报警，提示施工作业人员迅速撤离或采取其他安全措施。

具体做法如下：高速公路养护施工人员在高速上施工时，在来车方向200m处放置振动传感器及信号发射器，并在施工地点放置信号转换器及报警器，当有异常车辆闯入到警戒范围内，或当撞到振动传感器1s内将异常信号传递给报警器，均发出声、光报警，工作人员可以有效地躲避危险，从而保障安全生产。

三、应用成效

高速公路养护施工安全预警系统具有成本低、安装简便的特点，利用红外线以及震动原理，简单易操作，反应速度快，保护范围广（200m），可大大提高养护施工作业安全系数，避免安全生产事故的发生。

自 2019 年 1 月投入使用以来，经我处沧北养护工区和沧南养护工区施工作业使用验证，成功应对 7 次车辆闯入，发出声、光报警，施工作业人员及时应对，未发生一起安全生产事故。

四、推广建议

高速公路养护施工安全预警系统利用红外线以及震动原理，具有成本低、安装简便、简单易操作的特点。此研发项目专门针对高速公路上养护施工作业，能够在危险车辆进入施工区域后第一时间发出警报，大大提高养护施工安全系数，避免安全事故的发生。高速公路养护施工安全预警系统是一项技术上的安全创新，让施工人员的安全系数更高。

五、应用评估

高速公路养护施工安全预警系统具备成本低、安装简便、简单易操作的特点。且反应速度快、保护范围广（200m），如需保护范围超过 200m，可通过增加振动传感器、振动信号发射器实现远程报警。

此项创新系统经过实际测试，稳定性强，反应速度快。尤其适用于高速公路车流量大、车速快的养护作业安全防护。

衡阳市交通运输局聘请"第三方"安全检查技术服务

项目名称：衡阳市交通运输局聘请"第三方"安全检查技术服务

申报单位：衡阳市交通运输局

成果实施范围（发表情况）：衡阳市城区交通运输企业

开始实施时间：2018 年 6 月

项目类型：安全管理

负责人：胡小宁

贡献者：罗端林、姚孝华、何小明

一、背景介绍

2016 年，衡阳市发生了"6·26"特大交通运输事故，全行业被追责的人员之多和责任之重前所未有，教训十分深刻，各行业管理人员工作积极性受到了严重影响。"6·26"事故发生后，为彻底扭转衡阳市交通运输行业安全生产面临的严峻形势，衡阳市交通运输局痛定思痛、主动作为，采取了一系列安全监管措施，加强行业安全监管。为全面压实企业主体责任，进一步提升全行业安全风险管控能力和事故防范能力，根据《关于推进安全生产领域改革发展的意见》提出的"建立政府购买安全生产服务制度"要求，衡阳市交通运输局开展了聘请"第三方"开展安全检查技术服务的工作。

二、经验做法

"第三方"安全检查自 2018 年 7 月初开展以来，每季度检查两次，第一次为普检，第二次为复查。2018 年三季度共检查企业 54 家，共排查出安全隐患 843 个，列出高风险企业 13 家。2018 年四季度共检查企业 47 家，共排查隐患

324 个，列出高风险企业 12 家；2019 年一季度共检查企业 53 家，共排查隐患 386 个，列出高风险企业 10 家。

（1）领导高度重视，全面组织安排。衡阳市交通运输局成立了专题调研组，先后赴长沙、河北进行实地考察，学习"第三方"检查工作经验，并形成《工作报告》向市政府汇报。衡阳市委市政府高度重视"第三方"安全检查工作，安排每年 100 万元预算资金予以全力支持。衡阳市交通运输局出台了《衡阳市交通运输行业创新安全管理方式开展购买"第三方"安全生产检查技术服务工作方案》，成立了采购领导小组，并按程序进行公开招投标。制订了《第三方技术服务考核细则》，对"第三方"公司工作开展情况进行严格地考核和监督，确保检查专业、真实、有效。

（2）部门密切配合，全力推动整治。衡阳市交通运输局先后多次召开"第三方"安全检查部署调度会：2018 年 6 月举办"第三方"检查启动动员仪式，10 月召开中期调度会，11 月召开总结交流会。11 月 15 日，衡阳市交通运输局联合市运管处组织召开"第三方"安全检查专项约谈会，对在"第三方"检查中被列为高风险的 8 家道路运输企业主要负责人和辖区运管所长进行集中约谈。采取明查和暗访相结合的方式，对"第三方"工作开展情况进行监督指导，下达专项《整改通知书》27 份。市运管、海事、质安各行业管理部门采取陪同检查、事后抽查、信息反馈等方式有力推进"第三方"检查工作。2019 年 4 月，市运管处对被列入高风险名单的企业加强监管，对 5 家高风险企业下达了《行政处理决定书》，责令企业限期整改并停办三个月新增业务。

（3）"第三方"认真履职，方式灵活多样。一是沟通交流，检查组采取了与主要负责人、基层员工进行沟通交流的方式，充分了解企业负责人的安全管理理念、意识和方法，了解员工对于企业管理的理解和制度遵守情况，获得了良好的检查反馈。受检企业也因此而收获了先进的管理理念和管理知识，发现并纠正了大量管理上的不足。二是隐患分类。根据隐患的轻重程度，"第三方"分别予以一星、二星、三星标记分类。对不同类型的隐患分别采取相应的措施进行处理：一般隐患，落实现场整改；较大隐患，实行跟踪督办；重大隐患，按照一单四制要求进行整改。三是风险分级。"第三方"检查组依据检查的问题情况、重要隐患存在情况、隐患整改情况、企业规模、管理、人员配备情况等将企业分为低风险、中等风险、高风险三级。通过分级让企业找准自身定位，提出改进方向，也为各监管部门提供差异化管理依据，以便于分类施策进行监督。四是重点帮扶。针对高风险企业，"第三方"检查组采取"检查 + 培训 + 跟踪"的方式，对企业单独列出系统性整改意见，帮助企业对隐患进行系统性整改，进一步提高企业安全管理水平。

三、应用成效

（1）重大安全隐患得到整治。"第三方"检查组充分利用专家的优势，及时整治了一大批重大安全隐患。一是纠正了全市普遍存在的罐装危货运输车辆紧急切断阀错误使用的问题，为企业解决了重大风险；二是发现武广衡山西站至黄花坪公路建设工程中，龙过冲隧道衬砌和仰拱与支撑面距离超过规范要求，易于引起支撑失稳而形成的重大安全隐患；三是发现了车辆动态监控委托"第三方"托管过程中，"第三方"托管未认真履职的重大安全隐患。

（2）行业安全风险逐步降低。2018 年第三季度共排查安全隐患 843 个、重大安全隐患 2 个、高风险企业 13 家、隐患整改率为 67.1%；2019 年一季度共排查隐患 386 个，重大安全隐患 1 个、高风险企业 10 家，隐患整改 78.1%。分别下降 54%、50%、23%，隐患整改率提高了 11%。

（3）隐患整治力度不断加强。在"第三方"检查初期，企业只是简单地将检查组提出的问题进行整改，没有形成自己系统的问题整改方案，导致同类问题在不同的时间、地点、车辆上反复出现。经过三轮次的检查、辅导后，目前大部分企业重复出现简单、低层次问题的概率明显降低。

（4）企业安全意识逐步提升。通过与主要负责人、基层员工进行沟通交流，让企业负责人重视安全，认识到安全是生产的保障，部分企业主要负责人不经常参与安全检查的情况明显改善，对"第三方"检查从原来的"被动"，甚至抵触，转变为现在的"主动"和欢迎。大部分企业安全管理人员对于管理要求逐渐清晰，安全管理知识和管理思路有了明显改善。

（5）"秒超"行为得到有效控制。所谓"秒超"是指 30s 以内的超速行为，因为"秒超"未被纳入隐患清零统计范围，大部分企业认为这是合理行为，对此不太重视，部分企业甚至每月产生上千条"秒超"数据。但是，"秒超"本质上也是一种违规行为，存在着不可忽视的安全隐患。经过"第三方"检查组的教育引导，大部分企业建立了定期通报"秒超"排名的管理方法，并取得了明显效果，"秒超"行为大幅减少。

四、推广建议

（1）政府支持。

（2）制定标准。

（3）全面推广。

五、应用评估

"第三方"安全检查是经衡阳市政府批准的一项重点工作，是衡阳市交通运输局强化安全监管的一项重要举措，在湖南省市级交通运输部门中首开先河，有效解决了行业监管专业不精、人手不够、把控不准、面孔太熟等问题。衡阳市交通运输局在"第三方"公司的专业协助下，紧紧围绕查系统风险、治理和管理积弊、除安全隐患、促责任落实这一主线，切实强化交通运输行业安全监管，全面压实企业安全主体责任，进一步提升行业风险管控能力水平，从源头上预防与减少生产安全事故，开启依法治安、科技兴安、责任管安的新征程，谱写衡阳交通运输行业持续稳定发展的新篇章。

公路施工安全生产宣传漫画（马小五打工记）

基本信息

项目名称：公路施工安全生产宣传漫画（马小五打工记）

申报单位：甘肃敦当高速公路项目管理有限公司

成果实施范围（发表情况）：敦当高速公路建设项目

开始实施时间：2019 年 5 月

项目类型：安全文化

负责人：王方亮

贡献者：杨　涛、王志强、杜升云

案例经验介绍

一、背景介绍

高速公路建设施工中，施工作业区域点多、面广，参建人员数量较多，安全素质参差不齐，生产作业中流动性大，安全风险隐患较多，导致安全管理工作变得尤为困难。为加强一线从业人员安全知识教育，增进其安全生产意识，顺利完成安全生产目标，敦当高速公路建设项目公司经过精心策划，深入每一个施工点，通过调查询问一线人员，积极采纳有关意见，组织专人编写文案，设计制作宣传漫画，旨在以全新的方式让广大从业人员更容易接受安全知识。

二、经验做法

建筑施工从业人员文化程度较低、接受教育程度不同，对安全生产理解也不尽相同，因此选择以通俗易懂的方式宣传安全生产知识。相比较于以往的纯文字宣传手册，采用漫画形式的宣传手册更容易被广大从业人员接纳。

三、应用成效

经多方询问调查专业机构及专家，一致认为

此漫画手册通俗易懂，涵盖知识点多、涉及知识面广，安全知识涉及公路建设施工领域的各个方面，在实际教育中反响很好。

四、推广建议

建议在高速公路施工行业广泛推广，采取简单易懂的漫画方式，将安全知识普及给每一位从业人员，提升广大从业人员安全生产知识技能，从而有效减少安全生产事故。

五、应用评估

相对传统的安全教育材料，安全知识漫画手册更容易被从业人员接纳认可，会被留存并会被反复学习观看，安全教育效果明显。

案例23 ▶ 天津市交通运输行业安全风险管控及隐患排查治理双重防控体系建设项目

基本信息

项目名称：天津市交通运输行业安全风险管控及隐患排查治理双重防控体系建设项目

申报单位：天津市交通运输委员会

成果实施范围（发表情况）：本项目三项技术成果中的第一项技术成果通过专家评审，基本完成。第二项、第三项正在进行，初具规模

开始实施时间：2019年12月

项目类型：科技兴安

负责人：杨　亮

贡献者：罗序高、陈　飞、詹水芬、庄　荣、韩桂芬

案例经验介绍

一、背景介绍

天津市区域经济和社会发展进入了一个新时期，区域内公路交通、水路交通、轨道交通等方面都得到快速发展，多种交通运输方式深度融合，高附加值的运输需求和道路运输车辆持续增长，私家车数量不断增多，然而资金、土地、环境等资源刚性约束进一步增加，增加了交通运输安全运行的不确定因素，面临着较多的现实威胁和潜在风险。随着交通行业各领域的发展，安全隐患增多、安全风险增大，对区域交通运输基础设施、交通运输装备、交通行业安全管理提出了更高的要求。同时城市安全保障系统对交通运输行业提出了更高的要求，交通设施的完善程度和安全运行已成为保障区域经济正常运转、确保人民生活质量、加快区域经济发展的重要因素。

为贯彻落实《关于推进安全生产领域改革发展的意见》《国务院安委会办公室关于印发标本兼治遏制重特大事故工作指南的通知》（安委办

〔2016〕3号）、《国务院安委会办公室关于实施遏制重特大事故工作指南构建双重预防机制的意见》（安委办〔2016〕11号）及交通运输部、天津市委市政府关于构建风险分级管控和隐患排查治理双重预防工作机制的部署要求，按照《市安委会关于构建安全风险管控和隐患排查治理双重预防机制的实施意见》（津安生〔2016〕17号）、《公路水路行业安全生产风险管理暂行办法》（交安监发〔2017〕60号）等文件要求，本着风险预控、管控前移、标本兼治、综合治理的工作原则，天津市交通运输委员会开展此项工作。

二、经验做法

本项目包括三方面的建设内容及成果。

1. 天津市交通运输行业安全风险评估

全面摸清天津市交通运输委员会安全监管职责范围内的重点风险管控对象及其数量；掌握行业内各领域风险管控对象构成风险的主要因素并对其进行评估分级，为分类分级管理提供依据；确定重点行业领域安全风险，加强重点行业领域专项治理；初步掌握现阶段各领域安全监管、企业事业单位安全管理方面存在的主要问题，提出切实可行的安全对策措施及建议。为后期工作提供基础资料。

2. 天津市交通运输行业企业安全风险管控及隐患排查治理双重防控体系建设指南

主要包括《天津市交通运输行业双重预防体系建设指导意见与实施方案》《天津市交通运输企业安全风险管控与隐患排查体系建设指南》、各类行业（初定26类企业）的《企业风险辨识评估管控指导手册》《企业隐患排查治理指导手册》。为企业在风险辨识、风险评估与分级、风险管控、隐患排查治理工作方面提供技术指导。

3. 建立《天津市交通运输行业企业风险管控及隐患排查治理体系信息管理系统》

将风险管控系统与隐患排查治理系统对接，实现双控体系信息共享的目标。该系统既能实现生产经营单位安全风险自辨自控、事故隐患自查自纠自报等功能，又可满足行业主管部门实施风险分级管控、企业分类管理、实时掌握监管底数、及时了解事故情况等提供信息化管理手段。

三、应用成效

本项目的建设可以为交通运输行业提供技术服务。

1. 有利于行业主管部门加强安全监管

通过行业安全风险评估，行业主管部门可掌握其负责的行业领域安全发展状况，为分类分级管理提供基础数据；通过《天津市交通运输行业企业安全风险管控及隐患排查治理双重防控体系建设指南》建设，可了解监管内容，为监管工作提供监督检查依据。通过《天津市交通运输行业企业风险管控及隐患排查治理体系信息管理系统》建设，行业管理部门可以实时监测到加入信息化管理系统的企业在安全风险管控及隐患排查治理方面的工作执行情况，为行业主管部门实施风险分级管控、对企业分类管理提供信息化、规范化和精细化监管手段。

2. 有利于企业加强安全管理

通过本项目中《天津市交通运输行业企业安全风险管控及隐患排查治理双重防控体系建设指南》《天津市交通运输行业企业风险管控及隐患排查治理体系信息管理系统》的建设，生产经营单位可以掌握安全风险自辨自控、事故隐患自查自纠自报等安全管理能力、安全技术能力和应急处置能力，从根本上控制风险、消除隐患，是落实企业主体责任的重要手段。

四、推广建议

其他地区的交通运输行业可以借鉴《天津市交通运输行业安全风险管控及隐患排查治理双重防控体系建设项目》的技术成果和工作经验，开展该地区交通运输行业双重防控体系建设工作。

其他行业领域可以借鉴《天津市交通运输行业安全风险管控及隐患排查治理双重防控体系建设项目》的技术成果和工作经验，开展该行业领域的双重防控体系建设工作。

五、应用评估

通过天津市交通运输行业安全风险管控及隐患排查治理双重防控体系建设工作的开展和实施，可推动安全生产工作关口前移、风险预控、闭环管理、持续改进，有助于交通运输管理部门准确掌握交通行业的安全生产风险状况，指导企业安全生产风险分级及防控工作，督促企业开展隐患排查治理。通过建立管理部门隐患治理和风险管控工作监督和抽查机制，实现生产经营单位安全风险自辨自控、事故隐患自查自纠自报等功能，落实企业主体责任。可满足交通运输管理部门对风险的分级管控、对企业的分类管理需求，实现企业安全自主管理和行业主管部门对企业安全生产的信息化、规范化和精细化监管，有效防控生产安全事故的发生。

案例 24 ▶ 道路运输企业智能化管控平台

项目名称： 道路运输企业智能化管控平台

申报单位： 安徽运泰交通发展股份有限公司

成果实施范围（发表情况）：安徽运泰所属各单位、池州大运公司、江南长运黄山公司、芜湖市部分道路运输企业

开始实施时间： 2011 年

项目类型： 科技兴安

负责人： 王　胜

贡献者： 沈　鹏、王　栋、叶　飞、宛成伟、朱　宏

一、背景介绍

安徽运泰交通发展股份有限公司是国家道路旅客运输一级企业、国家安全生产标准化一级企业；公司目前拥有 6 家班线客运单位、8 家汽车服务单位、6 家旅游出租单位、1 家物流运输单位，并参股 7 家企业投资管理，员工总人数近 3000 人，企业从业人员 6000 多人。公司现有 4 个一级汽车客运站和 1 个二级汽车客运站，客运班线 300 多条，辐射 12 个省区市近 110 个城市，各类车辆总数 3400 多辆。

安全生产红线，是道路运输企业需要承担的责任，是生产工作必须坚守的底线；面对近年来道路客运企业经济效益不断下滑的大趋势，更要将科技化、信息化作为安全生产的重要基础和保障，提高安全管理水平和效能，推进企业转型升级；正是秉承这一理念，安徽运泰一直以来将信息化、科技化作为企业管理的重要手段和有力支持，大力推动信息化系统的开发和使用，建立集道路客运企业综合管理系统（ERP）、动态监控系统、智能运调系统为一体，融合在线安培平台等多系统功能的智能化管控平台，将安全生产工作的各个环节有效纳入信息化管理。

二、经验做法

根据有关法律法规、行业主管部门规定以及道路运输企业安全生产标准化要求，结合道路运输企业的生产管理经验和实际需求，公司在多年实践的基础上，建立并根据实际需要不断完善道路运输企业智能化管控平台。该平台打通并融合动态监控系统、智能运调系统、ERP系统、在线安培系统等功能，各系统数据共通共享，为道路运输企业提供安全管理、业务转型、内部管控等系统性支持。

1.ERP管理系统

安徽运泰道路客运企业ERP系统是根据道路客运企业安全生产标准化要求和生产经营实际自主开发，将企业班车营运、车辆维修、营收结算分解等生产营运信息以及有关安全、运务、机务、人力资源、动态监控等管理信息进行整合、实时监控、数据分析、风险评估，与动态监控、在线安培、现场检查App、安检报班、车辆运维、售票检票等信息化系统数据关联融合，覆盖从业人员、车辆、站场、隐患排查、风险评估、教育培训等企业安全生产各层面，具备重要事项及指标提醒、安全生产数据统计查询、安全生产数据对比分析、薪酬及生产管理运算、营业收入分解、结算等功能，实现对企业整个业务体系进行系统性管理。

2.动态监控（4G视频实时监控、智能视频监控）系统

针对不断发展完善的动态监控工作标准和要求，以及亟待解决的道路运输安全问题，安徽运泰动态监控工作实际，与相关信息公司推出了针对"两客一危"行业的完整解决方案，开发完成动态监控3.0平台。平台遵循企业监控、政府监管、联网联控的原则，在原有监控平台基础上，开发完成的集传统动态监控、4G视频实时监控、智能视频监控报警技术（主动防御监控）为一体的动态监管系统。该系统还具有报警分级管理、违规自动识别移送反馈等功能，形成了全方位的监控管理闭环系统，为运输企业、运营商、地方监管部门等相关单位提供优质服务以及完善的解决方案。

3.在线安培平台

2016年下半年起，安徽运泰积极配合芜湖市运管处、洲峰电子，在所属各客运单位试点驾驶员在线安培平台，采用线下线上相结合的方式，借助平台人脸识别、课件丰富、监管可视等优势，取得良好效果。同时实现在线安培平台与ERP数据对接、功能融合，以ERP强大的整合分析、风险评估功能，将安全教育培训与驾驶人员管理有机结合，有的放矢、因人施教、突出成效。

三、应用成效

1.平台实现功能

（1）平台已经把北斗动态监控、视频智能监控、驾驶员行为分析进行深度融合，形成统一智能监控系统，达到主动预防安全目的。

（2）与企业运调及站务系统进行融合，以车辆运行数据与智能监控系统实时比对，自动检测运行车辆智能监控设备是否在线，不需要人工判断、干预。

（3）违章处理流程化，后台对前端收集的各种违规（章）数据形成流程化处理，并自动生成效果分析及对比，从发现问题—处理问题—达到目标（或结果）—目标（或结果）反馈，形成安全管理闭环。

（4）提供驾驶员端管理（App）：包括在线报班、在线安全教育学习、在线运调以及违章违规推送、个人生产信息管理。

（5）提供管理人员现场远程在线管理（包括隐患排查及处理）。

（6）为客运企业升级转型提供技术支撑：

①提供多种运输方式线上统一运调平台。

②实现车辆定位信息与班次信息融合，为接客、接货，班车途中售票、检票提供支持。

③实现道路客运站到站、点到点、门到门三大运输方式融合，最大限度发挥道路客运比较优势。

2. 取得成效

2012 年，运泰道路客运企业综合管理系统被评为"全国交通企业管理现代化创新成果一等奖"；运泰车辆卫星定位系统多次在全省动态监控平台考核中获得良好评价。自 2010 年该平台在安徽运泰投入使用以来，公司所属 1400 余台客运车辆交警违法率、事故率逐年下降，百万车公里事故率低于 0.8 次，未发生较大及以上道路交通事故；公司连续多年获得"道路运输平安年"成绩突出单位称号，车辆动态监控在线率、轨迹完整率等核心指标位于全省前列，驾驶员行车安全意识显著提高，安全管理效率、水平明显改善。

四、推广建议

在客运企业逐年下滑的现状下，道路运输企业智能化管控平台为道路运输行业提供车辆智能管控解决方案，建议面向道路运输企业进行推广应用，提升道路运输企业核心竞争力和可持续发展能力，推进道路运输转型升级，促进行业健康稳定发展。

五、应用评估

道路运输企业智能化管控平台以 ERP 为核心，按照安全生产标准化要求，融合车辆动态监控(4G 视频实时监控、智能监控)、车辆智能调度、在线安培、现场检查、安检报班、酒精测试等功能，集监控、检查、分析、评估、改进为一体，贯穿道路运输企业安全管理全过程，实现安全生产闭环管理；通过平台应用，可有效提高企业安全管理效率和水平，节省企业人力成本，为道路运输企业转型升级提供保障和支持；同时可为企业安全生产标准化建设提供指导范本，有的放矢、注重实效，提升企业标准化水平。

运用"大数据＋联勤联动"对非法客运行为实施精准打击

基本信息

项目名称：运用"大数据＋联勤联动"对非法客运行为实施精准打击

申报单位：上海市交通委执法总队

成果实施范围（发表情况）：非法客运整治

开始实施时间：2017 年下半年

项目类型：科技兴安

负责人：金　晓

贡献者：徐　伟、王旭峰、鲍　烨、李　栋

案例经验介绍

一、背景介绍

非法客运是指单位或个人利用未取得营业性客运证件的汽车从事经营性客运活动。这不仅偷逃国家税费损害国家利益，还严重扰乱客运市场的经营秩序影响，甚至侵犯乘客的人身和财产权益。

长期以来，交通执法部门对非法网约车、克隆出租汽车和传统"黑车"保持"高压严打"态度，但由于违法行为的发现机制单一，仅仅依靠日常的"街面巡查"和"设卡检查"两种模式，难以有效地遏制非法客运现象，尤其是对于市民投诉、抗法逃逸等事后追查更为困难。

随着信息技术的发展，"大数据＋联勤联动"的理念，给打击非法客运带来新方法、新思路。通过运用交通运输行业数据和公安道路信息数据对比分析，开展"交通执法＋多警种"联勤联动，实现了非法客运的精准打击。

二、经验做法

2018 年，上海市交通委执法总队根据市委、市政府关于全面加强本市整治非法客运工作的指示精神，在市交通委的领导下，依托上海市整治非法客运联席会议工作机制，在充分整合巡游出租汽车行业数据与公安交警街面监控数据的基础上，引入交通行业新业态网约车运营数据分析比对，确定了由交通行政执法部门与公安交警、网安、科技、治安等多警种联勤联动，实现对克隆出租汽车、传统黑车、非法网约车的非法客运行为的精准打击。

1. 数据整合

数据整合是实现非法客运精准打击的重要基础。

1）巡游出租汽车行业数据

包括上海市各巡游出租车企业名称、经营状态、车辆车牌号、车辆年检、车身颜色、车辆GPS定位、车辆驾驶员姓名、身份证号、从业资格证号等基础数据。

2）公安交警道路和车辆信息

包括道路信息、车辆行驶证信息、驾驶员证信息、街面卡口监控照片（高清）等基础数据。

3）网约车行业数据

包括网约车车牌号、颜色、运营证等车辆基础信息；网约车驾驶员姓名、手机号、驾驶证、人脸识别照片等驾驶员基础信息；网约车企业平台日常运营数据；历史订单和实时订单全量数据；全市网约车从业资格证、运营证数据。

4）公安治安相关数据

包括治安拘留和刑事犯罪数据；上海市常住人口和流动人口基础数据；街面治安高清卡口数据。

2. 联勤联动

依托上海市整治非法客运联席会议工作机制，市交通执法部门与公安多警种建立联勤联动长效机制

1）交通执法＋公安交警

交通执法和公安交警是日常整治非法客运的主力军，一是通过交警道路监控数据与市民投诉情况，梳理出本市整治非法客运重点区域，形成了以"每月开展不少于2次全市性联合整治，每周开展不少于2次区域性整治"为基本要求的执法检查机制。持续保持对传统黑车、非法网约车、

非法客运行为的高压整治态势。二是通过街面"电子警察"违章数据，梳理出租汽车违章未处理案件，通过对比行业出租汽车"退出运营"数据，实现对克隆出租汽车精确辨认。

2）交通执法＋公安网安

随着互联网技术的飞速发展，非法客运违法现象逐渐由个人作案向团伙作案转变，尤其是克隆出租汽车违法人员，更是通过QQ群、微信群或网络论坛等方式，推销出租汽车计价器、顶灯、计价器、小马达、运营证、服务卡等设备。因此，通过与公安网安的联勤联动，对已查获的克隆出租汽车驾驶员网络社交信息收集，进一步查找隐藏在互联网中的克隆出租汽车制假贩假地下产业链，实现源头打击。

3）交通执法＋公安科技

交通执法部门在充分收集街面非法客运证据的基础上，通过与公安科技部门联勤联动，运用大数据分析比对，锁定当事人住宿，为期上门查处，精准打击奠定基础。

4）交通执法＋公安治安

公安治安部门，尤其是属地治安派出所是实施精确打击的重要执行部门。在前期充分运用大数据分析比对，采集非法客运行为证据，精确锁定违法当事人住宿的基础上，交通执法部门联合公安治安部门实施上门查处，达到精确打击的效果。

三、应用成效

1. 克隆出租汽车打击效率明显提高

1）对恶性克隆出租汽车定点清除

2018年全年，依托"大数据＋联勤联动"，上海市公安和交通两部门对克隆出租汽车进行上门定点清除，成功破获了20余起偷换交通卡、勒索乘客、盗抢行李等严重侵害市民权益、社会影响恶劣的克隆出租汽车案件。

2）重创克隆出租汽车制假贩假产业链

2018年1月，交通执法部门与公安交警、网安、治安、刑侦部门联勤联动，成功捣毁14处克隆出租汽车制假贩假窝点，现场抓捕涉案人员26名，其中17人以危害公共安全罪和伪造国

家证件罪入刑，缴获大量电子营运证、顶灯、计价器、防劫板、运价表、发票等出租汽车营运设备。

3）对暴力抗法、拒查逃逸行为零容忍

2018年6月，交通执法部门与公安治安、刑侦部门联勤联动，通过大数据运用与互联网预警，在案发20天内成功破获"5·17抗法逃逸案"，将抗法逃逸的克隆出租汽车驾驶员从齐齐哈尔押解回沪，并以涉嫌妨碍公务罪依法对其实施刑事拘留。

2. 网约车行业监管更加规范

1）严守安全底线，排除安全隐患

2018年9—10月，交通执法部门与公安交警、网安部门联勤联动，一是通过对比网约车平台车辆注册信息与交警车辆登记信息，发现并清退4.7万余辆线上线下信息不符的车辆（俗称马甲车）；二是通过比对网约车平台驾驶员注册信息与公安违法犯罪数据（酒驾、毒驾或暴力犯罪记录），发现并清退1.4万余名背景审查不合格的驾驶员。

2）稳步推进合规，精准梳理清退

2019年1—4月，交通执法部门依托大数据优势，通过分析上海市网约车注册情况与订单情况，精准清退42.8万余辆非法网约车，实现非法网约车源头打击。

3）维护市民权益，实施精确打击

2019年3月26日，交通执法部门联合公安交警、治安、科技等部门，整合网约车行业数据与公安数据进行分析比对，仅用1天时间，成功查获市民在前一日微博中反映恶性宰客且非法运营的车辆，并对相关违法当事人实施精确打击。

3. 黑车伪装无处遁逃

2019年3月15日，交通执法部门与公安交警、治安联合执法，依托前期街面卡口监控信息，充分掌握一批装有"空车"标识灯的非运营车辆深夜路上揽客证据，并通过大数据分析比对，锁定"昼伏夜出"的违法当事人住宿后，对其进行上门查处，精准打击。

四、推广建议

基于当前运用"大数据＋联勤联动"对非法客运行为实施精准打击的实战情况，为进一步推广运用，建议交通运输部门与公安部门一是深化信息整合共享，充分挖掘交通运输客运行业数据与公安道路、车辆和人员信息的关联性。二是加强执法联勤联动，建立交通与公安联合执法长效机制，优化调整勤务模式，依托交警查酒驾、治安排查安全隐患等公安执法模式，加强对街面设卡检查力度。三是提高硬件条件，充分利用互联网信息技术，学习借鉴"智慧公安"建设，引入第三方监管平台，科学地分析行业数据，提升智慧交通、科技执法软实力。

五、应用评估

1. "大数据＋联勤联动"促进平安交通建设

2018年7月12日，交通运输部办公厅发布了《平安交通三年攻坚方案（2018—2020年）》。明确了坚持创新发展与依法治理的基本原则，提出充分运用科技和"互联网＋安全"手段，提升安全生产和监督管理智能化水平。强化联合执法，增强监管执法效能。"大数据＋联勤联动"正是对攻坚方案的具体落实，促进了平安交通的建设。

2. "大数据＋联勤联动"降低街面抗法风险

长期以来，交通执法中的暴力抗法事件频频发生，违法驾驶员为逃避执法人员的检查和查处，强行驾车逃离，或者使用刀具攻击执法人员，造成人身伤害；或者非法聚集众人，阻挠执法等。"大数据＋联勤联动"正是为了降低街面抗法发生率，避免因抗法造成的人身或财产损害，对非法客运的车辆及驾驶员实施上门抓捕，精准打击。

3. "大数据＋联勤联动"增强交通执法效率

传统的交通执法依托设卡检查和街面巡查，利用人海战术，提升执法威慑力。但是执法效率和执法成本不成比，违法现象未有明显改善，尤其是对一些市民投诉、媒体曝光的案件，由于执法人员第一时间不在现场，无法收集证据，导致市民的权益难以得到维护。"大数据＋联勤联动"实施精准打击正是弥补了非现场执法的短板，它侧重于后台大数据分析，收集证据，锁定当事人，最后使用较少的执法人员对违法当事人实施上门抓捕，增强了交通执法的效率。

案例 26　▶ 主动安全预警系统项目

基本信息

项目名称：主动安全预警系统项目

申报单位：重庆市凤筑科技有限公司

成果实施范围（发表情况）：北部公交使用 200 台

开始实施时间：2018 年 3 月

项目类型：科技兴安

负责人：王正江

贡献者：周诗墨、龚　文、俞　智、刘思奇

案例经验介绍

一、背景介绍

安全管理的四要素是人、车、路、环境，现阶段对于车辆安全监管的设备有 GPS 监控系统，对于车内人员监控和道路监控的设备有 4G 视频监控系统，两套科技产品的运用极大地提升了安全管控效果，使企业安全事故量呈逐年下降趋势，不仅服务于企业，也造福于民众。

但两套科技产品有一个共同的盲区，就是在驾驶员发生疲倦或不良安全行为的时候，不能进行及时有效地提醒，也无法帮助管理者了解驾驶员的状态。要从根本上避免或减少交通事故发生，就必须变被动安全防御为主动安全防御。因此，北部公交与凤筑科技于 2018 年初实施了主动安全预警系统项目。该系统主要由前端设备和后端 AI 监管平台两个部分构成，前端设备具有提醒功能，当出现异常驾驶行为或有碰撞风险时，前端设备会立即发出语音提醒，最大限度地矫正驾驶员不良驾驶行为和降低安全风险。同时，AI 监管平台能及时向监控人员反馈经过智能筛选的报警信息，以便监控人员在第一时间通过平台侦测发现驾驶员的异常驾驶行为，采取相应措施，及时消除运营安全事故隐患。

二、经验做法

1. 7×24h 平台监管体系

监控中心工作人员轮流查看平台，及时处理上报的驾驶员异常报警（抽烟、打电话等）和车辆碰撞预警并做好处理记录。

2. 前端报警与平台实时联动

当前端发生预警提醒时，监控中心工作人员可以通过 AI 平台立即查看图片或视频情况，根据不同的风险等级，进行人工干预，形成"前端提醒，后端管理"的联动机制（图 1）。

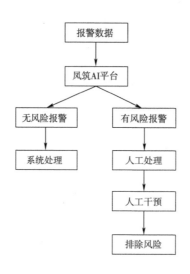

图 1

3. 阶段性评分

平台评分系统类似于驾照记分系统，平台可对驾驶员的驾驶状态进行阶段性的评分，一段时间数据分析后，可以让管理者及时找出重点人物，以及了解发生预警行为的原因，更有针对性地开展安全帮教工作，让安全管理工作更精准化。

三、应用成效

1. 主动安全预警系统使用效果

1）2017 年与 2018 年 200 台营运车上报事故同比（表 1）

2017 年与 2018 年 200 台营运车上报事故对比 表 1

时　　期	营运车数量（辆）	营运里程（万 km）	行车类上报事故件次（件）	事故率（件/百万 km）	事故费用（万）	事故费用指标（元/km）	单次事故费用（万元/件）
2017 年 3 月—2018 年 2 月（预装车）	200	1038.93	7	0.67	38.2	0.037	5.46
2018 年 3 月—2019 年 2 月（已装车）	200	1090.62	4	0.37	9.4	0.009	2.35
变化率（%）	—	5.0	−42.9	−45.6	−75.4	−76.6	−57.0

由表 1 可知，在安装了主动安全预警系统设备后，2018 年 3 月—2019 年 2 月，行车类上报事故同期对比事故件次由 2017 年的 7 件，下降至 2018 年的 4 件，减少了 3 件，事故率由 0.67 件/百万公里，下降至 0.37 件/百万公里，减少 0.3 件/百万公里，下降 45.6%。事故费用由 38.2 万元，下降至 9.4 万元，减少 28.8 万元，下降 75.4%。事故费用指标由 0.037 元/公里，下降至 0.009 元/公里，减少 0.028 元/公里，下降 76.6%。单次事故费用由 5.46 万元/件，下降至 2.35 万元/件，减少 3.11 万元/件，下降 57%。可见，安装了预警设备车后，事故率和事故费用均有所下降。

2）2018 年 200 台已装车与 787 台未装车上

报事故环比（表 2）

2018 年 200 台已装车与 787 台未装车上报事故环比

表 2

时　　期	营运车数量 （辆）	营运里程 （万 km）	行车类上报事故件次 （件）	事故率 （件 / 百万 km）	事故费用 （万）	事故费用指标 （元 /km）	单次事故费用 （万元 / 件）
2018 年 3 月—2019 年 2 月 （未装车）	787	3854.38	16	0.42	180.6	0.047	11.29
2018 年 3 月—2019 年 2 月 （已装车）	200	1090.62	4	0.37	9.4	0.009	2.35
变化率（%）	—	—	—	-11.6%	—	-81.6%	-79.2%

由表 2 得知，在 2018 年 3 月—2019 年 2 月，已安装主动安全预警系统车辆与未安装设备的 787 台车辆对比，行车类事故率低 0.05 件 / 百万 km，下降 11.6%；事故费用指标低 0.038 元 /km，下降 81.6%；单次事故费用低 8.94 万元 / 件，下降 79.2%。可见，预警设备的提醒，在一定程度上能让驾驶员更早地进行危险处置，减轻事故发生后果。

2. 平台使用效果

平台整合效果：一体化平台的建立避免了一车多平台、系统互不兼容、检测与管控分离的现状，优化公交运营管控流程，创新公交信息系统建设模式。

主动弹窗提醒效果：实现 AI 平台智能主动提醒监管人员查看，大大减少警报漏看，能有针对性地查看重点车辆和人员，提高查看效率。

警报追溯效果：能对前端所收集的数据进行分类整理，筛选重点数据，结合管理规则进行大数据分析和有效数据的展示，帮助管理者实时了解相关信息，也能随时查询整个公司的情况，信息逐层传递进，最终落实到个人。

智能报表效果：能根据公交企业实际运营情况，提取相对应的数据报表信息。

数据清洗效果：警报设置根据企业实际营运情况分级，提高查看效率约 79%。

四、推广建议

1. 行业标准的形成

国家和重庆地区对主动安全预警系统项目制订了相应的要求和标准。

（1）交通运输部办公厅于 2018 年 8 月 22 日发布了《关于推广应用智能视频监控报警技术的通知》（交办运〔2019〕115 号）。

（2）重庆市交通局于 2018 年 12 月 26 日发布了《关于印发公路水路安全生产专项行动方案的通知》（渝交安〔2019〕5 号）。

（3）重庆市运管局于 2019 年 2 月 2 日发布了《关于印发公共汽车和"两客一危"车辆安装智能视频监控实施方案的通知》（渝道运发〔2019〕24 号）。

（4）重庆市运管局于 2019 年 3 月 5 日布了《关于公共汽车和"两客一危"车辆安装智能视频监控实施方案的补充通知》（渝道运发〔2019〕41 号）。

2. 建议

目前我们不仅已经有了主动安全预警系统的使用基础和初步管理经验，而且"凤筑 AI 智能风险管控云平台"也进行了迭代升级，初步形成了较为完整的主动安全预警系统和平台监管体系。产品正在根据文件的要求进行过检流程。

五、应用评估

1. 主动安全预警系统终端

主动安全预警防碰撞系统项目合作开始于 2016 年，在 2017 年 6 月完成驾驶行为预警设备测试，2018 年 1 月北部公交率先引进 200 套"驾驶行为预警系统"人工智能（AI）设备，2018 年 3 月完成了安装和调试并进行使用，涵盖线路近 40 条，2018 年 6—12 月，北部公交同时也进行了车辆预警防碰撞系统的测试和试用，测试过程中，车辆防碰撞预警系统设备的精确判断和及时报警验证了该项专利技术的有效性和可行性。

北部公交主动安全预警系统使用的 1 年里，安装的主动安全预警系统的车辆事故率不仅低于2017 年，也低于同期未安装营运车辆。这其中有北部公交近些年在安全管控上意识的提升、管理方法的更新，人工智能 (AI) 设备的出现给安全管理带来了一定的积极效果。

2. 主动安全预警系统平台

项目始于 2018 年 8 月，于 2019 年 4 月初步完成，项目实施原因为现阶段设备商所开发的后端管理平台只能基本满足日常管理，无法满足公交企业的定制化需求，除了设备的功能性能外，重庆公交企业用户使用的核心是后端的管理监控平台，监控平台功能上的好坏直接影响企业管理使用效果，因此凤筑科技开发了"凤筑 AI 智能风险管控云平台"打造属于重庆公交自己的监控管理平台。独立开发的"凤筑 AI 智能风险管控云平台"未来将实现平台一体化，提升对公交的智能化防控，提高安全生产水平，降低事故率，降低运输成本，同时也是重庆公交信息化建设的重要项目之一。

案例27　海事 AIS 智能检定仪开发研究及应用

基本信息

项目名称：海事 AIS 智能检定仪开发研究及应用

申报单位：上海海事局

成果实施范围（发表情况）：上海海事局各分支局

开始实施时间：2017 年 4 月

项目类型：科技兴安

负责人：肖跃华

贡献者：吴红兵、胡荣华、许正兵、朱小平、邱学刚

案例经验介绍

一、背景介绍

船载 AIS 设备自应用以来，在船舶避碰、海上搜寻与救助、水上交通管制、海上交通事故调查、发布海上安全信息和识别助航等方面发挥着越来越重要的作用。特别是国内航行船舶进出港签证改为船舶报告制之后，AIS 设备又成为海事管理机构跟踪掌握船舶动态最主要的手段。但是，目前国内航行船舶船载 AIS 设备的使用现状乱象丛生，船载 AIS 设备信息质量不高，这些直接影响着水上交通安全，制约着海事管理的方向和效能。

为此，各级海事主管机构迫切需要创新监管方法，通过分析和检测到港船舶船载 AIS 设备的技术状况（船台号是否真实有效、是否开机，静态数据、动态数据和航次数据是否正确），筛选出需要登轮检查的目标船，指派执法人员登轮检查，使用合适的设备检测船载 AIS 设备的技术参数，对存在违法行为的船舶进行违法证据采集，从而实现对违规使用 AIS 的违法行为精准打击，进而规范船载 AIS 设备使用秩序、提高船载 AIS 数据质量、提高海事监管效率、保障海上交通安全。

二、经验做法

以船载设备使用中存在的问题为导向：尽管目前国内航行船舶船载 AIS 设备的使用现状乱象丛生、船载 AIS 设备信息质量不高，总结起来主要是硬件设备问题和操作人员使用问题。操作人员使用问题又分为无意和故意两种。突出表现为：未保持 AIS 设备正常开机、AIS 设备天线的未连接和安装问题、AIS 信息设置有误、擅自修改 AIS 设备的 MMSI 和船名、B 级 AIS 设备质量较差、船员操作 AIS 设备的水平和能力较差和 B 级 AIS 设备的中文船名混乱等问题。通过对不同类别问题进行分类，采取针对性的监管措施。

以海事监管大数据的综合运用为基础：通过综合运用海事管理业务数据涉及的船舶登记、船舶监督、进出港报告、危险货物及防污染等各方面的海事监管数据提取中英文船名、初次登记号、船舶识别号、船长、船宽、总吨、船舶类型等信息和 MMSI 等数据生成 AIS 船台静态数据库。

以船旗国监督和现场监督检查为抓手：将 AIS 设备的检查与海事日常监督管理紧密结合起来，将 AIS 设备的检查列入国内航行船舶船旗国监督检查和现场监督检查的必查项目，通过检查 AIS 设备的配备、安装、使用、船员操作和信息检测，严格查处各类 AIS 设备违法行为，规范船载 AIS 设备的使用。

以船载 AIS 设备智能检定仪为支撑：海事 AIS 智能检定仪由 AIS 检测仪硬件和支持安卓系统的 App 应用组成。AIS 检定仪通过有线或无线连接模式，对 AIS 船台的各项数据进行采集，利用其内置通信模块将检测数据传输给安装了 App 的手机 / 海事执法终端，软件智能比对分析各项检测数据是否符合公约 / 规范的技术要求，生成"化验单"式的检测报告。

以"平安交通"建设为最终落脚点：海事管理机构通过使用海事 AIS 智能检定仪开发研究及应用成果，精准查处船载 AIS 设备类违法行为，能够大幅规范船载 AIS 设备的使用秩序，提升船载 AIS 设备的数据质量，提高海事管理机构对船载 AIS 设备使用监管的针对性和效率，提高水上交通安全，为"平安交通"建设提供强大助力。

三、应用成效

1. "一选二看三测"，总结了成熟应用机制

在海事 AIS 智能检定仪的运用过程中，不断提升，总结了"一选二看三测"的三步检查工作法，形成了一套较为合理的检查机制。"一选"就是利用海事 AIS 检定仪的片区测试功能，对某一范围内的船舶进行范围检查，根据结果，选择出 AIS 设备存在疑似违规的船舶，进行重点检查。"二看"就是对遴选出的疑似违规船舶进行登轮现场检查。对疑似违规船舶 AIS 设备的 AIS 型式认可证书、船舶检验证书、AIS 设备进行查看。通过初步检查，判断出现问题的原因。"三测"就是结合 AIS 设备初步检查的结果，对船舶 AIS 设备进行深入检查，利用海事 AIS 智能检定仪进行设备现场检测。利用设备的优势，查出船舶配备的 AIS 设备存在具体问题，并在现场监督检查报告或船舶安全检查报告中予以明确指出，要求船方纠正 AIS 设备存在的问题。通过 AIS 设备的三步检查工作法，提升了 AIS 检定仪的运用效率，提高了检查技能。

2. 检查与纠正结合，提升了 AIS 设备合格率

在海事 AIS 智能检定仪的运用中，上海海事局查出了船舶 AIS 设备存在大量的问题。为了督促船舶纠正 AIS 设备存在的缺陷和重大问题，采取了开具缺陷和"滞留"措施，要求船舶在离港前纠正被查出的问题，提升了对 AIS 设备重要性的认识，到港船舶 AIS 设备的合格率得到了提升。

3. 借助设备优势，精准打击违法行为

海事 AIS 智能检定仪拓展了"历史轨迹回放"功能，该功能能够快速、便捷的在执法现场检测船舶的历史轨迹，为海事执法精准打击违法行为提供了强有力的技术支撑，对相关船舶进行 AIS 轨迹检测，发现了"套牌 AIS"设备、"删除 AIS 轨迹""高配 AIS 设备"等逃避海事监管的非法海上运输船舶。

4. 发挥设备特长，助力海事管理

2018 年，上海海事局开展了"进博会"水上交通管控。上海海事局在水上交通管控重点任务的执行中，充分发挥了设备的特长优势，对疑似 AIS 设备违规船舶进行测定检查，圆满完成"进博会"水上交通管控和应急保障任务。

内河船舶从事海上运输行为危害性极大，一些船舶通过"高配"A 类 AIS 设备，利用 A 类 AIS 设备不需要静态信息固化的规定，更改"船舶基本信息"，以达到逃避海事监管的目的。在查处内河船从事海上运输中，海事 AIS 智能检定仪能够识别擅自更改 AIS 信息的违法行为，精准打击涉海运输内河船舶。

四、推广建议

（1）梳理和修订国内 AIS 设备 MMSI 码的发放及相关管理规定。固化每艘中国籍船舶的 MMSI 号码，实现一船一码，终生不变，尽量减少静态数据修改次数。

（2）整理所有现有船舶 AIS 设备静态数据库。数据库至少包括 MMSI 码，船舶识别号，初次登记号，船舶主尺度，船载 AIS 设备的生产商、型号及序列号。

（3）在大数据积累的基础上，采集、分析和统计各生产商生产的 AIS 船台的统计使用寿命以及是否符合相关规范标准，敦促厂家生产符合规范标准的 AIS 产品。

五、应用评估

海事 AIS 智能检定仪具有"网格扫测"的功能。能够在 AIS 检定仪的界面上，能够扫侧出 2 海里范围内的船舶 AIS 信号，显示出列表，提高检查针对性。同时，可以直接用检定仪检测船舶的 AIS 设备的检测结果，判断出船舶 AIS 设备存在的问题。

海事 AIS 智能检定仪因具有解析船舶发送的 AIS 语句的功能，能够直观"还原"船舶配备的 AIS 设备的"静态""动态""报文接收时间间隔比对"，能够详细分析出被检查船舶的 AIS 设备的内在信息。检查人员能够直观判断出船舶配备的 AIS 设备是否符合相应的技术标准。

海事 AIS 智能检定仪由于具有解析 AIS 语句的强大功能，能够不检查 AIS 机体设备，直接分析船舶上配备的 AIS 发送的信号，可以检测出船载 AIS 设备到底是 A 类还是 B 类。

受限水域大型拖带精准引航技术

基本信息

项目名称：受限水域大型拖带精准引航技术

申报单位：长江引航中心

成果实施范围（发表情况）：无动力 FPSO 浮式储油船 "BENCHAMAS EXPLORER" 轮被成功拖带进江，打破了此类船舶进江引航的纪录

开始实施时间：2018 年 12 月 19 日

项目类型：科技兴安

负责人：吴福康

贡献者：朱建忠、黄海兵、陈学思、王今朝

案例经验介绍

一、背景介绍

2018 年 10 月，江阴引航站接到一项特殊引航申请任务，大型无动力 FPSO 浮式储油船将以拖带的方式进江，目的港江苏江阴。该拖带全长约 800m，在船舶尺度上突破了江阴港拖带进江的历史纪录，以现有的引航经验积累还无法完全满足该项引航任务的需要。江阴引航站针对这一特殊引航任务开展了技术攻关，成立了"受限水域大型拖带精准引航技术"课题组，主要针对超大型拖带船队进江的关键技术，以及引航实施过程的组织与保障工作进行了系统的研究和分析。最后，江阴引航站攻克了"受限水域大型拖带精准引航技术"的壁垒，经过周密的部署和准备，12 月 20 日成功地将这关键技术运用在"探险家"号 FPSO 浮式储油船拖带进江的过程中，保障了船队的航行安全，取得了良好的社会效果。

二、经验做法

（1）事前对船况、通航条件、气象水文信

息进行充分的研究和分析，制订科学周密的拖带方案。

（2）根据方案要求选择合适的进江作业时机，充分降低外部环境对拖带产生的安全影响。

（3）"海事＋引航"模式进行深度融合，协同配合，合理开展交通组织，科学规避危险复杂航段和潜在高风险性的避让行为对船队安全操纵的影响。

（4）发挥团队力量、充分利用驾驶台资源。航前预先明确了拖轮、被拖船以及协助工作人员的职责和分工，形成了良好的内外部组织架构，并针对可能发生的情况制订了各种应急预案。在航行过程中充分发挥团队精神，互相协作，保障信息交流顺畅、及时、高效，各司其职形成合力，形成强大的执行力，确保每一个指令得到准确高效的执行。

（5）引航过程中准确分析船舶操纵性能，合理调配拖带动力，科学运用船舶转心位置变化对船队操纵的影响。通过提前预判，及早克服船舶惯性、风、流等因素对船舶运动姿态的影响，在确保船舶有效操控性的前提下，最大限度地减少船舶航迹带宽，实现在受限水域内的精准安全引航。

（6）拆解细化大角度转向及加减速过程，对超大型船队每一个运动过程进行特点和受力分析，匹配相应的引航操纵方法和引航技术。

（7）在通过弯曲航段、桥区等复杂航段时，合理运用有限的分隔带水域，增大安全系数，并利用精准引航技术，较为精确地掌控船舶船位。在狭窄航段、弯曲航段会让操作时，通过 AIS、e-pilot 导航系统，对局面进行仔细分析，提前掌控船舶运动态势，合理选择会遇地点，增大安全避让系数。

（8）创新拖带连接点的位置，最大限度地发挥作用点的可变化性对船队操纵转船力矩的积极作用，增加拖带中对超大型船队的操控能力。

三、应用成效

综合应用该项技术，将"探险家"号拖带船队（总长 800m，宽度 63.6m，吃水 5.8m，水面以上高度 46.5m）顺利拖带引领到江阴，圆满完成了该航次的引航任务（图 1）。

图　1

1. 航迹和视频记录技术在无动力拖带中的应用

本次拖带任务在被拖船没有任何助航仪器设备的前提下，通过先进的 AIS 移动接收终端，应用 e-pilot 助航系统，记录了"探险家"号拖带进江完整的航行轨迹，通过视频记录仪记录了部分关键节点操作视频。借助 AIS 轨迹导航和关键节点的视频分析，保障了在长距离无动力拖带中船队的航行安全。在拖带技术后评估时，运用轨迹回放、视频分析较为直观地检验分析了"受限水域内大型船队拖带精准引航技术"在本次操作使用过程中的优缺点，有利于进一步研究如何提高"受限水域内大型拖带精准引航技术"的精度和准确性。

2. "精准引航技术"概念的提出和实践

"精准引航技术"是在归纳总结以往传统引

航技术的基础上，结合运用 AIS、e-pilot、视频记录等技术，使得船舶航行方案更加科学合理、引航操纵实施更具有可操作性。在航行、避让过程中，综合运用"海事＋引航"监控平台，在风险预防预控的基础上，精确掌控船舶，确保航行安全。

本次拖带任务是"精准引航技术"在现实引航中一次生动的实践，促使"精准引航"这一概念的落地生根，符合当前船舶大型化对船舶引航提出的更高标准的要求，同时也为以后智慧引航、智能引航提供了一定的引航技术支撑。

3. "大型船队大曲率半径转向技术"在瓶颈航段中的应用

本次拖带任务，需要经过苏通大桥桥区水域、通常汽渡渡运水域、福姜沙水道弯曲水域。这些水域都是具有大幅度转向的航段，比如在苏通大桥桥6到长江20浮之间水域，其单向航道只有200m且需要连续大幅度转向达50°。在实践引航操作中，本航次运用了"大型船队大曲率半径转向技术"，实行分布连续保证800m长的船队在短短的3000m的距离内实现了连续平稳转向50°，这也是"精准引航技术"在转向中的具体体现。

4. 大型船队"顺流航行航迹带控制技术"在引航实践中的应用

本次拖带任务中，在通过南通龙爪岩、南通港区以及沪通大桥水域时，在顺流2kn的前提下，在短距离内分别转向25°和33°，且会遇了大量船舶。在航经此段航程过程中，驾驶台引航团队充分应用"航迹带控制技术"，在保证船队整体平稳转向的前提下，始终把船舶航迹带宽控制在100m以内，确保了船队与附近船舶会遇和避让中的安全。

5. 大型船队"精准引航制动和编解队技术"在到港操作中的应用

本次拖带任务中，在船队到达目的地时，

引航团队运用"精准制动"引航技术，在顺流1节的情况下，在大型船队停船能力较差的情况下，合理准确地将船队停泊在指定的停船位置，为拖船与被拖船的快速分解创造了良好条件。

6. 科学分段、接力引航模式在长距离拖带中的应用

本次拖带任务结合船舶和通航环境特点，开创性地采取了两段式的引航拖带方案。通过途中靠码头接力的方式，有效地解决了被拖船无锚可用、不能途中锚泊的问题，同时也规避了夜间通过复杂水域的风险。通过精确的计算，合理地利用潮流提高船速，同时结合"受限水域内拖带精准引航技术"的应用，最大限度地规避了顺流航行给船队操纵带来的不利影响，科学地选取了合理的边际安全速度，使得航行效率与安全得以兼顾。

四、推广建议

（1）建议对此项技术进行系统归纳整理，作为受限水域拖带船队操纵的标准化引航技术。

（2）建议在此项技术实际应用的基础上，把该项"精准引航技术"作为狭水道实施引航服务的具体技术参考。

五、应用评估

随着船舶大型化的普及，我国众多狭水道水域现有的通航环境已无法满足超大型船舶航行作业的需要，此项"精准引航技术"的推广，对超大型船舶、船队在受限水域内安全引航作业，具有较好的现实意义和运用价值。

通过使用该项技术，可以帮助港口在不增加任何投资的基础上，充分挖掘现有水域的通航潜力，提升港口的竞争力，提高港口的经济效益。

员工安全责任记分办法

基本信息

项目名称：员工安全责任记分办法

申报单位：交通运输部上海打捞局

成果实施范围（发表情况）：在交通运输部上海打捞局的 3 个船队实施

开始实施时间：2018 年 4 月

项目类型：安全管理

负责人：金培鑫

贡献者：吴江湖、张　冲、张　伟、陆红兵、杨美志

案例经验介绍

一、背景介绍

当前，航运公司都面临船员用工市场紧张和船员综合业务能力下降的问题，给航行安全带来极大的影响，尤其是 2018 年发生的"桑吉"轮碰撞后爆燃沉没事件，在给船员家属带来极大悲痛的同时，给海洋环境造成的污染和航运公司带来的损失也是不可估量的。结合外部和内部发生的事故险情进行调查发现，造成事故的主要原因有以下方面，一是员工遵守制度意识有所减弱，违章现象时有发生，员工的不安全行为导致事故发生；二是员工不认真履行岗位职责，未能做到勤勉尽责；三是员工业务技能欠佳，盲目操作。为此，我局和船队投入了大量的人力、物力对员工进行安全教育，但未达到预期效果。上海打捞局安委会决定借鉴陆上交通治理的良好做法，建立、实施员工安全责任记分制度，进一步把安全工作压力传导到基层，把安全责任落实到岗位。

二、经验做法

1. 制度建立

2018 年 3 月，上海打捞局制定了《交通运输部上海打捞局员工安全责任记分办法（试行）》，列举了负面清单，明确了针对违反制度、不履行职责、不掌握应知应会技能的记分分值，每分对应200元安全绩效，记满12分后，离岗培训，合格后才能再次上岗。

2. 宣传沟通

一是通过上海打捞局安委会会议集中学习讨论，分析形势，统一思想，明确活动推进方向；二是各船队、船舶通过 HSE 会议向员工宣贯安全责任记分办法；三是通过 OA 办公平台发布通知，确保每位员工了解本项活动；四是领导带队到船舶／现场进行制度宣贯。

3. 制度落实

一是把责任落实到最基层。要求船长、部门长成为责任记分的实施主体，将安全责任记分制度融入管理、作业、检查等日常活动中。二是局、船队将安全责任记分落实到安全检查中、绩效考核中。三是每季度统计责任记分，通过安委会会议进行通报、分析、改进。

2018 年 4 月至 2019 年 3 月，上海打捞局实施安全责任记分340人次，占水上工种人员的21.6%。合计记分514分，对应安全绩效10.2万元。

三、应用成效

1. 有利于制度遵守和责任落实

安全责任记分促进了员工遵章守纪意识，约束了员工的不安全行为，也推动了安全制度的完善。

2. 有利于责任落实

安全责任记分发挥了船长、部门长的监督管理作用，一级管一级，传导了安全工作压力，推动了各项岗位职责的落实。

3. 有利于提升员工职业技能

安全责任记分提升了员工掌握职业技能的紧迫感，促进了员工自我学习、自我提高，减小了员工素质与管理要求之间的差距，提高了从业人员的适任水平。

四、推广建议

1. 渡过阵痛期

在责任记分的初期，会遇到来自基层和员工的阻力，需要良好的沟通，并由最高管理层大力推进，经过一段时间后，情况会稳定下来。

2. 实施主体必须在基层

责任记分是上层设计，但上层与基层员工的接触时间是有限的，事故又主要发生在基层，所以需要基层管理者加大管理、监督力度。

3. 奖罚并举

安全责任记分是一种处罚制度，如果配套一些对应的奖励制度，会缓解员工的抵触情绪，效果会更好。

五、应用评估

安全责任记分实施时间不长，效果有待进一步观察，加大安全压力传导、将责任落实到每位员工的方向是正确的。

（1）安全形势比去年稳定。2019 年前 5 个月工伤事故、险情数量与 2018 年同比下降。

（2）员工学习制度、遵守制度的意识加强。

（3）员工履行岗位职责的自觉性提高，安全检查缺陷率下降。

（4）员工自学应知应会、与本岗位有关的事故案例的积极性提高，掌握率提高。

高瓦斯隧道双风机双风管
通风项目

项目名称：高瓦斯隧道双风机双风管通风项目

申报单位：青海地方铁路建设投资有限公司 G569 曼德拉至大通公路宁克段

成果实施范围（发表情况）：隧道通风双风机双风管通风项目已在 G569 曼德拉至大通公路宁克段宁缠隧道实施

开始实施时间：2019 年 5 月

项目类型：科技兴安

负责人：祝存芳

贡献者：李　涛、周世学、雒海滨、祁昌林、张学强、张丹锋、温嘉伟、董跃锋

一、背景介绍

1. 项目概况

国道 569 曼德拉至大通公路宁缠垭口至克图段公路起源于门源县宁缠河，顺接小沙河至宁缠垭口段终点，穿越祁连山东段。起点桩号 YK36+295.295。路线设约 6.0km 的宁缠垭口特长隧道穿越宁缠垭口，继续沿讨拉沟平行仙小公路南下，设置柴陇口互通和仙米互通，之后设香卡隧道穿越驴达坂至克图乡，路线沿大通河布

设至项目终点克图乡镇的东侧，顺接克图至大通段的起点，终点桩号 K78+581.099，项目路线全长 42.365km，施工内容包括桥涵 36 座，隧道 2 座，路基 26.29km。宁缠隧道全长 6044km，为本项目的控制性工程，也是本项目重难点工程。

2. 背景介绍

1）安全生产方面面临的基本形式

（1）G569 曼德拉至大通公路宁缠垭口至克图段，有特长隧道 2 座，因此隧道施工为安全管

理的侧重点，隧道围岩等级均为Ⅳ和Ⅴ类，围岩状况差，宁缠隧道进口穿越煤系地层，施工中出现瓦斯、硫化氢等有毒有害气体，施工安全风险高。

（2）宁缠隧道施工中出现瓦斯、硫化氢后，设计院对隧道瓦斯等级进行重新认定，经专业机构勘测、对比分析，宁缠隧道瓦斯等级界定为高瓦斯隧道，存在重大安全风险。

2）"平安交通"安全创新案例征集评选项目

综上所述，宁缠隧道安全生产面临着挑战和严峻考验。项目始终从"安全第一，预防为主，综合治理""管生产经营必须管安全"的原则实行全方位管控。自项目2019年1月发现隧道出现水气喷涌、瓦斯气体异常现象以来，及时开展调研学习，不断加强针对高瓦斯隧道的"微创新"和"四新技术"应用。

青海地方铁路建设投资有限公司在施工单位范围内评选出"平安交通"安全创新案例：青海地方铁路建设投资有限公司G569曼德拉至大通公路宁缠垭口至克图段公路工程建设项目，土建SG-1合同段实施的"高瓦斯隧道双风机双风管通风"项目。

3）"平安交通"安全创新案例背景详细介绍

（1）高瓦斯隧道要求24h不允许停风，随着隧道的掘进，当需要接长风筒时，不可避免地会出现停机导致隧道内无通风。

（2）风机出现故障时，需更换风机时间较长，这与高瓦斯隧道不允许停风相违背，势必会导致隧道内瓦斯、硫化氢等有毒有害气体浓度增高，增加了安全风险，故高瓦斯隧道通风系统应采用双风机双风筒，一用一备。

（3）高瓦斯隧道当出现煤与瓦斯突出时，洞内瓦斯、硫化氢等有毒有害气体必然超限，此种情况下应加大洞内通风量，及时排除洞内有毒有害气体，可打开双风机加大风量。

（4）揭煤爆破后瓦斯、硫化氢等有毒有害气体浓度骤增，此时可打开双风机加速隧道内有毒有害气体的排出。

二、经验做法

（1）风机选型。G569曼德拉至大通公路宁缠垭口至克图段公路工程宁缠隧道进口为高瓦斯工区，根据人工需风量、稀释炮烟量、稀释瓦斯浓度等因素通过风量、风压计算，考虑高原因素，最终选定通风机类型为SDDY-1N013（A），风量：1333 ~ 3000m³/min，风压：1450 ~ 6500Pa。

（2）通风管。通风管采用直径 ϕ1.5m 双抗风管（抗静电、抗阻燃），采用 ϕ8 钢丝绳作为风筒布吊绳，采用尼龙绳环作为风筒布吊环，避免铁丝钩与钢丝绳摩擦起花火，两条风筒布一上一下，平行布设，为保证通风效果，通风管端头距离掌子面5m。

（3）成立专门通风班组。高瓦斯隧道成立专门的通风班组，24h对通风系统进行巡视，对通风班组进行技术交底，要求通风班组每班对通风设备、风筒等进行巡视，发现风筒破损的及时进行修复，确保分管百米漏风率不大于1%，通风班组要有交接班记录。

（4）风机安装风电闭锁装置，当风机停风时，通过自动监测系统电流感应装置将信息传至中心站，中心站对数据进行分析，并发出指令，实现隧道内断电，保证实现隧道停风停电。

（5）与瓦检员联动。瓦检员、监控调度室与通风班组进行联动，无论是瓦检员、监控调度室，谁先发现瓦斯出现异常情况，相互之间进行联动、相互通知，保证信息第一时间传达到，确保安全。

（6）安全教育培训。主要对通风班工人进行三级安全教育培训，在理论学习的基础上开展现场教学，使从业人员在实践中有所收获，有效提高"教""学"双方的积极性及培训质量，使高瓦斯隧道通风的关键性得到体现。

三、应用成效

高瓦斯隧道双风机双风管通风，在高瓦斯隧道通风应用中起到了显著的效果。

第一，瓦斯浓度控制得到保证。通过双风机双风管通风系统的实施，确保了瓦斯隧道24小时通风的实现。

第二，隧道通风量得到保证。通过双风机双风管通风系统的实施，隧道内通风量得到保证，对杜绝硫化氢中毒，瓦斯爆炸等安全生产责任事故、进一步规范安全生产管理起到了至关重要的作用。

第三，项目安全生产管理得到巩固和推进。隧道内瓦斯、硫化氢等有毒有害气体浓度降低，从业人员可安心工作，安全风险防控意识的提高、安全知识技能的加强，项目整体安全生产管理水平得到了显著提高，施工现场安全隐患明显减少，安全生产事故得到有效遏制。

四、问题探讨

第一，双风机双风管通风系统的开发工作确保了高瓦斯隧道掌子面施工的作业安全，但钻爆和动火高风险作业安全问题仍需要做进一步探讨。

第二，高瓦斯隧道电气火灾风险防控安全问题在符合标准规范的前提下，根据实际还需要做进一步探讨。

五、应用评估

1. 实施情况

该项目目前在宁缠隧道进口进入实施阶段，

通风系统已投入使用，目前效果良好。

2. 实施范围

实施范围为 NK-SG1 合同段内宁缠隧道高瓦斯工区。

3. 成果成效

通过双风机双风管通风系统施工，宁缠隧道高瓦斯工区瓦斯、硫化氢浓度得到了很好的控制，安全生产得到了显著提高。

4. 努力方向

要继续完善双风机双风管通风项目，做好通风班组教育培训工作，进一步完善双风机双风管通风的开发研究工作，不断提高安全教育培训质量，实现项目安全生产管理目标。

G569 曼德拉至大通公路宁缠垭口至克图段公路工程项目宁缠隧道高瓦斯工区实施双风机双风管通风安全管理创新项目。大力提倡工艺的微创新等创新案例，及时总结先进经验，努力促进创新成果转化应用与共享。一是积极推广先进适用的"四新"技术。二是加快对创新安全管理技术。结合青海公路建设项目管理经验，发挥各参建单位优势力量。精细化管理，精细化施工。全力打造 G569 项目质量安全标杆品质工程。

相关设施及成果见图 1~图 5。

图1　双风机

图2　双风管

图3　风电闭锁

图4　风筒距离掌子面距离不大于5m　　　　　图5　尼龙绳吊带

▶第三篇
优秀案例

优化驾驶模拟器内河功能　提升
船员长江驾驶安全技能

项目名称：优化驾驶模拟器内河功能　提升船员长江驾驶安全技能
申报单位：南京油运海员培训中心有限公司
成果实施范围（发表情况）：海船船员"海进江"训练、评估长江船舶驾驶人员驾驶操作训练
开始实施时间：2018年1月
项目类型：科技兴安
负责人：夏克银
贡献者：韩杰祥、黄意凯、姚昌栋、闫俊义、孙晓伟

一、背景介绍

长江干线全长2838km，长江货运量全球内河第一。充分发挥长江船舶运能大、成本低、能耗少等优势，是提升长江黄金水道功能、促进长江经济带绿色发展的重要战略。长江航道弯窄、水流复杂、船舶通航密度大，船舶航行极易发生安全事故。采取切实有效训练手段，提升船员长江段航行安全技能（包括海轮进江船员），是保障长江船舶航行安全的重要措施。

传统的实船训练方式周期长、风险高、效率低，存在一定培训盲区。驾驶模拟器运用虚拟现实和系统仿真技术，可模拟不同船型在各种航行环境下的驾驶操作，能使船员获得实船驾驶体验。模拟驾驶操作不受时间、空间、自然环境等其他因素限制，具有培训效率高、成本低、安全可靠且可重复操作等特点，对帮助提高内河驾引人员技术素养和应变应急能力，防止人为不当操作，保证船舶航行安全具有积极作用。

目前，因国内尚未建立起内河驾驶模拟器建设标准，国内绝大部分内河驾驶模拟器基本"照搬套用"海船模拟器，而海船模拟器多以模拟船舶进出港口、潮汐等场景为重点，不能反映内河航行的实际环境。

南京油运海员培训中心有限公司（以下简称"培训中心"）驾驶模拟器（以下简称"模拟器"）于2017年1月开工建设，设计方案充分考虑了长江流态多变性、航道狭窄性、船型多样性、避让复杂性等特点。本模拟器由南京油运海培中心与北京捷安申谋公司联合自主开发，2017年12月通过了江苏海事局组织的专家组验收。

二、经验做法

海培中心为保证本模拟器三维视景、驾驶环境、船型仿真运动接近驾驶人员真实感受，在总结其他模拟器的基础上，发挥"南京油运"航运公司的背景优势，充分吸收营运船舶船长、驾驶员及安全管理人员实践经验，体现了独特、鲜明的"内河"特色。

（1）内河流场仿真。海船模拟器流场功能较为弱化，而长江等内河船舶在实际航行中，水流对船舶操纵影响非常明显。本模拟器针对长江船舶航行易发生偏移、倒头、失控等特点，可根据不同水位、季节和船舶实际航行环境，自主设置多条不同流向、流速的水流线，模拟不同航道中主流、缓流分布和紊流、横流、斜流等不正常流态，使船员在训练中能真实感受到水流对船舶运动的影响（2018年7月某海轮进江受流压影响发生事故的通报见附件）。

（2）真实视景再现。内河船舶引航需借助航标、岸线、桥梁、码头等一系列标志性物标，以确认船位是否正确、安全。本模拟器已完成长江干线上海至重庆600余km典型复杂视景航段建设（计划1000km，覆盖长江干线51个重点航段），船员在模拟驾驶引航时，可真实体验船舶参考航向、吊向点、转向点等引航要素之间的相互关系，这能帮助船员熟悉、掌握引航操作方法。

（3）船舶避碰训练。该模拟器可根据各视景航段航道状况及航段内不同船舶活动规律等，设计相应的避让训练任务，真实模拟各类船舶之间对遇、追越、横越等避让关系；可规范学员在

船舶各类会让状态下的瞭望、联系动作，训练船员正确运用车舵保持安全船位，帮助其掌握特定航段引航操作要领和避让要求，做出应变应急操作等。

（4）航标自主设置。内河航道因季节、水位变化等影响，经常发生变迁。本模拟器可以根据航道部门航行通告内容，实现自主更改，设定航标位置、编号及样式，模拟洪水、中水、枯水等不同水位期航道、航路，并在模拟器环幕视景、雷达、电子海图中同步反映。

其他特色功能还包括应急情景模拟、型号自由组合、三峡船闸操作、中英文界面切换等。

三、应用成效

本模拟器目前主要应用于以下方面。

1.船员培训及实操评估

自2018年4月起，本模拟器持续开展了海进江船员/内河适任驾驶岗位的培训和实操考试评估，截至2019年4月底，700余名船员通过海培中心模拟器训练、考试，熟悉和掌握了长江船舶引航、操纵、避让、应急的一般规律和安全做法，满足了海事主管机关的培训考试要求，提高了船员长江驾驶引航实操能力。

2.驾引人员专项训练

为帮助有关单位船员尽快熟悉长江中下游重点航道，掌握基本驾引方法及避让操作要领，海培中心于2018年6月、12月分别举办了南京油运新三副和长江引航中心18名引航员驾驶模拟器集训班。集训班通过熟悉航道图、桌面系统训练、模拟器综合演练等强化集训，使船员熟悉掌握了长江中下游重点航道的航标配布、水流特性、基本航法及各航段船舶活动规律等（训练方案、教材等见附件），并顺利通过了海事局的实际操作考试评估。

南京港口集团等其他公司已将船员模拟器专项训练列入2019年培训计划。

3.事故案例推演

利用模拟器可以再现船舶航行事故发生过程，推演事故中的驾引人员的操作方法是否适当，帮助分析查找问题，制订整改措施。2018年

11月，某公司所属一艘顺航道上行油轮与一艘强行掉头散货船发生碰撞事故。海培中心利用本模拟器进行了事故现场还原，并制成视频供船东单位船员学习、吸取教训，同时在教学培训中开展案例分析讲解（视频见附件）。

4.模拟突变航道

本模拟器可根据航道突变情况，模拟突变航道航标相对位置、航道宽窄及航路变迁情况。2018年初，长江中游燕窝水道因河漕出浅，航路巨变，严重威胁船舶航行安全。海培中心根据航道通告，模拟器再现了现场航标配备、水流流态，经指导船长验证确认后，组织即将上岗船员熟悉航道变化情况，开展模拟航行。今后，可将制作好的突变航道船舶模拟航行短视频，提前发给船员作为操作参考。

5.应急应变演练

海培中心模拟器可模拟主机失灵、舵机失灵、失火、搁浅、碰撞、能见度不良、强对流天气、人落水等十几种应急状态，训练、规范船员在内河航行条件下，对各种应急状态的正确处置措施。本模拟器改变了其他模拟器在发生搁浅、碰撞后无法模拟后续应急操作的弊端（相当于死机），可连续开展后续用车、用舵、抛锚等应急动作。

四、推广建议

（1）以本模拟器为基础，研究制定内河驾驶模拟器标准，进一步规范统一内河驾驶模拟器功能。

（2）为保证船员培训质量，内河船员培训机构宜配备驾驶模拟器，丰富教学手段，提高学员实操能力。

（3）航运企业可充分利用内河驾驶模拟器训练优势，组织开展船员驾驶业务能力训练、提升。

五、应用评估

（1）江苏海事局及南京海事局分别组织的专家评估组一致认为：海培中心驾驶模拟设备及系统满足船舶驾驶教学和船员培训要求，可运用于船员实训和考试，尤其是"流场仿真、航标系统自主设置、三峡船闸操作"等多项技术填补了内河驾驶模拟器空白（见附件）。

（2）海培中心驾驶模拟器实训室因其独特优势，在职工安全技能培训中发挥了积极作用，2018年被南京市经信委授予"党员教育实境课堂"（南京市有五家单位入选，见附件）。

（3）"应用成效"中所述事故案例推演，2018年已报招商局长航集团安全生产部，作为内部船员安全教育宣传片，供船员学习参考。

后续工作：一是进一步推进视景系统建设，实现长江干线1000km重点典型视景航段全覆盖目标；二是进一步搜集典型船模及重点航段的引航操作方法，不断提升优化模拟器功能。

海江河全覆盖的港口安全监管信息平台

项目名称：海江河全覆盖的港口安全监管信息平台

申报单位：江苏省交通运输综合行政执法监督局

成果实施范围（发表情况）：江苏省危险货物港口企业全面开展应用，重点强化港口重大危险源和港口危险货物储罐的安全监管。2017年，原江苏省交通运输厅港口局申报的"海江河全覆盖的港口安全监管信息平台示范工程"成功当选交通运输部"智慧港口示范工程"

开始实施时间：2018年5月

项目类型：科技兴安

负责人：董志海

贡献者：杨海兵、关　健、高　菲

一、背景介绍

1.政策要求

2017年，交通运输部修订了《港口危险货物安全管理规定》（交通运输部第27号令），进一步明确了各级交通运输（港口）管理部门的职责，强化了省级交通运输主管部门对下级部门的指导督促，并提出了建立健全安全管理制度：信息化管理制度、重点环节管理制度和信用管理制度。

江苏省交通运输厅认真贯彻落实党中央、国务院和省委、省政府关于加强安全生产工作的决策部署，深刻吸取响水"3·21"特别重大爆炸事故教训，全面深入推进《关爱生命筑牢防线江苏省"平安交通"建设三年行动计划（2018—2020）》的实施，有效防范化解交通运输领域重大安全风险，坚决遏制重特大安全事故。

在当前安全监管新形势下，迫切需要建设应

急处置决策功能，结合安全监管、风险防控、事故预警、应急处置等强有力的事前、事中管理手段，大幅降低港口危险货物企业的事故隐患和影响后果，保障人民群众的生命财产安全。

2.现实需求

海江河全覆盖的港口安全监管信息平台，要求通过三维技术、GIS技术、BIM技术、视频监控、移动互联网、物联网等技术支撑手段，重点加强对重大危险源的监管，推进移动App应用和视频监控在安全监管业务中的综合应用，基于统一门户构建港口业务办理的单一窗口，加强安全信息的综合分析与应用水平，实现全设施、全流程、全人员的动态监测监控系统联网，加快提高港口安全监管信息化水平和行业管理能力，具体需求如下：

（1）统一门户建设需求：整合现有已建系统，提供以全省港口安全监管为核心的港口全业务监管的统一门户，实现统一用户与权限、认证与单点登录、统一消息推送、个性化定制、通信录、相关应用集成等功能，优化、调整页面展现形式。

（2）安全系统升级改造需求：安全系统的升级改造是为进一步创新港口危险货物安全监管模式，提高数据资源的规范化、标准化管理，实现对标《港口危险货物安全监管信息化建设指南》，升级危货作业审批辅助功能，加强对重大危险源的立体化、动态化监管，形成安全监管档案，提升安全生产标准化管理水平，强化对高危作业的过程监管。

（3）移动应用系统建设需求：依托现有业务系统，利用移动互联网，建设移动应用系统，提供各系统核心高频业务在线办理与查询，以及拍照扫描、录音录像、GPS、位置识别等辅助功能，保证用户无论何时何地，都能够及时处理各类核心业务。

（4）视频监控系统需求：系统能够满足从各市级港口行政管理部门挑选重点视频，接入到专用的视频转码设备，并将各个不同厂家的视频信号数字化、标准化、统一化后转发到厅港口局的视频监控系统，实现视频资源的复用共享。厅港口局和其他单位的用户可依据权限登录视频监控系统，依权选择各摄像机资源进行视频浏览、录像存储、录像回放、云台控制等操作。系统还应能同时加强视频监控信息与GIS和危货作业审批的融合，提高视频资源的附加价值。

（5）数据可视化分析系统建设需求：为了更好地支撑港口安全监管业务系统，为数据深度应用夯实基础，系统应能通过数据资产管理、数据集成与交换共享、数据可视化分析与数据挖掘、运行监测与数据分析等功能，实现对数据的统一管理、统一操作、统一交换、统一可视化展现。满足要求的系统将对港口全业务领域的动态、静态、业务数据信息进行数据采集、分析、挖掘、展示，对港口行业进行数据统计、分析和决策建议，探寻船港货数据模型，解决安全问题自动锁定、辅助航线分布、货物流量流向分析、智能化安全监管等问题。

通过数据资源体系系统建设，能实现数据的统一管控、汇聚整合、共享交换。

二、经验做法

海江河全覆盖的港口安全监管信息平台应提供统一门户、港口安全监管与应急管理、移动应用、视频监控应用、智能分析应用、数据资源建设等基础之上，还能实现以下功能：

（1）实现危险货物作业在线申报审批。平台通过与海事船载危货申报自动比对（危货作业申报的货种、作业场所、有效期与附证的智能比对、自动把关），实现基于多源数据的对申报逾期未开工、靠泊无申报等异常行为的自动报警。

（2）实现监督检查的规范化。平台把交通运输部《港口危险货物安全监督检查工作指南》和江苏省地方标准《石油化工码头企业安全监督检查规范》通过信息系统进行全过程记录，形成企业安全"电子病历"，实现履职"痕迹化"。

（3）实现港口事故隐患线上线下双重闭环管理。平台依据《危险货物港口作业重大事故隐患判定指南》，通过信息系统进行重大隐患的辅助判定。

（4）实现风险防范。平台将交通运输部安

委会关于开展安全生产风险管理的要求通过信息化手段实现。

（5）实现对港口危险货物安全生产标准化自评、考评、复评和年度核查的在线记录和统计分析。

（6）实现对重大危险源实景三维动态监管。平台能实时掌握港口危险货物储罐静态数据以及货种、货量、监测等动态数据，并提供储罐爆炸半径模型、气体泄露模型和消防物料剂量模型，在应急处置中起到疏散、救助、处置等应急辅助决策的作用。平台还实现了危化品罐区的储罐、管线、紧急切断阀和消防栓等设施设备的BIM三维可视化，可基于GIS一张图进行设施设备的全生命周期管理。

（7）实现危险货物码头、储罐的视频实时查看和智能分析。

（8）实现与海事、安监、消防部门的数据共享和业务协同。

（9）实现基于地理信息系统，查询与调度应急物资与装备、应急专家、应急队伍、应急预案、敏感区域等应急要素，提供强大的应急辅助决策，实现与海事、安监、消防的应急联动。

（10）实现对重点要素即企业主体、从业人员（人）和设备设施（物）的针对性监管，通过"一企一档、一罐一码、一人一卡"进行梳理落实。

三、应用成效

海江河全覆盖的港口安全监管信息平台将重点加强对重大危险源的监管，建立精细化、痕迹化、动态化、立体化的管理模式，关联和全方位掌握相关信息，有效提升港口危险货物安全监管信息化水平和港口安全防控能力，为省市县三级交通运输（港口管理）部门履职尽责提供有效的辅助手段，最大程度避免安全事故发生，保障生命及财产安全，具有较大的社会意义和经济价值；同时将进一步促进港口与海事、安监、消防等横向部门间，以及交通系统纵向部门间的信息共享，实现港口危险货物安全监管信息的共享共用。

2017年江苏省交通运输厅港口局申报的"海江河全覆盖的港口安全监管信息平台示范工程"成功当选交通运输部"智慧港口示范工程"。该平台已在以下项目中实施：

1）项目名称：江苏省港口安全监管与应急管理信息系统建设（软件部分）

项目业主：江苏省交通运输厅港口局。

项目工作内容：系统覆盖《港口危险货物安全管理规定》安全监管功能，包括经营人信息管理、安全审批管理、隐患自查与督查的自动闭环督促管理、应急管理和备案管理。

2）项目名称：连云港市智慧港口安全监管信息平台建设

项目业主：连云港市港口管理局。

项目工作内容：梳理港口安全监管相关法律法规，厘清所在地港口安全监管职责，建立《连云港市港口行政管理机构安全监管权力责任清单》，明晰港口安全监管范围，通过信息化系统建设实现"履职到位，尽职免责"；建设安全监管11大功能模块，实现危险货物监管精细化、痕迹化、动态实时自动监控、多部门联合监管的闭环管理。

四、推广建议

海江河全覆盖的港口安全监管信息平台取得了很好的经济效益和社会效益。

1.社会效益

（1）实现了精细化、痕迹化、动态实时自动监控、多部门联合监管的危险货物监管模式，为政府部门尽职履责提供了有效的辅助手段。

（2）实现了港口安全监管业务需求。

（3）实现了随时随地业务的零距离办理，并能查看港口各业务实时动态数据，所有常用业务可在移动App平台上进行查看，解决了安全监管"最后一公里"问题。

2.经济效益

（1）提高了港口安全风险防范能力，保障了人民生命财产安全。

（2）建立了全省统一、规范的港口全业务数据库，为港口安全监管提供了数据支撑，节省了数据采集成本。

（3）解决了现阶段港口行政管理部门监管手段单一、人力资源不足的问题，丰富了港口行政管理部门监管手段，节约了人力成本。

当前，交通（港口）等部门安全监督、应急处置等管理工作的智慧化尚处于探索和起步阶段，不同地区间水运业务发展的水平也不均衡，相关工作支持保障力度还不够，在机构人员落实、队伍制度建设、信息协同共享、智能手段运用以及上下业务衔接等很多方面的工作还没有完全到位，这些问题都将制约港口安全业务领域产品的应用和发展。未来，需要相关领域的产品开发单位真正踏实地融入港口安全业务体系中，与建设单位一起深入、系统地分析业务现状和建设需求，在对业务深入了解的基础上，不断结合先进技术进行产品研发和功能完善，才能够真正为港口安全行业的管理和服务工作提供助力，实现在安全监管、应急指挥和信息服务领域的落地生根。

五、应用评估

（1）平台在落实危险货物港口和水路运输安全风险管控措施、严格把关水路及港口危险货物经营市场准入条件、严控水路及港口危险货物经营货种等工作中起到了很好的辅助支撑作用：

①对涉及甲A、甲B类危险货物作业，以及涉及重大危险源的港口经营企业，2020年底实现安全生产标准化一级达标，不达标的取消相应的经营许可。

②禁止涉及1.1类、1.2类、1.3类爆炸品成分的烟花爆竹集装箱在港口装卸和存储。

③对一年以上未作业的危险货物品种一律取消港口作业许可。

④加大违法行为打击力度，增加黑名单功能禁止作业。

⑤严格控制沿江、内河港口危化品新、扩建设项目的审批。

⑥化工企业或化工园区关停后，对应的港口码头及储罐一并关停，撤销岸线许可和经营许可。

⑦禁止1.3类烟花爆竹集装箱在港口储存，港口作业采取直装直卸方式。

⑧对具有低闪点、污染危害性严重的危化品，控制水路运输和港口作业总量。

（2）形成基于GIS技术和实景三维模型的危化品应急模型算法实现及应用模块，这对应急模拟及应急演练有实际帮助，同时可以在应急事件发生后，辅助解决爆炸区所在位置有什么危化品、有多少、应急处置怎么办等实际问题。

实现安全应急监控、演练与实景三维无缝整合，应用BIM建模进行精细化展示，重点提升应急管理能力，辅助组织救援、应急处置。

首都核心区北京东城旅游客运企业"四方共治"平台

基本信息

> 项目名称：首都核心区北京东城旅游客运企业"四方共治"平台
>
> 申报单位：北京市交通委员会安全督查事务中心
>
> 成果实施范围（发表情况）：北京市东城区
>
> 开始实施时间：2018 年
>
> 项目类型：科技兴安
>
> 负责人：廖　华
>
> 贡献者：刘　刚、赵泽民、薛　勇、王喜平、石　磊

案例经验介绍

一、背景介绍

北京市东城区地处首都核心区，是政治中心、文化中心和国际交往中心的核心承载区，旅游客运行业作为平安交通建设的重要内容，标准更高、任务更重。

东城区是北京市16个区中旅游客运企业数量最多的区域，现有注册经营旅游客运企业17家，旅游客运汽车1845辆，既有首汽、天马、中青旅等规模较大、管理较为规范的企业5家，也有12家小微型企业；既有国企背景企业，也有私营经济、集体经济、股份制等性质企业，且企业办公地点散布在城区各地，在一定程度上增加了管理部门监管难度，安全生产工作面临巨大压力和挑战。东城区旅游客运企业办公地分布示意图如图1所示。

二、经验做法

2018年起，在辖区交通管理部门推动引导下，东城区12家小微型旅游客运企业主动"抱团取暖"、互帮互学，成立了东城区小微型旅游客运企业联盟（以下简称"联盟"），着力共同提升安全生产管理水平。在此基础上，旅游客运企业、行业监管部门、安全督查中心、北京平安交通协会围绕"安全生产共管共治促提升"主题，构建起企业自治、行业监管、中心督导、协会帮扶的北京东城旅游客运行业"四方共治"示范平台，相关企业办公地分布如图1所示。

图1　东城区旅游客运企业办公地分布示意图

东城区旅游客运企业规模（运营车辆数）情况示意图如图2所示。

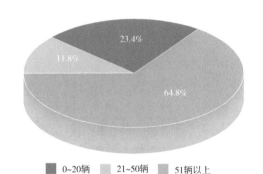

图2　东城区旅游客运企业规模（运营车辆数）情况示意图

1.企业"小微联盟"，深化协同共治

北京市东城区旅游客运监管部门着眼"统"，立足"联"，发力"合"，在引导资源整合、集约经营上做文章，充分发挥"联盟"协同共治作用，落实好"五定期"，即定期分析研讨安全生产形势、定期修订制度台账、定期组织教育培训、定期开展风险排查、定期开展联合应急演练活动，在安全目标、责任体系、管理人员、隐患排查、安全投入、风险控制、应急救援等16个方面建立了42项安全管理制度和7本台账参考文本，自发召开安全会议6次，撰写工作报

告10份、工作事记8份、隐患排查统计报表6份，充分整合资源，降低管理成本，有效促进了企业安全生产水平整体提升。东城核心区小微型旅游客运企业联盟运行示意图如图3所示。

2.行业"精准监管"，深耕责任共治

东城旅游客运监管部门突出问题导向，坚持依法监管，注重管理的系统性、规范性和时效性，聚焦薄弱环节，从现实需要出发，研究制定了《东城区旅游客运行业监管工作手册》《东城区旅游客运行业入户检查流程规范（试行）》和《东城区旅游客运企业车辆动态监控工作流程和台账参考文本》，坚持向精准监管要战斗力，紧盯重点时期、重大节日、重要时段，充分利用线下入户检查抽查和线上"互联网+监管"模式，加强对重点企业、重点区域的不间断监管检查，及时发现纠正安全生产主体责任不落实、管理措施不到位、服务运营不规范等问题。两年来，行业监管部门落实安全生产隐患排查制度，共排查各类问题隐患100余项，指导企业解决各类安全管理难题50余项，督促企业管控安全风险、治理重大隐患，保障了首都核心区交通运输安全稳定。

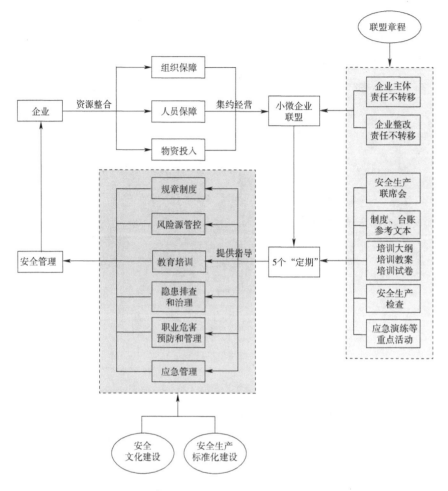

图3 东城核心区小微型旅游客运企业联盟运行示意图

3.协会"顾问服务"，深度帮扶共治

北京平安交通协会充分发挥专业社会组织优势，通过安全生产"顾问制"服务，与企业共辨安全风险、共除安全隐患、共享安全信息，为企业安全生产把脉问诊、对症下药，在行业监管和企业间建起"安全桥"，帮扶企业落实主体责任。2018年，协会先后组织开展"爱在路上"安全生产公益培训、"安安千家万户"公益课堂，为100余名交通行业监管执法人员和17家企业60余名安管人员提供培训服务，2019年组织专家团队主动为12家小微联盟旅游客运企业提供安全生产技术咨询服务，帮助3家企业通过安全生产标准化创建二级考评，9家企业通过安全生产标准化创建三级考评。

4.督查"闭环管理"，深入保障共治

北京市交通委安全督查事务中心充分发挥

职能作用，沉下身子帮扶，指导督促行业单位依法履职，以安全生产千分制评价为抓手，帮助企业查找薄弱环节及隐患问题，提出解决措施和改进建议，客观真实反映行业安全生产现状，通过"督查行业+评价企业"双向发力、"推动问题整改+推广经验做法"双推用心，逐步提升企业自身"造血功能"，帮助行业安全监管"精准定位"，为领导科学决策"添砖加瓦"。在2017年、2019年先后两次全市旅游客运行业企业安全生产千分制评价中（表1），东城核心区小微型旅游客运企业平均分由515分提升到779分，提高了264分，行业企业安全生产状况发生了可喜变化，通过"四方共治"平台探索出了一条既促进经营发展又符合安全需要的成长路径，行业分级分类监管目标更趋清晰明确，企业落实安全主体责任更趋主动积极。

东城核心区"小微联盟"旅游客运企业安全生产千分制评价结果对比　　　　　表1

序号	企业名称	2017年评价分数	2019年评价分数
1	北京京旅导游服务中心	694	865
2	北京凯撒国际旅行社有限责任公司	608	717
3	幸福国际旅行社（北京）有限公司	601	733
4	中国国际体育旅游公司	536	757
5	北京市蓝光出租汽车公司	525	832
6	北京壹北网旅游股份有限公司	519	731
7	北京国康旅行社	484	812
8	北京市天坛出租汽车有限责任公司	467	754
9	北京市良友旅行社有限公司	394	817
10	北京天平国际旅行社	321	682
11	北京石化出租汽车有限公司	17年暂停营业未参评	866
12	北京中金环球国际旅行社有限公司	17年暂停营业未参评	781

通过"四方共治"示范平台（图4）实践探索，东城核心区旅游客运监管部门摸索出企业安全隐患多级管理思路，逐渐形成"企业自查自管、联盟协同互管、协会专业助管、政府依法监管"综合管理体系，搭建平台、互助管理、共治共享、安全共赢。

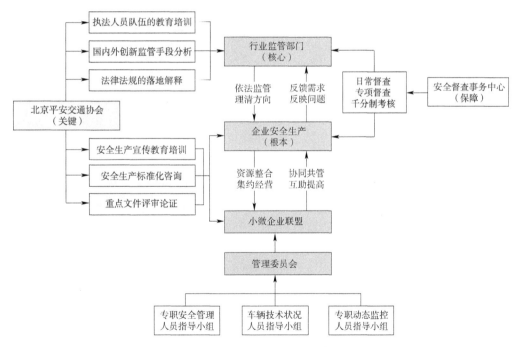

图4　"四方共治"示范平台工作运行模式示意图

三、应用成效

1.推进平安交通工作由"单打"向"多元"转型

"四方共治"示范平台打破交通体系在地域和方式上的分割独立，消除行业监管壁垒，整合安全管理资源，积极引导小微型企业"抱团取暖"，提高安全生产管理能力，坚持共享资源、共用平台、共谋发展，有力推进核心区旅游客运行业安全生产管理工作体系化、科学化和标准化发展。

2.推进平安交通工作由"被动"向"主动"转型

"四方共治"示范平台是企业主动思考、落实主体责任的转变，是行业主动作为、有效履职的转变，同时也是社会组织主动靠前、提供服务的转变。四方共同努力，能激发企业内生动力，激活企业安全生产管理因子，使企业主动落实安全生产主体目标更明、责任更清、效率更高。

3.推进平安交通工作由"粗放"向"精准"转型

"四方共治"示范平台改变了企业单凭经验开展安全生产工作的传统模式，通过企业自治、协会帮扶、行业监管、中心督导的链条式传导，四方合力紧盯企业安全生产主体责任落实这一根本问题，抓准、抓细、抓实，真正实现交通行业安全生产从治标到治本、从粗放到精准转变。

4.推进平安交通工作由"传统"向"集约"转型

"四方共治"示范平台有效改变单一企业运营困窘，有效的互联互通和共治共享，不仅盘活企业旅游客车利用效率，减轻企业经济负担，同时也提升企业安全运营基础能力，通过充分发挥多方资源优势，促进企业安全生产从传统管理向集约管理方向转变，实现安全效益最大化。

四、应用评估

北京市东城核心区旅游客运行业"四方共治"平台，创新了北京核心区交通运输行业安全监管模式，着力在现有工作格局中充分利用市场机制调动社会力量，主动解决了监管过程中不足的地方，变"政府独奏"为"社会合唱"，积极打造了共建共治共享安全生产工作格局，真正实现了多元共联、多元共建、多元共商、多元共享和多元服务安全生产治理体系，有利于促进首都交通行业安全生产形势持续稳定好转。

案例 4 ▶ 船舶文化建设标准化研究与实践

项目名称：船舶文化建设标准化研究与实践

申报单位：深圳远洋运输股份有限公司

成果实施范围（发表情况）：荣获中远海运集团、中远海运散运公司党建思想政治理论工作优秀研究成果一等奖；发表于《中国远洋海运报》

开始实施时间：2017 年

项目类型：安全文化

负责人：钱　江

贡献者：唐　俊、曹　敏

一、背景介绍

深圳远洋运输股份有限公司（以下简称"公司"）在开展船舶管理标准化过程中积累了丰富的实践经验。自实施标准化管理以来，公司船队安全事故率大大降低，港口国检查无缺陷通过率大幅上升，公司船舶管理效率不断提高，更重要的是，公司全体管理人员标准化的思维大大加强。

紧随船舶管理标准化建设，公司提出了"船舶文化建设标准化"的新思路，探索船舶文化建设的新途径，实现船舶文化建设的新价值，以文化提升管理，以管理促进文化发展。

二、经验做法

1.船舶文化建设标准的设计思路

船舶文化建设标准化在航运界是一个新事物，为了确保公司设计的标准务实管用，能够从根本上提升船舶文化建设的价值，改善船舶文化建设的现状，公司明确了基本思路，就是"聚焦一个目标、立足一个导向、借鉴一套经验、实现一个文化"。

2.船舶文化建设标准50条

根据文化建设3个同心圆模型的理论，公司提出了"打造'九最'标杆船，营造三种氛围"的细化目标，形成50条标准，以下具体解读这50条标准。

1）对应形象文化，以品牌建设为抓手，打造"客户口碑最优、船风船貌最优、视觉形象最优"的标杆船舶

（1）船舶形象闪亮工程（项目编号A01）。对照问题清单解决船舶形象问题，下设11个小项，编号A01001~A010010属于必选项目，A010011属于自选项目，每一个小的项目都有一个要求或者说明，告诉船员应该怎么做。

（2）船员形象提升工程（项目编号A02）。对照问题清单解决船员风纪问题，下设7个小项，编号A02001~A02007都属于必选项目。

（3）文化载体精品工程（项目编号A03）。对照问题清单解决船舶文化载体平台缺乏创新问题，下设5个小项，编号A03001、A03004属于必选项目，A03002、A03003、A03005属于自选项目。

2）对应行为文化，以落实标准化为抓手，打造"认识标准最深刻、执行标准最彻底、实施标准最有效"的标杆船舶

（1）安全意识强化工程（项目编号B01）。对照问题清单解决船员风险意识不足/能力欠佳问题，下设3个小项，编号B01001~B01003都属于必选项目。

（2）提质增效工程（项目编号B02）。对照问题清单解决船舶提质增效难点问题，下设2个小项，编号B02001属于必选项目，B02002属于自选项目。

（3）执行力锤炼工程（编号B03）。对照问题清单解决船舶提质增效难点问题，下设4个小项，编号B03001、B03003、B03004属于必选项目，B03002属于自选项目。

3）对应精神文化，以价值理念宣传为抓手，打造"团队最和谐、人员最稳定、能力最出色"的标杆船舶

（1）"温馨"家园建设工程（编号C01）。对照问题清单解决船员归属感、荣誉感不强问题，下设9个小项，编号C01001、C01002、C01003、C01007属于必选项目，C01004、C01005、C01006、C01008、C01009属于自选项目。

（2）"和谐"家园建设工程（编号C02）。对照问题清单解决船员公平公正环境营造、团队协作、沟通问题，下设3个小项，编号C02001~C02003都属于必选项目。

（3）船舶文化核心理念提炼工程（编号C03）。对照问题清单解决船舶文化理念问题。下设6个小项，编号C03001~C03002属于必选项目，编号C03003~C03006属于自选项目。

3.实施船舶文化建设标准化

为了确保标准化的实施，公司制定了《"船舶文化建设示范船"培育方案〔1.0版〕》和《"船舶文化建设示范船"培育工作操作指南〔1.0版〕》，这两个文件与前面的50条标准构成了船舶文化标准化建设的闭环。

1）用试点船的方式启动项目

为了循序渐进，稳妥推进船舶文化建设标准化工作，公司采取了先试点后推广，先点后面的方式来推进，从公司四大船型中选定了基础比较好的7艘船作为首批船舶文化建设标准化试点工程的示范船。

2）用强力的组织保证行动

船舶文化建设标准化工作通过公司领导班子直接领导，党群工作部牵头组织，相关部门配合指导，示范船舶具体落实的组织方式分三个层次组织推进。

3）用通俗的培训解决误区

船舶文化建设最大的拦路虎就是前面讲到的船员的认识问题，为此，公司把培训放在前面，利用行前培训的机会，对7艘示范船的船长、政委用最通俗的语言解析船舶文化是"帮手"、船舶文化是干出来的、船舶文化是用标准化的方式干的等理念。

4）用清晰的指南指导实施

在指南中，公司提出船舶文化建设的"机

关+船舶""规定动作+自选动作""文化+管理"的3种模式。在此基础上，秉承"文化是干出来工作的"理念，坚持问题导向，深入调研船舶在文化建设上的优势和短板，对应"九最"目标，建立船舶文化建设问题清单，对照问题清单明确解决方案。

5）用标准的验收保证落地

对示范船的工作，公司分3个阶段进行验收，即季度验收、半年验收和年度验收。对验收为优秀的船舶将确定为公司船舶文化建设示范基地；对在船舶文化建设标准化工作中贡献突出的船舶和个人进行表彰，优先推荐参加各级"评优创优"的评选活动。

三、应用成效

船舶文化建设标准化工作开展了一年多时间，通过船岸扎实的工作，这7艘示范船的船风船貌以及安全稳定局面都有了较大的进步，初步形成了"创效、安全、稳定"的3种氛围，船舶文化建设成为船舶安全生产的帮手正在得到越来越多的船岸员工的认同。

1.提升形象，促进创效

针对船舶船员的形象问题，"船舶形象闪亮工程、船员形象提升工程和文化载体精品工程"发挥了针对性的作用，推动了船舶的维修保养工作，船体、甲板、机舱整洁美观，"库房如超市、房间如宾馆"成为这7艘船的常态，创建了综合宣传栏、微信群、镜框文化，公司的历史文化和船舶的新气象、新面貌得到了很好的展示。

2.提升能力，促进安全

船舶文化建设标准化聚焦船员安全工作能力不足的问题，开展了"安全意识强化工程""体质增效工程"和"执行力锤炼工程"等三大工程建设，使船舶管理标准化更加深入人心，营造了你追我赶执行标准的可喜局面，实现了"我能安全"的安全稳定局面。

3.提升合力，促进和谐

凝心才能聚力，船舶文化建设标准化针对船员归属感、荣誉感不强和团队关心、关爱不足以及船员价值理念不同等问题，进行了"温馨家园、暖心家园、和谐家园"的建设，开展了核心理念提炼工作。这些做法，清除了船员和船舶领导之间、船员和船员之间的不信任问题，凝聚了人心，形成了合力，团队的和谐稳定达到了一个新的高度。

四、推广建议

总结船舶文化标准化建设成果和经验，把成熟的经验推广、复制到全船队，扩大建设范围，加大建设力度，使船舶文化建设成为船舶安全生产的帮手，强化安全管理提升，促进生产经营效益增长。

五、应用评估

船舶文化建设任重道远，随着企业改革转型，船舶文化建设也将遇到一些新情况、新问题。公司希望船舶文化建设标准化能够为解决这些新问题多提供一种解决方案，为打造一流船舶管理公司做出更大的贡献。

高速公路安全保畅指挥调度云平台

> 项目名称：高速公路安全保畅指挥调度云平台
> 申报单位：江苏交通控股有限公司
> 成果实施范围（发表情况）：已在江苏全省及 G2 沿线省份应用
> 开始实施时间：2017 年 6 月
> 项目类型：科技兴安
> 负责人：孙幼军
> 贡献者：周　宏、王　栋、尹蔚峰、蒋岸石、袁梦垚

一、背景介绍

江苏交通控股公司高速公路安全营运管理和信息化水平始终居于全国前列，但是在信息技术创新日新月异、互联网思维不断发展的大环境下，逐步出现以下一些问题：第一，各单位信息化系统大部分是"烟囱式"搭建架构，各系统中的数据和信息难交换、难融合，流程和功能不协同、不统一；第二，各单位各自研发、同一业务多种建设、重复投入的现象严重，不可持续的问题突出；第三，各条高速公路建成时间不同，所

配备的终端、设备技术性能相差很大，且大都围绕"技术导向"而非"业务导向"开展平台建设，系统不好用、不实用、不管用；第四，高速公路信息化系统基于路段维度开展建设，路网层面的考量有所不足，全路网安全保畅协同难度大；第五，以硬件视角推动的信息化建设，自建机房、自购硬件，费用高昂且效率低下；第六，原有的技术支撑手段和信息服务能力不能满足社会公众日益增长的高速出行信息需求。

因此，通过云计算等信息技术应用，提升信息采集、处理、传播、利用、安全能力，适应新

常态，解决新问题，形成新动能，对公司安全管理、提质增效、转型升级具有重要意义。

二、经验做法

1."调度云"定位

调度云面向高速公路的全体管理者与使用者，通过一个云平台，直接服务于交通运输部、各省级交通管理部门、各路段管理单位以及广大社会公众，开创了高速公路路网指挥调度新时代、新场景、新应用。调度云综合界面如图1所示。

2.上云方案

调度云平台建设以"互联网+交通"为思路，采用"云、管、端"的总体架构。高速公路网感知体系中的视频、情报板、语音、路况、气象等信息都在云端汇集。以高速公路网各路段调度分中心作为上云连接节点，部署上云前置机终端，前置机作为接入网关，将传输协议与数据流封装类型标准化，支持不同厂家品牌、不同封装格式、不同通信协议数据的统一接入。接入三大运营商互联网专线，配置IP隧道作为信息上云管道。路网感知信息被推送到云端，在云端进行数据汇聚与分发。调度云平台的控制及管理同样布设在云端，云平台通过协议与前置机终端实时交互，下发指令任务。

图1　调度云综合界面

3.云端应用架构

调度云平台应用架构充分采用云计算技术，底层使用IaaS基础设施相关技术，租用云上服务器、存储及网络设施，形成存储资源池和计算资源池；中间层采用PaaS基础平台相关应用，使用MySQL开源数据库、负载均衡器、消息中间件等平台应用来构建系统；上层结合业务需求调用各项SaaS服务，实现更加灵活丰富的应用模式。

调度云平台对登录用户进行统一身份验证和权限管理，通过互联网终端和浏览器为用户提供服务。该架构体系可满足监控管理、资源管理、服务管理、用户管理的有效性，以及环境安全、数据安全、应用安全的可靠性。云端应用架构图如图2所示。

4.平台功能架构

平台应用软件系统框架可用"四梁八柱"概括：四梁包括事件处置系统、智能侦测系统、

协同联动系统、统计分析系统；八柱包括视频监控、情报板、语音、里程桩、综合路况、气象、

单兵、视频对讲八大功能版块。平台功能架构图如图3所示。

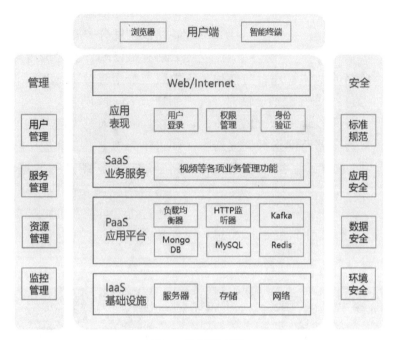

图2 云端应用架构图

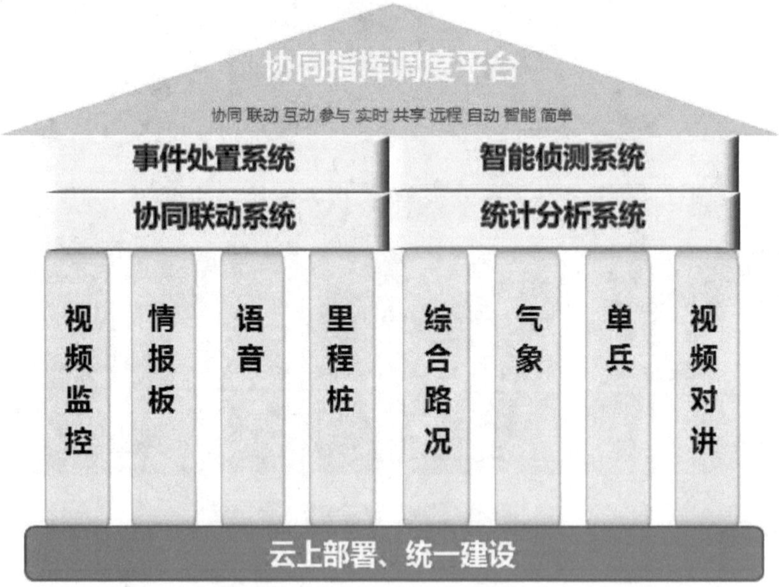

图3 平台功能架构图

"四梁八柱"里的每一个模块或系统都是基于公共云平台开发而成的，每一个又都可以单独抽出形成一个专项功能的"行业云"对外提供服务。以下展示几项功能页面图（图4~图6）。

5.云平台建设特点

（1）云端平台、接入自由。在云端搭建全国通用的统一平台，不同单位性质、不同管理模式、不同岗位级别的用户，均可直接访问云平台开展指挥调度工作。

（2）数据汇集、多方共享。调度云平台汇集路网监控视频、情报板、气象等外场实时数据，以及突发事件处置过程中产生的图片、语音和当事人通信等数据。

（3）功能强大、操作简单。平台实现了路

网突发事件自动预警、自动关联、自动录入、自动发布等功能，极大减轻了调度人员工作强度，提高了路网突发事件智能感知、快速响应和主动介入能力。

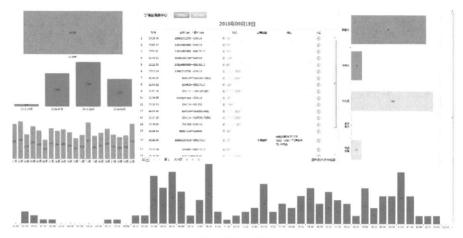

图4　语音子模块

图5　单兵子模块

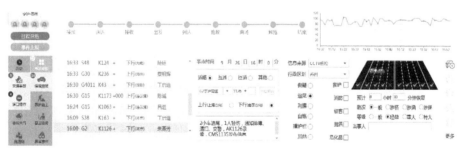

图6　事件处置系统

（4）安全可控、网络可靠。调度云平台已应用多项云安全服务，配置1万多条安全策略，进行攻击拦截和漏洞扫描预警、防止入侵，确保主机群安全。云上外场设备通过IP隧道方式与云平台互联，确保通信管道安全。

三、应用成效

1.规模覆盖

该平台已在江苏17家路桥公司、40个路段指挥中心，以及G2京沪高速全线、湖南S20、S71高速等开展部署，实现了高速公路监测全覆盖。

2.成效显著

运用该项目成果后，江苏路网安全保畅能力、运营效益和服务水平都得到显著提升，相关目标：高速公路监测覆盖率达100%、全网小客车平均车速≥90km/h、30min应急到达保证率≥95%、交通事故1h内恢复通行率≥85%、冰雪天气通行保证率≥95%、可变情报板覆盖率达到100%、信息平均发布时间≤10min、热线咨询（96777）接通率≥85%、服务区24h便民服务保证率达到100%、ETC覆盖率100%、收费站正常通行保障率95%。

3.创新突出

（1）理念创新。摒弃了封闭系统的设计惯性，本着开放、平等、协作、敏捷、分享的互联网思维，实现跨地域、跨层级、跨组织架构的数据汇聚与共享输出，向系统内外不同性质的相关管理与服务主体和社会公众输出信息，创造更大的社会价值。

（2）路径创新。在国有企业体制框架下，突破传统瀑布开发模式，创新吸收互联网行业最新方法，采用模块化设计、敏捷模型进行开发；以我为主、主动担当，改变一贯以来的外包开发模式，全面自主进行开发。

（3）技术创新。根据"云、管、端"架构制定平台建设和服务模型、网络接入规范和设备技术标准，广泛使用开源技术和产品，围绕人工智能的应用需求，以算法部署为核心，以数据和环境为基础，形成相对成熟的技术体系。

（4）模式创新。借鉴轻资产创业的互联网精神，从产品开发向平台服务转型，快速实现"交通+信息服务"的专业化平台输出，已经开创全新的商业模式场景。

4.成本节约

该项目成果改变了原有各路段分别建设、硬件堆叠的建设模式，云上建设统一平台，极大降低了建设成本，并大大降低了硬件管理、维护、折旧等费用支出。五年总投入可节约21.7亿元，合每年节约4.34亿元。

四、推广建议

调度云可以帮助全国高速公路管理机构在极短的时间内，以极低的费用，实现数据上云、业务上云，直接引入先进的管理模式和业务功能，推进路网管理与服务标准化、规范化、智能化，围绕全面感知、泛在互联、深度融合、科学决策、智能响应和主动服务，实现高速公路智慧式管理和运行，为驾乘人员创造更美好的出行体验，助力数字化交通和现代化综合交通运输体系建设。

平台开放性强，便于推广。平台与管理组织架构、管理模式"松耦合"，应用加入非常简单，只要满足两点基本要求即可迅速加入平台，开启全面应用：①采集管辖路段里程桩号的位置，建立坐标体系；②可以连接互联网的网络。该实现方式不但可以在省内不同体制、性质、管理模式的高速公路管理主体间进行推广，也可以实现跨省推广，为区域甚至全国范围内的路网指挥调度提供服务。

调度云平台现已走出江苏，现已在北京、上海、天津、山东、河北等省市落地应用，并正在发展成为全国高速公路调度管理的标准行业云，已形成广泛影响。

此外，调度云将支撑公安、路政等相关部门的业务操作，在统一平台上实现跨部门、跨层级、跨区域的业务融合。

五、应用评估

1.交通运输部组织推广

交通运输部基于调度云平台"四梁八柱"其中之一的视频云功能，实现了全国路网平台视频联网监测建设目标，2018年国庆前在G2京沪高速公路沿线京津冀鲁沪等5省市拓展实施。交通控股公司组织团队，在30天内完成了G2全线（1262km）1396条路道路监控视频的上云工作，并为全国各级管理部门和社会公众提供视频服务。国庆期间视频观看次数超过1亿人次，同时在线人数达21.6万人，最高日访问量2870万人次，最高小时访问量230万人次，得到了人民群众的热烈反响和高度好评，G2视频联网得到了交通运输部领导充分认可。G2高速实时视频如图7所示。

2.荣获多项大奖

2018年9月在江苏互联网大会上，平台获得数字江苏优秀实践成果大奖；2018年10月，在IDC中国数字化转型年度盛典上，该平台获评信息与数据转型领军者奖项；2018年12月，在中国数字化转型与创新案例大会颁奖典礼上，该平台获得创新案例奖——凌云奖。

图7　G2高速实时视频

3. 意义重大

该项目成果是全国第一个基于"云、管、端"架构，基于"互联网+"理念的调度云平台，不仅在研发建设中充分使用了云上IaaS、PaaS、SaaS服务，其平台软件自身也成为云上的SaaS服务，具有首创性和非常重要的示范意义。

该平台统一建设数据中心，实现各类数据的云端汇聚、交互共享和融合开放，每年可积累超过10万起的高质量事件信息和更多交通关联数据，为将来业务发展、车路协同、路衍经济等大数据分析做好了准备，具有重大意义。

案例 6 ▶ 皮带输送机控制系统增加检修安全功能确认改造

基本信息

项目名称：皮带输送机控制系统增加检修安全功能确认改造

申报单位：营口新港矿石码头有限公司

成果实施范围（发表情况）：公司所有皮带输送系统

开始实施时间：2017 年 3 月

项目类型：安全管理

负责人：孔庆利

贡献者：杨德刚、薛金波、于振山、张铭星、董 雨

案例经验介绍

一、背景介绍

皮带输送机属于露天开放式设备，其工作原理决定了输送带、托辊、滚筒等高速运转部件无法做到很完善的防护，极易与现场作业、维护人员产生交叉，特别是皮带机故障检修时，某些维修项目需要人员钻入溜筒内、皮带内等隐蔽部位，此时，若部门调度或现场皮带操作工疏忽大意，未仔细观察或者忘记观察，盲目地运转皮带机，极易发生人身伤亡安全事故。为了解决以上问题，把安全管理从"人防"变成"技防"，我们立足自身，对皮带机的中控室自控系统进行了改造，在部门调度室的远程监控计算机上，增加了设备检修安全确认"挂牌"功能。

二、经验做法

对调度室计算机上的"远程调度监控系统"进行升级，增加"检修"功能项的"挂牌"和"摘牌"功能，从技术上实现设备安全保护功能。为此，须对"远程调度监控系统"修改全部皮带机的控制程序，同时修改远程调度作业系统监控画面组态程序，以实现此功能。该功能将皮带机维修与操作的安全确认，从"人防"升级到"技防"，避免人为疏忽带来的安全隐患。

三、应用成效

当设备进行检修操作时，维修需要报修哪台设备，调度员就在计算机监控画面上将对应设备进行"检修"挂牌操作，此状态下皮带输送机无论是在机侧或者中控室均无法启动，保护维修人员的人身安全，避免设备在检修时出现误运行的情况，消除维修工作的安全隐患。对应设备在调度画面上显示设备"检修"字样，实现预定功能，避免设备检修时的安全隐患。

四、推广建议

建议远程可控运行设备均增加一套"远程调度监控画面操作系统"，有效减少安全事故的发生。

五、应用评估

改造后实现了检修时的安全确认功能，即部门调度接到设备检修通知后，在"远程调度监控系统"上将该设备置于"检修"挂牌状态，此时该设备无论是中控室还是现场都无法启动，以确保安全；检修完毕时接到"摘牌"通知后再恢复正常。

大型石油储罐主动安全防护系统技术成果应用研究

基本信息

项目名称：大型石油储罐主动安全防护系统技术成果应用研究

申报单位：大连港油品码头公司

成果实施范围（发表情况）：大型石油储罐（外浮顶储罐）安全防护

开始实施时间：2012 年 11 月

项目类型：科技兴安

负责人：刘正斋

贡献者：孙德泉、李训明、兰曙阳、吕国利、阎　锋

案例经验介绍

一、背景介绍

1. 贯彻"一带一路"倡议

为积极贯彻国家"一带一路"倡议，作为东北最大的开放口岸，大连港是"一带"的桥头堡，"一路"的延伸点，拥有海、陆"双向优势"。大连港油品码头公司作为进口原油运输链中的重要环节，通过大型石油储罐主动安全防护系统技术成果应用保证储罐安全运行，对推动大连东北亚航运中心和中国北方油品及液体化工品分拨中心建设、推动环渤海区域经济发展具有重要意义。

2. 响应东北振兴号召

大连是东北地区最重要的海上门户，国务院发布的《关于近期支持东北振兴若干重大政策举措的意见》中，再次提出"加快建设大连东北亚国际航运中心"。在这一重大历史机遇面前，大连港油品码头公司作为进口原油运输链中的重要环节，通过大型石油储罐主动安全防护系统技术成果应用，保证储罐运行安全，对降低东北地区经济石化企业的生产组织难度、确保炼制装置正常生产运行提供了保证，为实现东北老工业基地振兴做出了贡献。

3. 实现油库安全前摄管理的要求

大型石油储罐结构型式均为双盘式浮顶油罐，储罐一、二次密封之间有一个环形密封空间，空间内会存在一定量的挥发油气，由于储罐收发油后存在结构变形、浮盘与罐壁之间间隙不均匀、一次密封老化失效等原因，空间内油气浓度会升高，易形成爆炸环境。为保证储罐运行安全，需要对储罐一、二次密封之间的油气进行实时监测，并对空间内油气混合浓度进行干预，使油气浓度处于爆炸极限之下或使氧气指标低于8%，满足油库安全前摄管理的要求。

4. 落实"11.22"雷击火灾事故整改要求

大连港油品码头公司是东北亚重要的油品及液体化工品储转分拨基地，目前港口通过能力和仓储规模位居国内第一，公司共有原油储罐49座、储存能力510万m^3，49座原油储罐中10万m^3的45座、15万m^3的4座。为落实"大连港股份有限公司油品码头公司'11.22'油罐雷击火灾事故调查报告"防范同类事故的措施建议中"将储罐一次密封的形式改为软密封"的要求，根据"大连港股份有限公司外浮顶机械密封原油储罐应用'大型石油储罐主动安全防护系统'防范雷击火灾风险可行性专家论证意见"第3、第4条，综合考虑工程投资、施工对生产影响及施工难度等多种因素，决定采用"大型石油储罐主动安全防护系统"技术成果防范储罐雷击火灾风险，以满足"11·22"油罐雷击火灾事故整改要求。

二、经验做法

主动安全防护系统的整个动作流程由3个过程组成，分别是：采样及气体分析→安全判定→惰化保护。

气体取样泵对大型石油储罐密封圈环形空间内的混合气体进行自动巡回取样，样气经过滤、分流等预处理后，进入气体浓度分析仪做氧气浓度分析和可燃其他浓度检测，检测结果传输给电控装置，根据需要由自动/人工指令进行低压惰化的运行，将可燃气体和氧气浓度控制在安全范围内。气体分析仪同时将检测数据远传到中心监控主机，进行存储分析。

大型石油储罐主动安全防护系统采用非带电在线检测技术，远程对储罐密封圈内的油气浓度和氧气浓度进行实时在线监控，实现储罐安全的数据化管理，能够预知潜在的爆炸危险并自动进行安全防护，实现从"人防"到"技防"的转变。大型石油储罐主动安全防护系统能从本质上改变传统的大型石油储罐的火灾预防、灭火手段，从功能上可划分为油气/氧气浓度分析和惰化防护两个模块，自动实时进行保护区域内的混合气体巡回取样分析，采用氮气作为惰化介质对一、二次密封圈环形区域进行自动或人工干预主动防护，降低该区域内可燃性混合气体中可燃气体和氧气的含量。

三、应用成效

1. 安全性

（1）实现大型石油储罐的本质安全运行。

（2）施工过程不带电、不动火、无热工作业，使主动安全防护装置安装处于安全状态。

2. 先进性

（1）实现了对油罐一、二次密封间可燃气体、氧气含量的远程实时在线监测。

（2）能够根据可燃气体、氧气含量组合而形成的防控特点进行分析判断，自动对环形空间内的油气进行惰化处理，将其始终控制在安全范围。

（3）根据天气预报或者雷电预警，可以人工预先快速惰化处理环形空间混合气体，确保雷雨天气下油罐的安全运行。

（4）系统管路采用了卡压式薄壁不锈钢管、炭黑填充导电软管、金属拖链、磁力管座等新材料、新技术，简化了安装工艺、保证了安装施工的安全，又提高了储罐感应电荷释放能力。

（5）系统采用TCP/IP通信模式，能对现场装置进行点对点远程控制，并能与其他报警系统、安防系统对接，实现信息共享。

3. 时效性

（1）气体检测的时效性：混合气体能在90s内从罐上抽吸至分析仪器，120s内检测出准确数据。

（2）防护启动响应的时效性：从报警触发至喷头喷出氮气的响应时间为10s。

（3）惰化过程的时效性：氮气在0.2MPa的供气压力下惰化保护区域，氧气浓度由20%降低至8%的时间在30 min内。

4.经济性

（1）项目实施后可以从整体上降低火灾发生的概率，有效降低火灾事故产生的损失，经济效益显著。

（2）在用储罐带油条件下采用不带电、不动火、无热工作业的技术创新手段，节省了储罐清罐费用900万元、保证罐租费3555万元的支出。

（3）通过人工干预储罐"大型石油储罐主动安全防护系统"的运行模式，可节省系统运行成本476万元。

四、推广建议

2014年9月，大型石油储罐主动安全防护系统开始在大连港油品码头公司全面投入试运行。目前，系统运行平稳，可燃气体和氧气检测数据检测准确、传输通畅，油气空间惰化及时，达到了项目预定目标，取得了预期效果，对保证石油库生产安全、满足石油库安全前摄管理提供了保证，具有重要的经济效益和深远的社会效益。

随着我国能源战略的调整，石油作为国家重要能源已扩大战略储备，国内已建和在建的石油储库数量众多，主动防护系统具有极大的市场空间。

五、应用评估

（1）该项目成功地将"大型石油储罐主动安全防护系统"技术成果进行了转化并推广应用，达到了实时监测大型石油储罐一、二次密封与罐壁之间形成的环形空间内混合气体的可燃气体和氧气浓度指标，并可随时对该环形空间进行惰化处理的目的，使原来的火灾危险空间变为惰性防护空间，使其不爆炸、不燃烧，解决了外浮顶式石油储罐受雷击易引发环形空间油气爆炸的问题，实现了大型石油储罐的本质安全运行；同时通过采用不动火、不带电的创新施工技术，保证了在用储罐的不清罐安装，具有安全、先进、经济的特点。

（2）该项目通过采用安全研究领域公认最有效的"惰化技术"这一防爆阻爆技术提升了大型石油储罐现有防火防爆能力，实现了储罐运行的本质安全，社会效益显著、管理效益突出、经济效益明显，具有极大的市场空间。

（3）该项目可通过不带电检测技术实时监测大型石油储罐一、二次密封与罐壁之间环形空间的油气混合气体参数，可实现自动干预和人工干预，并可远程对现场装置进行点对点干预，对高浓度危险点优先惰化。

高速公路应急救援安全管理创新案例

项目名称：高速公路应急救援安全管理创新案例

申报单位：广西交通投资集团百色高速公路运营有限公司

成果实施范围（发表情况）：公司管辖高速公路各路段

开始实施时间：2017 年 5 月

项目类型：安全管理

负责人：粟　晖

贡献者：叶　林、杨昌荣、王剑峰、况　凯

一、背景介绍

广西交通投资集团百色高速公路运营有限公司（以下简称"百色公司"）于2010年11月1日挂牌成立，是自治区国有独资企业广西交通投资集团有限公司批复成立的子公司，现有员工1067人，下设9个部门、3个分公司和1个子公司，有收费站28个，服务区9对，停车区8对，5个应急救援站（分别位于永乐、旺甸、旧州、德保、坡荷），应急救援人员43名，救援车辆设备20台。公司主要管辖百色至罗村口、百色至隆林、百色至靖西、百色至河池（百色段）、靖西至那坡、靖西到龙邦等高速公路，总管养里程496.339km，管辖路段均属于典型山岭重丘区高速公路，是西南地区（云、贵、川、渝）出海达边最便捷的大通道。随着国家"粤港澳"大湾区等的建设，以及高速公路的快速发展，车流、人流、物流持续增加，只有不断创新高速公路应急救援安全管理，才能有效应对高速公路日益复杂交通环境和突发事件，确保高速公路安全畅通。

二、经验做法

1. 创新制定有针对性的制度及规程

百色公司为做好辖区高速公路应急救援安全，根据《道路车辆清障救援操作规范》（JT/T 891—2014）、《道路交通事故现场安全防护规范》（GA/T 1044）、《道路交通标志和标线第4部分：作业区》（GB 5768.4—2017）等行业规范，结合管辖路段特点，制定了《百色公司清障救援管理办法》《高速公路清障作业安全规程》，特别对错幅改道路段、高边坡塌方路段、隧道内等特殊路段的应急救援作业做了具体规定，使得应急救援管理工作进一步规范化、标准化。

2. 独创"七张照片法"，创新清障作业流程管理

针对高速公路突发事件的不确定性，既要立足常规，又要打破常规，围绕"提前预警，快速处置，减少损失"的原则，采取切实有效的应对措施，百色公司做到事前有预案，事中有监控，事后有评估，独创"七张照片法"，对应急救援作业现场进行拍照记录，创新了应急救援作业流程安全管理，确保作业安全监管到位有效。"七张照片法"：第一张照片是从隔离区开始记录，要求包括公里桩号、地形地貌、含三个以上反光锥形标志等；第二张照片记录车牌、车型、是否载有货物；第三张照片记录现场具体的隔离措施；第四张照片记录事故车辆捆绑装载情况；第五张照片记录清障车辆到达服务区或驶出收费站时，经服务区管理员或收费员签字确认的情况（要求：记录有签字确认的人员、时间、车型、是否载有货物）；第六张照片记录清障车辆到达停放地点的情况（要求：记录有停放地点、时间、地/站名）；第七张照片记录卸车后事故车辆现状（要求：记录有停放地点、时间、地/站名）。

3. 实施全程监控，创新应急救援监督管理

百色公司清障车辆安装高清摄像头，对高速公路应急救援作业过程全程监控，不仅落实了作业安全管理，也能避免出现廉政问题。为了能及时应对重大突发事件或在清障救援中快速解决碰到的疑难问题，公司成立了应急救援技术指导组，通过网络视频实时回传现场情况，及时了解事故现场的情况，指导应急救援作业，实现远程指挥现场控制，提高了应急救援工作效率和安全性。

4. 运用科技手段，创新应急联动管理

为充分发挥百色高速公路"路警企"应急联动机制，推广科技成果在应急救援工作的应用，百色公司联同百色公安交警、高速路政创新推出高速公路交通安全协同管理应用平台（简称"高安管"应用平台），统一协调指挥三方应急力量，共同开展应急处置，提高了突发事件处置的效率和能力，确保了道路安全畅通。该平台集信息互通共享、合作指挥调度、勤务联动配合、应急处突协作等功能于一体，App设有互联网计算机端、手机App移动端两种应用模式，设置了工作动态、工作调度、通知通报、工作助手、基础信息等五大业务模块及35项子功能，主要包括：隐患排查、违法举报、侵权举报、涉路施工、应急处置、勤务安排、路巡管理等信息的上传、查询等。

5. 注重培训教育，创新应急救援队伍建设

高速公路应急救援工作具有专业性强、危险系数高的特征，要求应急救援人员具备娴熟的车辆驾驶技术，还要能操作吊车等特种设备以及各种清障救援辅助设备。百色公司每年定期组织开展应急救援业务培训、演练和竞赛，并拍摄一套应急救援标准化作业培训视频，进一步强化全员培训、提升整体素质。日常工作中，公司注重收集日常交通事故清障救援案例，通过互联网的方式供全员学习交流，从事故原因、现场情况、作业步骤、注意事项、成功经验等进行总结分析，探讨工作中的成功经验和存在的问题，进一步提高应急救援队伍专业水平和工作效率。为推动应急救援队伍人才建设，加强应急救援人员培训教育，百色公司创新实施"导师带徒制"，新员工必须经相关法律法规知识、安全生产知识、应急理论知识、应急保畅标准、应急救援预案、清障作业、服务礼仪等理论知识及实操技能等培训合

格后方能上岗，并由经验丰富的老师傅带领3个月以上，经过考核后才能独立作业。

三、应用成效

百色公司以"畅通365，平安高速行"为目标，遵循"快速反应、高效救援、畅通安全"的要求，创新和实施应急救援安全管理，从工作制度、工作流程、工作管理、科技手段、人员培训等方面创新搭建了公司应急救援安全管理体系，提高了高速公路交通的安全保畅能力和应急救援水平。多年来，百色公司实现了应急救援工作"无服务投诉、无廉政问题、无生产事故发生"的成绩，高速公路行车365天安全畅通。更为突出是，百色公司从2011年起，连续参加七届在广东佛山市举办的中国清障车操作技能争霸赛，百色公司代表队连续五届获得救援公交大巴比赛第一名，其中在2013年第三届比赛中囊括平板车"一拖二"项目和救援公交大巴比赛两项第一名，在2016年第六届比赛中囊括平板车"一拖二"项目、救援公交大巴比赛和"王中王"三项第一名，在2018年第七届比赛中包括"平板车一拖二""救援公交车"两项第二名，参赛选手荣获广东省人力资源和社会保障厅授予的"技术能手"荣誉称号，展现了百色公司应急救援队伍良好的职业素养、培训水平和创新能力，在国内应急救援同行中树立了良好形象，省内外同行纷纷来到百色交流学习。

四、推广建议

百色公司通过多年高速公路应急救援实践的探索和积累，创新形成了自己特有的高速公路应急救援安全管理体系，在应急救援的内容、方法、手段和体制等方面取得了较好成效和优异成绩，对全国高速公路救援安全管理有一定代表性和示范指导作用，具有一定的推广应用价值。

五、应用评估

2017年5月开始至今，百色公司全面创新应急救援安全管理，建立了工作制度、工作流程、工作管理、科技手段、人员培训等的应急救援安全管理体系，提升了应急救援队伍专业水平、服务质量和工作效率，提高了公司高速公路的安全保畅能力和应急水平，保障了公司管辖的496.339km高速公路安全畅通。随着社会经济发展和人们生活水平的提高，社会公众对高速公路出行需求日益多元化，并有更高标准的要求，百色公司将按照"服务至上，使用者优先"的理念，不断提高应急救援服务质量，为社会公众出行提供安全便捷的通行环境。

利用红外光幕实现高速公路行人入侵自动检测技术改造

基本信息

> 项目名称：利用红外光幕实现高速公路行人入侵自动检测技术改造
> 申报单位：福建省高速公路集团有限公司龙岩管理分公司
> 成果实施范围（发表情况）：龙岩高速公路区域
> 开始实施时间：2017 年 4 月
> 项目类型：科技兴安
> 负责人：徐　斌
> 贡献者：李玉林、林　维、钟学才、翁晓炜、周　晓

案例经验介绍

一、背景介绍

根据交通法规，行人严禁上高速公路。高速公路上车辆行驶速度快，驾驶人反应时间短，由于是全封闭设计，驾驶人也没有心里预期，当行人出现在高速公路上时，会造成极大的安全隐患，一旦发生事故就会造成车毁人亡的惨痛结局。但在实际生活中，经常发生行人误闯高速公路事件。分析其原因，主要有以下几点：

（1）社会公众对闯高速公路的违法性和危害性认识不足，部分人员法律意识淡薄，存在侥幸心理，为图方便省事而闯高速公路。

（2）一些不法客运车辆为追求最大的利润无视法律，站外组客，为逃避高速出入口的检查，肆意在高速公路主线上下客。

（3）部分青少年由于认知能力上的局限性，可能不清楚高速公路和普通公路的区别，或是好奇心的驱使，也容易做出闯高速公路的行为。

收费站作为行人误闯高速的关键地点，是高速日常监管的重中之重，如何防止误闯事件的

发生，既需要在管理上加强监管，也需要在技术上智能监控。在管理上，收费站应负责对误闯高速的行人进行劝说、制止，但考虑到收费站人员都有本职工作需要完成，不能一直待命并在现场进行监管，所以需要一套智能的监控系统来协助解决这一难题。为此我们设计了行人误闯高速公路报警系统，该系统可智能发现误闯行为并实时报警。

二、经验做法

1. 设计思想

运营管理是高速公路公司的核心工作，所以机电系统的建设不能干扰正常的运营工作，结合对收费站现场的实地调研，我们确定了报警系统的设计思想：

（1）报警系统的设计与实施，不能对现有收费站机电系统（尤其是收费系统）造成影响，确保收费工作正常有序。

（2）系统具有较高的智能化水平，能够主动发现行人的误闯行为，并能实时进行报警，但在正常行车状态下不进行报警；系统侦测精准，尽量减少误报、漏报现象。

2. 系统组成和原理

行人误闯高速报警系统，依据功能特征可以划分为两大部分：一是前端检测系统，采用主动红外对射装置作为前端检测器；二是后端报警控制系统，采用车道栏杆机控制信号来控制报警主机的布防和撤防状态，当栏杆机抬升时，报警主机处于撤防状态，正常的机动车通过，不会触发报警主机报警，当栏杆机落杆时，报警主机处于布防状态，行人通过车道时，报警主机驱动声光报警，及时提醒收费人员。

1）前端检测系统

检测设备的选型：前端检测系统的主要目的是发现行人误闯高速公路，现在常用的检测技术有微波检测、红外探头、红外对射等。

检测装置的安装：对射装置的安装位置特别重要，收费岛有3个位置可以安装，分别是内广场区域、收费亭区域和外广场区域。收费亭区域即是机动车的驶入通道，也是收费员上下班必经之地。安装检测装置容易发生误检，最佳安装位置为内广场区域。本系统中的安装位置为内广场区域，收费员误触发的概率小，又是误闯高速的必经之地，检测准确率高（图1）。

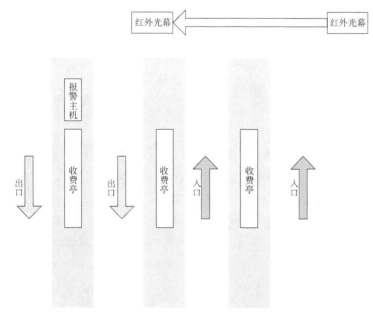

图1　前端检测系统安装位置

2）后端报警控制系统

报警主机的选型，主要考虑以下几个参数：报警通道、报警输入方式、报警输出方式、是否支持联网报警、报警控制模式等。依据本项目特点，选择有线联网报警主机，主机使用总线扩展的方式，最多可以控制8~16个防区，同时该主机还可以提供电话接口，集成目前联网报警系统常用通信协议，为与其他系统联网预留接口。该报警系统可提供系统集成端口，具体接口方式有两种：一种是提供软件通信协议；一种是提供报警输出信号，直接驱动相关设备。例如可以控制声光报警，打开某一照明设备等，如图2所示。

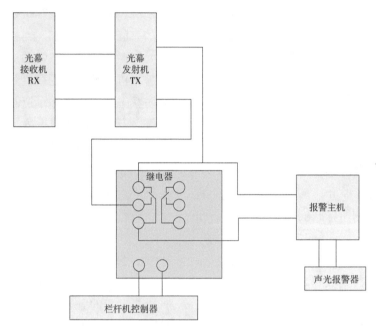

图2 后端报警控制系统

3）系统运行原理

由于前端设备安装于内广场入口左右两边，所有通过的车道的车辆、行人都会被检测到，系统需要识别正常的交通行为和异常交通行为（行人误闯高速公路）。依据收费系统的工作原理，机动车在自动发卡机领卡后，收费系统驱动自动栏杆机升降放行车辆。经过分析，自动栏杆机信号可以作为异常交通行为的判断标准。

当机动车辆进入车道，从自动发卡机取卡后自动栏杆机打开。此时，栏杆机内的控制器发出控制信号给时间继电器，告知继电器这是一辆正常通行的车辆。继电器接收信号后进行倒计时工作，同时发送信号给报警主机告知这是一辆正常通行车辆，此时报警主机不发出报警。

当有行人误闯高速时，栏杆机控制器发信号给报警主机这是异常的交通行为，报警主机接收栏杆机控制器信号的同时也接收到来自红外光幕的信号，此时报警主机得出这是行人误闯高速的行为，立即驱动声光报警器进行报警，提示收费人员有行人进入高速。经收费人员处置后，远程遥控装置对报警进行确认并重新布防，同时报警主机把此次报警记录保存于主机存储芯片中（图3）。

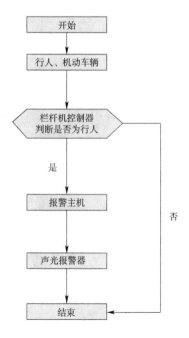

图3 系统运行原理

三、应用成效

系统设计成功后，在高速收费站进行了项目实施，在收费站内广场处安装了一对红外光幕，为了防止一些小动物的误触，我们对红外光幕的高度进行了适当调整：在光幕处连接了两条线缆，一条是与报警主机相连的电源线，还有一条是用于将信号线与时间继电器及报警主机串联起来。为了保证时间继电器及报警主机的运行环境，我们把报警主机及时间继电器安装在收费岗亭，然后再拉一根信号线与入口的几个车道栏杆机控制器并联起来，这样就能有效防止机动车辆经过红外光幕时导致报警主机误报警（以后我们计划把时间继电器换成PLC，这样既能保障设备运行的稳定性又能提高报警主机报警的准确率）。为了方便收费人员都能听到报警主机发出的报警声音，我们把声光报警器安装在收费车道中间部位，这样一套完整的红外光幕报警系统就安装完成了。

在报警系统运行以后，平均每天可智能检测误闯行为1~3起，无一漏检，运行期间，未发生一起行人上高速事件，有效保障了高速公路的正常运行，减轻了所有收费人员的工作量。

四、问题探讨

经过一段时间的测试后，我们发现报警系统还存在几点不足的地方：

（1）当行人和车辆同时通过时，报警系统无法正确地辨别。

（2）由于环境及其他不确定因素，误报现象也时有发生。

（3）当报警主机报警时，相应的视频监控设备还无法与之联动。

五、应用评估

2017年4月开始在蛟洋收费站进行试用，平均每天智能检测误闯行为1~3起。运行期间，未发生一起行人上高速事件，有效保障了高速公路的正常运行，减轻了收费人员的工作量。

案例10 ▶ 城开隧道信息化管理

基本信息

项目名称：城开隧道信息化管理

申报单位：江西省交通工程集团有限公司

开始实施时间：2017年9月

项目类型：科技兴安

负责人：刘　彬

贡献者：雷　平、夏志国、周　洋、游　伟、刘　杰

案例经验介绍

一、背景介绍

城口至开州高速公路B2合同段起于城口县咸宜镇青龙村，设鸡鸣互通及停车区，以城开特长隧道穿雪宝山，止于开州区满月乡天子村。合同段全长12.502km，其中城开特长隧道左线长11.489km、右线长11.456km，是目前重庆境内在建最长的高速公路隧道，是本合同段控制性工程，同时也是城开高速公路的控制性工程之一。城开隧道最大埋深1337m，工程地质和水文地质条件极其复杂，施工过程中将面临断层破碎带、岩溶富水段、软岩大变形、涌水突泥、瓦斯、岩爆等多种不良地质情况，施工难度较大。

二、经验做法

1）安全监控中心

为确保施工安全，加强安全管理，项目部设置了安全监控调度指挥中心，进出口工作区分别设置了现场监控调度指挥室，主要实现对整个隧道、路基、桥梁、钢筋加工厂、拌和站、项目部所有安防系统的总体控制和现场数据的查看，实现对现场施工的监控和指挥调度，方便项目管理人员了解和掌握现场施工情况。监控系统集成了视频监控、有毒有害气体监测、隧道人员定位、门禁、人车分流管理、应急广播、语音通信、无线视频通话、指挥应急救援系统等功能。洞内监控设备主要安装在洞内掌子面、二衬、横通道、洞口位置；洞外监控设备主要安装在隧道洞外、钢筋加工厂和拌和站。整个监控系统采用高清设备采集视频信号，采用云平台无线传输，视频监控前端到隧道洞口值班室采用无线方式传播，与项目部监控指挥中心之间采取光纤方式传播，同时也可以通过手机移动终端App查看监控视频，从而使项目部管理人员和值班管理人员可以实时查看洞内、洞外情况。

2）农民工管理系统

为规范项目部农民工系统化管理，项目部引进了现场劳务管理系统，通过身份证阅读器，对农民工进行实名制登记、工资发放监管、安全教育培训、宿舍管理、现场工人二维码识别等，保证工人入场登记身份的真实性，同时自动生成花名册，保证工人信息的准确性，对农民工的管理实现标准化、规范化、信息化。项目部还建立有农民工夜校，定期和不定期开展农民工夜校培训，由项目部兼职教师对农民工进行授课，进一步提高农民工安全意识、法律意识、操作技能、综合素质等。

3）施工安全管理系统

本项目配置施工安全管理系统软件，可通过手机App与计算机端结合、借助互联网手段，将现场安全隐患图文并茂上传至该系统，实时通知相应管理人员整改落实，在整改期限内及时消除隐患，实现安全巡检工作实时高效进行和全过程管控，能提高工作效率并且保障整改过程的实时透明性。整改过程能做到全程追溯，使安全责任第一时间落实到位，提升项目安全管理水平。

三、应用成效

1. 安全监控中心

1）隧道视频监控系统

隧道内使用红外网络高清摄像机，洞内监控设备主要安装在进出口左右洞掌子面、二衬、洞口位置；洞外监控设备主要安装在隧道洞外、钢筋加工厂和拌和站。整个监控系统采用云平台无线传输，视频监控前端到隧道值班室采用无线方式传播，与项目部监控指挥中心之间采取光纤方

式传播，从而使项目部管理人员和值班管理人员可以实时查看洞内、洞外情况，也可以通过手机移动终端App查看监控视频。

2）有害气体监测系统

有害气体监测系统主要监测一氧化碳、二氧化碳、硫化氢、瓦斯、风速、温湿度等。该系统采用具有安标国家矿用产品安全标志中心认证的传感器，设备主要安装在进出口左右洞掌子面、防水板台车和洞口，具有自动监测软件及配套使用的洞内外联动报警和洞内动力电断电功能。系统通过软件把洞内气体值实时显示在洞外值班室屏幕和项目部监控中心。若洞内有害气体超过危险值则触发报警器并切断动力电源，可提高事故应急处理的效率；可以有效保证洞内施工人员的人身安全；也可以有效预防中毒和爆炸的事故发生。

3）隧道人员定位系统

安装在二衬台车和掌子面的传感器，能对洞内施工人员精确定位，定位精度在5m以内，其中人员识别卡同时具备门禁和人员定位的二合一功能。洞内传感器通过无线传输将数据发送到洞口值班室和项目部监控中心并显示。现场值班管理人员和项目部管理人员可通过此系统查看洞内人数、人员信息和所处位置等情况，可从监督现场施工人员和了解现场人员调配，发生事故时，在电力没有中断的情况下，也可以使救援人员更清楚被困人员的位置。

4）人车分流管理系统

人车分流管理系统包括车辆道闸、车辆自动识别系统、人员通道翼闸、门禁系统，其中门禁系统采用刷卡、指纹、人脸识别3种模式。对于无车牌的车辆，可以通过车辆识别卡进入隧道，外来人员使用临时卡或者通过摄像登记进入隧道。此系统会将进入隧道的人员存入数据库，提取出进入隧道的人员信息并显示在值班室和监控中心。此系统可有效防止外来车辆和无关人员进入隧道，以防止无关人员车辆进入隧道发生事故。此系统还可以作为一个考勤系统，系统会自动记录某人某天第一次刷卡进入和最后一次刷卡出来的信息并存入数据库，进行统计后，可实现考勤的功能。

5）应急广播系统

应急广播系统包含网络广播主机、软件、语音话筒、广播音柱、声光报警装置，其中声光报警装置安装在掌子面、洞口值班室、项目部监控指挥中心；广播音柱安装在掌子面、二衬、洞口。洞口值班室和项目部监控中心可直接通过话筒对洞内进行喊话，有效节约值班管理人员与洞内人员交流的时间。该系统也可实现对洞内施工人员进行实时管理和安排。

6）语音通信系统

语音通信系统的安装主要是防爆电话的安装：在洞内每1000m设置一台电话。电话通过有线局域网的方式实现通话，使隧道内人员能与现场、项目部监控中心进行双向通话，与应急广播系统协同使用时，能实现管理人员对现场施工进行掌控和调度。

7）项目部监控中心系统

项目部监控中心包括电视墙拼接屏、中心服务系统、存储设备、三联操作台、稳压电源。项目部监控中心通过光纤接收现场传回的监控视频、气体、人员等数据并显示在电视墙拼接屏上。项目部监控中心主要实现整个隧道的所有安防系统的总体控制和现场数据的查看，实现对现场施工进行监控和指挥调度，方便项目部管理人员了解和掌握现场施工情况。

2. 农民工管理系统

（1）防风险：首先防止黑名单中的和不合格的人员进场；其次考勤数据，可集成工人进出场图片，提供多样化依据，解决劳务纠纷。

（2）结算变更主动权：实时了解现场队伍用工情况，针对人员中途退出、过程变更等结算扯皮情况，能变被动为主动，掌握更多谈判权。

（3）节约劳动管理人员成本：减少项目现场人员管理，降低用工成本。

（4）保证项目生产进度：实时了解现场人员在场变化情况，根据劳动力计划，能实时了解项目进场人员情况是否和计划一致，保证项目进度。

3. 施工安全管理系统

1）信息流转便捷

系统可使"安全员发现隐患，施工员整改隐患，安全员整改复查"这三个环节的信息在"安全管理App"中无缝流转，未完成任务会每日定时提醒。相较传统的微信、QQ等软件，此系统更专业化、程序化，不用再担心隐患消息收不到、被刷屏等情况。

2）整改结果可控

该系统可查看项目当前隐患数、严重紧要隐患数、超期未改隐患数，并且可以调取查看详细隐患照片、整改人、整改时限、责任区域等相关信息。通过这些就可以有效控制隐患整改的及时性，以及对严重隐患进行追踪管控。

3）管理过程可视

通过该系统，项目领导不但可以随时随地查看项目每一条隐患记录的检查、整改、复查情况，也能在系统中通过"最近7天""最近1月""最近3月"的隐患趋势折线图等图表，随时直观了解项目的检查情况。

4）贯彻责任到人

系统中，每条隐患的检查人、整改人、复查人、责任分包都有清晰记录，并且汇总统计，每个隐患都可以追根溯源，摒除每个环节相关人员的侥幸心理。

5）数据留档可查

服务有效期内，云端数据永久保留。系统使用国内首屈一指的云服务供应商——阿里云，最大限度保证数据安全。

安全管理系统关注施工企业安全管理方面大数据的积累和运用，项目可以通过过往数据的积累，指导以后的工作，让"经验"不再是某个人的资本，而成为整个公司的财富。

6）业务替代顺畅

以前，项目一线安全人员制作整改通知单和罚款单麻烦，调格式、贴图片、录文字，而今系统可以自动生成表单，图文并茂，不需人工调整，能有效衔接线上线下业务。

四、推广建议

建议向本行业同类项目进行推广。

智能自发光公路标识在景区公路的应用

项目名称：智能自发光公路标识在景区公路的应用

申报单位：上饶市公路管理局

成果实施范围（发表情况）：三清山省道 S202 白东线 K35+000—K38+500 段

开始实施时间：2018 年 10 月

项目类型：安全文化

负责人：吴信斌

贡献者：赵　熠、程　健、刘康斌、朱京忠、宣高阳

一、背景介绍

三清山国省道2018年养护工程实施内容为三清山风景区环山公路养护大中修及示范路建设。为构建"畅、安、舒、美"的公路环境，全面提高干线综合服务水平，提升景区公路品质，项目选取的S201紫岭线紫湖岔路口至坪溪桥（K11.558—K22.276）段路线长10.718km；S201紫岭线坪溪桥至枫林段（K22.276—K28.570）段路线长6.294km；S202白东线德兴市与三清山管委交界处至紫湖岔路口（K18.246—K41.108）段

路线长22.862km。上述路段作为示范路段进行建设。

金沙服务区前的路段（S202白东线K35+000—K38+500段）人流、车流较多，又无路灯照明或其他反光警示设施，需考虑游客行人、来往车辆夜间通行的安全性，同时此路段线性顺直，道路两边绿化完善，观赏性好，适合作为品质示范路段建设，因此，需要更适合的道路警示设施。

蓄能自发光系列道路安全产品是我国自主研发具有完全知识产权的高新技术成果，是国家"一带一路"交通示范产品、国家科技部"国家级科技推广项目"、交通运输部"交通运输建设成果推广项目"、交通运输部"交通运输行业绿色循环低碳示范项目"，曾经在2017阿斯塔纳世博会上作为我国能源利用重点展示项目。

二、经验做法

2017年，在三清山环山公路路段（枫林镇玉坑村下步岭段）改造项目中，为提高下步岭急弯陡坡段的行车安全，项目组在路侧波形护栏及防撞墙上每间隔5m的距离设置了离地高度统一的通电LED灯，结果证明，本路段通过改造后，夜间发光效果良好，既使景区公路更加美观，也能对过往车辆起到警示引导的效果，但在后期的公路养护运维中也发现使用通电LED灯存在的一些问题：一是耗能较大，需要持续性供电，导致后期运维成本高；二是维护困难，由于LED灯是通电供能的，一次破坏（如护栏撞坏）引起通电的电线断裂，就能使沿线的LED灯无法达到预期的照明警示效果；三是仍存在安全隐患，LED灯的供电的电线大多是安装在公路沿线的护栏上的，电线的破损或老化易造成漏电，对靠近的人员车辆造成安全隐患。

为了能在加强景区公路安全性能和景观效果的同时，又能更好解决上述存在的问题，我们在金沙服务区前的路段（实施桩号为K35+000—K38+500)道路两侧的行车道边缘，按弯道间隔3m，直线间隔5m的间距设置了智能自发光路面标识。项目完成后，通过一段时间对该路段的监测，项目组发现智能自发光公路标识能通过"吸收自然光-储光-自发光"的形式工作，可作为夜间和无光线环境下的发光源，项目投入少且能有效提升公路夜间通行安全水平。

公路自发光生命安全防护科技成果在提升夜间交通安保设施主动发光诱导指示功能，解决夜间公路特别雨雾天气视线差、行车速度慢的视线问题，美化路域夜间出行环境上作用显著。此灯安装方式是利用专业胶水及膨胀螺钉固定在行车道边缘线上，它夜间能自发光，可为行人提供一定程度的照明效果，蓄能一次可供电6天以上，灯体除自发光能力外，四周均有反光面，夜间车灯反光效果佳。

三、应用成效

（1）智能自发光路面标识的被动发光效果为夜间来往车辆提供警示效果。

（2）其主动发光效果为夜间来往行人游客提供一定程度的照明效果，提升安全性。

（3）夜间连续的发光带为景区公路增添了一道风景线，提升了观赏性。

（4）后期维护也更为简单，智能自发光公路标识质地坚固，不惧一般车辆碾压，且每个独立设置，坏了可单独更换，不影响其他标识的工作。

（5）自发光路面标识前期安装成本较低，后期无须另外供能，性价比高。

四、推广建议

因该标识经济性与美观性较好，所以其适合应用于景区旅游公路及人流较多且未设置路灯的村庄城镇路段；自发光公路真正实现了零能耗、零污染、免维护，既提高了道路交通安全，又美化了乡村环境，让"美丽乡村""四好农村公路"锦上添花。

五、应用评估

（1）在行车道边缘线设置的智能自发光公路标识的警示效果、照明作用及美观性都得到了当地政府及居民的肯定。

（2）提高智能自发光公路标识的亮度及发光的稳定性是未来努力方向，该标识应适当降低成本，以便大规模推广，满足品质公路对安全性、美观性及经济性的要求。

山区高速公路弃渣场结构安全性及施工关键技术研究

项目名称：山区高速公路弃渣场结构安全性及施工关键技术研究

申报单位：云南省公路工程监理咨询有限公司

成果实施范围（发表情况）：已结题发表

开始实施时间：2017 年 6 月

项目类型：科技兴安

负责人：刘惠兴

贡献者：杨俊毅、资　新、王逸庶、朱德庆、吕敬富

一、背景介绍

山区修建高速公路，由于地形起伏大、隧道长度占线路长度的比例大，挖方的土石方和隧道弃土除部分改良后可供作路基填方外，其余部分需外弃，导致弃土量大。公路弃土场作为人工堆积体，一般由土石等工程废弃物构成，其本身具有多孔隙、欠固结、非饱和的结构特点。若弃土处置不当或者集中弃土场的防护和排水等措施设计不当，就很可能引发一系列严重的安全事故问题。弃土场的出现会改变弃土场地表水系的流向，弃土场中大量颗粒物随水流向下游移动，产生地表水土流失，其结果是弃土场表面出现沟壑，土壤、细粒土及部分粗粒土被冲蚀，植被受到破坏，而在弃土场的下游则出现大量颗粒物的堆积以致农田淹没或河道阻塞，破坏原地表水系的平衡，导致细粒土的缺失，场地顶部失去土壤，生态能力下降。现行公路工程设计与施工管理体系中，弃土场一般作为路基工程的组成部分。由于弃土场多位于公路建筑控制区以外，其用地性质基本为临时占地，因此弃土场的设计与施工在公路建设中往往得不到应有的重视。由于

弃土场不是公路主体工程的组成部分，目前尚没有专门的设计和施工规范。

本项目旨在通过对山区高速公路弃土场类型及其工程特性分析，对现有弃土场在选址、设计和施工中存在的问题进行深入剖析，提出一套系统的弃土场结构安全性评价方法和标准，并提出一套可以指导弃土场选址、设计、施工的技术指南，弥补行业准则中关于规范山区高速公路弃土场设计和施工存在的空白。项目所开展的研究符合公路建设可持续发展的原则，满足道路建设与环境保护和谐发展的迫切需求，应用前景十分广阔；有利于发展公路弃土场安全评价标准及评价方法，规范弃土场的设计和施工，控制弃土场施工质量。

二、经验做法

1. 山区高速公路弃土场类型及工程特性研究

项目通过对国内外弃土场相关资料研究，在广泛调查云南省高速公路沿线典型弃土场设置位置以及地形地质特性的基础上，对山区高速公路弃土场的类型进行分类总结，并归纳出不同类型弃土场的工程特性。

2. 山区高速公路弃土场选址规划研究

项目在综合考虑弃土场的地质地貌、弃土可容纳量、弃土场地规模、运距、汇水面积、对环境的影响等基础上，参考其他类似工程选址规划理论及模型（如矿山弃土场、冶金尾矿库、工业及民用建筑弃土等选址规划的研究成果），建立弃土场选址可行性评价模型。

3. 山区高速公路弃土场空间分布设计研究

项目分别从场地梯度、第一台阶高度、坡度等主要指标对弃土场整体稳定性和局部稳定性的影响对其空间分布安全性进行评价分析，着重研究堆渣高度、坡度对安全性的影响，最后得出弃土场的空间分布设计指导原则。

4. 山区高速公路弃土场安全防护措施的选取及设置标准研究

项目通过对弃土场地形地貌、水文地质、弃土规模、气候等相关资料的分析，对比分析弃土场不同类型渣体堆积形态的力学及变形特性，分析不同类型弃土场的稳定性影响因素以及脆弱面，并结合国内外弃土场稳定性分析模型，着重分析弃土场的拦挡措施以及排水措施设计研究，并对增加防护措施后弃土场的稳定性进行相应的稳定性分析，最后提出针对不同类型弃土场的安全防护措施的选择及相应设置要求。

5. 山区高速公路弃土场施工风险因素分析和控制指标体系研究

项目通过对现行技术标准与规范对弃土场施工质量的要求分析，提出弃土场施工质量控制的重点环节，结合弃土场类型、选址规划、空间分布设计以及安全防护措施的研究，对影响弃土场施工稳定性的潜在风险因素进行分析（如渣场类型、渣体性质、弃土量、坡度、堆高、汇水面、拦挡措施、截排水措施、地基处理、渗水、降雨、地震、施工现场组织等），建立潜在危险评价模型，确立质量控制指标体系，并针对不同类型弃土场的施工特点，分析其施工过程中的突出问题及原因，建立完善的施工控制体系。

三、应用成效

项目研究应用后，完成示范工程项目1项：云南省沾益至会泽高速公路沿线弃土场示范工程。完成了2项关键技术研究：弃土场安全性控制指标、弃土场安全施工技术指南。在中文核心期刊（北大版）、CSCD期刊、国际期刊或国际会议论文集发表学术论文1篇：通过分析不同类型弃土场的工程以及安全特性，给出弃土场选址评价模型，并给出弃土场的一般选址原则和方法；对弃土场的空间分布设计相关参数研究，结合相关稳定性的分析软件，提出空间分布设计安全性评价方法和标准；最后提出针对性安全措施，并对防护后弃土场的稳定性进行相关分析，提出不同类型弃土场的防护措施选择以及设置要求；对不同类型弃土场在施工过程中可能出现的影响稳定性的因素和关键脆弱部位进行分析，提出相应的施工优化措施和注意事项，并用相关稳定性软件对施工过程和结果进行稳定性分析。

四、推广建议

项目推广应用后，有利于发展公路弃土场规划与设计施工的关键技术，为山区高速公路弃土场的设计以及施工提供参数参考，降低甚至是消除山区高速公路弃土场的安全隐患。山区弃土场施工后，经过防护治理和生态恢复，可以改造成农田，且上部坡面可以进行果树种植，虽然短期内见效较慢，但是从长期发展来看，具有较高的社会效益，并为公路建设可持续发展、建设环境友好型交通提供科技支撑，具有巨大的经社会效益。随着本研究的开展，可逐步减少水土流失对山区生态环境以及人们生活环境的破坏；通过后期采取合理的生态保护措施，弃土场基本可以恢复到或者超过原来土地的利用价值，从而改善山区的生态环境。

综合上述内容，本案例推广实施后，能够提高运营效益，助力科技兴安、安全交通、绿色交通，具有向全省乃至全国推广应用的价值。

五、应用评估

本案例已成功应用于沾会高速公路Q-6弃土场、石红高速公路K10+290、K21+850、K31+050、K42+120等12个弃土场的研究，为山区高速公路弃土场的设计以及施工提供了参数参考，降低甚至是消除了山区高速公路弃土场的安全隐患，可以用来指导高速公路弃土场的设计、咨询及运营管理，能够全面提升高速公路弃土场安全稳定性，减少高速公路弃土场运营中的安全问题，预防高速公路弃土场滑塌等重特大事故的发生。

课题成果证书如图1所示。

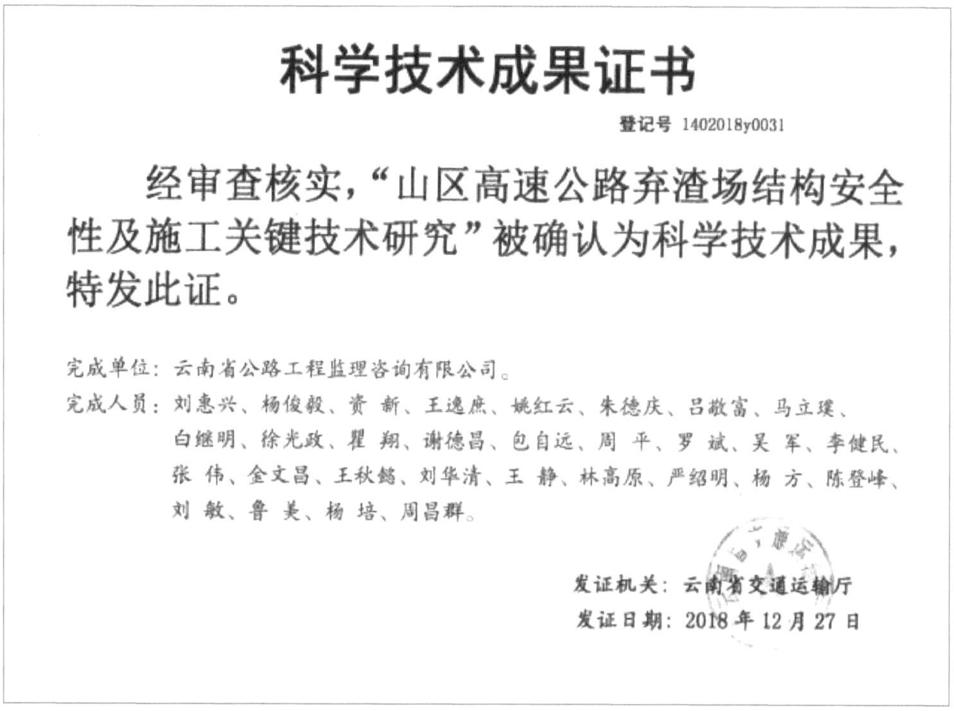

科学技术成果证书

登记号 1402018y0031

经审查核实，"山区高速公路弃渣场结构安全性及施工关键技术研究"被确认为科学技术成果，特发此证。

完成单位：云南省公路工程监理咨询有限公司。

完成人员：刘惠兴、杨俊毅、贲新、王逸庶、姚红云、朱德庆、吕敬富、马立瑷、白继明、徐光政、瞿翔、谢德昌、包自远、周平、罗斌、吴军、李健民、张伟、金文昌、王秋鹏、刘华清、王静、林高原、严绍明、杨方、陈登峰、刘敏、鲁美、杨培、周昌群。

发证机关：云南省交通运输厅

发证日期：2018 年 12 月 27 日

图1   课题成果证书

案例 13 ▶ ETC 车道安全防护装置的研制

基本信息

项目名称：ETC 车道安全防护装置的研制

申报单位：陕西省高速公路建设集团公司西略分公司

成果实施范围（发表情况）：在西略分公司汉台管理所襄城收费站实施（荣获陕西省第 36 次优秀质量管理小组二等奖，2018 年经改进后被评为全国交通行业优秀质量管理小组）

开始实施时间：2016 年 2 月

项目类型：科技兴安

负责人：连　军

贡献者：尉泽辉、王紫娟、雷　锋、张　桐、姚鸿飞、丁保定

案例经验介绍

一、背景介绍

电子不停车收费系统（ETC）作为高速公路创新收费方式、提升信息化水平的重要举措，有效解决了收费站交通拥堵问题，为广大ETC客户提供了方便、快捷、舒适的出行体验。但是由于通过ETC车道的车辆无须停车，一般车速都较快，且无安全警示标牌及提醒系统，给现场工作人员带来了较大的安全隐患。为了提高收费站工作人员的安全，设计一种高速ETC车道安全提示系统显得十分必要和迫切。

二、经验做法

2016年，通过调查，发现以下问题：

（1）收费人员反映ETC车辆通行车速普遍在40km/h以上，对当班人员产生巨大安全隐患。

（2）当有ETC车辆通行时，有视线死角，不能直观查看车辆通行情况。

（3）在夜间当班人员精神状态较差的情况下，通行ETC车道时会麻痹大意。

2017年，讨论解决方案如下：

（1）申报作业改造计划，对收费站加装减速带。

（2）安装ETC车道警示信号灯。

（3）安装收费亭门自动反锁功能。

（4）利用ETC地感线圈，装置报警设备。

（5）在ETC车道人员通行处，安装电动栏杆。

为进一步提升各级安全精细化管理，提高全员安全生产意识，切实将收费站现场安全关键卡控到位，形成管控机制，汉台管理所根据以往运营经验，从发生责任安全事件概率以及存在较高风险值的角度出发，经研讨确定了5个安全关键项目，分别为：申报作业改造计划，对收费站加装减速带；设置ETC车道警示信号灯；安装收费亭门自动反锁功能；利用ETC地感线圈，安装报警设备；在ETC车道周边收费车道栅栏空缺处（通往ETC车道缺口处）安装电动栏杆，对各关键项目存在的风险，从人的不安全行为、物的不安全状态、作业环境的缺陷以及安全管理的缺陷4个方面进行深度分析，重在各项安全关键项目的事前防范。综合评价满分应是25分，我们把得分率超过80%（即20分以上）的作为可采用的方案，则1、2、3、4号4个方案均可采用。

2018年，在前两年的基础上，汉台管理所结合安全管理工作经验、应急预案与作业标准、收费站现场工作实际，深入现场调研，根据综合评分表的结论，开展了"ETC车道安全防护装置研制"课题研究。

1）设定课题的目标值

（1）课题目标：制作车道亭门自动反锁及ETC车道报警装置，并安装减速带。

（2）目标值：①安装减速带，控制车速在20km以下；②安装红绿灯警示员工ETC车道通行状态；③当ETC车道有车辆通行时，收费亭门自动反锁；④安装报警装置，在ETC车道检测到车辆时自动播报语音提示。

2）讨论该活动的具体实施方案

（1）措施一：采用标准块状水平组合，将其牢固地固定在地面，使其稳定可靠，车辆通行时没有强烈的颠簸感，减振、吸振效果好。黑、黄相间的颜色特别醒目，可以提醒司机降低车速，保证车辆通行，同时也提高了收费人员穿梭于车道时的安全性。

施工流程：采用标准块状任意组合方式和先进的"内膨胀锚固技术"，用螺钉牢固地将其固定在地面，使其稳定可靠，车辆撞击时也不会松动。

安装方法：

①把减速带排列为一条整齐直线（黑黄相间），两端各放置一个半圆形端头（图1）。

图1 减速带安装

②用冲击钻安装10mm钻头垂直在减速带每个安装孔打眼，深度为150mm。

③打入150mm长、直径12mm的长钉固定。

（2）措施二：利用地感线圈检测，有车辆通行时，报警装置自动播报语音提醒，提醒收费人员通行ETC车道注意安全（图2）。

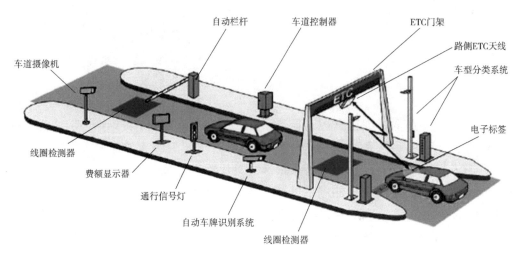

图2　利用线圈检测车辆

施工流程：管路预埋→控制器箱安装→线路埋设与线圈连接→终端设备安装→设备接线调试。

（3）措施三：通过电磁线圈感应信号，判断是否有车辆靠近或驶离收费口。当检测到车辆靠近信号时，系统立即将收费亭门上的电磁锁吸合，阻止亭内工作人员的开门动作（图3）。

施工流程：管路预埋→控制器箱安装→线路埋设与线圈连接→门禁设备安装→设备接线调试。

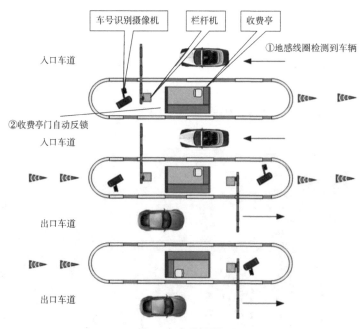

图3　自动反锁原理

此次安全关键创新点在于：一是采用图文并茂的形式呈现；二是在事前防范的基础上增加了事中处置安全关键环节；三是将每个安全关键项目的环节均编写了施工流程，通俗易懂，增加了员工学习的趣味性。

三、应用评估

该课题的研制是针对当前ETC车道工作人员

在进出专用车道时，因存在容易放松警惕（尤其夜间）、车速相对较快等情况，可能形成安全隐患，而专门研发的安全防护系统。该系统主要是通过减速带降低车速，同时由地感线圈、电子锁控制模块和语音报警器模块等部件的配合，使安全防护系统能及时反锁亭门并向工作人员发出语音报警，防止工作人员进入有车辆通过的ETC车道，从而有效降低ETC车道事故发生概率。整个控制系统具有投入成本低、结构简单、性能可靠等特点，并具有推广使用价值。下一步将针对不断变化的安全形势，在此基础上持续更新或增加替换部分安全关键点及管控措施，确保管控措施满足现场实际工作需要。

基于工作积分制的施工企业
安全奖惩模式

基本信息

项目名称：基于工作积分制的施工企业安全奖惩模式
申报单位：中国港湾工程有限责任公司
成果实施范围（发表情况）：论文
开始实施时间：2015 年
项目类型：安全管理
负责人：乔　明
贡献者：石耀远、李增辉、高琰哲、赵高宇

一、背景介绍

建筑施工行业属于我国高危行业，由于施工行业特性，普遍存在着作业人员素质偏低，安全意识不强，安全知识及技能相对匮乏，安全生产职责履行不到位的现象。项目现场隐患管理工作是项目安全工作的重要组成部分，项目主要借助安全奖惩手段对现场的"三违"行为进行管理，但普遍存在罚多奖少，处罚和奖励的对象不够明确，透明度和针对性不足，使得项目安全奖惩在一定程度上不仅未起到激励和警示作用，反而会引起部分员工的抵触情绪，安全奖惩的效果不佳。

推行安全积分制奖惩模式，是将安全奖惩用双向激励的积分制度形式展现出来，通过积分制度将每名员工的隐患管理工作用数据量化地展现出来，增强透明性，并发动全员主动积极参与隐患发现和整改治理工作，促进安全责任落实，有效遏制了现场隐患数量，符合施工项目安全管理奖惩激励需要。

二、经验做法

积分制方法是将施工项目的安全管理行为以积分的形式表现出来，将项目员工参与安全管理行为的成效、次数、结果用积分档案的形式定量评价，根据积分档案结果直接进行安全奖惩激励。该办法在实施过程中借助办公软件等的信息化管理手段，建立员工个人和部门积分档案，划分责任区域并关联到责任人，在日常安全管理工作中以积分的结果考量员工及部门的安全生产工作，并在安全管理公共交流群组上每日公布项目隐患清单，提醒责任人整改，并公布每个人的积分档案，督促相关责任人落实整改并注重日常安全管理工作。积分制奖惩模式流程图如图1所示。

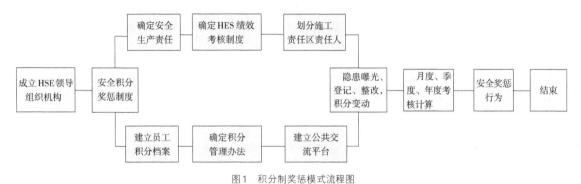

图1　积分制奖惩模式流程图

为保障基于积分制奖惩模式的管理办法能够顺利实施，项目部需组建项目安全管理团队，签订安全生产责任书。与此同时，为了更好地落实项目安全积分制奖惩模式制度，需要配置1名人员专项负责积分制的统计更新发布，并且根据项目区域负责人的责任划分，全覆盖签订安全生产责任制，制定安全积分制管理办法（表1）。

积 分 管 理 办 法　　　　　　　　　　　表1

序号	安全管理工作行为		标 准 记 分	累进式系数	记　分
1	发现问题并上传	主动上传1次（注：责任区责任人发现隐患主动上传）	责任区责任人：+1	第n次系数为（0.9+0.1n）	记分＝标准分×累进式系数
		被其他人上传1次（注：责任区内其他人发现隐患并上传）	责任区责任人：-2	第n次系数为（0.9+0.1n），封顶系数为2.0	记分＝标准分×累进式系数
			上传人：+1	第n次系数为（0.9+0.1n）	
		被安全管理机构上传1次	责任区责任人：-3	第n次系数为（0.9+0.1n），封顶系数为2.0	记分＝标准分×累进式系数
2	问题整改责任人记分	按期完成隐患整改，并上传整改结果	标准分：整改管理人（分项主管、部门负责人等）：+5　整改实施人（技术员、班组负责人、分包单位指定负责人）：+10	责任区该类型隐患第一次暴露时，系数为1.0，责任区该类型隐患第n次重复出现时系数为（1-0.2n）注：相同责任区内同类型隐患重复暴露过多时，该问题将进行纠正办法讨论	记分＝标准分×累进式系数×难度系数
			难度系数：立即可完成系数为0.6；当日可完成系数为0.8；2日可完成系数为1.0；3日可完成系数为1.1；4日可完成系数为1.2，以此类推		
		因责任人个人原因，发现隐患过期未整改（注：整改条件发生变化将根据实际调整整改期限）	一般隐患：-1分/天	拖延n天系数为（0.9+0.1n）	记分＝标准分×累进式系数
			较为严重的隐患及违章：-3分/天　同时开具《隐患通知书》或《违章处罚通知书》留底	拖延n天系数为（0.5+0.5n）	记分＝标准分×累进式系数

续上表

序号	安全管理工作行为		标准记分	累进式系数	记 分
3	事故预防及报告	项目员工（责任人或他人）及时报告并避免事故 1 次	+100	第 n 次系数为 0.5（n+1）	记分 = 标准分 × 累进式系数
		责任区责任人未履职发现事故隐患或未及时报告事故隐患导致事故发生 1 次	−100，并按照事故处理办法执行	第 n 次系数为 0.75+0.25n	记分 = 标准分 × 累进式系数

积分总计 = 上传隐患积分加减 + 整改完成后积分加减 + 未按期整改积分加减

注：1. 非责任区责任人上传隐患积分累积仅涉及上传加分（视具体实际决定是否参与到事故预防环节积分）；
2. 各环节积分的加减累积严格遵照积分管理办法。

积分管理办法确定之后，要开始建立积分档案。积分档案以部门为单位，积分为集体积分加权数，部门负责人要参与积分制工作，这也能为安全先进集体评选提供数据支撑。员工个人积分统计表见表 2，项目部门积分统计表见表 3。

员工个人积分统计表 表 2

编号	姓名	职位	类别	责任区域	积分类别	积分总计	奖惩情况

项目部门积分统计表 表 3

编号	部门名称	部门负责人	积分类别	积分总计	加权平均记分	奖惩情况

积分制管理办法和积分档案确立之后，需要筹建一个供积分制奖惩制度运行的公共交流平台，在方便交流和相互监督的同时，也能及时曝光隐患及其整改完成情况，平台可每日发布问题积累清单和个人积分档案情况，便于制度工作人员管理。

在实际执行过程中，难免存在有因员工被动应付工作而不规范日常安全管理行为，导致问题反复出现的现象。此时采用积分制纠正办法（图 2），可以筛选出安全意识淡薄人群，定向进行安全教育培训，提高项目整体安全管理水平。

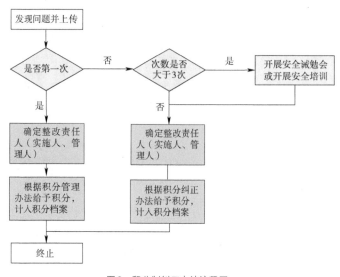

图 2　积分制纠正办法流程图

以港口城项目部为例：港口城项目部成立了以项目经理、项目书记为组长，项目安全管理直接责任领导为副组长的安全领导组织机构，制定并签订了《科伦坡港口城工程项目安全生产责任制》和《科伦坡港口城工程项目隐患排查治理绩效考核实施办法》等控制文件，在领导重视、员工参与、多方监督下，港口城项目开展了安全积分制工作。

项目建立了包括中方员工与斯方当地员工在内的HSE交流QQ群组，在方便员工拍照曝光隐患的同时也为安全积分制执行提供了一个公共透明的平台，便于信息发布、隐患曝光、隐患查询、沟通交流、多方监督，形成了中斯双方共同参与、共同管理的局面，切实体现了全员参与性。

每日在群组公布的隐患清单（图3），能督促责任人按期整改，这样借助多方监督可使得整改效果更明显。同时发布的积分档案数据（图4），能让员工清楚自己的积分档案，这也起到正向激励作用。该项目还公布了项目安全隐患分析（图5）、隐患责任人展示（图6）以及积分奖惩名单（图7）。

隐患挂牌督办表

开始日期：2015/2/1   截止日期：2015/3/4

序号	日期	上传人	隐患		整改				隐患编号
			部位	隐患描述	整改责任人（甲）	整改责任人（乙）	整改期限	完成日期	
1	15/3/1			2日前上报部门人员花名册			15/3/2		201503-011
2	15/3/1			2日前上报部门人员花名册			15/3/2		201503-004
3	15/2/25		预制场	N38电箱晶保进线端无防护盖，接地线螺栓松动			15/2/25		201502-078
4	15/2/27		预制场扭王块预制现场	模板操作平台需增加踢脚板			15/3/1		201502-081
5	15/2/27		预制场模板拼装现场	模板拼装时，悬空面较多时需增加临时支撑和加固措施			15/2/27		201502-082
6	15/2/2		预制场模板拼装现场	一台电焊机焊把线接线处未用螺帽固定，仅用钢筋搭接			15/2/27		201502-083
7	15/3/			2日前上报部门人员花名册			15/3/2		201503-009
8	15/3/1			2日前上报部门人员花名册			15/3/2		201503-012
9	15/3/1			2日前上报部门人员花名册			15/3/2		201503-007

图3 每日QQ群组隐患清单

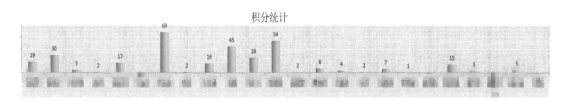

图4 每日QQ群组积分档案

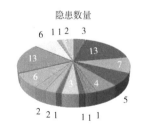

图5 项目安全隐患分析

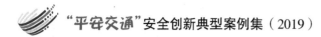

项目部根据每日积分统计结果，整理出员工积分档案清单，报送项目领导审批，同时定期开展总结会，根据积分奖惩管理办法每月兑现积分奖惩。

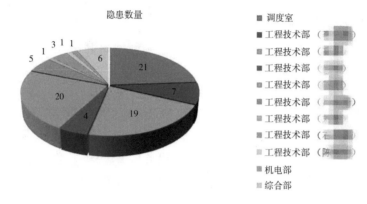

图6　隐患责任人展示

图7　积分奖惩名单

三、应用成效

安全积分制奖惩模式的应用使科伦坡港口城项目安全管理工作得到明显的改观（在文明施工、安全精细化工作及员工参与热情方向都得到很大改观），具体对比见表4。

港口城项目实践前后效果对比　　　　　　表4

项目	实 施 前	实 施 后
安全意识	一岗双责意识不强；项目安全氛围和安全意识不强，片面的认识安全管理工作；工作较为粗糙，员工自我安全要求偏低	员工主动关注交流群曝光的隐患并能主动上传现场安全隐患；安全意识增强，注意细节管理，做到工完场清
主动性	安全管理工作较为被动，主要依赖安全管理部门发现隐患，责任人整改积极性不强	员工参与安全管理工作积极性提高，整改责任人能主动按时且较好地完成隐患整改工作
责任落实	责任不具体、边界不清晰、执行效果差	责任细化到具体工作、具体岗位和人员，责任制落实得到较大程度的提高
部门沟通	沟通不顺畅，主要部门执行不积极，有抵触心理	通过公共交流平台QQ群组，有问题能及时沟通，保证了沟通渠道；责任部门整改积极性加强，部门负责人主动跟踪部门隐患整改情况
隐患排查成效	隐患基本主要依赖安全管理部提出，责任部门整改率较低，按时整改率不足50%	每月查出隐患超过100条，整改率达95%以上，按时整改率达85%以上
重复性隐患	过度依靠安全管理人员巡查纠正，效果差；"三违"现象较多，业主、咨工投诉较多；同样的隐患重复频繁	通过上传、曝光、整改等循环，人员的安全意识和主动性提高，隐患明显减少

四、推广建议

安全积分制奖惩模式可以较好改善项目安全文化氛围，提高员工参与安全工作积极性，有利于降低项目隐患数量。通过多方位的激励奖惩措施，可以较好地督促员工切实履职，同时提高项目安全管理精细化水平，有效改善项目施工安全管理现状，提升项目安全管理标准化水平。

五、应用评估

积分制奖惩模式对促进安全管理起到了较为明显的作用，在实施过程中，仍有需要改进的地方，须根据实际情况进行调整改变。同时，要全面提高项目安全管理水平，解决安全管理更深、更高层次的问题，面临的问题还有很多，仍需要在实践过程中不断探索。安全管理工作仍有大量工作亟待解决，提升空间还很大。

基于北斗／GPS的国际边境河流船舶可视化导航监控管理系统

项目名称： 基于北斗/GPS的国际边境河流船舶可视化导航监控管理系统

申报单位： 云南省航务管理局

成果实施范围（发表情况）： 本项目研发的可视化船舶导航监控系统已在云南省航务管理局、西双版纳海事局、思茅海事局、澜沧江水上搜救中心、澜沧江航养中心、云南边防水上支队等单位进行了推广应用。本项目研发的"北斗－AIS一体式船载终端"已经在澜沧江—湄公河53艘国际航行船舶上和多艘高原湖泊船舶上进行了安装，在2015年"旭东9号"应急救援过程中，起到了不可替代的作用，避免了悲剧的发生

开始实施时间： 2013年

项目类型： 科技兴安

负责人： 唐安慧

贡献者： 段　明、邓明文、龚永寿、非　鹏、李仲发

一、背景介绍

根据联合国经济和社会事务部提交的国际河流登记，全世界有国际和边境河流215条，流经200多个国家和地区。中国主要的国际和边境河流包括东北部的黑龙江、乌苏里江、图们江、鸭绿江，西北部的额尔齐斯河、伊犁河，西南部的澜沧江、雅鲁藏布江、北仑河等。航运是国际边境河流最早的开发利用方式，我国通航界河航道总里程约5300km，占陆地边境线的24.03%。

国际边境河流的安全监管是一个涵盖了航运安全、领土安全和军事安全的复杂体系，附着在这个体系上的监管需求主要存在以下3个特点：一是自然环境恶劣、巡航救助困难，安全监管涉及的区域往往山高、水长、林密，政治军事环境敏感，难以长期施行频繁的现场巡航；二是监管区域复杂、船舶配合差，安全监管对象的文化差异也较大，部分船舶基于种种目的，故意关闭电子设备逃避监管；三是信息资源敏感、军地合作受限，由于国际和边境河流的信息、数据往往涉及国家安全，因此，国内外绝少进行该领域的技术装备交流。

澜沧江—湄公河合作机制是我国"一带一路"建设的重要载体，中国又是柬埔寨、缅甸、泰国、越南和老挝的第一大贸易伙伴及投资国，因此，澜沧江—湄公河的航运安全是一个可以影响政治、经济和军事考量的复杂体系，具有很强的国际影响力。2011年"湄公河惨案"发生以后，各级政府一直在寻求有效的技术解决方案，保护人民生命安全、维护国家尊严；2012年北斗卫星导航系统正式组网运行，利用北斗进行国际边境河流安全监管已具备基础条件；2013年在交通运输部和云南省的大力支持下，本项目正式立项，随后被交通运输部明确为"2014年交通运输科技十大重点推进方向"；2016年本项目通过了验收鉴定，正式业务化运行。

本项目针对国际边境河流的监管区域复杂、自然环境恶劣、船舶配合较差、巡航救助困难、信息资源敏感等显著特征，开展了以下研究：①澜沧江国际边境河流电子巡航体系研究；②北斗-AIS一体式船载装置研究；③基于北斗的移动船舶监管系统研究；④运用卫星遥感技术研究开发的国际边境河流电子图；⑤复杂情况下国际边境河流应急通信与救援指挥系统平台研发等。

二、经验做法

（1）本项目率先利用卫星导航、卫星遥感等自主知识产权的空间基础设施，通过研发和创新，显著提升了澜沧江—湄公河国际边境河流的船舶安全监管与应急救助技术水平，有效支持了"澜湄合作机制"的实质构建，服务于"一带一路"建设，得到了我国外交部澜湄合作中国秘书处的认可和好评。

（2）本项目是我国交通领域应用北斗卫星导航系统的重要成功案例。本项目利用北斗RDSS多通道分组传输AIS数据，解决了境外船舶信息实时回传问题，提高了现场监管效率；利用积累的大量船舶北斗动态数据，进行了境外航段电子图航迹融合和助航校正，提高了国际边境河流电子图的可靠性；不仅保障了我国船舶的航行安全，也成为推广北斗走向国际化的重要窗口，对北斗系统走出去起到重要的支撑作用。

（3）由于国际和边境河流的信息和数据往往涉及国家军事安全，因此，国内外绝少进行该领域的技术与装备交流，本项目研制的终端和系统积累了大量有价值的数据，并解决了敏感区域信息采集、传输、处理和应用的技术问题，对于澜沧江—湄公河的领土和军事安全起到了信息保障作用。

三、应用成效

2015年6月4日，中国新闻网以"北斗/GPS船舶可视化导航监控系统助力救助一起船舶境外触礁事故"为题报道了本项目。2015年4月21日20时许，中国西双版纳籍干货船旭东9号上行至老缅界河挡石栏上滩滩头触礁搁浅，船舶前舱进水、无法正常行驶，且遇险区域没有手机信号覆盖，无法和外界取得联系。船舶急需外部力量救助其脱险，否则如遇水位涨落，险情将会迅速恶化，会导致船体断裂沉没，将造成包括船舶在内的直接经济损失近400万元。此时恰逢"基于北斗/GPS的国际边境河流船舶可视化导航监控管理系统研究"课题组在进行北斗卫星船载终端安装和系统联调试运行工作。整个事件从旭东9号船舶出险报警到海事局组织救援力量施救直至船舶完全脱险，均通过北斗卫星导航系统完成信息传递和救援指示下达，基于北斗/GPS的国际边境河流船舶可视化导航监控管理系统发挥了不可替代的作用。

中国卫星导航定位应用管理中心网站在典型案例中以"澜沧江—湄公河流域船舶可视化监控系统"为题介绍了本项目。文中评价：该系统的应用实施，极大地提高了澜沧江的通航能力，也为船舶的安全航行提供了保障。通过有效的监管，各类水上交通事故减少了75%以上，避免了"湄公河惨案"这类事件的再次发生。系统正以其高科技含量、高针对性和高实用性助力国际边境河流交通运输发展。

2014年2月28日，中国交通报第5版以《2014交通运输科技十大重点推进方向》为题报道了本项目。文章指出：方向10——基于北斗导航系统的澜沧江—湄公河国际运输船舶可视化导航监控系统研发示范，利用北斗卫星定位系统覆盖亚太区域的定位导航和短报文通信功能，利用国产高分辨率对地观测系统覆盖中国周边区域的功能，推动了国际运输船舶一体化监管可视化平台建设，实现了应急情况下的联合调度指挥，提升了国际边境跨国航运船舶抗风险能力，最大程度减少了财产损失，确保了船舶航行安全。

2015年9月30日，在交通运输部1509期水运协调会上，本项目以"国际边境河流安全监管技术发展趋势"为题进行了汇报。

2017年10月23日，交通运输部网站以"北斗助力藏区高原湖泊船舶安全监管"为题目报道了本项目。文中评价：监控系统和船载终端是交通运输部信息化技术研究项目"基于北斗/GPS的国际边境河流船舶可视化导航监控管理系统研究"课题成果。本次在普达措国家公园属都湖的成功应用，证明了该成果在藏区具有十分良好的通用性。

四、推广建议

一是建议在全省航行船舶上均安装本项目研制的船载终端，提升船舶航行安全保障能力；二是建议在全省推广应用本项目研制的监控管理系统，提升工作效率。

五、应用评估

交通运输部科技司出具的鉴定意见指出：本项目率先提出了国际边境河流电子巡航体系，研制了国际边境河流船舶可视化导航监控系统，应用于澜沧江水上搜救中心建设，实现了复杂环境下应急通信和指挥调度的融合，显著提高了澜沧江—湄公河水域的船舶监管与应急救助能力，具有推广应用的价值。在研制的北斗-AIS一体式船载装置中，首次利用北斗RDSS多通道分组传输AIS数据的技术，解决了境外船舶信息实时回传问题，提高了现场监管效率。首次提出了利用时空数据进行国际边境河流电子图航迹融合、助航校正的技术和方法，提高了国际边境河流电子图的可靠性。项目研发的软硬件系统已在澜沧江—湄公河水域得到推广应用，效果良好，尤其是在"旭东9号"应急救援过程中起到了不可替代的作用。研究成果对国际边境河流航运安全保障具有十分重大的意义。综上所述，该项目填补了北斗卫星导航系统在国际边境河流船舶监管领域的空白，研究成果总体上达到国际先进水平。

本项目2017年获得中国航海科学技术二等奖（图1），2018年获得云南省科技进步二等奖（图2）。

图1　中国航海科学技术二等奖证书

图2　云南省科技进步二等奖证书

"企路警保畅四个一"模式

项目名称： "企路警保畅四个一"模式

申报单位： 广西交通投资集团南宁高速公路运营有限公司

成果实施范围（发表情况）： 新闻媒体

（1）睛彩广西交通春运第一直播对《高速保畅铁军，舍小家为大家》进行报道（2014年2月）

（2）广西高速公路管理局对《南宁支队：南环大队圆满完成国庆保畅任务》进行供稿（2014年10月）

（3）南宁日报对"哪里有障碍，哪里就有他们"进行报道（2015年10月）

（4）南宁晚报对"清明回程请让出'生命通道'"进行报道（2016年4月）

（5）中新广西网对"清明长假高速路拥堵，紧急发病乘客被困"进行报道（2016年4月）

（6）中国交通新闻网对"人在旅途情满高速"进行报道（2017年1月）

（7）中新网广西新闻网对"广西高速公路开展收费站车辆拥堵应急处置演练"进行报道（2017年5月）

（8）中国交通新闻网对"保畅铁军，伴你通行"进行报道（2017年6月）

（9）南宁新闻网对"南宁高速公路部门推多项措施服务春运"进行报道（2018年2月）

（10）南国早报对"春节长假南宁交警一直在坚守，疏堵保畅还查违法"进行报道（2018年2月）

（11）广西交通运输厅对"路企共建应急联动保畅机制，打造平安畅通北部湾高速路"进行报道（2018年6月）

（12）新浪网对"'两会一节'要来啦，三方联动确保高速公路安全畅通"进行报道（2018年9月）

（13）中国高速公路微信公众号对"一线速递——广西南宁的清障'王中王'：覃河霖和钟海源"进行报道（2018年11月）

（14）广西日报对"来马、马平高速公路开启春运服务保畅工作"进行报道（2019年1月）

开始实施时间： 2015年

项目类型： 安全管理

负责人： 刘　奕

贡献者： 韦　坚、韦家星、施权君、韦吉洪、朱庆铖

一、背景介绍

广西交通投资集团南宁高速公路运营有限南宁高速运营公司（以下简称南宁运营公司）管辖的G72泉南高速公路南宁至宾阳路段（K1401+336—K1474+203，共72.867km）是广西高速公路南北大通道的重要组成部分，是中国与东盟国家合作和国内地区合作的重要通道，北连广西桂林、柳州、玉林等7个地级城市，南通广西南宁、钦州、北海、防城4个经济强市。该路段设计自然车流量在2.5万~5万辆，实际重大节假日平均自然车流量达8.6万辆，最高达11.4万辆左右。社会公众出行热情越来越高，都集中在某个时段统一出行，且2016—2018年恰逢柳州至南宁高速公路改扩建，这些因素造成很大的交通压力。这一段道路曾上榜全国排名第7拥堵路段。

南宁运营公司一直为高速安畅而努力，每逢节假日都要抽调排障员、稽查员等组成保畅队伍，统一备勤应急场所和救援装备，统一调度安全保畅。由于运营管理单位不具备执法权，高速事故处理效率不高，对于缓解道路拥堵的成效不够显著。

2015年，广西壮族自治区人民政府把南宁至宾阳路段治堵问题作为为民办实事的一项民生问题进行督办和落实。面对逢节必堵的难题，南宁运营公司牵头与广西区交警总队高速公路管理支队、南宁市公安局交通警察支队、广西壮族自治区南宁高速公路管理处三方联动，积极落实高速公路安全管理责任，以主动服务大局的政治意识，以担当作为的保畅姿态和笑迎四方的服务初心，创新安全保畅模式，建立"企路警"三方"保畅四个一"模式应对车流高峰，开创了广西高速公路"企路警"联合保畅的先河。

二、经验做法

2015年，"企路警"三方联合发文，提出在柳南高速公路应用保畅"四个一"模式（图1），打造高速路上多方协作的保畅服务平台。四年期间，"企路警"不断创新平台管理，深化合作模式，将"四个一"模式应用到其他高速公路，实现"为出行者排忧解难，让使用者畅享高速"的品牌承诺。

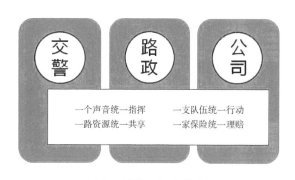

图1 "保畅四个一"模式

1. "保畅四个一"模式

即一个声音统一指挥、一支队伍统一行动、一路资源统一共享、一家保险统一理赔。

（1）一个声音统一指挥。在重大节假日前，召开"企路警"一路三方保畅工作联席会，分析节日保畅形势及易堵点，明确人员分工和保畅应急方案，实现思想上高度统一，工作上无缝对接。交警将南宁高速运营公司保畅人员纳入交警指挥系统，实行统一排班、统一指挥和统一调度，同时将对讲机系统统一接入警用频道，实现"一网指挥"和信息共享。

（2）一支队伍统一行动。采用"企路警"勤务混排新模式，按照交警加保畅人员的混排方式进行一对一搭配，形成不同的混排小组。混排后的保畅小组同时上下班、同乘一辆车、同巡逻处置，行动上做到同进同出，默契合作。全体保畅人员统一接受交警的系统培训，统一着协警服及全套装备上班，实现一支队伍统一行动。高速公路设置应急驿站，企路警三方据点值守，应急救援出动时间较以往也缩短了50%。

（3）一路资源统一共享。一是共享南宁高速运营公司打造的"企路警"应急联动中心，设立专门的"企路警"联合办公室供交警驻点办公使用；二是将路段交警和南宁高速运营公司的监控系统进行有机整合，共享路上的监控资源，最大限度扩大监控范围；三是路面见警，将当班的全部保畅人员及车辆统一部署到路上，让路面见警，实现路堵心不堵；四是盘点多条易堵路段点位，精心编制绕行路线，提前发布出行信息；五是实行远程分流，共同请求兄弟单位协助发布绕行信息以及通过沿线可变情报板、高速喇叭、微信、电视电台等工具或平台发布实时路况信息，及时提醒司乘人员绕行。

（4）一家保险统一理赔。由自治区保监会统一协调区内各保险公司，在免费节假日轮流派出1~2家保险公司代表驻点值守，联合辖区交警设立"快处快赔"服务点，实现交警快速定责、保险公司快速定损的快速处置方式。创新使用轻微事故快速处理告知书，"企路警"三方引导司乘到指定地点处理轻微事故。快速理赔、快速协调，能极大减少事故车辆在路上拥堵的时间。

2. 不断创新发展"企路警保畅四个一"模式

"企路警保畅四个一"模式是久经实战检验且行之有效的保畅"利器"，南宁运营公司应充分推广其宝贵经验，探索更多行之有效的保畅"金点子"，与时俱进推动该模式创新升级，有效把握安全保畅工作主动权。

（1）加强改扩建施工安全监管。2016年，泉南高速上柳州至南宁路段"四改八"改扩建施工全面铺开，南宁运营公司在"保畅四个一"模式的基础上进行延伸，与建设项目指挥部、参建单位沟通联系，开展"五方三保"活动，加强涉路施工安全监管，联合保畅"朋友圈"不断扩大，切实缓解了施工路段通行压力。

（2）"保畅四个一"模式覆盖到广西交通投资集团所辖高速公路。2018年，南宁运营公司进一步将"保畅四个一"的"新鲜经验"循序

渐进延伸覆盖到南宁高速"三路一环"以及集团公司所辖其他高速公路，编织安全高效的联合保畅网络，迎难而上解决了高速堵点转移的突出问题。

3. 科技"治堵"，提升安全保畅成效

（1）建立应急指挥中心。"企路警"三方共同建立应急指挥中心，积极共享信息资源，平台利用视频直播服务技术和CDN网络，接入南宁运营公司辖区高速约100路的监控视频，利用GIS地图进行联动展示，查看管辖路段实时视频。"企路警"三方通过运营数据，及时掌握运营公司管辖范围内的车流概况，便于及时、科学决策，为安全保畅服务。

（2）实现手机直播路况。"企路警"三方积极对外沟通协调，率先实现在广西高速公路手机直播路况及电台路况视频直播，并率先向社会公众发布出行提示短信，为司乘人员理性选择更畅通的行车路线提供有利参考，进一步满足了社会公众优质高效的出行服务需要。

三、应用成效

1. "保畅四个一"模式极大提高事故处理效率

"企路警"联动机制建立以来，应急救援出动时间较以往也缩短了50%，大节假日事故处理效率大大提高，轻微交通事故处理用时是3~5min，极大地提升了道路通行效率，较好地破解了逢节必堵的难题，即使是面对近四年清明节假期断面车流高达到8.6万辆的难题也得以顺利破解。

2. "保畅四个一"模式极大减少安全隐患

节前"企路警"联合开展安全大检查，排查安全隐患点，及时做好安全隐患整改。"企路警"365天通力合作，特别是节假日期间，现场驻点，指挥交通，及时处置交通事故，减少重大交通安全事故隐患。

3. "保畅四个一"模式获得社会公众的点赞

"企路警"联合保畅体现了新时期国有单位主动作为的精神，路面见警，极大提高通行效率，达到了"路堵心不堵"的成效。及时发布出行信

息，并进行正面报道，利于群众出行，营造良好舆论氛围。保畅期间出现了2000起涉紧急救人、提供物资等感人的好人好事，得到了社会公众的一致好评。

4."保畅四个一"模式得到自治区政府的认可

2016年7月，广西壮族自治区主席陈武专门看望慰问了"保畅铁军"，认为"保畅铁军"在平凡岗位上做出了不平凡的业绩，用行动赢得了社会的尊重和认可。2017年10月，时任自治区副主席胡焯深入南宁高速运营公司应急保畅联合执勤点，看望了一线保畅人员，充分肯定了广西交通投资集团对柳南高速公路安全保畅工作所做的努力，点赞广西交通投资集团积极与交通警察等单位合力保畅，较好地维护了广西交通大动脉的安全畅通，服务了社会经济以及广大人民群众，履行了国有企业的社会责任和担当。在这条路上的青秀分南宁高速运营公司路勤队在2016年被评为广西工人先锋号。

四、推广建议

1.建议在广西高速公路全面推广

建议广西壮族自治区行业主管部门协调区内高速公路交警部门、高速公路管理处一起在广西区域所有高速公路范围内推广"企路警保畅四个一"模式，并结合实际延伸合作内容，创新提升合作平台，为社会公众奉献畅美高速。

2.建议在全国高速公路推广经验做法

建议交通运输部通过安全案例及主题会议的形式，向全国同行、高速交警部门、高速公路管理处宣传介绍"企路警保畅四个一"模式，分享"企路警保畅四个一"模式的经验、成效，便于不同省份高速运营单位、交警部门、执法部门汲取经验，促进企路警合作更上一层楼，为社会公众奉献品质高速服务，助力打造交通强国。

五、应用评估

1.该模式是一个安全管理的有效工具

"保畅四个一"模式，能联合多单位进行安全检查、及时处置交通事故，建立立体的安全管理体系，营造安全通行环境，提升交通运输行业安全管理水平。

2.该模式是一个合作共赢的管理平台

"保畅四个一"模式，能让"企路警"三方信息资源共享，有利于共同落实高速公路安全管理职责，及时利用道路信息资源进行科学决策，体现各单位主动担当的精神，较好传播高速公路管理部门的正面形象。

3.该模式是一个聚焦公众需求的服务载体

"保畅四个一"模式，能聚焦"畅安舒美"的需求，"企路警"三方直面社会公众，及时处置交通事故、解决拥堵问题，逐步促进了高速公路由"走得了"向"走得好"转变。

4.该模式是一个高速智能化建设的重要部分

"企路警"三方互相共享高速公路信息，集齐力量共同打造应急服务平台，逐步实现了多方视频数据共享，在预防交通事故、交通应急救援等方面积极协作配合，提高了道路交通安全的预警、应急联动处置的准确性和高效性，共同推进了高速公路信息化建设，服务了中国高速公路智能化建设。

案例 17 ▶ 上海市路政运行安全风险管理体系建设

基本信息

项目名称：上海市路政运行安全风险管理体系建设

申报单位：上海市路政局

成果实施范围（发表情况）：上海市路政行业

开始实施时间：2018 年 7 月

项目类型：安全管理

负责人：钱国辉

贡献者：吴　申、王俊骅、林　怡、邱　涛

案例经验介绍

一、背景介绍

近年来，安全生产越来越得到国家部委及管理部门的高度重视。2017年党的十九大报告提出，应树立安全发展理念，弘扬生命至上、安全第一的思想，健全公共安全体系，完善安全生产责任制，坚决遏制重特大安全事故，提升防灾减灾救灾能力。2013年党的十八届三中全会《中共中央关于全面深化改革若干重大问题的决定》明确提出建立隐患排查治理体系和安全预防控制体系，遏制重特大安全事故。交通运输系统把推进

安全生产风险管理工作作为落实党中央国务院决策部署、实现平安交通的重要途径。2014年全国交通运输工作会议要求，深化"平安交通"建设，提高交通运输安全监管和应急保障水平，全面推进安全风险管理。交通运输部印发的《关于推进安全生产风险管理工作的意见》（交安监发〔2014〕120号）、《关于开展安全生产风险管理试点工作的通知》（交安委〔2015〕1号）、《关于推进交通运输安全体系建设的意见》（交安监发〔2015〕20号）都明确了要抓紧推进风险管理工作。

"十一五"至"十二五"期间，上海市广大公路工作者在上海市交通委、上海市路政局的领导下，经过不懈的努力，使得全市公路服务水平显著提升，公路交通防灾抗灾和应急处置能力提高，公路养护管理事业健康发展，养护管理的基础性地位得到增强，公路行业的可持续发展能力得到显著加强。上海市自"十五"期间起已逐渐建成了上海市公路管理信息系统、上海市城市道路路面管理系统、上海市城市桥梁管理系统、上海市城市道路管线监察综合管理系统等多个系统平台。《关于开展安全生产风险管理试点工作的通知》（交安委〔2015〕1号）中特别将上海列为开展安全生产风险管理工作的试点之一。

推进安全生产风险管理工作是着力解决制约交通运输科学发展、安全发展突出问题，提高交通运输安全生产综合实力的重要途径和必然选择，是防范和减少交通运输安全生产事故发生的有效手段，是减轻风险损害的有效方法。

实施安全生产风险管理，需建立健全完善的制度和标准、有效的运行管理机制、可靠的资源保障和科学的技术支撑。安全生产风险管理是在对风险源辨识、评估的基础上，优化组合各种风险管理技术，对风险实施有效控制，妥善处理风险所致结果，以最小成本达到最大安全保障的系列活动。

上海市路政局作为道路安全生产的领导部门及业务相关部门，涵盖众多安全生产业务，包括道路、桥梁、隧道工程的施工、养护及监管等。路政局下属有养护处、建设处、设施管理中心、计财处等多个部门，分别负责不同方面的安全生产管理工作，涉及多类型、多层次的安全生产业务，同时，也伴随着多类型及层级的安全风险源。

目前，上述各个系统及数据分散于不同的部门处室，尚没有综合管理系统及标准化统一的数据库。作为全国安全生产管理试点城市，上海市亟须构建安全风险综合管理体系，制定标准化的安全生产数据结构，建立系统的、有针对性的风险源识别和评估方法，制定科学合理的风险源控制措施，搭建统一的综合风险管理平台，全面实现对风险源的监测与管控。因此，本项目的开展有很强的创新性、必要性和针对性。

《关于开展安全生产风险管理试点工作的通知》（交安委〔2015〕1号）中将试点工作分为四个阶段，其中实施阶段定为2016年4月至2017年6月。因此，本项目具有很强的紧迫性和实效性。同时，前期建成的管理信息平台为开展"道路交通基础设施运营安全风险识别和管理体系建设"积累了大量安全生产数据和经验，为本项目的顺利开展奠定了基础，具备很强的可行性。

二、经验做法

首先，本项目对上海市路政局各部门职责进行梳理，进而对各部门的安全生产风险源进行识别，打破了各个系统及数据分散于不同的部门处室的格局，创新性地从道路安全生产全过程本身出发，搭建统一的综合管理系统及标准化统一的数据库，按照指标体系设定的原则，根据相关法规、标准和规范，采用风险分析及系统分析相结合的方法，构建了道路交通基础设施运营风险源识别及评价指标体系。

本项目基于行业管理理念与目标的合理把握，根据相关法规、标准和规范，结合国内外历史事故的相关分析，采用系统安全分析的方法，首次搭建上海市道路交通基础设施运营安全生产风险评估指标体系，对评估指标进行筛选、排查，查阅相关法律法规、地方性道路施工管理条例等，从而分行业（领域）建立科学、合理、客观、公正的评估指标体系。本项目能够全面反映评价对象的各种要求和评价目的，尽可能做到科学、合理，且符合实际情况，得到了相关人员和部门的认可，具有典型性。本项目设置单个评价指标时遵循目的性、明晰性、易计量性和稳定性，同时使多个单一指标构成体系，满足层次性、完整性、适度性和独立性。

其次，本项目深入道路施工企业、道路养护部门进行调研和座谈，充分了解和收集整理上海市路政行业安全生产情况、管理措施和涉及安全生产各因素的安全现状，确认和整理项目可获取的评价指标范围、数据采集等关键信息，最终根据风险状态的不同，将风险分为路政设施运营风险、运行环境风险和养护作业风险。路政设施运营风险包括2个维度，9个指标要素。运行环境风险包括交通运行风险、极端天气风险和突发灾害风险等3个维度，12个要素。养护作业风险指标包括总体风险和专项风险。总体风险包括工程规模、道路环境、交通环境、天气状况4个维度，13个评价指标。专项风险从组织方案、作业控制区布置、设备和人员和施工进程管理等4个维度，34个评价指标出发。

本项目根据风险发生的可能性和危害程度，建立风险评估矩阵，从事故可能性和事故严重程度两个维度来判定风险源的风险等级。事故可能性可对35个指标进行不同的分级打分，事故严重程度可根据人员伤亡程度及直接经济损失分为4个等级，最终确立专项风险等级为"一般""较小""较大"及"重大"4个等级。针对不同等级风险源，可采取不同的安全风险防控措施及管理措施。

此外，本项目特别编制《高速公路与城市快速路养护施工作业安全风险评估指南》（以下简称《指南》），指导上海市高速公路与城市快速路养护施工作业安全风险评估工作，有效控制了道路施工作业安全风险，科学规避了安全事故的发生，保障了养护作业的安全。《指南》结合养护施工作业的特点，以指标体系法对养护施工作业安全进行定性定量结合的风险评估。根据《指南》要求，上海市内的高速公路和城市快速路养护施工作业在施工组织方案设计和工程实施阶段，应进行高速公路与城市快速路养护施工作业安全风险评估。养护施工作业安全风险评估分为总体风险评估和专项风险评估。总体风险评估应在初步设计完成后、施工组织方案设计前完成。专项风险评估贯穿施工整个过程，根据评估结果，可提出整改建议。

本项目同时创新性研究开发了"路政养护维修作业风险评估系统"，评估人员可在现场评估后，对施工项目的总体风险和专项风险在评估系统上进行逐一打分，并由后台管理人员统一对系统进行管理，查询统计不同项目不同人员打分的

汇总，对施工项目进行安全评估评级并采取相关改善措施。本项目对从事路政行业生产经营的企事业单位的安全生产风险管理提出要求，进而规范安全生产风险辨识、评估与管控工作，防范和减少安全生产事故。

三、应用成效

本项目研究成果在道路养护项目和维修项目中进行了推广，对上海市S20公路（北翟路立交路段）路面大修工程、S20公路（沪嘉-曹安路）路面大修工程1标、G312国道曹安公路日常养护作业、同济高架路日常养护作业等项目进行了养护施工安全风险的总体评估和专项评估，明确了不同项目中各专项评估风险等级为较大及重大的风险源，提出了进一步的风险管理措施；在上海市松浦大桥大修工程中，结合自身所列施工流程、施工工艺、专项工程施工方案及以往桥梁施工安全事故案例，对施工全过程及其对周边道路交通、航道通行和河道污染等方面可能产生的风险进行了逐一罗列，同时，邀请桥梁设计、桥梁施工、桥梁风险管理、施工监理等相关领域专家，对所列风险项和风险源逐一探讨，确保了风险不重不漏，风险识别结果最终分为14个施工流程，53个分项，122项风险点（失效形式），366个风险源。本项目在风险识别结果的基础上，采用专家打分法，并按照前述评估流程对各项风险项的严重性、失效可能性进行评估，综合获得各单个风险项和分项风险项的风险评估值及其风险等级，从中得出高风险项、高严重性项目及失效可能高的项目，针对以上风险项目，对施工作业管理、施工人员、设备材料及作业环境等提出了建议和要求，降低了安全事故发生的风险。

除此以外，本项目参照研究成果中的《高速公路与城市快速路养护施工作业安全风险评估指南》，采用其中关键评估指标，对上海浦江桥隧运营管理有限公司徐浦大桥养护项目部、上海城建城市运营集团有限公司长江路隧道设施管理部、上海城建养护管理有限公司外环线一标养护项目部进行技术调研，结合徐浦大桥、长江路隧

道、外环线一标道路养护管理实际，协助三家单位研究编制了道路养护维修作业交通安全风险管理制度及其安全风险评估调查表，对企业道路养护维修作业交通安全风险进行现场评估，发现数项安全风险，提出了相应的跟踪改进措施。

本项目研究形成的企业道路养护维修作业交通安全风险管理制度及其安全风险评估调查表充分考虑了各示范单位道路养护维修作业技术特点，安全风险评估操作简易明了，可以帮助发现以往道路养护维修作业中容易忽略的交通安全风险，并辅助提出了相应的安全风险管控改进措施，有助于企业道路养护维修作业交通安全风险管理制度逐渐完善，取得了较好的示范应用效果。

四、推广建议

本项目结合各地道路养护维修项目类型特点和交通管理特色，因地制宜，提出在对路政运行进行安全风险源识别、风险评估和措施改进时，要结合企业自身特点和管理过程实际，出台相关安全生产风险管理要求，对企业的风险管理提出建议，更好地完善企业道路养护维修作业交通安全风险管理制度；需打破各个系统独立性及数据分散性，从路政安全运行全过程出发，建立完善的路政运行安全风险管理体系。

五、应用评估

本项目在5个工地开展风险评估应用，进行总体风险评价及专项风险评估，明确事故高严重性项目；事故高可能性项目及失效可能性较大的项目、结合现场管理和施工特点，对其中3个施工单位采用LEC评估法进行风险评估，同时针对性对风险源提出改进措施建议；通过总体风险评价及专项风险评估后，提出相应改进措施，从而减少重大及较大风险的数量，降低总体风险，帮助工地安全运营，自改善后未发生大的安全事故。应用效果评估良好，具备可推广性。

案例18 ▶ 交通行业安全生产年度调查

基本信息

项目名称：交通行业安全生产年度调查

申报单位：北京市交通委员会

成果实施范围（发表情况）：调查了全市 3000 余家交通企业，覆盖旅游客运、省际客运、普通货物运输、危险品货物运输、地面公交、轨道交通、出租汽车、汽车租赁、水运游船、机动车维修、道路管养、经营性停车管理等 12 个行业

开始实施时间：2018 年 3 月至今

项目类型：安全管理

负责人：刘福泽

贡献者：李　宾、毛雅娴、杨广岳

案例经验介绍

一、背景介绍

进入新时期，面对国际国内日益复杂的发展形势和发展要求，党中央和国务院越加重视安全生产工作。党中央、交通运输部等均提出了安全生产要加强大数据分析能力，《北京市"十三五"时期交通行业安全应急发展规划》也明确提出了开展安全生产调查，收集基础数据的目标。

《中共中央国务院关于推进安全生产领域改革发展的意见》规定："建立安全科技支撑体系，加强安全生产理论和政策研究，运用大数据技术开展安全生产规律、关联性特征分析，提高安全生产决策科学化水平。"

《交通运输部关于推进公路水路行业安全生产领域改革发展的实施意见》（交安监发〔2017〕39号）规定："建立安全科技支撑体系。加强公路水路行业安全生产理论和政策研究，运用大数据技术开展安全生产规律性分析，提高安全生产决策科学化水平。"

《北京市"十三五"时期交通行业安全应急发展规划》（京交安全发〔2016〕59号）提出："开展交通行业安全生产和应急管理基层基础情况大调查，以交通基础设施、交通运输人车户、安全隐患风险为基础，建立一套安全生产数据库。"

交通行业安全生产情况缺乏合法规范的统计制度，并且交通行业安全生产数据基础薄弱，缺乏数据的支撑，严重影响了行业安全监管力度和监管深度。本项目在既有相关工作的基础上，编制形成北京市交通行业安全生产调查制度，并在此基础上开展2018年度企业安全生产数据的抽样填报与数据分析工作。

二、经验做法

1. 研究方法

1）掌握交通行业安全生产及监管数据需求的座谈调研方法

设计调查问卷以及分析内容的主要基础是交通行业相关监管部门对于交通行业安全生产的数据需求，拟采用以会议形式为主的座谈方式，针对每一个行业的对应监管部门，与相关负责人进行约谈，充分了解交通行业安全生产及监管数据需求。

2）确定本项目调查表格设计思路对比分析与综合分析方法

在详细分析、研究各部门开展的相关工作基础上，对比现有工作的主要研究方向以及数据需求，以进一步完善交通行业安全生产数据需求为基础，以确保调查制度的可实施性为前提，以数据口径的一致为原则，设计相关调查方法与调查制度，确保调查制度与行业已有的相关调查制度相一致。

3）形成分行业分类别的安全生产监管数据指标体系的相关性分析与主成分分析方法

掌握交通各行业企业安全生产的全面数据，但调查数据需求量过大会对调查制度的实施产生影响。一方面，数据需求繁杂、需求量大不利于企业填报，从而影响数据的准确性；另一方面，

大量的相关数据，会对数据分析结果与行业安全生产研判工作的准确性产生影响。因此工作重点是通过数据指标掌握企业安全生产情况，确定各行业最终统计调查指标，方便数据的统计与分析。

4）确定各行业调查企业数量以及组织开展试点单位数据上报工作的分层抽样调查方法

选取3000家各类别典型交通企业进行数据填报与统计分析工作，采用分层抽样的方式确定各行业调查企业的数量。按照行业企业规模数量确定各行业调查企业数量比例，进一步结合行业企业规模分布以及行业运行特点，确定各行业不同规模企业的具体数量。

5）定性分析方法与定量分析方法相结合的数据统计方法

针对企业基本信息、经营许可与行业资质、安全生产经营场所与设备设施、安全生产资金保障、设备设施情况、事故统计、从业人员信息、安全生产管理体系等方面内容，采用定性分析的方法，分析企业安全生产的基本情况以及存在的问题。

6）采用DEA模型对统计数据进行分析的方法

第一，DEA方法可用于评价多投入、多产出的决策单位的生产（经营）绩效。第二，它具有单位不变性（Unit Invariant）的特点。只要投入、产出数据的单位是统一的，那么任何一个投入、产出数据的单位发生变化，都不会影响效率结果。第三，DEA中模型的权重由数学规划根据数据产生，不需要事前设定投入与产出的权重，因此不受人为主观因素的影响。第四，DEA可以进行目标值与实际值的比较分析、敏感度分析和效率分析。

2. 技术路线

结合项目主要任务的要求，在实施过程中需要完成交通行业安全生产及监管数据需求分析工作、交通安全生产条件调查表格设计和调查制度研究工作、组织开展试点单位数据上报并完善问卷工作以及交通行业安全生产条件数据分析应用工作等4个方面主要工作内容。

三、应用成效

1. 形成2018年交通行业安全生产数据和资料库

对各行业数据进行统计分类，通过层次分析、主成分分析法、熵权法、相关性分析、灰色聚类分析等方法，对各项调查指标进行筛选与分类统计，形成2018年交通行业安全生产数据和资料。

2. 进行交通行业安全生产风险、隐患以及事故特征分析，查找交通行业企业安全生产薄弱环节

对调研数据进行可视化分析处理，查找风险隐患数据的分布特征，结合各行业近五年交通事故特征，查找风险隐患与事故的内在联系，分析事故产生的主要影响因素，查找企业在安全生产过程中的薄弱环节，提出改善措施建议。

3. 编制完成分析报告

总结2018年度交通行业安全生产调查的工作经验及存在问题，编制《2018年度北京市交通行业生产调查总报告》。在对交通行业安全生产数据和资料库充分分析的基础上，结合近5年的交通行业安全生产事故特征和原因，分析行业安全生产特征，开展趋势研判，编制《2018年度交通行业安全生产数据分析报告》。

四、推广建议

为便于数据的统计与分析，建议初步建立安全生产数据报送、统计与分析电子化系统，在进一步的调查统计中，将调查问卷的纸质发放形式改为由企业借助电子化填报工具进行填报，并通过填报系统数据统计模块对采集数据进行分类与整理，分析企业安全生产水平，在此基础上，通过对填报系统的进一步开发，实现数据的可视化操作，便于数据进一步的应用。

五、应用评估

本项目主要完成的工作包括四个方面内容：一是开展调查前期准备工作；二是交通行业安全生产数据采集；三是安全生产调查数据整理与校核；四是数据分析与应用。相应阶段如下：①调查前期准备与开题评审阶段（2018年2月至2018年3月）；②交通企业安全生产数据采集阶段（2018年4月至2018年7月）；③安全生产数据整理与校核阶段（2018年8月至2018年9月）；④数据分析与报告编制与结题评审阶段（2018年9月至2018年11月）。

研究成果主要包括1套制度、1个安全生产数据库以及2份报告，具体为：《北京市交通行业安全生产调查制度》；《2018年度安全生产调查数据库》；《2018年度北京市交通行业安全生产调查总报告》；《2018年度北京市交通行业安全生产数据分析报告》。

"一体两翼保安全"驾驶员安全隐患评估活动

基本信息

项目名称:"一体两翼保安全"驾驶员安全隐患评估活动

申报单位:北京公交集团电车分公司

成果实施范围(发表情况):第十二车队全体一线驾驶员

开始实施时间:2019 年 6 月 5 日

项目类型:安全管理

负责人:陈彤飞

贡献者:宋建新、陆宏生、姚 海、孙 烁、石 磊

案例经验介绍

一、经验做法

1. 针对驾驶员的管理

通过开展驾驶员安全行车隐患评估,能时刻提醒驾驶员自身存在的安全行车隐患及危害,增强自觉安全行车意识,有效降低违章违纪行为的发生,避免事故发生。通过评估中的区域划分,使驾驶员明确日常安全行车隐患重点,利用专业会开展重点教育,降低重大风险,避免重大事故发生。车队将安全隐患评估表张贴在车队最醒目的位置上,使驾驶员每天都能看到评比表,

通过驾驶员评比区域颜色划分,特别是红色醒目提示,建立起驾驶员的红区意识、红线意识,形成感官教育。通过公示张贴的形式,也能激励大部分驾驶员的个人荣誉意识,特别是对一些老驾驶员、首席驾驶员、先进群体,起到稳固扩大车队先进带动面作用,结合安全专业帮扶,扩大绿区驾驶员比重,能提升形成全体驾驶员有效自觉安全行车的安全氛围,对红、黄区驾驶员形成带动,共创车队良好安全局面。转化驾驶员对严格安全管理的抵触误区,正确看待违章与事故的必然联系、侥幸盲目驾驶与危险隐患的必然联系、

短期利益的驾驶陋习与长远安全最大利益的轻重比较。

（1）安全组每日利用视频探头下载抽取4~5名驾驶员一次车的行车记录，按照活动安排中的18项安全行车隐患，逐项排查驾驶员日常状态下一次车中的行车安全隐患。

（2）安全组将排查结果每月公布一次，3个月覆盖全体驾驶员，公布形式为粘贴驾驶员安全行车隐患评估表，使驾驶员对自己行车中的安全隐患一目了然。

2. 评估方法

隐患评估方式以车内监控探头为主，累计车队车上检查、车下、路口、测速、堪总线各级检查反馈，对驾驶员进行安全行车隐患风险综合评估。调取驾驶员当月内重点时间段一次车的行车记录，同时播放1号、2号探头的视频，安全专业人员从驾驶员运营中路口、车速、进出站、违章违纪4个方面18种隐患进行全方位排查。

3. 评估形式

针对驾驶员安全隐患评估表分5个方面体现驾驶员安全行车隐患，分别如下：

（1）危险区域：安全组将最容易引发的事故形式、违章重点分为路口、车速、进出站、违章违纪四个区域进行归类。

（2）风险行为：在每个区域中分别分解4项极易引发的危险行为，这些危险行为是引发事故、形成伤害、造成驾驶员个人被扣罚的主要违章行为。

（3）危害分类：突出强调每种危险行为所能引发、造成的事故后果，分类为机动车、行人、慢行车、车内摔、碾压、投诉、违章、考核等8种严重后果。

（4）后果危害性：依照分解的危害分类，继续分解所能造成的后果危害性，分为死亡、重伤、轻伤、物损、考核等5方面。希望通过以上4个方面的图表分析，使驾驶员能够深入理解违章是事故的前兆，事故是可以通过驾驶员自觉遵章守纪来预防的。

（5）全体驾驶员一次行车以驾驶风险图表体现。在安全组评估过程中，对照18种风险隐

患，对发现的安全行车隐患在驾驶员姓名后相对应的表格中标注。

二、应用成效

1. 整治消除安全隐患，降低事故发生频率

1）驾驶员安全隐患评估表将以不同颜色进行区分，分为2个区分区域

第1区域：将18种危险行为中的4种驾驶员最常见、危害后果突出的行为，标注红色区分，引起驾驶员重视。

第2区域：在驾驶员的评估区域，分为绿、黄、红3种底色。安全组当月评估的驾驶员，出现2种以下危险行为的，排列在绿色区域。当月评估有2种以上4种以下危险行为的驾驶员，排列在黄色区域。当月评估有4种以上危险行为的驾驶员，排列在红色区域。

2）安全组每季度谈话

每季度对评估在绿色区域的驾驶员进行谈话沟通，针对个人隐患进行安全提示、引导。每季度对评估黄色区域驾驶员开展书面谈话教育，明确指出问题，安全组车上开展辅导。每季度对评估在红色区域驾驶员，开展专题培训一次，每名驾驶员写出培训体会。连续2个季度在红色区域驾驶员开展一周的安全跟班培训辅导。连续3个季度评估在红色区域的驾驶员，车队采取下岗培训再分配措施。对红区驾驶员车队全体安全领导小组成员参与一对一帮扶教育，发挥车队管理人员齐抓共管效能，在最短时间内，降低驾驶员安全行车隐患。

2. 取得效果

（1）初步建立了车队驾驶员安全隐患评估体系，完善了安全管理环节。车队与每一名驾驶员都进行了安全行车沟通，对规范行驶驾驶员予以肯定表扬，对问题驾驶员从安全行车事故隐患角度进行耐心分析，明确指出安全隐患及后果危害性，进行针对性的安全教育。

（2）能够熟悉了解掌握所辖每一名驾驶员的驾驶操作习惯及驾驶风格，能够准确定位驾驶员并排查分析，在日常检查、监控、辅导方向上，做到心中有数，明确针对性，使安全组的帮

辅作用发挥到最大。

（3）对新入职驾驶员，利用新驾驶员好灌输、自律较强、重视企业规章制度的优势，进行全方位的管控，在遵章守纪、规范操作、文明驾驶方面，打下坚实遵章守纪的基础。

（4）有效地降低了乘客投诉。乘客的安全投诉主要方向是规范进出站、文明驾驶、遵章行车。隐患评估的检查形式，能够非常直观、有针对性地开展检查，对驾驶员日常行车中出现的违章违纪行车行为，能够充分暴露出来，安全组据此通过教育、考核、培训等多种形式，能够有效地降低乘客投诉及事故隐患。

（5）清除了一些严重安全行车隐患。例如：检查中发现过4名驾驶员存在疲劳驾驶现象，车队第一时间找到驾驶员了解情况，有家属生病需要照顾导致疲劳的，安全组协调劳动部门采取放年假措施；有驾驶员因身体状况服用药物的，车队劝说其休病假积极治疗；有因身体过胖产生嗜睡的，车队要求驾驶员注意睡眠，行车时自备毛巾、矿泉水、风油精，提示驾驶员不要勉强参加运营。

（6）通过隐患评估，对全体驾驶员规范行车起到了极大的约束作用，绿区驾驶员人数逐步增加。2017年安全组共计对819名驾驶员进行了安全行车隐患评估，全部进行了面对面沟通，纠正违章、违纪行车1299项次，书面谈话教育401人，考核64人次。安全组指出了隐患的危害及他们的不足，教育他们要严格遵守企业各项规章制度，按规操作，从一点一滴做起，做一名合格的驾驶员。当车队公布第一期检查结果并张贴到调度室时，引起了全体驾驶员的广泛关注，大家纷纷利用停站时间查看自己隐患评估图上所处的位置，再看看周边其他同事的位置，心里暗做比较，处在绿区的人员进出调度室表情比较自然，处在红区的人员就有些许的不自然。

三、应用评估

（1）有效提高驾驶员对安全隐患基础知识的掌握。

（2）有效提高驾驶员安全驾驶技术。

（3）有效提高驾驶员对安全行车知识的掌握。

案例 20 ▶ 杭瑞高速贵州境毕节至都格（黔滇界）项目

基本信息

> 项目名称：杭瑞高速贵州境毕节至都格（黔滇界）项目
>
> 申报单位：贵州高速公路集团有限公司
>
> 成果实施范围（发表情况）：杭瑞高速贵州境毕节至都格（黔滇界）项目
>
> 开始实施时间：2011 年
>
> 项目类型：安全管理
>
> 负责人：周　平
>
> 贡献者：纪为祥、王大庆、周　杨、蒋永生、路　为

案例经验介绍

一、背景介绍

1. 工程概况

杭瑞高速贵州省毕节至都格（黔滇界）公路（以下简称毕都高速公路）起点为毕节市龙滩，接在建的遵义至毕节高速公路，止于六盘水市都格乡，接云南省在建的普立至宣威高速公路，是国家高速公路网（7918网）杭瑞高速公路（第12横）的重要组成部分。其中起点毕节至龙场段为杭瑞、厦蓉（第16横）高速公路的共线段，属于国家重点工程建设项目。根据交通运

输部公交路发〔2011〕293号文批复，核定概算总金额为141.37289亿元，建设工期4年，是国家和贵州省重点建设项目，国家扶贫攻坚的重要通道。

项目区位于贵州省西部毕节市和六盘水市，地处川、滇、黔三省接合部的中心，是连接我国较发达的东南沿海地区和西南内陆腹地的重要横向干线。路线起点（K79+000）位于毕节市城东南的龙滩边，北接拟建的厦蓉高速毕节至生机段，东接杭瑞高速遵义至毕节段，西接贵州省规划的毕节至威宁高速公路，路线自北向南，依次

经朱昌、东关、化作至龙场，继续南行经勺坐大山西北，穿巴雍，在以角进入六盘水境内，由董地跨抵母河，从六盘水市城东侧穿过，经俄脚至本项目终点都格，与云南规划路网相接。

毕都高速公路路线全长约 141.177km。全线设互通式立交 10 座、桥梁 95 座（其中特大桥梁 3 座）、涵洞通道 182 道、隧道 26 座（其中特长隧道 3 座）、天桥 19 座、服务区 2 处、停车区 3 处。全线桥梁共长 24.18km，隧道（双洞）共长 38.54 km，桥隧比例 45.32%。全线技术标准采用双向四车道高速公路标准建设，设计行车速度 80km/h，整体式路基宽度 24.5m，分离式路基宽度 12.5m，设计荷载为公路 –Ⅰ 级，路面面层材料采用沥青混凝土，其余技术指标按《公路工程技术标准》（JTGB01—2003）执行。毕都高速公路交通地理位置图如图 1 所示。

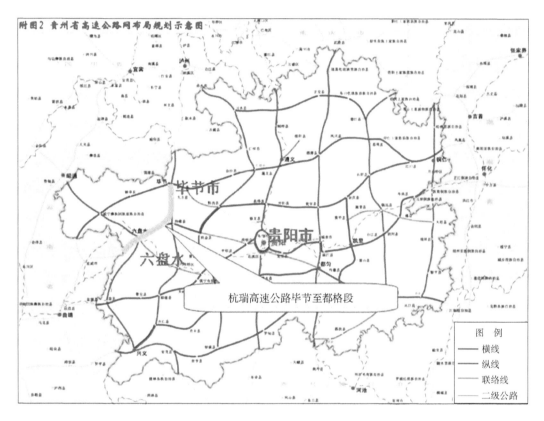

图1　毕都高速公路交通地理位置图

2. 工程特点和难点

工程地处崇山峻岭的贵州西部乌蒙山区，沿线气候条件恶劣，地形地貌复杂，地质灾害频发，路线海拔高，长大纵坡安全隐患大，多座隧道穿越煤系地层，3座特大桥建设工程技术复杂。此外，沿线为少数民族聚居区，人文环境和自然资源独特，生态脆弱，施工中生态环保压力大，均成为本项目工程建设与运营管理的技术难题。工程具有如下的特点和技术需求：

1）山区极端气候恶劣，安全保障难度大

路线区域属亚热带云贵高原湿润季风气候区，无霜期长，严寒酷暑时间较短，但常出现凝冻、冰雹、低温等自然灾害，平均风速 0.8m/s ~ 2.5m/s，风力大时达8级以上。路线纳雍场至白龙山多数路段，海拔均在1700m以上，常有雨、雾、凝冻天气，尤其是每年冬季凝冰现象，极易造成行车安全隐患，这不仅增加了工程建设的技术难度，也给今后运营管理带来巨大的挑战。

2）特大桥梁建设技术难度高，长大纵坡安全隐患大

全线桥隧比45.32%，特大桥梁有总溪河特大桥、抵母河特大桥、北盘江特大桥，特别是都格北盘江钢桁梁斜拉桥主跨720m，为世界同类桥

梁之最。路线连续长大纵坡路段有：梅花箐至总溪河段，平均纵坡2.8%，长约6.89km；法窝枢纽互通至北盘江段，平均纵坡2.83%，长约11km。毕都高速所面临的桥隧比例高、长大纵坡运营安全隐患将不仅对于管理者是巨大的挑战，而且给公路出行司乘人员带来了生命财产损失的危险，同时将严重影响本条连接东西贯通南北的贵州西部交通要冲的效益发挥，进而影响全国高速公路主干网的通行能力。

3）地形、地质条件复杂，天然砂匮乏

工程项目区域地形总体上为南高北低，地形起伏为1000～2235m，路线海拔高程1500～1900m，受地质活动、岩性、气候等多因素综合影响，形成了岩溶、溶蚀-侵蚀和侵蚀-构造等三大地貌类型。沿线主要不良地质包括：滑坡、岩堆、危岩体、岩溶、暗河、裂隙、崩塌等。复杂地形与地质条件决定了毕都高速公路建设需突破的技术难点多，工程建设和质量控制难度大，特别是岩溶空洞的处理、岩溶隧道突水突泥灾害防控等技术问题亟待解决。

4）路线穿越煤系地层，施工风险高

根据地勘资料，梅花箐隧道、岳家湾特长隧道、青山隧道、谢立大山隧道、水箐沟隧道、鱼塘梁子隧道等均穿越煤系地层，瓦斯安全监控、预警和封压排除等技术措施成为需突破解决的难题。

二、经验做法

（一）全面推行 HSE 理念，从源头管控项目过程安全

毕都高速从项目筹建阶段就提出并始终坚持和强化HSE（健康安全环境）理念，即全体参建单位和人员参与安全管理、全过程进行安全生产管控、全天候进行安全监管、全覆盖无死角地进行安全把控。施工单位进场后，始终把"安全第一"作为项目生产的核心理念，以争创交通运输部和国家应急管理部"平安工程"示范项目为目标导向，以施工现场具体危险源为靶心，通过按时更新并执行安全生产责任清单，定参建各方的责任人、定检查频率、定检查要点，以铁的手腕

和零容忍的态度贯彻落实HSE理念，打造项目过程安全。

（二）全面落实安全制度，从体系管控安全生产责任

（1）编制《毕都高速公路项目安全生产管理手册》，规定了项目前期筹建阶段、施工阶段和缺陷责任期阶段全过程的安全生产责任，通过组织、合同、经济、技术和管理措施，推行全体系全员参与的安全管理责任，统筹策划项目参建各方全过程的安全生产管理。

（2）安全管理进入设计文件，要求各设计单位在施工图设计中对项目建设过程中施工安全管控难点进行标准化设计，并形成安全专章，使得过程管理有据可循、管理流程更加合理、安全施工更加到位。

（3）安全管理进入施工招标合同，将毕都的安全管理办法作为招标文件的附件，纳入合同管理，从法律上约束承包人现场安全行为，健全施工全过程风险控制体系。

（4）安全管理抓重点节点工程，聚焦重大安全风险源。项目建设期间适逢交通运输部《关于开展公路桥梁和隧道工程施工安全风险评估试行工作的通知》（交质监发〔2011〕217号）、《关于发布高速公路路堑高边坡工程施工安全风险评估指南（试行）的通知》（交安监发〔2014〕266号）下发，会同全线各个单位开展总体风险评估和专项风险评估，辨识主要施工风险，建立重大危险源台账，并制定预防措施。

（三）重点依靠技术创新，以技术手段保障平安交通

1. 特大桥安全管控

世界第一高桥——北盘江特大桥跨越云贵两省交界的北盘江大峡谷，是杭瑞高速贵州省毕节至都格（黔滇界）公路的三座大桥之一，与云南省在建的杭瑞高速普立至宣威段相接。大桥为双向四车道高速公路特大桥，设计基准期100年，设计时速80km，荷载等级公路-Ⅰ级。北盘江大桥全长1341.4m，桥宽27.9m，主桥采用主跨720m钢桁架梁斜拉桥方案，为目前世界第二

大跨径的钢桁架梁斜拉桥，桥面至江面垂直距离为565.4m，是当今世界第一高桥。北盘江大桥主塔分别属于云南省和贵州省，属跨省特大桥，地处北盘江峡谷两岸，地形陡峭，交通运输极端不便，施工条件、施工环境十分恶劣，困难极大；整个施工过程均属于高空作业，工艺复杂，施工难度大，施工持续时间长，不可预知性、不可操控性的安全隐患发生频率高；由于施工场地的限制，高空地面交叉施工作业安全风险特别大，安全控制难度高。

施工单位在上部结构钢桁梁安装上采用边跨多点顶推及中跨整体纵移悬拼施工工艺，被交通运输部重大科技攻关项目立项支持。通过课题研究，取得了两项国际领先的技术成果和工艺，采取这两种工艺，是因为北盘江大桥位于山区峡谷地区，地形复杂，施工场地狭窄，施工条件困难。结合大桥钢桁梁设计情况和具体场地条件，考虑一般适用性，边跨进行多点顶推施工，中跨创新地提出了钢桁梁节段梁底纵向运送，垂直起吊安装的施工方案（即中跨整体纵移悬拼施工）。该工艺大大减少了在空中拼装节段的工作时间，有利于安全施工。

2.高瓦斯特长隧道安全管控

毕都高速公路全线隧道38.5km（26座），瓦斯隧道有6座，占比23.1%，远高于国内同类高速公路水平。瓦斯隧道是毕都高速公路的重大风险控制源。其中，岳家湾特长隧道（4091m）洞身大烂坝断层破碎带及煤层发育，存在瓦斯等有害气体，属于高风险隧道。青山特长隧道（3555m）通过钻探，在出口段发现煤层，伴生有瓦斯逸出现象。除此之外的还有多座隧道，如梅花箐隧道、谢立大山隧道、水箐沟隧道、鱼塘梁子隧道等，均穿越煤系地层或在采煤区与煤田附近延伸，煤层与煤线发育，瓦斯灾害防治任务突出，安全形势十分严峻。

根据施工阶段实际开挖后揭示，梅花箐隧道、水箐沟隧道在正常通风条件下回风巷瓦斯浓度高达4～5%，局部位置浓度10%，远超过0.5%的正常施工作业水平。经第三方检测机构检测，

其他各项指标如瓦斯压力、绝对瓦斯涌出量等也均达到瓦斯突出隧道标准，被鉴定为瓦斯突出隧道。施工期间，两座隧道均发生了瓦斯突燃等事故，其中梅花箐隧道还有一次瓦斯突出现象。与煤矿井巷系统相比，公路隧道的技术标准、断面形状、平纵线形、结构特点、施工方式、施工设备与人员组成等均存在很大差别。在毕都高速公路中应用此项目并采取有效措施和科学防治方法，能满足公路大规模瓦斯隧道灾害防治的迫切需求。

结合毕都高速公路隧道特点，本项目主要采取如下技术措施，以解决煤系地层隧道建设中面临的安全管理技术难题。

1）建立并实施公路瓦斯隧道分级技术

公路瓦斯隧道分级标准是对瓦斯进行设防并采取对应防护措施的基础与标准。将我国现有的矿井瓦斯分级标准照搬于公路隧道会存在种种问题，首先是瓦斯隧道防护过当与防护过轻的问题，对应在技术层面，即公路瓦斯隧道的分级标准。瓦斯分级不当将给隧道的施工带来灾难性影响。

技术特点：基于公路隧道施工所需合理需风量以及安全施工瓦斯浓度，通过分析计算隧道瓦斯工区掌子面附近绝对瓦斯涌出量，将毕都路隧道评判为微瓦斯、低瓦斯、高瓦斯、瓦斯突出等四种等级，作为设计变更以及采用各种对应防护措施的依据。

2）建立并实施揭煤防突技术

与常规隧道施工不同，瓦斯隧道在开挖煤层及煤层前的岩层时，需有针对性地采取一些特殊的工程技术方法与施工方案。

技术特点：利用超前钻探，确定隧道掌子面前方煤层的倾向、倾角以及与隧道轴线的方位关系；通过钻孔测试，进行揭煤前突出危险性预测；制定预抽瓦斯、排放钻孔等防治煤（岩）与瓦斯突出措施并进行防突效果检验。其优点在于：对于过煤系地层的隧道而言，超前钻探可提前发现前方岩体破碎程度及范围、岩体裂隙及发育状况；煤层分布、厚度、倾向与倾角及走向探测预估，煤的破坏类型探测；瓦斯涌出量预测及

涌出初速度测试。

3）建立并实施防爆机械与设备选型技术

现代隧道施工是由大型行走交通工具、自动化钻孔开挖机具、各中声光电与通风设备构成的机械化、信息化综合系统，在隧道内存在瓦斯的条件下，上述设备是产生瓦斯爆炸与燃烧的重大风险来源。有效进行防爆机械与设备选型，是高瓦斯隧道安全风险控制的重要工作任务之一。

技术特点：提出毕都高速高瓦斯隧道开挖、通风、装运、支护等主生产线设备的配置原则，确定主生产线机械的配置模式，制定挖装运、锚喷、衬砌生产线的预置改装目标；确定动力系统、电力系统两大关键系统的防爆改装关键部位及改装技术要求；提出进行改装机械设备管理程序及要求。

4）建立并实施瓦斯隧道施工通风技术

瓦斯隧道施工通风是瓦斯灾害控制的关键与核心技术之一，其工作原理是通过输入新鲜空气降低隧道内瓦斯浓度，降低瓦斯爆炸与人员伤害。

技术特点：通过对瓦斯公路隧道的规模、长度以及施工组织方案来进行针对性通风方案设计，根据公路隧道双洞推进的特点，利用双洞间的车行、人行横通道，确定分段压入式与巷道式施工通风方案，确定瓦斯隧道的进风道与回风道，综合计算分析风机的功率、布置方式，以及风管口径大小，明确掌子面、回风道等控制点的瓦斯浓度及风速要求。

5）建立并实施瓦斯隧道远程自动监测与预警技术

采用现代的传感器设备与自动采集与显示系统，可做到对瓦斯浓度的实时、自动和远程监控，并通过预设瓦斯浓度报警值，实现对瓦斯浓度超限的自动化控制，有效克服人工检测漏检、误检、报警不及时等重大缺陷，为瓦斯隧道施工安全保驾护航。

技术特点：对公路隧道各施工期瓦斯浓度控制的技术标准、要求进行全面分析，构建覆盖全隧道危险部位的瓦斯实时远程自动化监控网络，并积极探索与人工巡检相结合的瓦斯监控报警制度。

3. 安全设计及运营安全管控

毕都高速着眼于今后的运营，创新安全管理手段，全面提升安全水平。毕都项目所处乌蒙山区高速公路安全保障问题突出。自2012年国务院发布贯彻落实《国务院关于进一步促进贵州经济社会又好又快发展的若干意见》（国发〔2012〕2号）文件起，贵州省道路已成为西南地区重要陆路交通枢纽。杭瑞高速贵州省毕节至都格（黔滇界）公路（以下简称毕都高速）是典型的山区高速公路，地形地质复杂、桥隧比高、长大纵坡安全隐患大、沿线雾区多、气候恶劣，面临一系列的运营安全保障难题。项目重点从公路安全设计、路侧安全防护、雾区安全防护三个角度出发，确立公路交通安全设计技术、新型交通安全设施应用技术、恶劣天气条件下行车安全智能诱导技术三个技术方向。

1）编写并颁布地方标准——《贵州省高速公路安全性设计指南》

我国公路设计中使用的设计标准规范都是适用于全国范围的，对贵州省的针对性不强，并且受到经济等多因素的制约，对交通安全的考虑也不够充分。同时，我国山区高速公路安全防护设计的种类较少，特别是活动护栏、护栏端头和防撞垫的安全防护性能欠缺，存在较大的安全隐患。

毕都高速针对贵州省的环境、道路和交通特性进行公路工程安全性设计研究，在新规范还未颁布时，就以"立足贵州，研究全国"的理念预先开展相关研究，针对现有高速公路防护盲点，从贵州省的交通和自然环境的实际出发，以交通安全为主要的考虑因素，编写并颁布地方标准——《贵州省高速公路安全性设计指南》，并以此为据，结合毕都高速公路的特点，进行交通安全性总体设计以及特殊路段的交通安全专项设计。在设计过程中，将整条道路的安全防护设施作为一个整体进行考虑，应用多种路侧防护设施产品技术成果，有效增强了公路安全防护能力，消除安全隐患。

2）新型交通安全设施综合应用

根据毕都高速公路交通流和车辆组成的特点，本项目将整条道路的安全防护设施作为一个整体进行考虑，解决了现有中央分隔带活动护栏、三角地带、护栏端头、过渡段、急弯等防护能力不足而存在安全隐患的问题；通过弹性转子防撞护栏、组合型波形板中央分隔带活动式钢护栏、吸能式三角端防撞垫、吸能式波形梁护栏端头、可移动式安全护栏、解体消能标志结构等应用提供了更加安全的路侧环境，达到了安全防护设施各组成部分防护性能的无缝连接，保障毕都高速公路安全防护系统各组成部分的防护能力无断点、无薄弱环节，为安全出行提供保障。

3）恶劣天气条件下行车安全智能诱导

针对大雾条件下交通诱导对于车辆行驶速度限制和安全间距限制两个方面的需求，结合目前普遍应用的反光型凸起路标、轮廓标、线形诱导标等静态交通诱导设施在雾天低能见度条件下视认性较差且不能根据能见度大小调节发光强度的应用局限性的现状，本项目引入并阐述了一种以道路轮廓强化、行车速度调节、安全间距警示为功能目标的雾区行车安全主动智能诱导系统。雾区行车安全智能诱导系统是一种集电子技术、计算机技术、自动控制技术、通信技术及主动发光诱导设施技术等多种现代应用技术的集成系统，旨在为高速公路雾天行车提供一种利于安全通行的方案，或辅助管理系统。

三、应用成效

（1）在毕都高速项目办的总体管理和协调下，以水菁沟瓦斯隧道和梅花箐瓦斯隧道为代表的全线6座瓦斯隧道，其他共计26座隧道建设始终处于"精心组织、科学示范、措施得力、防治得当"的作业环境中。全程实现施工过程"零事故，零伤亡"，得到了各级领导的好评和认可，有力地支撑了毕都高速公路全线的建设进程，取得了良好的社会经济效益。

（2）以北盘江特大桥为代表的全线95座桥梁顺利建成通车，建设过程中全程实现施工过程

"零事故，零伤亡"。上部结构安装采取边跨多点顶推及中跨整体纵移悬拼施工工艺，为山区峡谷地区地形复杂、施工场地狭窄、施工条件困难的桥梁建设提供了一套安全、经济的施工施工工艺。采取以上两种施工工艺，大大减少了在空中拼装节段的工作时间，树立了安全施工典范。2017年4月13日经交通运输部科技司组织评价，钢桁梁整节段梁底轨道纵移悬拼施工新工艺处于国际领先水平。

（3）项目首次提出"适于贵州、严于全国"的要求，编写《贵州省公路工程安全性设计指南》地方标准并颁布，对既有的设计文件进行了多次的完善，从设计方面提高了整个高速公路的安全水平。安全防护设施的设计提出"无缝防护"理念，将整条道路的安全防护设施作为一个整体进行考虑，以统一的安全防护标准设计设置安全防护系统的各组成部分，使安全防护设施各组成部分保持防护性能的无缝连接。项目集中应用多种新型路侧防护设施产品，包括弹性转子防撞护栏、组合型波形板中央分隔带活动式钢护栏、吸能式三角端防撞垫、吸能式波形梁护栏端头等，在公路危险路段及安全盲区进行新型防护设施布设。项目开发并应用恶劣天气条件下行车安全智能诱导系统，在控制系统的集中智能控制下，设置在公路两侧的主动发光诱导设施会根据不同的能见度与车流情况，采用不同的发光亮度、颜色、闪频等组合来实施针对性的引导策略，为驾驶员提供安全信息提示管控与服务功能，有效保证了司乘人员安全。

毕都高速所获荣誉如下：

①2016—2017年度交通运输部公路水运建设工程"平安工程"（图2）。

②北盘江大桥荣获第35届国际桥梁大会古斯塔夫斯金奖、世界最高桥吉尼斯世界纪录、贵州省黄果树杯优质工程、2018年第35届国际桥梁大会金奖、中国公路学会特等奖、金鹿杯。相关获奖证书如图3所示。

③总溪河特大桥获全国公路建设最高质量奖——李春奖（图4）。

图2　2016—2017年度交通运输部公路水运建设工程"平安工程"

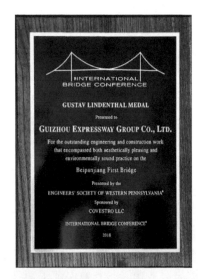

图3　获奖证书

图4　李春奖奖杯

四、推广建议

（1）本项目毕都北盘江大桥安全保障的创新技术已在全线得到推广验证，产生了巨大的直接经济效益，适合推广应用于国内外山区大跨桥梁的设计、施工与运营管理方面，其条件成熟、前景远大。在项目实施完成后，可为国内外具有类似环境的大跨径钢桁梁斜拉桥的设计、建设和运营提供极其重要的指导意义，为我国交通的基础建设带来可观的经济社会效益。项目为"平安交通"建设提供典型示范。

（2）本项目瓦斯隧道的安全保障创新技术成果是对《公路隧道设计规范》（JTG D70—2004）的完善和补充，适用于两车道高速公路瓦斯隧道勘察设计、施工与运营管理，其他类型的公路隧道可参照执行。鉴于我国西南片区（贵州、重庆、四川、云南等）具有大量煤系地层，随着高铁、快铁、高速公路等基础设施的建设持续向煤采区推进，还将有大量瓦斯隧道陆续开工建设，本项目技术通过总结提炼与工程示范，形成了瓦斯防治综合技术框架体系，已具有良好的推广条件，在瓦斯隧道安全保障与灾害防治方面，应用前景十分广阔。

（3）本项目编制的《贵州省公路工程安全性设计指南》地方标准颁布实施后，直接指导了贵州"十二五"期间的高速公路大会战，一批新型的交通安全防护设施的应用，为行业提供了典型示范，具有极大的参考意义。随着我国高速公路的不断发展，发展区域将逐步从平原地区过渡到山区，山区高速公路未来将成为发展的主要地区，在面临山区地理条件限制、特殊的气候条件问题等方面，本项目不仅能提升山区高速公路危险路段的安全防护等级，而且能深入贯彻"无缝防护"思想，以人为本，消除隐患，为山区高速公路的建设及运营安全提供有力的技术支撑和保障，发展前景广阔。

五、应用评估

本项目团队是在贵州省交通运输厅及贵州高速公路集团有限公司的直接领导下，依托毕都高速公路项目办，以交通运输部公路科学研究院作为总体技术支撑单位，联合招商局重庆交通科研设计院有限公司、贵州省交通规划勘察设计研究院有限公司以及相关高校、企业组成的技术团队。本项目利用毕都高速公路工程这个平台展示了近年来行业在特大桥、瓦斯隧道及路侧安全防护方面的集成应用，任务重、内容多、工作量大、涉及单位较多，组织分工明确，产、学、研密切配合，多专业协同攻关，项目人员本着高度的责任感和使命感，出色地完成了各项创新研究与推广，不仅保障了毕都项目施工运营安全，也为行业进步提供了典型示范，产生了良好的经济、社会和生态效益。

案例 21 ▶ 基于车辆联网联控的道路运输安全风险管控及隐患治理平台

基本信息

项目名称：基于车辆联网联控的道路运输安全风险管控及隐患治理平台

申报单位：山东航天九通车联网有限公司

成果实施范围（发表情况）：山东省部分两客一危车辆

开始实施时间：2019 年

项目类型：科技兴安

负责人：杨广智

贡献者：陈继珺、申　亮、王晓宏、韩恩超、马德林

案例经验介绍

一、背景介绍

在与道路运输事故有关的"人、车、路、环境"诸因素中，人是最主要的因素。在人的因素中，相对于非机动车驾驶人、行人、乘车人，驾驶员是基本元素、关键要素、决定因素。据统计，2012 年以来全国较大等级以上道路运输安全事故中，90% 以上是由驾驶员违法驾驶、操作不当所导致的。从道路运输安全事故中驾驶员的因素看，最常见的原因是疲劳驾驶、违章超载、超速行驶、违章停车、安全风险源辨识不准、注意力分散、应急处置不当等。

为预防和减少道路交通事故，有效遏制和减少重特大事故的发生，按照党和政府、行业主管部门要求，道路运输车辆动态监督管理已普遍实施多年，视频监控报警技术等道路运输安全科技保障手段也正在推广应用。但是，国家安全监管总局、交通运输部发布的《道路交通运输安全发展报告（2017）》显示，虽然近年来我国道路交通事故降幅明显，但事故死亡人数、事故起数依然处于高位状态，重特大道路交通事故时有发生，道路交通安全问题依然突出。2017年以来全国各地接连发生的多起重大道路运输事故，暴露出运输企业动态监控主体责任落实不到位，联网联控系统的科技支撑作用并没有得到有效发挥，须进一步提升联网联控系统应用水平，对驾驶员违章等行为督促整改落实，形成闭环管理长效机制。山东航天九通车联网有限公司建设、运营的"道路运输安全风险管控及隐患治理平台"，以联网联控系统为基础，应用北斗卫星定位、人工智能、车联网及大数据分析处理技术，实行风险分级管控及隐患排查治理双重预防，实现了道路运输安全关口前移、科学预防，能体系化、多维度、全方位安全监管，在应用科技手段降低道路运输安全隐患、落实安全监管主体责任、提升道路运输安全的可控性方面效果显著。

二、经验做法

"道路运输安全风险管控及隐患治理平台"包括多个子系统，子系统间数据共享，综合应用，实现了对道路运输安全生产风险、事故隐患的双重预防、闭环管理。

风险分级管控子系统可编制、管理风险管控清单及管控措施，能将设施设备及运输作业过程中可能存在的风险源纳入统一管理，可为风险源识别提供依据并明确责任人。

车辆动态监控管理子系统、智能视频监控报警子系统、联网联控考核统计子系统、车辆（轮胎）状态智能监控子系统等子系统，可将风险管控清单中的风险源项目自动识别或人工识别为事故隐患，并进行现场整改，对未能现场整改的隐患，还能将其纳入事故隐患治理子系统进行后续处理。

事故隐患排查治理子系统可进行事故隐患登记告知、治理整改、整改反馈、整改验收，通过对隐患的闭环管理，能提高隐患排查治理的效果和效率，达到降低道路运输安全事故发生率的目的。

安全智能教育子系统与隐患排查治理子系统数据共享，可对企业三类人员、驾驶员进行定制化、针对性培训及考核。

（一）风险分级管控子系统

1. 风险管控清单

风险管控清单功能模块，可将车辆运行中与驾驶员、设施设备有关的风险点生成风险管控清单，明确风险等级、管控措施、管控等级、责任单位及责任人。通过建立完善和严格的安全生产责任制，可加强对从业人员安全行为的动态监管和规范引导。

用户可根据风险识别、评估情况，明确风险管控清单。"两客一危"企业共性的且可通过平台将各监控子系统进行管控的危险源项，平台将设置为默认危险源项，主要包括：超速，疲劳驾驶，不按规定路线行驶，开车使用手机等违法驾驶行为，开车抽烟、闲谈、饮食等其他妨碍安全驾驶的行为，危险路段（集市、学校、城乡接合部、桥梁等）行车，恶劣天气（暴风雨、大雾、雪天、沙尘暴等）行车，夜间、凌晨行车，轮胎磨损、胎温胎压异常等。

用户可根据本企业情况修改评价级别、风险级别、管控层级、管控单位、管控责任人等。

2. 持续改进

持续改进功能模块：由用户根据危险源的改进情况，对风险管控清单中的内容进行编辑、删除操作。

3. 统计查询

风险分级管控统计查询功能模块：可对风险点、危险源等项目，按等级、名称等进行统计查询。

（二）车辆动态监控子系统

车辆动态监控子系统能自动识别或通过监控人员人工识别风险管控清单中的部分危险源，并将其作为事故隐患提醒驾驶员进行现场整改。

自动识别的危险源包括：超速，疲劳驾驶，不按规定路线行驶，危险路段，夜间、凌晨行车等。

可人工识别的危险源主要包括：通过视频监控到的危险源，如高速公路倒车、违章停车、占用应急车道、逆行、（客车）超载、开车使用手机等违法驾驶行为，开车抽烟、闲谈、饮食等其他妨碍安全驾驶的行为，以及恶劣天气（暴风雨、大雾、雪天、沙尘暴等）行车等。

（三）联网联控考核统计子系统

联网联控考核统计子系统统计各项考核指标，同时对考核异常项目进行细化分析，将疑似驾驶员人为干扰及车载终端故障等分析结果作为隐患，提醒驾驶员、监控员及安全管理人员进行现场整改。

（四）智能视频监控报警子系统

智能视频监控报警子系统自动识别正在发生的车道偏离、车距过近等风险源，疲劳驾驶、开车使用手机等违法驾驶行为，以及开车抽烟等其他妨碍安全驾驶的行为，并将其作为事故隐患提醒驾驶员进行现场整改。

（五）智能轮胎监控子系统

智能轮胎监控子系统能自动识别轮胎磨损、胎温胎压异常等危险源，作为事故隐患提醒驾驶员进行现场整改。

（六）事故隐患排查治理子系统

事故隐患治理子系统包括以下功能模块：

1. 事故隐患登记及告知

上述各监控子系统自动识别及监控人员人工排查出的事故隐患，都记录在"事故隐患登记"功能模块中。

驾驶员现场整改的事故隐患，将直接标注为"已现场整改"；驾驶员未进行现场整改的事故隐患，可根据预先设置情况，告知企业法人、安全负责人、安全员等相关责任人。

2. 治理整改

用户可以下发隐患整改通知书，对隐患整改责任单位、措施建议、完成期限等提出要求。

对驾驶员的整改措施建议（包括加强法规和案例安全教育培训），可直接转入安全智能教育子系统进行设置。

3. 整改情况反馈

收到隐患整改通知书的用户，可在"整改情况反馈"中提交整改结果。

4. 整改情况验收

发出整改通知书的用户，可对提交的整改结果进行验收，点击通过后隐患将会被验收，隐患流程变为完成或者延期完成。点击不通过的，则需要提交人去隐患整改界面里重新整改提交。

5. 隐患治理台账

隐患治理台账功能，可对隐患治理的各项记录进行统计查询。

（七）安全智能教育子系统

安全智能教育子系统与车辆动态监控子系统、智能视频监控报警子系统、联网联控考核统计子系统等记录、统计的违章行为及学习情况，将综合评分，并定制智能题库，增强教育及培训的针对性。

三、应用成效

（一）推动落实运输企业安全主体责任

平台向有违规现象的车辆所属企业发出预警提示，督促整改落实，为企业防范事故安全隐患、完善安全奖惩机制提供认定依据；推动企业落实安全生产主体责任，不断加强隐患治理和风险管控，建立健全覆盖生产经营各环节、责任明晰的安全生产制度，完善风险分级管控和隐患排查治理双重预防机制。

（二）完善运输企业安全管理责任体系

以运输企业"三类人员"为重点，建立健全从业人员安全素质管理制度体系、教育培训体系、考核评价体系、支持保障体系"四个体系"，切实提高从业人员安全生产法治意识、安全生产基本知识、安全生产专业技能、安全生产应急处理能力。

持续完善安全管理责任体系，建立举一反三吸取教训工作机制，切实制定出"职责明确、权责一致、边界清晰"的安全生产责任清单。

（三）有效发挥科技支撑作用

充分利用大数据资源，全面提高运输管理的智能化水平，包括科技支撑体系、预防控制体系、智能安全体系、快速应急系统等。

依托平台积累的大数据，为"互联网+"趋势下的政府安全管理和企业实现信息化服务提供支持，进一步完善安全平台的功能，提高交通运输科技创新能力，强化关键共性技术、前沿引领技术等研究和应用，促进科技成果的转化。

四、推广建议

（一）政府重视，做好顶层统筹规划

大幅度提高我国道路交通安全水平，应以智能化为途径，全面提高交通安全对策的系统性、科学性和有效性。实施智能安全大通道顶层规划设计，从国家、省、市三个层面提升智能安全大通道的智能化运营、管理与服务。

（二）加强保障，避免恶性竞争

要推广道路运输安全风险管控及隐患治理平台，需要加强组织保障，推动建设交通安全平台实施工作机制；要加强资金保障，完善政府主导、分级负责、多元筹资、风险可控的资金保障和运行管理体制；要加强实施管理，避免低层次"小散弱"市场主体的恶性竞争。

北斗实时高精度 GNSS 与多传感器增强的自动化变形监测预警

基本信息

项目名称：北斗实时高精度 GNSS 与多传感器增强的自动化变形监测预警

申报单位：广西西江集团红花二线有限公司

成果实施范围（发表情况）：广西柳江红花水利枢纽二线船闸工程上游引航道船 1-000 边坡滑移监测

开始实施时间：2018 年 5 月 6 日

项目类型：科技兴安

负责人：黄建勇

贡献者：赵明民、覃　权、万华柱、陆冠臻、易继勇

案例经验介绍

一、背景介绍

广西柳江红花水利枢纽二线船闸工程是自治区实施"珠江-西江经济带发展规划"的重点工程和西江经济带基础设施建设大会战的关键性工程。项目在红花水利枢纽一线船闸左侧新建一座2000t级船闸（兼顾3000t级船舶通航），闸室有效尺度为（280×34×5.8）m（长×宽×门槛水深），设计年单向通过能力为2860万t。工程概算总投资为25.56亿元。

项目位于柳江左岸，左岸高山耸立，其开挖后形成的边坡高度达50m，设计开挖底高程66.9m，顶高程为116.9m，地质主要为强风化泥质粉砂岩、粉砂岩。护坡结构共分为五级，上部三级边坡防护形式为菱形钢筋混凝土格构，下部两级边坡防护形式为锚索+抗滑桩。上游引航道船1-000距坡顶开口线50m处是500kV柳中甲线49#电塔，柳中甲线为超高压电路，是西电东输主干线，电力主要供应广东省。

在施工过程中，由于连续降雨影响，雨水

渗入土体，导致船1-000位置已开挖边坡有关地质参数指标降低，2018年3月14日下午在87m高程以上部分边坡发生边坡滑移，滑移体面积约3800m²，最大滑移高度约35m，滑移体体积约6万m³，最宽裂缝宽度50cm，最大沉降深度80cm，且存在继续发展的趋势。裂缝与边坡上500kV柳中甲线49#电塔最近距离为15m，对49#电塔稳定有重大影响。因此，红花二线工程船1-000边坡滑移问题必须快速、稳妥解决，否则将严重影响广东用电供应。

为确保49#电塔安全，公司会同当地电力部门数次组织专家、设计单位研究加固方案，提出了锚筋桩、混凝土抗滑桩、灌浆、回填反压等多种方案。由于49#电塔与裂缝间空间狭窄（宽度15m），无法大规模组织施工，为节省投资且为避免在工程施工过程中对该处土体扰动，最终决定采取回填反压措施，确保49#电塔短期内稳定，并于半年内完成了该电塔拆除及迁移工作。为监测加固施工期间滑坡体的位移情况，确保人员及设备安全，经对各种形式的监测方案进行对比分析，我司决定采取北斗实时高精度GNSS与多传感器增强的自动化变形监测预警方案（以下简称北斗智能监测新技术）。

二、经验做法

1. 监测原理

本次应急监测主要为表面位移监测，拟采用北斗GNSS定位系统测量法监测边坡表面的三维位移，利用北斗GNSS卫星发送的导航定位信号进行空间后方交会测量，从而确定地面待测点的三维坐标，其精度目前已经达到了毫米级。由于北斗GNSS监测不受天气条件的限制，可以进行全天候的监测，同时，观测点之间无须通视，且操作简单，定位精度高，因此，可以方便地对边坡表部位移实施动态监测。

自动化监测系统（图1）采用"现场自动采集器+服务器+网页查询分析+现场广播报警+短信邮件报警"的架构，通过数据箱自动化采集终端进行实时数据采集，利用物联网技术将观测数据实时发送至云服务器，服务器数据处理软件实时解算出各监测点三维坐标进行变形监测分析与预测，将获得的位移化量和变化速率与事先设定的预警值进行比较，若监测点的变化量和变化速率超过预警值，则进行报警，提示相关项目人员采取相关措施。

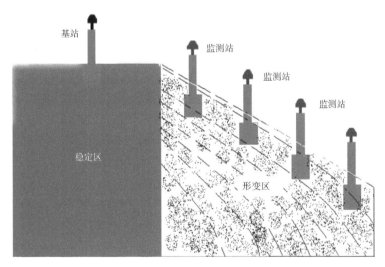

图1　自动化监测系统

2. 滑坡体监测设计

监测网的形成不仅体现在平面上，更重要的是体现在空间上的展开布置，对于关键部位（如可能形成的滑动带）、重点监测部位及可疑点应增加监测点。针对红花二线船1-000滑坡的性质及现场情况，在49#电塔的塔基对角方向（边坡滑动方向）2个基脚处安放2个监测点，用以控制塔基的水平位移量和竖向沉降量，在滑坡裂缝两侧垂直裂缝方向布设3对监测点（6个），在电塔对面稳定的山顶布设一个基准点，共布设8个监测点及1个基准点，滑坡监测点布置图如图2所示。

滑移体断面图如图3所示。

监测点实物图如图4所示。

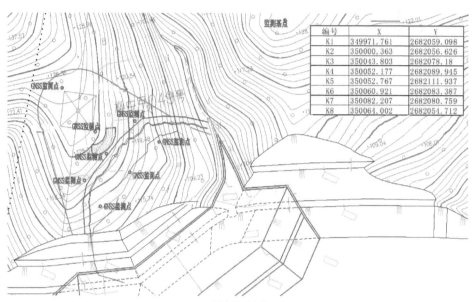

编号	X	Y
K1	349971.761	2682059.098
K2	350000.363	2682056.626
K3	350043.803	2682078.18
K4	350052.177	2682089.945
K5	350052.767	2682111.937
K6	350060.921	2682083.387
K7	350082.207	2682080.759
K8	350064.002	2682054.712

图2　滑坡监测点布置图

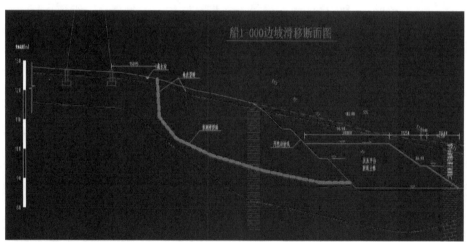

图3　滑移体断面图（红线加粗部分）

图4　监测点实物图

三、应用成效

根据变形监测相关规定，结合红花二线船闸工程船1–000边坡现场情况，设定本次滑移监测总位移量预警值为10cm，瞬时位移预警值为0.5cm/s。自2018年5月初启用北斗智能监测系统，到2018年12月底安全拆除49#电塔，根据该北斗监测系统记录数据显示，船1–000边坡滑移体累计最大位移发生在编号0009点，位移量为9.5cm，位移方向为竖直方向，期间未出现瞬时位移监测报警，说明在采取回填反压及坡面防水措施后，该边坡滑移体基本处于稳定状态。

北斗监测相对于传统监测的优势如下：

（1）监测智能化。人工监测从开始监测到后期成果输出，全程需作业人员参与，人力资源占用大，且易受人为因素影响，成果偏差率较高。北斗监测自安装、调试完成后，监测系统自动化运行，后期人力资源占用极小，监测成果受人为因素影响小，偏差率低。

（2）全天候监测。由于夜间无光照，人工监测几乎不可能实现长期全天候实时监测，而北斗监测则不受光照及气候影响，可全天候监测，大大提高了监测效果。

（3）监测数据跟踪便捷，监测成果直观。人工监测在现场完成测量作业后，需另行统计分析数据，监测数据实时性差，且期间监测对比成果不直观。北斗监测系统监测数据分为瞬时位移量及期间（可为一天、一周等）总位移量，可随时随地在计算机端或手机端查看相关数据，监测数据跟踪便捷，监测成果直观。

（4）安全隐患低。在实际中，不少监测区属危险区，如本次监测的边坡滑移体，有再次滑移的可能，作业人员在上面进行监测作业，有很高的安全隐患，而北斗监测不需人员长期在监测区作业，安全隐患很低。网页版监测平台-监测点管理、时间序列及手机版监测系统分别如图5、图6、图7所示。

图5　网页版监测平台：监测点管理

广西柳江红花水利枢纽二线船闸工程是广西首个成功运用的北斗智能监测新技术开展工程边坡安全监测的水运工程项目。

北斗智能监测新技术克服了传统监测方法（人工观测）人工量大、观测数据精度容易受人为或环境因素影响、操作复杂等缺点，实现了高精度、自动化、24h全天候精密监测、监测数据实时分析查询、监测预警等功能，满足了对工程监测的所有要求。

该技术的成功运用，为红花二线船闸工程49#铁塔迁改决策提供了科学依据，使49#铁塔的临时加固方案可优化成滑坡体底部反压方案，该施工方案较锚筋桩、混凝土抗滑桩等加固方案缩短了约2个月以上施工工期，并减少了对滑移体的扰动，确保实现了半年内完成49#电塔拆除及线路迁移的目标，同时节省了工程投资约300万元。

图6 网页版监测平台：监测点时间序列

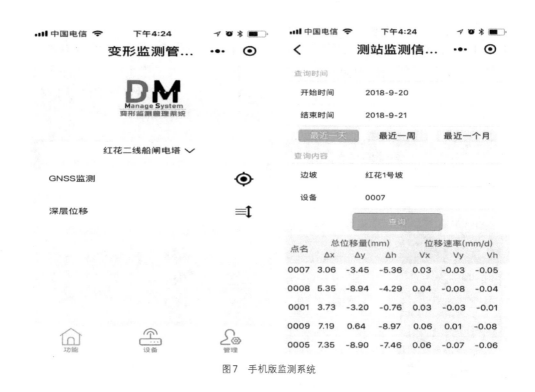

图7 手机版监测系统

四、推广建议

北斗智能监测新技术实现了高精度、自动化、24h全天候精密监测、监测数据实时分析查询、监测预警等功能，满足对工程监测的所有要求，可推广至公路、大坝、矿山、高层建筑物等应用领域，具有较好的市场应用前景。

五、应用评估

经广西测绘学会评审，2018年11月北斗实时高精度GNSS与多传感器增强的自动化变形监测预警平台被评为2018年广西测绘地理信息科学技术奖二等奖。

长江六圩河口联合监管工作项目

基本信息

项目名称：长江六圩河口联合监管工作项目

申报单位：镇江海事局

开始实施时间：2017 年 4 月

项目类型：安全管理

负责人：张金宝

贡献者：姚　亮、汤同明、毛邦国、胡丰明

案例经验介绍

一、背景介绍

六圩河口位于长江与京杭大运河交汇水域，是全国最大的内河"十字"交汇节点。六圩河口水域面积不足$1km^2$，狭小的水域却有9股船流在此交汇，日均船舶流量高达2500余艘次。各类海船、江船、运河船航经此处，既有15万t级的大型船舶，也有进出运河的"一条龙"船队，同时还经常发生渔船捕捞碍航，小货郎船、小交通船进出等情况，通航环境异常复杂，险情事故数量一度占到长江干线总数的1/10，是有名的长江"老虎口"。

为破解六圩河口安全监管难题，镇江海事局、扬州海事局在江苏海事局的统一部署下，创新提出了"水域共管、责任共担、资源共享"的工作思路，成立了镇扬六圩河口联合监管办事处，探索实施"错时巡航、弹性出航、交叉巡航、特殊时段巡航"的巡航执法机制，率先开启了"共建共商共管"联合监管新模式。

二、经验做法

（1）探索了相邻交界水域监管新模式。镇江海事局、扬州海事局根据"水域共管、责任共担、资源共享"的工作思路，调派2艘60m海事艇船、2艘执法艇和8名执法人员进驻六圩河口，成立了镇扬六圩河口联合监管办事处，有效整合了"人、艇、物"资源，实现了海事内部资源共享和执法监管力量向一线集中；制定《六圩河口联合监管办事处工作规则》，首次明确六圩河口水域发生等级事故的事故指标和监管责任由双方共同分担、船舶非法作业和违章航行造成的影响和监管责任由双方共同承担，筑牢了联合监管的制度基础；创新探索实施了"错时巡航、弹性出航、交叉巡航、特殊时段巡航"的巡航执法机制，通过重点时段现场巡航驻守，充分发挥现场巡航的机动性和针对性，大幅提升了发现险情、处置险情、消除隐患的效率。

（2）创新了干支交汇水域管控新机制。借鉴道路交通规则，研究制定了《船舶进出长江六圩河口安全操作指南》，创新推出"环岛式"航法，有效解决了长期以来存在的进出河口船舶互见困难、"一条龙"船队进出河口无序等难题。按照"红灯停、绿灯行、黄灯谨慎慢行"原则，探索实施"分时通行、分类组织、分级管控"的交通组织方法，解决了进出河口船舶"何时走、谁先走、如何走"的问题。开展河口、过驳区、锚地协同管理工作，与江苏省施桥船闸、扬州市城区地方海事处、镇江水上过驳管理公司等单位，在信息交换共享、联动巡航执法、违章船舶协查、河口联合搜救等方面建立联动协调机制，有效提升京杭运河船舶情况的掌握能力。

（3）开展了智慧海事科学监管新应用。联合科研机构在六圩河口水域试点建设了"水上电子警察系统"，初步实现了远程视频监控指挥、航行违章智能监测、违章行为自动通知、重点船舶自动跟踪、航行风险自动告警等五大功能。建设了通航大数据平台，通过整合AIS、VTS、CCTV和六圩河口水域三维地图等信息，最大限度地把各类数据和资源集中起来统筹使用。建设了海事图像运用平台，布设了3台高清摄像机和3台星光级球形摄像机，对河口水域360°全景全天候视频监控，现场海事人员通过VHF、定向扩音器等设备叫停船舶危险行为、降低事故险情风险，实现河口水域监管服务可视化、智能化、现

代化。

（4）创建了"长江水上交通第一岗"品牌。深化实施海事艇船"四统一五规范"（统一外观标识、统一功能区划、统一执法装备、统一执法标准，规范机构设置、规范人员配置、规范学习训练、规范执法执勤、规范言行举止）建设，创新设置"1+6+N"功能区划，实现政务服务区、执法办案区、安全宣教区、视频监控区、装备保管区和学习生活区"六区分离"。精心打造了"长江水上交通第一岗"文化展厅，综合运用全息影像、电子沙盘、软膜灯箱等技术手段，集中展示了六圩河口地理环境、历史文化、精神理念和监管成效。以"责任、坚守、奉献"为理念，围绕"践行六圩精神、守护六圩平安、打造六圩经验"，引导职工干好本职工作，全力打造科学监管服务为民新形象。

三、应用成效

六圩河口联合监管实施以来，河口水域通航秩序得到有效规范，船员安全意识和遵规守纪意识明显增强，险情事故预防预控水平极大提升，发生险情数同比下降74%、发生事故数同比下降67%。联合监管有效整合了共管单位的执法资源，推动执法力量前移，营造了齐抓共管、你追我赶的良好氛围，形成了攻坚克难、锐意进取的强大合力，有效提升了海事监管效率和执法权威。现场监管实现了以电子巡航和现场驻守有机结合的新型工作模式，改变了以往完全依靠海巡艇现场巡航驻守的传统方式，大大减少了执法人员的工作强度，提高了工作效率，提升了应急水平，为智慧海事建设探索了新路径。

四、推广建议

一是健全完善河口水域联合监管工作机制，提升联合监管效率，全面夯实"水域共管、责任共担、资源共享、文明共建"工作基础，适时对"环岛式"航法、"红绿灯"管控模式开展评估总结，根据实际情况加以改进完善；二是充分利用科技手段，发挥信息技术在水上安全监管中的支持保障作用，借鉴船舶通航大数据平台、水上

电子警察和远程视频监控指挥等系统，争取实现航行违章智能监测、违章行为自动通知、重点船舶自动跟踪、航行风险自动告警、交通管控辅助提醒等功能，实现船舶精准化服务。

五、应用评估

1. 实施开始时间

2017年4月以来。

2. 实施情况

为破解六圩河口安全监管难题，镇江海事局、扬州海事局在江苏海事局的统一部署下，以"水域共管、责任共担、资源共享"为原则，成立了镇扬六圩河口联合监管办事处，探索实施"错时巡航、弹性出航、交叉巡航、特殊时段巡航"的巡航执法机制，率先开启了"共建共商共管"联合监管新模式。随后，创新推出"环岛式"航法、"红绿灯"管控模式，建设船舶通航大数据平台和水上电子警察等系统，开展"河口、过驳区、锚地"协同管理，与江苏省施桥船闸、扬州市城区地方海事处、镇江水上过驳管理公司等单位建立联动协调机制，强化信息交换共享、联动巡航执法、违章船舶协查、河口联合搜救等工作，全力打造科学监管服务为民新形象。

3. 实施范围

长江六圩河口水域。

4. 成果成效及努力方向

长江六圩河口联合监管工作的实施，有效破解了交界水域监管薄弱、责任交叉的难题，实现了对重点通江河口的全天候驻守监管，有效遏制了险情事故多发态势，事故险情下降74%，形成了相邻交界水域管理的"六圩经验"。2018年，交通运输部党组书记杨传堂、副部长何建中，长航局局长唐冠军到六圩河口联合监管办事处考察调研，给予了充分肯定和高度评价。杨传堂书记特别指出："江苏六圩河口海事执法基地很正规，身处海事监管一线，是'长江水上交通第一岗'。"下一步，基地将认真贯彻落实杨传堂书记在六圩河口海事执法基地调研提出的"履行好第一岗的责任、争创第一流的业绩、发挥第一流的作用"的指示要求，以"安全监管创一流、服务群众创一流、规范管理创一流、队伍建设创一流"为主线，不断探索和创新联合监管工作举措，总结提炼形成可复制、可借鉴、可推广的内河相邻交界水域安全管控经验，努力打造人民群众满意的"长江水上交通第一岗"。

案例24 ▶ 三峡船闸集中控制模式操作
容错能力提升研究及改造

基本信息

项目名称：三峡船闸集中控制模式操作容错能力提升研究及改造

申报单位：长江三峡通航管理局

成果实施范围（发表情况）：三峡局

开始实施时间：2015 年

项目类型：科技兴安

负责人：杨全林

贡献者：艾　辉、李大洪、望　昊、朱小龙、周　慧

案例经验介绍

一、背景介绍

三峡船闸是世界上运行级数最多，总体规模最大的船闸。它的运行由先进的自动化控制系统控制完成，可实现集中控制与分散控制两种方式操作。一般情况下，船闸运行均采用集中控制模式操作（简称集控操作）。三峡船闸现行的集控操作主要是一人发令，一人操作的"双复核"模式，即由集控排挡员判断满足船闸运行条件后向运行操作员口头发出操作指令，运行操作员复核情况后执行指令并全程监视船闸运行情况。

集控操作具有船闸运行信息感知全面、运行操作简易等优点，极大地提高了船闸运行效率。但在享受集控操作带来的便捷的同时，风险也随之伴生。经过十余年的运行，三峡船闸现有集控操作风险逐渐暴露，安全隐患不断凸显，亟须对其操作流程进行全面梳理和研究，多举措并行，提升集中控制模式操作容错能力。

二、经验做法

根据集控操作风险分析，可知集控操作风险主要有"集控操作指令发布和复核风险""集控误操作风险"两种，导致这两种风险产生的根本原因都是"人"，任何管理措施或流程都无法完全、有效消除这种风险。因此，我们采取技术和管理两种手段，提高系统容错能力。主要措施如下：

1. 集控操作台增设"关闸"指令双控按钮盒

在集控操作台的排挡位增装一套"关闸"双控指令按钮盒，实行"关闸"指令双控操作。增加双控按钮盒后，只有当集控操作员2人在位，"同时"按"同一闸首"的"关闸"按钮，关闸指令才能发出。将集控2人复核确认流程物化，变软约束为硬约束。

增设双控按钮后，一是将2人在岗操作的要求变成为硬约束；二是最大限度地降低误掀"关闸"指令按钮的概率；三是强化运行条件复核责任，排挡员同掀"关闸"按钮要负安全责任，操作前必须询问并复核闸次运行程序启动条件，以责任约束和保障指令复核流程。

2. 增加一套船闸关键动作语音提示装置

增设"关闸""动水关阀"两个关键动作指令语音提示装置。在集控操作台下增设语音提示装置，受集控PLC"关闸"指令和"动水关阀"指令驱动，完成对应语音播报。

通过新增关键动作语音提示，从视觉和听觉两方面增强操作员自我检错和感知能力，促进其及时发现并应对操作行为，降低集控误操作所带来的风险。

3. 定制提醒和警示标志

对操作台的重要按钮和易出错部分用醒目标志标出，同时新增一套应急检修提示牌，防止运行人员误操作正在检修的设备。

三、应用成效

通过技术手段将原先1人接收指令和执行指令固化为2人同时操作，仅在两人同时出错的情况下才可能出现误操作，可以将指令操作风险降低为原来的25%。

综合来看，结合提醒和定制警示标志措施、新增操作语音感知功能等措施，可将原集控操作安全风险进一步降低。根据现场试验和长期使用经验看，这些措施可以进一步将集控操作安全风险至少降低至原先的20%以下。

四、推广建议

三峡船闸是三峡工程的重要组成部分，具有政治敏感度高、社会关注度高等特点，任何疏忽错误都可能带来重大安全事件和严重后果，有利于船闸安全、高效运行的措施都十分必要。本次三峡船闸集中控制模式操作容错能力提升研究及改造切实提高了船闸集控操作的安全性，消除了部分安全隐患，为三峡船闸安全高效运行增加了一重必要的安全防护。

五、应用评估

目前船闸行业集控系统指令操作设计主要着眼于功能需求满足，从管理和安全角度进行专门的人机交互优化设计比较罕见。通过本项目在三峡船闸的设计和实践，可以为船闸行业集控操作台设计和优化改造提供较成熟有效的参考和借鉴。本项目成果也可以作为具体的设计要求，在条件成熟时应用于三峡船闸新通道建设中。

案例25 ▶ 创建上海轨道交通车站突发事件应急处置"四长联动"机制

基本信息

项目名称：创建上海轨道交通车站突发事件应急处置"四长联动"机制

申报单位：上海市交通委员会轨道交通处

成果实施范围（发表情况）：上海轨道交通全路网（发表论文"上海轨道交通运营突发事件应急处置社区联动机制的探索"）

开始实施时间：2017 年 1 月

项目类型：安全管理

负责人：戴　祺

贡献者：杭　海、刘轶骏、艾文伟、阚　康、耿凯亮

案例经验介绍

一、背景介绍

随着上海轨道交通网络规模不断扩张、系统关联性不断增强，其在城市运行中的作用日益凸显，轨道交通运营安全直接关系到乘客日常出行与城市运行平稳，运营管理水平和突发事件应急处置能力也成为社会关注的焦点。综观轨道交通系统重大突发事件，例如火灾、恐怖袭击、大面积延误等，不仅会直接引发轨道交通站内大客流拥挤，还可能导致周边区域地面交通拥堵、人流集聚、短时难以疏散等险情，单一依靠轨道交通企业自身开展应急处置疏散大客流已无法适应城市交通一体化的需求，难以有效地解决现场人流秩序维护、疏散等问题。因此，针对不断扩张、复杂的路网规模，面对地铁超大客流的应急疏散，传统应急管理模式已难以有效应对，须建立一套车站与属地上下应急联动处置机制体系，解决地铁大客流疏散的难题。目前超大城市的地铁网络化运行带来的应急疏散、信息传递、客流管控、秩序维护、周边地面交通受扰等现状问题，

已经成为城市交通亟待思考与解决的重要课题。

二、经验做法

1. 世纪大道站试点建立"四长联动"机制

本项目选取目前路网换乘线路多、客流量大、车站结构复杂的世纪大道站作为试点车站，围绕联动各方职责分工、对接形式、协议签署、预案编制、应急演练、设备配置、专项培训等方面探索工作机制与流程，验证联动机制的普遍适用性，为全路网推广建立"四长联动"机制奠定坚实基础。

2. 制定"四长联动"机制推广方案

本项目基于市政府关于《本市建立轨道交通车站应对突发大客流"四长联动"应急处置机制方案》的工作要求，精心策划制定了《上海轨道交通车站建立"四长联动"机制总体方案》，明确建立车站站长、轨道公安警长、属地派出所所长、属地街镇长各方工作职责及工作原则、工作机制、工作要求；确定全路网车站普通车站、站区相结合的推广方案，充分利用各车站所属属地划分降低工作开展的重复性，实现资源共享最大化，为推动"四长联动"机制推广建立提供有力保障。

3. 编制"四长联动"应急预案

本项目结合目前上海轨道交通大客流处置及公家配套保障工作，根据联动各方职责分工明确预案启动流程、联络方式、力量编成、人员位置、处置措施等；建立应急联动梯次增援机制，明确增援梯次等级及不同等级下的启动要求、增援人数及布岗图等，确保按岗到位、分工协作；建立应急处置组织机构备案机制，强化应急联动，有效提升应急响应效率。

4. 开展应急联动实战演练

为验证"四长联动"机制的合理性，形成发现问题、分析问题、解决问题的良性循环，本项目因地制宜精心策划应急演练方案，组织开展应急联动实战演练：全路网各车站每半年至少开展一次"四长联动"应急演练，不断检验"四长联动"机制与实际运营情况的协调一致性，提高联动机制的可行性和现场可操作性。

三、应用成效

1. 路网车站"四长联动"机制签约率 100%

全路网既有线路 362 座车站划分为 90 个站区、121 个普通站，全面推进"四长联动"机制推广工作。同时，上海轨道交通 9 号线三期、17 号线、5 号线南延伸、13 号线二期新线开通后，积极开展新线"四长联动"机制建立推进工作，确保了新线联动机制建立工作落实到位。截至目前，全路网在营车站均已完成"四长联动"机制建立工作，签约率达 100%。

2. "四长联动"各方响应及时有效

"四长联动"机制建立实施以来，已在上海轨道交通"4.14"触网故障事件、"4.25"信号故障事件等多次运营突发事件中得到运用，响应效率及联动效果显著。联动各方按照机制要求、预案流程迅速响应突发事件处置，基本能够在 15min 内到岗，满足了大客流快速疏散的迫切需要。

与此同时，"四长联动"机制对于周边地区及相关救援部门的联动效果也较为显著，联动机制的建立可以在短时间内快速集中公安、属地街镇、公交公司、学校志愿者等外部力量，各岗位各司其职、分工协作，充分发挥了属地资源在滞留乘客疏散、地面交通疏导中的重要作用，极大地缓解了大客流所带来的安全风险和社会舆论压力。

四、推广建议

（1）深入推进"四长联动"精细化管理试点，充分利用"一图一表"及"提示卡"，强化联动各方应急响应高效沟通和联动配合。

（2）进一步拓展社区联动力量类型，挖掘属地可利用的有效资源，积极探索"4+X"工作机制，强化外部资源有效利用。

（3）积极拓宽联动机制应用范畴，除目前已运用的大客流应急处置外，可推动联动机制向轨道交通常态"四乱"整治、地铁保护区巡查等运营管理方面深入，深化"地铁安全、社会共治"的理念。

五、应用评估

1. 多方联动

"四长联动"机制打破了以往轨道交通运营内外部各自作战的壁垒，改变了过去站内、站外互不联通的"闭塞"状态，充分发挥了属地资源的优势，从而增强应急联动资源合力，提升各方力量之间的应急响应时效性与乘客疏散的效率，切实做到了车站与属地的多方联动。

2. 强化"政企联动"

从"四长联动"机制建立到试点开展，再到全路网推广建立，均得到了地铁全网络属地各区政府的全力支持，并形成了全市各街镇与地铁车站全面联动的工作机制，为"四长联动"机制的推广实施奠定了坚实的基础，进一步促进了轨道交通运营企业与政府部门之间的协同配合，对于保障城市交通安全运行、乘客安全出行具有非常重要的意义。

3. 促进地铁安全共治

一方面，对于轨道交通运营管理而言，"四长联动"机制为进一步推进"地铁共治"理念的深化提供了一种思路，可向其他运营管理方面渗透和复制推广。例如，基于"四长联动"机制，可充分发挥联动各方资源优势，联合开展车站"四乱"常态整治，以改善站车环境，从而为突发条件下应急疏散创造有利条件；以"四长联动"机制为参考，将安全保护区巡查纳入市网格化综合管理标准事件，进一步降低外界因素带来的运营安全风险。以上均是"四长联动"机制有利于促进地铁安全社会共治理念落地的有力证明。

另一方面，"四长联动"机制是全行业首次提出的一种社区联动机制，为其他城市地铁安全共治提供了参考。例如，首届进口博览会期间，鉴于"四长联动"机制取得的成效，昆山轨道交通也积极强化11号线昆山段3个车站"四长联动"机制的推广，全力为进口博览会保驾护航。

大力推进安全文化建设 提升行车安全管理水平

项目名称：大力推进安全文化建设，提升行车安全管理水平

申报单位：北京公共交通控股（集团）有限公司

成果实施范围（发表情况）：北京公交集团公司所属客运分公司

开始实施时间：2017年6月

项目类型：安全文化

负责人：杨　斌

贡献者：张　晋、王燕海、戎建涛、崔清德

一、背景介绍

北京公交集团公司是全市最大的专业客运企业，承担着北京地面公交的主体任务，肩负着维护首都良好交通秩序的神圣责任。截至2018年底，集团公司共有员工94946人，运营驾驶员4.5万名。在册运营车辆29984辆，常规运营线路860条，多样化线路460条，线路总长1.86万km。运营1条现代有轨电车线路——西郊线。全年行驶12.07亿km，客运量30.17亿人次。

近年来，北京公交集团行车安全工作以遏制重大和有社会影响事故为工作重点，坚持问题导向，深入推进安全文化建设，持续开展路口安全通行、礼让斑马线、保持驾驶精神集中等各类安全整治活动，圆满地完成全国两会、中非合作论坛北京峰会等重大政治活动期间的行车安全保障任务；消灭了群死群伤事故和重大社会影响事故，责任亡人事故、交通违法率持续保持较低状态，为企业深化改革和实现平稳向好工作目标奠定了良好基础。2018年，公交集团公司荣获北京市"市级交通安全优秀系统"荣誉称号。

二、经验做法

驾驶员是安全管理的终端，驾驶员队伍素质的全面提高是构成企业安全稳定局面和保障企业改革发展最坚实的基础。一方面公交是城市文明窗口，驾驶员是道路交通法规的执行者、运营车辆的操作者，其言行直接影响着首都交通秩序和声誉；另一方面公交驾驶员单独作业，在经常面对复杂交通环境和各类突发情况下，驾驶员素质、技术标准要求高，行车中稍有不慎，极易发生重大事故，给首都带来不良影响。因此，在新形势下，所有安全管理的目标、过程具有同一性，必须有利于驾驶员素质的全面、迅速提高。为培养出一支思想作风过硬、职业道德优良、操作技术优秀的驾驶员队伍，公交集团公司采取多种方式，大力推进安全文化建设，促进运营驾驶员队伍的整体素质提高。

（1）运用仪式文化提高驾驶员安全行车、遵章守纪的责任意识。为深化企业安全文化建设，培育全体驾驶员牢固树立"安全第一，生命至上"的安全行车文化理念，丰富和完善行车安全管理手段方法，2017年公交集团公司组织各客运单位对所属的公交1路车队开展运营驾驶员班前安全宣誓工作进行观摩学习，并将推广驾驶员班前宣誓列入当年的重点工作。为推进驾驶员班前安全宣誓工作，集团公司制定了《关于进一步做好驾驶员班前安全宣誓及安全诵读工作的通知》，规范了宣誓台规格、誓词内容等。截至2018年底，全集团公司有57个公交站点按要求设置了规范的宣誓台，涉及116条运营线路。8400余名驾驶员参加班前宣誓意识。公交345快、322路、691路、44路、945路及西郊有轨电车等线路在实施班前安全宣誓工作后，严肃性和庄重感使驾驶员安全责任意识明显增强。2018年岁末，北京市委书记蔡奇，到公交44路长春街车队慰问公交干部职工，对公交集团公司这一做法给予了充分肯定。

同时，在暂不具备宣誓条件的车队，采取了驾驶员班前诵读安全知识方式，实行强制记忆的方法，让驾驶员掌握近一时期行车安全工作措施、预防管理重点。诵读内容包括：交通安全法律法规相关条款；重大政治活动、节日、季节安全行车要求；运营车辆通过路口、进出站、人行横道及恶劣天气安全行车措施等。具体诵读内容由各客运分公司及基层车队结合工作实际自行确定，要求短小简练、通俗易懂、主题鲜明，同一诵读内容至少持续一周时间。

（2）举办以"珍爱生命、无危则安"为主题行车安全文化论坛。论坛结合公交行车安全发展形势和需要，邀请公安交通民警，以如何遵守交通安全法规、确保道路交通安全为题，分析事故的原因，做好行车事故预防、现场处置；企业安全管理人员通过驾驶员风险评估，紧抓人的因素和安全管理的"广揽、慎用、严管、勤教"八字法，谈到了他们从事安全管理工作的体会和经验；车载设备科技公司和保险公司的专家，以智能辅助预警系统建立驾驶员信用档案和保险理赔及风险管理为例，分享了如何利用科技手段和政策法规促进行车安全工作的体会；全国五一劳动奖章获得者、1路公交车驾驶员常洪霞结合亲身体会，深情讲述了如何用一颗"包容"的心、一颗"执着"的心、一颗"钻研"的心，以最安全的驾驶技术，服务于广大乘客。

安全文化论坛是加强和完善创新安全管理的良好载体，是推进公交企业文化"安全理念"的重要抓手。通过开展安全行车文化论坛，"安全发展 共享安全"的理念广泛深入人心，使"公交无小事"的责任意识不断增强，使全员"想安全、懂安全、保安全"的思想牢固树立。

（3）设置"金银方向盘"奖，隆重表彰安全行驶百万公里驾驶员。2013年起，公交集团公司每年对上一年度安全行驶里程累计达到100万km的男驾驶员和安全行驶里程累计达到80万km的女驾驶员实施"金方向盘"奖励。2017年又将"方向盘"的材质由合金调整为纯金，重量为100克，使其更具有珍贵性和观赏性，便于永久珍藏，代代相传，在员工队伍中产生了强烈的反响，在充分调动广大驾驶员安全行车工作的积极性，推动安全管理工作实现新的突破上发挥了重要作用。

但由于运营驾驶员受到驾龄及累计安全公里限制，集团公司范围内只有一小部分优秀驾驶员才能获得"金方向盘"奖励。为激励广大驾驶员遵纪守法、激发工作热情、敬业爱岗，在对驾驶员进行阶梯式奖励的基础上，在现有安全行驶累计达到80万km的男驾驶员和安全行驶累计达到65万km的女驾驶员奖励档次上，增设了"银方向盘"奖。

公交集团公司设立运营一线驾驶员金、银方向盘奖励已成为创新行车安全管理的一项重要工作机制，已成为培养造就一支高素质职工队伍的重要手段。截至2018年底，公交集团已对466名"金方向盘"获奖驾驶员和4982名"银方向盘"获奖驾驶员进行表彰，激发了驾驶员立足本职、爱岗敬业、安全行车的职业精神，提升了全体驾驶员安全行车的职业素养和安全意识，为实现"让更多的人享受更好的公共出行服务"的企业使命打好安全基础。

案例27 ▶ 基于"黑洞效应"在线评估的高速公路隧道入口照明智能控制

基本信息

项目名称：基于"黑洞效应"在线评估的高速公路隧道入口照明智能控制

申报单位：重庆高速公路集团有限公司

成果实施范围（发表情况）：张家山隧道出城方向

开始实施时间：2017 年 7 月

项目类型：科技兴安

负责人：李海鹰

贡献者：王国生、王荣斌、蔡加发、全　辉、殷　鹏

案例经验介绍

一、背景介绍

重庆高速属于典型的山区高速，隧道作为山区高速公路的组成部分，是道路交通的咽喉路段，交通事故发生率及事故后果严重程度显著高于普通路段，尤其是隧道入口段视觉不利因素导致事故多发，已成为公路交通安全关注的重点。隧道入口段视觉不利因素主要包括两个方面：一是"黑洞效应"因素，二是"暗适应"因素。其中影响最大的是"黑洞效应"因素。白天，当车辆驶近隧道时，由于环境亮度差异过大，驾驶员从隧道外难以看清入口内状况，便会产生"黑洞"一样的视觉效果，这种现象被称为"黑洞效应"。在此情形下，若隧道内靠近入口处存在缓行车辆或散落物，极易引发交通事故，这类案例已多次发生。例如，杭金衢高速新岭隧道2014年发生400多起事故，主要与黑洞效应有关。最严重的案例是2013年山西晋济路岩后隧道"3·1事故"，因一辆货车受"黑洞效应"影响，未能看清隧道内拥堵情况便驶入隧道，与距离入口约40m处的甲醇运输车追尾泄漏起火并引发隧道火灾，最终导致40人遇难、多车损毁。

"黑洞效应"是隧道安全通行的危险源。因此，通过研究"黑洞效应"与各种外界客观变量之间的定量关系，并借助机器视觉技术和人工智能技术实时获知"黑洞效应"是否存在及其严重程度如何，实现"黑洞效应"严重程度的自动判别，是消除该危险源的重要前提，具有非常重要的科学价值和安全意义。

二、经验做法

1. 系统简介

本项目通过"黑洞效应"在线监测系统，判断隧道入口是否存在"黑洞效应"，定量地给出"黑洞效应"评估结果。根据评估结果调整隧道入口照明LED灯的输出功率来调整隧道内部的亮度值。逻辑上分为黑洞效应监测和调光控制两部分。本项目系统架构图如图1所示。

黑洞效应监测采用机器视觉方法模拟人眼获取隧道入口处场景图像，借助图像处理技术提取靶标关键图像特征及分析洞内外光环境，通过人工智能手段建立关键图像特征、隧道洞内外光环境与洞内场景中各目标可见度的客观模型，从各目标可见情况换算得到行车视距并与停车视距比较获得"黑洞效应"的检测与评估结果。调光控制系统通过"黑洞效应"在线评估结果调整隧道入口照明LED灯的输出功率来改变隧道内部的亮度值。系统运行遵循以下两个基本原则：

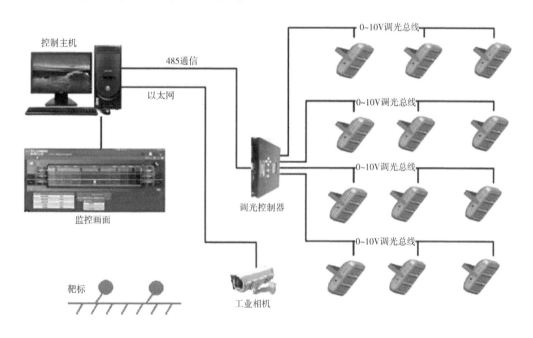

图1　隧道入口照明智能控制系统架构图

（1）仅在白天洞外亮度达到一定值时才进行"黑洞效应"在线评估和自动调光控制，夜间隧道照明固定为规定的低亮度值。

（2）系统从采集、分析到获得"黑洞效应"监测结果的单次运行时间不大于5s，以"黑洞效应"多次评估结果经滤波处理后的输出值作为调光依据，避免调光过程中出现震荡现象。

2. 系统构成与功能

（1）硬件：本项目的调光控制器需专门定制且具备以下功能：具有手动、自动、本地、远程等多种控制模式，能根据设置的照明策略对4个照明回路独立调光和统一调光，能通过485接口从控制主机获取"黑洞效应"评级结果、通过485接口向控制主机发送各照明回路当前的开灯百分比。本项目的工业相机包含1台大角度相机和1台长焦距相机，大角度相机用于采集洞外光环境图像，长焦距相机用于采集靶标区域和洞内光环境图像，图像经光纤传输装置传到变电所内工控机上。工业相机通过防护罩和支架安装在专用立柱上，安装高度为2.5m。本项目放置在隧道洞口配电所内的控制主机带有液晶显示屏、鼠键外设和网口、串口等常用接口。控制主机利用网口控制工业相机采集图像，经"黑洞效应"在线评估软件处理后，由485串口与调光控制器通信实现"黑洞效应"评级结果发送和当前照明回路开灯百分比数据的接收。

（2）软件：项目组在Visual Studio开发环境中研制出的照明智能控制系统专用软件具备以下功能：数据采集、"黑洞效应"在线评估、照明控制策略发送、信息记录、参数配置、人机交互。照明智能控制系统的软硬件可联合调试，调试的重点在于重新建立靶标可见度计算模型以及根据现场实际特点优化系统性能。联合调试阶段现场采样了大量样本数据，重新建立了靶标可见度计算模型，也为今后"黑洞效应"类似在线评估项目中可见度建模积累了较多的经验。

三、应用成效

关于"黑洞效应"检测与评估技术在隧道照明智能控制中的应用成效，拟从现行规范符合性和能耗对比两方面入手进行分析。

（1）规范符合性。照明智能控制系统投入运行后，首先测试了隧道内入口段和过渡段路面亮度是否满足《公路隧道照明设计细则》（JTGT D70/2-01—2014）的相关规定，以及测试隧道外接近段的行车视距最小值是否满足《公路工程技术标准》（JTG B01—2014）的要求。

《公路隧道照明设计细则》规定80km/h设计速度下单向交通隧道的最低入口段亮度在每车道小时交通量≤350时取洞外亮度的0.025倍，在每车道小时交通量≥1200时取洞外亮度的0.035倍，且在每车道小时交通量介于350~1200之间时取洞外亮度的0.025倍~0.035倍之间的线性插值结果。目前张家山隧道单向日交通量在6000以

下，换算成每车道小时交通量后不足360，即最低入口段亮度应取洞外亮度的0.0256倍。同时，《公路隧道照明设计细则》也规定最低过渡段亮度按最低入口段亮度的0.15倍计算。显然，本项目方法调光后入口段、过渡段的实测亮度都满足规范要求。

本项目方法调光后测得实际视距均≥设定的视距要求值110m或120m，满足JTG B01—2014关于80km/h速度下停车视距≥110m的规定。因此，本项目方法符合现行规范要求。

（2）能耗对比。张家山隧道改造后的照明控制方案与原有照明控制方案相比，能耗差异在于白天时间段入口加强的照明回路控制策略不同，本项目方案对4路入口加强回路进行统一的调光控制，而原有方案则是直接开启或关闭部分加强回路。根据调查，张家山隧道在5月1日~10月1日期间执行夏季照明策略，10月2日至次年4月30日执行春、秋、冬季照明策略。经计算统计，本项目方案能在确保隧道入口接近段行车视距满足规范的前提下比原有照明方案节约10%以上的能耗。

四、推广建议

建议在隧道事故多发地段进行推广。

五、应用评估

本项目于2017年5月立项，于2017年12月调试结束，目前仍正常运行。本项目尝试了一种基于"黑洞效应"在线评估的隧道入口照明智能控制方案，并研制了相应的软硬件系统。经现场测试表明，该照明智能控制系统在满足现行规范要求的前提下，不仅大大提升了隧道行车安全环境，更具有10%左右节能降耗优势，在多隧道及照明能耗较大路段具备良好的应用价值。

案例28 ▶ 长江三峡通航综合服务区建设

基本信息

项目名称：长江三峡通航综合服务区建设

申报单位：长江三峡通航管理局

成果实施范围（发表情况）：三峡坝上沙湾锚地

开始实施时间：2019年04月

项目类型：安全管理

负责人：刘　亮

贡献者：陈冬元、周云霞、王晓春、童　庆、邹　静

案例经验介绍

一、背景介绍

为了认真贯彻实施《长江三峡水利枢纽过闸船舶安全检查暂行办法》（交通运输部2018年第1号令）的有关要求，三峡局于2018年6月1日正式实施过闸船舶100%安检工作，有力维护了长江三峡水利枢纽的安全和秩序。

由于三峡通航河段存在待闸锚地水域分布广、待闸船舶锚泊分散的现状，给船舶过闸安检工作带来了实施不便、水上交通时间长的不利影响。三峡局经过认真研究后提出了船舶过闸安检

的靠检工作模式，调集3艘90m级趸船初步建成三峡坝上过闸船舶靠检基地，进一步优化过闸安检工作模式及工作流程。

三峡局遵循"生态优先，绿色发展"理念，以"安全、绿色、便民"为建设目标，在过闸船舶靠检基地建设基础上，突出过闸船舶安检核心功能，拓展绿色能源供应功能和生活便民服务功能，建设长江三峡通航综合服务区（以下简称"综合服务区"）。

综合服务区位于三峡坝上沙湾锚地，是三峡局着力打造的多功能一体化的现代化长江航运

安全绿色先行示范区，开创了长江航运安全、绿色、便民服务新模式，受到了各方高度重视，被列入交通运输部2019年12项更贴近民生实事之一。

综合服务区于今年4月16日正式启动运行，经过一个多月的运行，综合服务区深受船方好评，有力保障了过闸船舶和长江三峡水利枢纽水域安全，有效提高了对过闸船舶的安检效率，缩短过闸船舶受检时间，大大提升了船舶及船员的过坝体验。

二、经验做法

（1）全力营造安全和谐通航环境。为了给长江三峡水利枢纽运行安全和船舶过闸安全提供可靠保障，三峡局以综合服务区为平台，采取集中靠检的模式，优化过闸安检工作流程，并通过船员身份自助核查仪和船舶吃水检测装置等设备实施智慧化安检，有效缩短船舶待检、受检时间。自启动实施过闸船舶100%安检以来，对查出的约10%不合格船舶逐一督促其整改合格后再安排过闸。通过安检工作的深入开展，航运企业安全生产主体责任得以落实，三峡通航安全保障得以加强，为两坝枢纽安全、船舶过坝安全提供了有效保障。

（2）全力构建水域环境安全屏障。三峡局与交通运输部环保中心共同在综合服务区设置船舶防污染检测室，配置加强型烟气分析仪、声级计、燃油硫含量快速检测仪等设备，为船方提供船舶尾气、环境噪声、燃油硫含量等检测服务，有效帮助船方更好地掌握船舶水污染物排放是否符合相关要求，同时应急清污处置能有效避免油污扩散造成进一步污染。同时，还成立船舶防污染攻坚专班，开展三峡河段船舶污染攻坚专项行动，多次与地方政府、港航、环保、交通等单位和部门就船舶污染物接收转运等问题进行沟通协调，进一步促进船舶污染防治水平提升。

（3）全力提升船舶安全服务品质。三峡局利用船舶吃水检测设施，帮助船舶自行检测船舶吃水，实时掌握自身吃水情况，提升安检结果透明、公开程度；配备船员身份自助核查仪，使

船员可自助完成身份核查，进一步提升船舶智慧化安检水平；设有政务服务窗口和在线政务办理平台，向船方提供过闸船舶数据库录入、入网登记、诚信记分申诉、行政复议申请和船舶智能终端应用等业务的现场办理，提供全业务、一站式的政务服务。

三、应用成效

（1）三峡通航水域安全稳定。自2003年6月三峡船闸试通航以来，过闸安检工作共保障80万余艘次船舶、12亿余t货物、1221.28人次安全过坝。按照交通运输部2018年第1号令要求，三峡局从2018年6月1日起对三峡枢纽过闸船舶实施100%安全检查，通过采取集中靠检的模式，配备智能化设备实施智慧化安检，有效缩短船舶待检、受检时间，检查合格的船舶安排过闸、对不合格船舶帮助其整改达标，实现了同一闸次船舶统一安检、统一过闸，精确匹配闸次计划，有效保障过闸船舶安全的同时，提高了交通组织效率。

（2）三峡坝上水域污染风险降低。综合服务区配有船电宝和岸电桩，实现为多种靠泊方式的待闸船舶提供绿色循环能源供应，通过积极引导待闸船舶在待闸期间使用岸电，最大程度减少船舶待闸期间对水体、大气等的排放污染和噪声污染，并提供船舶污油水、排放气体、噪声等检测服务，让船方可清楚掌握船舶污染防治、船员生活环境等情况，更好地参与到共抓长江大保护工作中。

（3）船员安全意识得到有效提升。综合服务区定期开设船员流动课堂、三峡升船机试通航船员培训、业务知识自助培训考试等活动，免费组织待闸船员参加学习培训，为船员提供水上交通安全知识学习提升的平台，有效提升了过闸船员的水上交通安全意识和相关业务水平。

四、推广建议

（1）健全船舶污染物交岸处理配套设施建设。三峡河段暂时还没有符合规范的污染物接收码头。一直以来三峡坝上船舶污染物接收船舶

利用临时作业码头交岸处理船舶污染物，安全和环保风险大。建议将船舶污染物接收行业纳入环保公益事业，将船舶生活污水和油污水接收纳入沿江城镇市政设施统一管理和处理，降低处置成本，真正做到船舶污染物环保处理。

（2）出台船舶用电改造政策。受三峡水库特殊水上环境和船舶传统能源供应模式的制约，船舶使用岸电尚有诸多不便，岸电使用率不高，船舶全部改造完毕还需要较长的改造周期，建议尽快出台相关利好政策，鼓励待闸船舶使用岸电。

五、应用评估

（1）实施开始时间：2019年4月。

（2）实施情况：结合长江三峡通航综合服务区运行与管理工作实际，制订长江三峡通航综合服务区建设示范工作实施方案，分两个阶段进行推进。一是全面推进综合服务区运行评估工作；二是对综合服务区建设运行工作进行全面总结，查漏补缺并进行持续改进和提高。

（3）实施范围：沙湾锚地。

（4）成果成效。

①工作数据。自4月16日正式启动运行以来（截至5月28日），共靠检船舶879艘，对8000余名船员开展人员身份识别自助服务，安检效率逐步提升。免费交通船共计为船员提供交通服务2700多人次，为30名船员进行水上交通安全培训和政策解读，为18艘船提供了燃油硫含量快速检测服务。

②待闸船舶靠检有序。靠泊安检工作有序正常开展，通过精细化调度和指泊，结合智能化安检设备，缩短了船舶受检时间，提高了安检效率；同时，通过船员资料信息维护功能，有效完善了三峡河段过闸船舶的船员基本情况，优化了安检合格后在船人员上下流程，更加方便船员。

③综合服务区服务零投诉。通过走访船方了解，不断改进综合服务区管理与服务方式，进一步提升服务质量，拓展服务项目，综合服务区广受赞誉，未出现一起投诉现象。

（5）努力方向：综合服务区将进一步听取船方意见，不断优化服务品质，以综合服务区为样板，打造长江生态文明建设先行示范河段，进一步延伸服务范围，让更多的待闸船舶享受到综合服务区的安全服务，在长江干线上形成安全、绿色、便民示范效应，高质量服务长江经济带发展和交通强国建设。

案例 29 ▶ 交通运输精准执法系统

基本信息

项目名称：交通运输精准执法系统
申报单位：厦门市交通运输局
成果实施范围（发表情况）：交通行政执法领域
开始实施时间：2018 年
项目类型：科技兴安
负责人：王文果
贡献者：林玉奎、邱武丁、卢培育、张绍游

案例经验介绍

一、背景介绍

随着我国改革开放的深入，交通运输业在支撑经济社会发展中发挥着越来越重要的作用，交通运输领域的安全生产工作水平也必须不断提升。交通行政执法机构执法任务将日趋繁重，面临的形势更加紧迫。传统的"两客一危"重点营运车辆安全事故仍时有发生，非法营运人员暴力抗法事件屡见不鲜，新兴的网约车行业安全运营状况也不容乐观，这些都要求执法监管方式要随着形势的发展不断改进，精准打击交通运输违法行为，推动行业安全生产工作水平不断提升。

增强创新思维、强化科技应用是积极探索"平安交通"引领下安全生产工作新路径的必然要求，也是推动交通执法工作不断发展的动力。新形势下要推动交通执法工作在交通运输安全生产领域发挥更大作用，必须走科技兴安、精准执法之路。

二、经验做法

厦门市交通执法部门高度重视科技创新，以信息技术为基石，实施"科技兴安"战略，走

"精准执法"之路，开发整合了一套精准执法系统，执法成效显著，不断提升交通运输行业安全生产工作整体水平。精准执法系统主要包含以下3个子系统：

（1）车载"智慧眼"执法系统。所有执法车辆都配置车载"智慧眼"执法仪，安装在车辆前端，具备车牌识别功能，会自动扫描识别路面巡查遇到的车辆，与后台建立的"黑""白"名单库车辆自动关联比对，对车辆行政许可、行政处罚、历史投诉等数据信息进行判断，快速识别、锁定重点监控车辆，并实时文字和语音预警现场执法人员，极大提高执法精准度和执法效率。

（2）"轨迹+卡口"综合分析系统。整合省市道路运输车辆卫星定位数据资源，结合公安交警部门道路卡口摄像头，嵌入车辆轨迹和卡口照片比对分析功能。通过对营运车辆审批资质（营运范围、线路等）和实际定位、车辆轨迹进行比对分析，并将相关信息推送一线执法人员，精准查处超范围经营、异地经营等违法行为。特别是卡口照片和车辆轨迹分析对比的功能，可以有效发现轨迹异常车辆（如卡口照片拍到车辆在A地，轨迹却缺失或者显示在B地），精准打击使用卫星定位装置出现故障不能保持在线的车辆从事营运或人为屏蔽、干扰卫星定位装置信号等违法行为，极大提高了动态监控执法水平。

（3）人脸识别系统。在厦门市主要交通枢纽（厦门北站）投入人脸识别系统，由具备人脸识别功能的摄像头和后台处理系统组成，实时捕捉识别人脸与先期摸排的非法营运人员、暴力抗法人员黑名单比对，一旦发现目标即预警，使执法人员可无时差直击现场，精准打击非法营运，涉暴力抗法的移交公安机关依法处置，对非法营运人员形成强大的震慑，净化重要交通枢纽区域的营运秩序，维护旅客出行安全。

三、应用成效

自开展精准执法以来，在很大程度上缓解了一线执法人员不足的困难，对重点执法监管对象实现精准打击，取得良好成效。

（1）车载"智慧眼"执法仪系统对网约车新业态的执法监管具有针对性强的优点，执法人员可以快速识别车辆的审批状态，精准打击不合规网约车。2018年以来共查处不合规网约车1899辆，极大推进了厦门市网约车规范化经营进程。

（2）"轨迹+卡口"综合分析系统在查处旅游客车超范围经营、异地经营和动态监控执法方面效果显著。2018年以来查处相关违法违规行为463起，大大提升"两客"的动态监管水平，违规预警率下降了98%。

（3）人脸识别系统在打击非法营运方面显示出强大的震慑力。2018年以来在厦门北站查处非法营运近1000起。原先暴力抗法多，甚至有7人因暴力抗法被判处刑罚，现在整个市场秩序已大为改观。

四、问题探讨

在动态监控执法方面，存在企业或驾驶员拒不承认破坏卫星定位装置或屏蔽、干扰卫星定位装置信号的情况，如何通过技术手段判断、定性是否属于人为恶意的行为，仍需研究探讨。

五、应用评估

精准执法系统自2018年投入使用以来，在"两客一危"、网约车、非法营运执法监管方面作用突出，已帮助执法人员精准查处各类违法行为3000多起。2018年办理案件数15603件，比2017年的13676件增长了14%，违法违规行为得到进一步遏制，有效推动交通运输行业安全监管工作迈上新台阶。

案例30 ▶ 广西大浦高速公路项目安全教育培训基地

基本信息

　　项目名称：广西大浦高速公路项目安全教育培训基地

　　申报单位：中建八局南方公司大塘至浦北高速公路项目四分部

　　成果实施范围（发表情况）：在广西大浦高速公路项目四分部已经建设完成投入使用，目前已组织教育培训 57 余次，累积 2360 人次

　　开始实施时间：2018 年 6 月

　　项目类型：安全管理

　　负责人：周　勇

　　贡献者：刘　晨、潘彦邑、杨　涛、王少祥、梁　茵

案例经验介绍

一、背景介绍

　　长期以来，建设工程施工项目现场施工条件较差，周围环境较为辛苦，特别是交通运输类的基础设施项目，项目地点长期处于偏远山区，娱乐设施少，相关的生活保障设施不够齐全，再加上工期紧、人员流动性大等特殊性，枯燥的说教式安全教育往往不能得到广大工友的共鸣，而且由于一线作业人员一般接受能力较差，教育的效果也比较差，工友经常在教育的过程中离开或者在讲台前穿过，干扰安全教育的正常进行，安全教育达不到应有的指导作业人员安全生产、提高作业人员安全生产意识的作用（传统的说教式安全教育培训如图1、图2所示）。

二、经验做法

　　（1）提前策划，思想统一。项目在进场后及时开展了大浦高速公路项目安全生产总体策划，在编制策划书时，项目安全生产领导小组统一认识，认为安全生产教育模块必须提出建立适合本项目工程特点的安全生产教育培训基地，要尽量采取新科技、新应用的设施设备，改变说教式的安全教育方式。同时应建设一所专门的安全教育培训室，作为对工友进行入场、月度教育的专门场地，同时也是工友夜间自我学习提升场所。教育培训室内配备投影仪、音响、座椅、空调等设施设备，满足工友基本的学习条件。在项目提交策划书后，得到项目员工代表以及公司上级单位的一致同意，并迅速组织了图纸设计与招标工作（虚拟安全体验馆及教育培训室效果图、实体安全体验馆效果图、安全教育培训基地实景图分别如图 3、图 4、图 5 所示）。

图 1　传统的说教式安全教育培训 1

图 2　传统的说教式安全教育培训 2

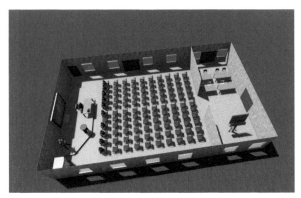

图 3　虚拟安全体验馆及教育培训室效果图

图 4　实体安全体验馆效果图

图 5　安全教育培训基地实景图

（2）紧抓重点，果断行动。根据大浦高速公路项目的特点，项目在安全生产教育培训基地的建设上分成 3 个部分模板，分别是：实体安全教育培训体验馆、VR 虚拟安全教育培训馆、安全生产教育培训室。通过实体与虚拟的相结合，让安全生产教育活动更加生动形象。

在实体安全教育培训体验馆内，根据大浦高速公路项目涉及路基、桥梁、隧道等多个模块的情况下，项目共引入实体安全体验 17 项，包含有高速公路工程中常见的高处坠落、物体打击、安全帽防护、安全带防护、推倒栏杆、综合用电、脚手架，另外鉴于项目有一条 5.115km 特长隧道，项目还结合项目隧道的实体和科研公司共同研发了隧道坍塌安全体验模型。同时为强化施工作业人员急救安全知识，在实体安全体验馆内还设置有应急救护安全体验设施，通过学习胸部按压以及人工呼吸的一些基本常识，了解安全应急的知识，提高全体工友安全应急的能力（工友夜校及周末影院、隧道坍塌实体安全体验设施、实体安全体验馆全景图分别如图 6~ 图 8 所示）。

图6　工友夜校及周末影院

图7　隧道坍塌实体安全体验设施

图8　实体安全体验馆全景图

在虚拟安全体验馆内，除了设置有触电事故、高处坠落、物体打击、起重伤害等常规安全体验项目外，项目还结合本工程特长隧道的实际情况，通过模拟隧道洞内开挖、出渣、支护、衬砌等各个工序的实际情况，和科研设计单位共同研发了隧道突泥涌水虚拟安全体验场景，隧道爆破、隧道触电等虚拟安全体验场景，使得本项目的安全体验场景更加具有针对性。通过语音、文字引导提示，配合视觉的感官，让人产生一种身临其境的感受，通过体验各种施工现场的安全生产事故发生的过程，让人对生命产生敬畏之心。同时在事件体验后，对整个事件发生过程进行

回顾，通过语音描述全国各地实际的同类事故案例，进一步增强体验者对该险情的防范意识（虚拟安全体验桥梁场景及虚拟安全体验隧道场景分别如图9、图10所示）。

图9　虚拟安全体验桥梁场景

图10　虚拟安全体验隧道场景

结合安全体验馆教育培训设施，同步建设安全教育培训室，教育培训室内配备足够数量的座椅以及桌子，配套投影仪、音响、幕布、人体安全防护用品穿戴展示、空调等设施设备，为项目的入场安全教育、月度安全教育培训等营造较为适宜的环境，从教育培训的环境上留住全体工友们的心，利用多媒体投影仪播放近期全国各地发生的同类型的安全生产事件，以及相关的安全生产微视频等，保证教育培训的质量。最后项目还在教育培训室的座椅上粘贴安全考核二维码，每一名施工作业人员在完成相应课时的教育培训后可通过扫描二维码进行答题，对每一名施工作业人员进行一些基本的安全生产理论知识考核，提高施工作业人员的安全生产意识和素质（安全教育培训室内景图及安全教育培训室考核二维码分别如图11、图12所示）。

图11　安全教育培训室内景图

图12　安全教育培训室考核二维码

（3）制定制度，严格落实。在相关硬件设施制定后，项目制定了严格的安全生产教育培训与考核制度，要求分包单位在有新入场的施工作业人员时必须立即向项目部劳务工程师进行汇报，项目安全部在3日内组织新入场的施工作业人员在安全教育培训基地内进行入场安全教育，并经扫描二维码考核合格后方能办理进入隧道的门禁卡，通过项目安全部门和劳务管理部门的联动，保证每名施工作业人员进场后必须先进入安全教育培训基地进行培训，达到全员安全教育，安全教育覆盖率100%的目标。由于基础设施高速公路工程点多面广，项目安全风险因素每时每刻都在随着施工进度的开展不断变化，因此项目要求每月必须开展安全生产教育大会，充分利用安全教育培训基地，总结讲解上月本项目安全生产态势，分析安全生产隐患的原因，动态辨识安全生产风险因素及防范措施，提出下月安全生产注意事项，保证安全生产教育培训基地的充分利用，达到促进安全生产教育培训、提升全员安全生产意识的目的，逐渐消除现场"三违"现象（安全教育培训室培

训照片、虚拟安全教育体验照片及实体安全体验培训照片分别如图13、图14和图15所示）。

图13　安全教育培训室培训照片

图14　虚拟安全教育体验照片

图15　实体安全体验培训照片

三、应用成效

（1）寓学于乐，营造了适宜轻松的安全教育培训环境。通过安全教育培训基地的建设，施工作业人员更加容易接受项目组织的各类安全教育培训活动，缓解了传统的施工作业人员对此类活动抗拒的心理，使他们转变为主动参与的心态。

（2）实体和虚拟相结合，有助于一线施工作业人员对安全生产知识的吸收。由于一线施工

作业人员往往文化水平不是很高，理解能力相对于高学历人群还有一定差距，而且也存在安全意识参差不齐的现象，通过改变传统的一个人在台上拿着相关资料说教的模式，变为由项目管理人员和一线的施工作业人员共同在安全教育培训体验馆进行模拟体验的模式，同时结合虚拟安全体验的逼真效果，大大增强了一线施工作业人员对安全教育培训过程中的相关安全生产知识的理解和认可，让其印象更加深刻，从而保证了安全生产教育培训的效果。

（3）培训加考核，全员安全教育更认真。安全教育培训室内设置了二维码考核试题，一线施工作业人员在接受安全教育培训后立即进行答题考核，若项目基本的安全生产知识考核不合格将继续培训教育，这督促一线施工作业人员在接受安全教育时更加认真，以争取安全培训考核合格（一线作业人员扫描二维码参加考核的场景如图16所示）。

图16　一线作业人员扫描二维码参加考核

（4）通过严格执行安全教育培训制度，经常性地引领施工作业人员进入安全教育培训基地进行培训学习，有效地提高了施工作业人员的安全生产意识。通过对一线施工作业人员现场安全行为的观察和月度安全生产隐患的分析，经过教育培训后的施工作业人员"三违"现象有了明显的改善，自我保护意识明显提升。

四、推广建议

自安全教育培训基地建设投入使用以来，项目通过组织作业人员进入安全教育培训基地进行学习培训，取得了良好的培训效果，但对于高速公路线性工程来说，工程项目分布点多面广，人员居住也往往不能集中，因此安全教育培训基地的设立地点很重要，推广建设时建议着重考虑是否能够便于作业人员集中学习，建议增设更多的配套设施更好地充分发挥教育培训基地的作用。

另一方面，隧道等封闭工程能够利用隧道门禁系统对一线施工作业人员是否接受教育培训进行卡控，教育培训效果还不错，但高速公路项目大部分的线路是不能封闭的，应想办法让所有的一线施工作业人员在入场前参与安全教育培训，使每一名作业人员均能够做到在安全教育培训基地培训考核合格后方能进场作业，建议安全教育培训基地的使用推广应配套安排专职的劳务管理人员进行负责管理。

五、应用评估

整套安全教育培训基地建设费用虽然较高，但使用教育培训基地对提高作业人员的安全意识有很大帮助，能够在一定程度上减少安全生产事故的发生，相比安全事故的死伤，此项投入微不足道，值得建设应用。

案例31 ▶ 非法客运精准打击及严重超员追刑

基本信息

项目名称：非法客运精准打击及严重超员追刑

申报单位：重庆市交通行政执法总队

成果实施范围（发表情况）：全重庆市高速公路

开始实施时间：2016年

项目类型：科技兴安

负责人：刘　峰

贡献者：刘　战、潘震宇、王德章、易英杰、闵　捷

案例经验介绍

一、背景介绍

随着经济快速发展和道路交通环境不断改善，群众出行需求日益增长，我市高速公路通车里程突破3000km，群众出行较为便利。但由于道路客运行业市场化水平较低、差异化需求满足度较差，"最后一公里"服务有待提高，非法客运存在较大生存空间（非法客运指未依法取得道路运输经营许可擅自从事道路客运经营），这是客运行业的主要乱象之一。非法客运车辆技术状况差、驾驶人素质良莠不齐、赔偿能力低，给群众生命财产安全带来严重威胁。

重庆市交通行政执法总队（以下简称总队）负责全市已通车高速公路的道路运政、路政、交通安全管理及主城区道路运政、路政、地方管辖水域港航执法，查处非法客运是总队法定职责，一直是重要工作内容。查处力度虽不断加大，但非法客运屡禁不止、反复回潮，躲避检查、冲卡逃逸手段也不断升级，尤其是通信信息的发达，使躲避检查成为打击非法客运的一大难题。总队充分利用卡口设备，不断完善查缉布控系统，开展非法客运精准打击，并以《中华人民共和国刑法修正案（九）》实施及公安部《严重超员、严重超速危险驾驶刑事案件立案标准（试行）》印发为契机，加强与公检法部门的司法协作，明确案件证据标准，建立案件移送机制，实施非法客运严重超员移送追刑工作。

二、经验做法

1. 非法客运精准打击

（1）完善系统开发，完善查缉布控系统：一是内部系统开发，结合总队卡口规模及功能实际，完善查缉布控功能，非法客运重点嫌疑车辆经过卡口即自动报警；二是外部系统开发，对接高速集团，编写程序植入收费系统，非法客运重点嫌疑车辆上道即自动报警。通过内部及外部系统开发，基本实现对重点嫌疑车辆"单点报警、多点跟踪、精准打击"目标。

（2）大数据分析，确定重点嫌疑车辆。重点嫌疑车辆是精准打击的基础，总队定期分析高速公路数据通行记录，根据通行频次、车辆类型、使用性质、历史违法、举报投诉等信息确定嫌疑车辆，并分析主要通行时间、上下站点。同时，加强与市交巡警总队、区县交通执法部门信息共享，实时更新嫌疑车辆信息。

（3）层级指挥调度，精准布控拦截。结合管理架构，在总队、支队、大队三级指挥调度体系下，由总队或支队指挥中心发布指令，并根据大数据分析车辆经常下道收费站，结合路面卡口报警确定车辆实时位置，安排相关大队在其可能下道的收费站驻守布控、实施拦截，以精准发现和精准拦截，构成精准打击。

2. 非法客运严重超员追刑

为追求利益最大化，非法客运往往存在严重超员情况，较一般非法客运危害更大，必须予以坚决、严厉打击。总队立足实际，以打好交通安全管理和运政管理的"组合拳"思路，从行刑结合中找到突破口，非法客运严重超员按照涉嫌危险驾驶罪移送公安机关追究刑事责任。

（1）法律基础。2015年，全国人大常委会审议通过《刑法修正案（九）》，将"从事校车业务或者旅客运输，严重超过额定乘员载客的"

纳入危险驾驶罪调整范围。但由于法律规定比较原则，具体情形十分复杂，各地公检法部门对新增危险驾驶行为罪与非罪的界限认识不尽一致，为此，同年11月公安部与最高人民法院、最高人民检察院研究制定办理危险驾驶刑事案件适用法律的指导意见，明确了涉嫌危险驾驶刑事案件的立案标准，为执法工作提供了具体指导。

（2）司法衔接。办理非法客运严重超员涉嫌危险驾驶罪的难点在于如何界定《中华人民共和国刑法修正案（九）》中的"旅客运输"及行政执法证据如何转换为刑事司法证据。为此，总队与市高级人民法院、市人民检察院、市交巡警总队多次召开座谈会，充分沟通、深入交流，深刻阐述"旅客运输"字面理解确为合法客运，其严重超员应当追究刑事责任，对非法客运严重超员似乎不能适用；但从立法本意理解，合法客运严重超员尚且追刑，非法客运严重超员更应属于追刑范围。否则，不仅导致不公平性，而且易形成非法客运可以严重超员的误导，与立法本意相悖。此观点得到公检法部门的普遍认同，达成了非法客运属于危险驾驶罪中"旅客运输"范围的共识。同时，为提高证据质量、明确证据标准，通过执法实践，逐渐与市交巡警总队厘清非法客运严重超员追刑中各自的职责边界、明确了证据收集移送转换规则，为推动行政处理与刑事打击有效衔接奠定了坚实基础。

（3）依法打击。在执法实践中，总队形成了《非法客运严重超员涉嫌危险驾驶罪办理指导意见》（以下简称：《指导意见》），明确了现场拦截、人数清点、询问笔录要素、证据固定、嫌疑人固定等执法流程，高标准严要求地规范执法程序、提高证据质量、保护当事人合法权益，使行政案件向刑事案件转换更为顺畅。依照《指导意见》查处非法客运严重超员涉嫌危险驾驶罪的行为，有效地降低了非法客运严重超员的风险。

三、应用成效

1. 查处效率显著提升

精准打击是通过大数据分析直接锁定嫌疑车

辆,提升准确性,并相对准确把握查处地点、时间,解决了传统执法模式下非法客运嫌疑车辆、查处时间、地点难以确定,不能提前安排布控等问题。合理调配有限的执法力量,有效掌控执法环境,能防止逃避检查,提升查处效率。得益于精准打击实施,2017年,总队查处非法客运6090件;2018年,查处非法客运6055件。精准打击拦截成功率85%以上,如4月27日至29日的非法客运专项中,仅重庆市渝东南地区就成功拦截非法客运车辆17辆,拦截成功率100%,查证属实16辆。职业化、跨区域、长期性非法客运方面的精准打击取得了较好效果,有效遏制了非法客运蔓延。

2. 风险防控能力增强

非法客运事故风险防控是重点,也是难点,经过分析研判,总队进一步明确易超员的7座以上车辆为查处的重中之重,切实降低其带来的群死群伤事故风险。2016年至2019年4月,我队移送非法客运严重超员追刑案件42件、移送追刑46人,均为7座以上车辆;自2016年以来,未发生涉及非法客运车辆的较大道路交通事故,风险防控能力显著增强。

3. 客运市场持续稳定

对非法客运的有效查处,对客运市场的有效净化,对群众安全出行的有效保护,奠定了客运市场稳定的基础。自2016年以来,总队管辖范围内的主城区及高速公路未发生合法经营者及出行群众因非法客运侵犯其合法权益发起或引发的不稳定事件,未发生长时间大面积旅客滞留事件,客运市场持续稳定。

四、推广建议

总队肩负交通安全管理职责,具备较为完善的卡口系统及超员违法行为查处职责。推广中,建议各交通执法部门加强与公安交管部门协作配合,充分利用其卡口资源,实现非法客运打击的查缉布控;加强与司法部门的衔接,增强非法客运打击的震慑力,形成查处非法客运严重超员追刑的共识,并明确职责及证据标准,推动严重超员涉嫌危险驾驶罪的打击工作。

五、应用评估

(1)开始时间:2016年开始非法客运严重超员追刑移送工作;2017年开始非法客运精准打击工作。

(2)实施情况:目前常态化实施。

(3)成果成效:一是查处效率显著提升;二是风险防控能力增强;三是客运市场持续稳定。

(4)努力方向:一是进一步完善卡口系统,形成闭合式电子围栏和非法客运重点嫌疑车辆当次轨迹追踪,推动出口收费站精准预判;二是加大对适用缓刑的罪犯再次从事非法客运并严重超员的查处力度,使之得到收监执行的严格惩处,增强震慑力度。

"平安交通"安全创新典型案例集（2019）

案例32 ▶ 公路安全生命防护示范工程

基本信息

项目名称：公路安全生命防护示范工程

申报单位：交通运输部公路科学研究院

成果实施范围（发表情况）：河北、浙江、山东、湖南、广东、贵州、甘肃共计27个示范项目（4657km）

开始实施时间：2015年11月

项目类型：科技兴安

负责人：周荣贵

贡献者：杨曼娟、贾　宁、侯德藻、张铁军、李　萌

案例经验介绍

一、背景介绍

2015年11月，交通运输部办公厅印发了《现有公路安全生命防护工程示范省建设实施方案》（交办公路〔2015〕169号），全面启动了公路安全生命防护示范工程建设工作，在河北、浙江、山东、湖南、广东、贵州、甘肃七个省份开展示范项目27个，七省累计投入改造资金11.21亿元，建设里程共计4657km，其中

国道2403km、省道1452km、县道414km、乡道388km。交通运输部公路科学研究院作为技术支持单位，对示范项目全程给予技术咨询与指导，有力提升了示范工程的技术水平，充分体现了安全发展理念的深入贯彻和坚决落实。2018年10月，交通运输部在山东烟台组织召开了全国公路安全生命防护工程现场调研工作，充分肯定了示范工程建设取得的成绩。

二、经验做法

1. 加强风险管控

27个示范项目全面应用了风险评估方法，对示范路段风险水平进行评估分级，系统分析主要风险因素，科学确定处置措施和管控方案，并开展实施效果评估工作。山东、广东、贵州、甘肃省采用风险评估方法，进一步对省内所有普通国省干线公路进行了全面评估，为共计5.3万km国省干线公路建立了安全风险分级清单，并以基本消除Ⅳ级和Ⅴ级高风险路段为工作目标，制定了公路安全生命防护工程五年实施计划，逐步建立起风险分级管控和隐患排查治理双重预防工作机制。

2. 注重精准施策

示范项目均采用两阶段设计，以解决问题为导向，注重方案设计的科学性和灵活性，坚持进行多方案比选，遵循"安全、经济、有效、实用"的原则，因路制宜、因地制宜采取安全防护设施设置技术，实现效益最大化。弯道路段通过改造路侧边沟形式或结构、增加路侧行车余宽等，提升了道路的宽容性与容错性；视距不良路段通过设置视线诱导设施、开挖视距平台、清理植被、设置凸面镜等方式，解决了视线引导问题；长大下坡路段通过优化改造避险车道，辅以警示、诱导、防护等设施，降低了行车安全风险；路侧危险路段通过对既有防护设施采取补强、完善、替换等措施，提升了防护水平；平面交叉口通过明确路权、交通渠化、信号灯等处置技术，穿村镇路段通过多级标志提示、机非分隔及行人过街设施等安全处置措施，减少了交通冲突。

3. 深化技术创新

在示范工程建设过程中强化技术创新，结合本地交通实际和经济条件，采取了许多特色化、本土化的处置措施。浙江省通过现代环岛、优化公路横断面布置等措施，降低冲突风险，规范行车秩序；山东省在具备条件路段实施"2+1"超车道改造，满足双车道公路交通量增大带来的超车需求；河北省结合土建工程，在交叉路口设置简易互通立交、专用转弯车道等，体现了主动预防和宽容设计的特点；广东省在城镇化路段实施完善标志标线、修缮人行天桥和地下通道等措施，增强了行人过街的安全保障；贵州省在急弯陡坡路段采用堆土夯实后种植花草的生态防护栏，在农村公路采用夜间自发光轮廓标、并辅以速度控制措施，在双向双车道公路隧道的洞口实施洞内视觉诱导等措施，在保障防护效果的前提下，降低成本，发挥了资金的最大作用。此外，部分示范路段还应用了智能监测设施、智能警告标志、新型防护设施、动态监控系统、自融雪路面等一批新技术、新产品，进一步提升了公路安防工程的实施技术水平。

4. 严格质量监管

积极采取切实有效措施，严格质量标准，加强细节控制，确保工程质量。河北省健全政府监督、法人管理、社会监理、企业自检的四级质量保证体系，严格把控原材料进场控制、技术和安全交底、不同工序之间的衔接等各个环节。山东省全面落实工程质量终身责任制，规范"首件认可制"，把每一个分项"首件"工程都做成实体样板。

5. 充分拓展借力

紧密结合政府和行业内外重点工作，加大公路安防工程实施力度。浙江、广东省把公路安防工程建设相关内容列入省政府重要民生工程项目实施建设。浙江省把示范项目与美丽公路建设、"四好农村路"建设、小城镇环境综合整治行动有机结合，湖南省建立了政府主导和部门联动的路域环境整治和公路安防工程建设结合的"路长制"，统筹多方资源，打开工作格局，进一步提升了公路安防工程的实施成效。

三、应用成效

1. 建成了一批具有典型示范效果和较大社会影响力的示范路（点）段

示范工程分布在我国华北、华东、华中、华南、西南、西北不同地理区域，所处地区经济发展水平不同；公路行政等级包含国、省、县、乡，技术等级贯穿一至四级，地形地貌涵盖山岭重丘、平原微丘、高山草甸、黄土塬壑，公路安全基础状态不同；处治内容包含临水临崖、急弯陡坡、连续下坡、连续弯道、视距不良、穿村过镇、平面交叉、立体交叉、隧道洞口等典型路段及其组合，覆盖面广、代表性强、示范推广性好。

2. 形成了一批不同区域不同地理环境不同经济条件下的安全防护技术手段、措施

示范工程建设遵循"安全、经济、适用、有效"的原则，综合考虑沿线地域条件、公路技术指标和交通环境特征等因素，充分权衡经济性及有效性，从风险评估、宽容设计、速度管理、主动引导、被动防护等方面综合施策，取得了良好的效果。各示范省以部公路院编制的《公路安全生命防护工程实施技术指南（试行）》为指导，结合本地实际条件或环境，积极组织技术力量研究开发适用技术与措施，累计编制省级地方标准或技术指南6部，制定市县级建设技术规定或要求30余份，应用公路安全新设施、新产品、新材料超过50种，充分体现了公路安防工程技术因地制宜、因路制宜的特点。

3. 建立了一套体系完善、监管有力的公路安全生命防护工程管理制度和运行机制

示范工程实施过程中，各示范省着力构建管理制度体系和组织运行机制，初步建立了"政府主导、部门联动、社会参与"的工程建设机制，推动安防工程从部门行为向政府行为转变；出台了公路安防工程建设、管理、验收、效果评估等管理文件，涵盖了排查、立项、设计、审查、施工、验收、评估等各个环节；形成了涵盖制度建设、组织实施、安全效果、技术推广等各方面的

后评价机制，有利推动了公路安防工程建设管理的制度化、标准化、规范化水平的提升。

4. 造就了一批公路安全生命防护工程建设、管理、研究、咨询专业化团队

27个示范项目涉及7省36市80县，参与人数超过千人。通过示范项目设计、施工、监督及咨询、评审、后评估，锻炼了一批具有专业素养的设计咨询人员，一批具有"工匠精神"的一线施工管理人员，一批懂行负责的行业管理人员，为公路安防工程持续科学实施提供了坚实保障。

四、推广建议

公路安防示范工程形成了一批不同区域、不同地理环境、不同经济条件下的安全防护技术手段和措施，在提高设计理念、提升技术水平、完善制度体系等方面进行了有益的探索和尝试，覆盖面广、代表性强、推广性好。

五、应用评估

公路安全生命防护示范工程自2015年11月开始，至2018年6月完成实施，历时两年半。示范工程涉及河北、浙江、山东、湖南、广东、贵州、甘肃七个省份，在国省县乡公路共开展示范项目27个，建设里程共计4657km，累计投入改造资金11.21亿元。示范工程实施后，在公路风险变化方面，Ⅳ级、Ⅴ级高风险路段基本消除，Ⅰ级、Ⅱ级低风险路段比例大幅增加。在社会公众评价方面，从公众满意度调查情况看，公众对示范工程建设成果处于"非常满意"的水平，沿线社会公众反响良好，媒体的相关报道也予以充分肯定，有效提升了行业形象。

创新建立船舶扣押基地
为"三无"船舶治理和海事
行政强制提供有效保障

基本信息

项目名称：创新建立船舶扣押基地　为"三无"船舶治理和海事行政强制提供有效保障

申报单位：南京海事局

成果实施范围（发表情况）：长江南京段

开始实施时间：2017 年 9 月

项目类型：安全管理

负责人：张奇南

贡献者：张卫星、郑宏胜、左增来、万永生、陈　慧

案例经验介绍

一、背景介绍

"三无"（无船名船号、无船籍港、无船舶证书）船舶作为长江南京水域的重大安全和污染风险源，一直是水上安全监管的重点和难点。自2009年以来，南京海事局联合公安、水政及渔政等执法部门，经常性开展集中整治活动，但由于"三无"船舶分布范围广、流动性大以及历史遗留等方面的原因，整治工作始终未能达到预期效果。

为坚决贯彻落实《长江经济带发展规划纲

要》以及中央深入推动长江经济带发展的有关文件精神，全面消除辖区水域内长期存在的"灰犀牛"。南京海事局结合"2·17"爆炸事故，深入分析事故发生的原因，认真总结"三无"船舶对水上交通和环境安全的严重危害，多次向市领导汇报事故情况和原因以及"三无"船舶违规作业带来的安全和防污染风险，提请市政府开展"三无"船舶整治工作，引起分管副市长高度重视。2017年11月18日，市政府行文发布《市政府办公厅关于印发长江南京水域三无船舶专项整治工作方案的通知》，成立以分管副市长任组长，交通、海事部门领导为副组长，农委、公安、水务、财政、市政府督查室以及相关区政府部门领导为成员的"三无"船舶整治领导小组，"三无"船舶整治活动全面启动。

工作推进过程中，现场执法人员发现部分"三无"船舶船主认为整治活动尽是"发发传单、摆摆阵势"，没有什么动真格的措施，心里都抱着观望的态度，导致整治活动进度放缓。同时，在面对个别顽固抗法的"三无"船舶时，执法人员却因无法为"三无"船舶找到合适的停泊点而表现出不敢碰硬的顾虑心理。针对这些问题苗头，南京海事局先后赴法院、公安和水务等单位开展走访调研活动，积极寻找解决问题的对策和措施，创新性地提出了建立水上船舶临时扣押基地的想法，旨在为"三无"船舶治理和海事行政强制提供有效保障，长效解决"三无"船舶清理不到位，容易造成"回潮"或新的船舶聚集点等治理过程中出现的问题。

二、经验做法

1. 积极推动，政府主导到位

船舶扣押基地作业"三无"船舶专项整治活动的重要配套设施，在基地选址、建设和运行过程中都得到了地方政府和上级部门的支持和帮助，南京海事局也始终贯彻地方政府主导的工作原则，加强协调沟通，主动将工作做在前面、做到细处：①政府主导是前提，政府协调一切可调用资源，构建完备的保障体系，本次整治活动立足长效，市、区两级财政累计投入资金约2亿元；②领导得力是关键，为确保"三无"船整治各项工作落到实处，南京海事局形成主要领导挂帅，分管领导具体抓，工作小组密切配合，层层明确工作职责、落实工作部署、上下联动的工作格局，领导小组多次召开专题会议，强化责任，确保扣押基地建设的各项工作执行到位；③底数摸清是依据，现场执法人员积极开展摸排和登记，做到无盲点、全覆盖，在排查过程中做到登船核查，人与船相对应，又对船舶进行拍照存档，在此基础上以"一船一档"的方式建设了规范的"三无"船泊台账，逐项说明船主基本情

况、船舶基本情况、作业情况等，实行信息化、数字化管理，真正做到摸清底子、心中有数，为扣押基地建设提供了科学的数据支撑。

2. 舆论先行，宣传发动到位

"三无"船整治既牵扯许多历史遗留问题，又牵扯船主眼前利益，其敏感性、复杂性和艰巨性不严而喻，不破不立，为确保专项整治工作顺利开展，南京海事局印发了《关于禁止"三无"船舶航行停泊作业的通告》，利用微信、政务窗口、现场执法等形式全面宣传整治要求，形成了强大的舆论声势。强化宣传方面，通过宣传发动、教育引导，提高群众对此次行动和相关政策法律的知晓度，争取群众理解支持，尽力减小工作阻力，营造良好氛围。做到有的放矢，针对"三无"船主进行重点突破，在行动开始前，对"三无"船舶下达《船舶违法行为整改告知书》，反复对其进行教育劝服，最大限度争取群众自行清理或主动拆解，把行政强制控制在最小范围。

3. 动真碰硬，联合执法到位

（1）敢于动真碰硬。根据市整治办的要求，结合环保监督组和检察院关注的问题，南京海事局主动作为，召开部署专题会，将桥林备用水源地保护区和"2·17"事故中的"三无"趸船列入重点打击对象，由局领导亲自带队，并协调了公安部门参与执法，先后开展3次集中行动，出动海巡艇10艘次，执法人员50余人次，协调调动拖轮和工程船8艘次，完成了大型吊舶船3艘及事故遗留船3艘的清拖工作，相关环境污染的通航安全隐患得到了根本性清除。

（2）加强联动。选派一名业务精、能力强的干部至南京市整治工作领导小组办公室工作，及时传达最新工作要求，协调和指导南京局"三无"船整治工作；局层面主动对接市整治办，参加对各区重点难点对象集中攻坚6次，各海事处积极配合区整治办开展各项整治和清拖工作，实现上下联动、无缝对接。

4. 依法扣押，长效管理到位

（1）严格执行行政强制规定。根据南京市政府的决策部署，依法认定和处置。对公告期满

仍未自行处置的,坚决予以暂扣或没收,并统一拆解处置,活动中共计清拖船舶723艘次,驱离外地长期滞留船舶100艘次,自行处理的企业趸船20艘次,补办合法手续船舶17艘次,取得阶段性成效,对证书不全或过期的船舶、拒不驶离辖区水域或新增"三无"船舶等实施集中停放,发挥了很好的威慑作用,为打赢"三无"船舶专项整治攻坚战奠定了基础;基地建成以来先后存管各类船舶40余艘,为"三无"船舶长效管理提供了有力抓手。

(2)落实长效管理机制。下发了《关于加强三无船舶整治长效管理工作的通知》,从严防"回潮"、严防船舶非法停泊、严防工作松懈破坏活动效果等方面来确保整治工作成效,并将"三无"船舶管理列入重点工作内容,严格开展督察检查。

三、应用成效

1. 实现了从单一管理向多方合力转变

在"三无"船舶传统治理中,局限于海事自身力量,效果有限。此次"三无"船舶专项整治行动中,地方政府协调海事局、交通运输局、水上公安等相关单位,共同推进整治工作。特别是在上级单位的大力支持下,南京海事局建立并运行了"三无"船舶扣押基地,为"三无"船长效管理以及海事行政强制工作提供了有效保障。

2. 实现了专项整治和长效管理相结合

通过科学合理部署、集中执法力量、有效分工合作,精准开展专项整治行动,在规定的时间内达到了预期的整治效果,清除了影响水上安全的"灰犀牛"。当前,一是通过宣传报道,树立"三无"船舶治理助力生态保护的理念,保障

"三无"船整治工作深入人心;二是强化日常现场巡查,发现一艘、处置一艘,避免形成新的非法聚集区;三是常态化开展联合执法和行政强制行动,提高船舶扣押点停泊和配套保障能力,提升执法威慑力;四是逐步优化港口公共服务供给,压缩非法违法生存空间,从源头上消除"三无船","三无"船舶长效管理已初见成效。

四、推广建议

(1)地方政府主导。地方政府执法资源丰富、资金保障到位、管理手段有效,能有效处置直属单位难以解决的问题。将整治工作目标纳入年底绩效考核,能提升工作效率。现场执法水陆联动开展相关人、船及物的处置,保证执法顺利开展。

(2)多方联合执法。调动充足的执法人员和船艇参与,联合公安力量作保障,对不配合或妨碍执法的人员会明显地起到震慑作用,便于现场劝离、开展隔离、控制及应急处置等执法工作的顺利开展。

(3)执法保障到位。船舶扣押基地的建立,为"三无"船舶集中停泊提供了场所,便于海事进一步调查取证,有效开展行政强制工作,对违规违章船舶起到了很好的威慑作用。

五、应用评估

努力方向:加大联合巡查力度,在地方政府的主导下,联合公安、交通等水上执法部门开展沿江沿岸联合巡查,加强对未及时清理完毕的船舶标识和跟踪工作,识别新增船舶,确保对船舶有效管控,随时可以开展清理处置;提升"三无"船扣押基地配套能力,强化基地运行管理,以适应长效管理的需要。

案例 34 ▶ 长江南京航道局安全生产双重预防管理系统的研发应用

基本信息

项目名称：长江南京航道局安全生产双重预防管理系统的研发应用

申报单位：长江南京航道局

成果实施范围（发表情况）：长江南京航道局

开始实施时间：2018 年 7 月

项目类型：科技兴安

负责人：张云军

贡献者：李建业、张春益、张云峰、汪卫中、田雪莲

案例经验介绍

一、背景介绍

2016年12月，《中共中央 国务院关于推进安全生产领域改革发展的意见》指出：构建风险分级管控和隐患排查治理双重预防工作机制，严防风险演变、隐患升级导致生产安全事故发生。2018年4月，长江航道局启动《长江航道维护安全生产风险评估管控技术》研究。长江南京航道局深度融合《长江航道维护安全生产风险评估管控技术》研究成果，10月成功研发"长江南京航道局安全生产双重预防管理系统V1.0"（以下简称"双防管理系统"），并在长江镇江航道处试点应用。系统具备风险巡查、隐患排查、日常安全管理主要三大功能，将无线通信技术与双重预防体系建设有机结合，实现全过程管理，有痕迹追溯。

二、经验做法

1. 强化顶层设计，构建四级管理模式

双防管理系统由PC后台端、手机客户端和智能巡检点三部分组成，PC端包含标签管理、日常巡检、风险管理、隐患排查、安全活动日、

应急演练、消防器材、用户管理等功能。手机端基于公网运行的微信小程序，包含风险管控、隐患排查、工作处理、我的工作、工作查询、工作扫码、安全活动、应急演练、我的消息、统计日历、系统设置、用户设置等功能。系统构建了南京航道局-镇江航道处-科级航道处-船舶班组的四级管理模式，其中南京航道局、镇江航道处作为管理端，科级航道处、船舶班组作为执行端。

2. 强化运行管理，运用三大系统功能

各级安全检查在双防管理系统中运行，下一级在系统中接收检查情况，并在线进行整改反馈，各个时间节点留痕留图片。一线船舶班组对常规风险进行巡更检查、对重大作业风险进行重点管控、对问题隐患实时上传整改、对安全活动日和应急演练情况进行及时记录和上报、对消防器材进行扫码管理。

镇江航道处强化双防管理系统应用，制定《长江镇江航道处安全风险管控和隐患排查治理双重预防体系管理办法（试行）》，强化风险巡查、隐患排查、日常安全管理三大功能应用，达到借助新型技术手段切实提高班组安全管理水平的目的。

三、应用成效

双防管理系统的成功应用，推动了安全管理关口前移、重心下移，形成风险辨识管控在前、隐患排查治理在后的"双重防线"，突出了实时性、真实性，也突出了动态管理和信息管控，实现了安全管理与"互联网+"的有益结合。

1. 提升现场安全管理水平

（1）安全巡检便捷高效。巡检人员使用手机端靠近智能巡检点时，即可显示当前部位的风险管控内容，也可自主上报风险隐患的图片文字，即时流转风险和隐患信息，各级根据管理要求开展整改确认。

（2）巡检定人、定时、定责。通过系统设置，明确各级管理人员及船舶班组人员权限和任务，巡检人员未在设定巡检时间前到达现场进行巡检的，系统将自动发送提醒短信。智能巡检点不可移动、不可复制，巡检真实有效。

（3）智能管理风险隐患信息。双防管理系统的应用，颠覆了传统纸质上报程序，运行智能化、信息化，大大缩短了问题隐患整改闭环管理过程。各类运行管理数据可通过PC端进行筛选提取。

2. 创新安全监督管理模式

（1）助力落实主体责任。基层班组是现场安全生产的责任主体，也是风险管控和隐患排查治理的责任主体。通过双防管理系统的运用，解决基层班组"查什么""怎么查""谁去查"的问题。

（2）助力强化安全监管。进一步明晰监管职责，在改善监管手段的同时也提高了监管效率，解决风险评估管控和隐患排查治理工作中"管什么，怎么管，谁去管"的问题。

（3）助力双防机制落地。全面提升安全生产基础保障和整体预防预控能力，把风险控制在隐患形成之前，把隐患消灭在事故发生之前，解决一线"防什么""怎么防""谁去防"的问题。

四、推广建议

（1）完善双防管理系统巡检内容。进一步运用长江航道安全风险分级管控技术研究成果，对系统功能进行拓展和完善，细化巡检内容，增加小视频拍摄传送、消防器材日常检查等功能，使该系统运用更简便、功能更全面、成效更突出。

（2）推进与其他系统互联互通。实现双防管理系统和数字航道、数字机务等系统的数据共享。深化终端载体研究，深入分析微信小程序、App、PDA的各自优劣性。

五、应用评估

2018年10月，双防管理系统在长江南京航道局镇江航道处试点应用。截至2019年4月30日，共创建登录账号108个，安装巡检点39个，累计开展日常巡检6318次、开展风险管控185次、上传隐患及整改流程17个、安全活动日50次、消防演练47次。2018年11月29日，江苏科技大学召开

了项目专家评审会，专家组认为双防管理系统应用效果良好，研发成果具有开创性、实用性。2019年5月"长江南京航道局安全生产双重预防管理系统V1.0"通过国家版权局审查，被授予软件著作权。

（1）安全管理一体化。日常检查、风险管控、隐患排查、安全活动、应急演练、消防器材管理等6项安全管理工作实现线上运行、一体化管理。

（2）运行管理智能化。智能手机、微信小程序和无线通信技术，取代了纸质台账记录，打通了安全管理基础数据链路，统计提取更便捷，管理更智能化。

（3）安全监管常态化。该系统实时掌控基层安全生产及风险隐患管控排查情况，随时通过管理终端了解整改情况，实现常态化监管。

LNG 燃料动力船通过三峡船闸安全性评估

项目名称：LNG 燃料动力船通过三峡船闸安全性评估

申报单位：中国船级社

成果实施范围（发表情况）：

（1）罗肖锋，等，船用 LNG 承接池隔热性能试验研究，中国造船，2014 年第 2 期，EI 收录

（2）罗肖锋，等，LNG 燃料船气罐连接处所内泄漏试验及数值模拟研究，船舶工程，2016 年 12 期，中文核心

（3）范洪军，等，LNG 加注趸船的池火危险距离分析，中国造船，2013 年第 4 期，EI 收录

（4）吴顺平，等，LNG 燃料船采用槽车加注的定量风险评估，天然气工业，2015 年第 12 期，EI 收录

（5）程康，等，基于 FLACS 的水上 LNG 泄漏事故数值模拟分析，船海工程，2015 年第 3 期，中文核心

开始实施时间：2013 年

项目类型：科技兴安

负责人：吴顺平

贡献者：范洪军、程　康、刘铁英、石国政、曹蛟龙

一、背景介绍

水运行业推广使用液化天然气（LNG）清洁能源是减少船舶污染物排放、推动水运绿色发展的有效手段，也是推进水运供给侧结构性改革的重要内容。"十二五"以来，交通运输部先后发布《关于推进水运行业应用液化天然气的指导意见》《长江干线京杭运河西江航运干线LNG加

注码头布局方案（2017—2025年）》等，在标准规范、试点示范、经济鼓励、科研开发、市场培育、宣传教育等方面开展了大量工作，为水运行业推广应用LNG奠定了基础。党的十九大报告对生态文明和美丽中国建设、长江经济带生态优先绿色发展、交通强国、能源消费结构调整等方面做出重大决策部署，把污染防治作为三大攻坚战之一，对水运行业应用LNG清洁能源提出了新的更高要求。

在交通运输部积极推动下，目前国内已建成273艘内河LNG动力船，19座加注站，但仍存在一些阻碍内河LNG动力船推广应用的问题，其中包括LNG动力船通过三峡船闸政策亟待突破。长江上游80%的船舶都需过闸，LNG动力船不允许通过三峡船闸政策导致过闸船舶无法实施LNG动力更新改造，目前只有上游两艘经营区间运输的新建LNG动力船舶。

在此背景下，2017年12月12日，何建中副部长主持召开专题会议，要求进一步对LNG动力船通过三峡船闸的安全性开展研究，尽快制定LNG动力船通过三峡船闸的实施方案及安全管理规定。根据工作安排，中国船级社武汉规范所深入开展了LNG动力船安全技术标准研究，并作为牵头单位积极承担了"LNG动力船通过三峡船闸安全性评估"课题研究。

二、经验做法

1. 准备

组建风险评估团队；依据评估对象制定初步的风险评估方案。

2. 设计概念评估

风险评估工作通常是针对目前技术标准尚不完善或缺少的具有创新性的技术或设计，因此本阶段的主要工作是识别该创新技术或设计中存在的风险。如果存在多个不同的设计概念，须对这些不同的设计概念逐一进行识别。具体内容如下：

（1）评估辨识概念中潜在的威胁和风险。例如评估概念是否存在不满足相关权威标准的可能。

（2）描述设备可能出现的所有重大风险，为选择合适的概念提供参考。

（3）确立可能的重大风险相应的控制措施，以便采用更安全、环保、经济的设计和/或本质安全的设置。

（4）对所提供的概念进行初步风险评估。

（5）针对设计开发过程中可能出现的改动，评估所提供概念的抗差性和不确定性。

（6）确定执行进一步风险评估或详细研究的需求。

（7）确定下阶段中进一步风险评估的需求和范围。

（8）对主要区域的布置进行初步评估。

3. 边界确立

同相关各方协议确立风险评估的界限。

4. 危险源辨识（HAZID）

危险源辨识基于团队的"头脑风暴"。危险源辨识的工作包含识别成因、后果，明确防护措施，提出降低风险的建议。

5. 定义定量风险评估场景

对于4.危险源辨识中分析出的具有中高风险的场景，应依据实际需求来定义需要进行量化分析评估的场景。

6. 概率计算

选取国际权威或相关各方均认可的数据库并依据该数据库执行概率计算。数据库包含：

（1）泄漏概率；

（2）引燃概率；

（3）爆炸概率；

（4）伤亡概率。

7. 后果计算

采用计算流体力学（CFD）软件FLACS计算后果（泄漏、扩散、火灾、爆炸）。FLACS基于CFD模型，在油气化工行业具有领先地位，并且是许多油气公司指定的爆炸危险评估工具。此外，不借助类似FLACS这样的工具很难满足油气行业相关标准（例如ISO13702、NORSOKZ-013、ISO/DIS19901-3）的要求，同时FLACS还是美国管道与危险品安全管理局（PHMSA）依据联邦法规（9 CFR193.2059）认可的进行液化天然气（LNG）蒸气云扩散模拟的软件。

8. 结论与评估

依据广泛认可的个体风险准则和F‑N曲线评估个体和社会的风险。

9. 风险控制措施

如果风险不可接受，需给出相应的风险控制措施来降低风险并对该风险进行重新评估。

10. 敏感性分析

如果评估的总体目标是进行备选解决方案的比较或风险控制措施的识别，那么需要进行敏感性研究。

敏感性研究的主要目的是：

（1）阐述风险模型中不同参数变化产生的影响。

（2）阐述引入风险控制措施后的影响。

11. 报告及推广建议

完成风险评估报告，并提出实施该创新性技术或设计的推广建议，包含应用范围、实施步骤、需要控制的风险及相应的防护措施等。

三、应用成效

考虑到三峡船闸的重要性和过闸环境特殊性，中国船级社武汉规范研究所风险评估项目组按照危险源辨识、概率分析和后果模拟对LNG动力船通过三峡船闸安全性进行了评估，结论认为其风险处于可接受水平。根据相关研究成果，建议LNG动力船舶通过三峡船闸按照"无禁止性限制，有区别性防范"的原则进行试运行，并进一步提出以下补充建议：

（1）在过闸前，加强对LNG气罐、供气系统（尤其是阀件和法兰连接处）、安全系统和消防系统等重点部位的巡检，及时发现并消除安全隐患，船上严禁任何点火源。

（2）在过闸前，对气罐压力进行检查，必要时进行泄压操作，压力应降低至安全阀设定值80%以下，可维持安全阀至少7h不起跳。

（3）为防止LNG泄漏后低温对船体结构带来的损伤，建议适当加大LNG管路法兰连接处下方集液盘的容积，推荐长宽高的尺寸为1m × 1m × 0.5m。

（4）加强内河船员的LNG动力系统操作培训和应急演练，提升船员安全意识和应急处置能力。

2018年三峡船闸累计通过船舶42574艘次，综合考虑国家政策、船舶结构、安全运行及改造技术等因素，预计过闸LNG动力船在2020年、2025年、2030年将发展到分别占现有过闸船舶艘次的1%、5%和10%， 2020年、2025年和2030年通过三峡船闸的LNG动力船将分别达430艘次、2100艘次和4200艘次。

四、推广建议

（1）以点带面，在已建立的LNG动力船舶及水上LNG领域风险评估的基础上，进一步完善国内法规及技术规范对水上LNG应用领域风险评估的技术要求，全面推动国内水上应用LNG领域的风险评估工作，确保新能源应用的安全。并将LNG领域风险评估应用中积累的经验和案例逐步推广至整个水上运输危化品行业，乃至整个水上交通领域。

（2）内外并举，一方面推动国内水上交通领域的风险评估工作，另一方面通过我国相关部门及组织机构在国际上的影响力，例如国际海事组织（IMO）、国际船级社协会（IACS）等，牵头并参与部分国际公约及规则中风险评估的要求编制，以远洋交通运输中的风险评估逐步带动国内该领域的发展。

五、应用评估

实施开始时间：2019年6月1日。

实施情况：交通运输部长江航务管理局发布了2019年第1号通告——"长航局关于LNG动力船试运行通过三峡船闸相关事项的通告"，自实施之日起，长江三峡通航管理局开始受理LNG动力船过闸申报，并且LNG动力船优先于同类型船舶过闸，计划至2020年通过三峡船闸的LNG动力船将达到430艘次。

实施范围：通过三峡船闸的所有LNG动力船舶。

成果成效：解决了LNG动力船过闸难的

问题，同时为LNG动力船过闸争取了优先政策支持。

努力方向：下一步将积累实际过闸运行的经验，对LNG动力船舶通过三峡船闸的风险进行全面的总结和归纳，进一步完善LNG动力船过闸管理要求，推动内河LNG动力船的广泛应用。

长江航务管理局综合执法示范基地

基本信息

项目名称：长江航务管理局综合执法示范基地
申报单位：武汉海事局
成果实施范围（发表情况）：长江武汉段
开始实施时间：2018 年 6 月
项目类型：安全管理
负责人：樊哲斌
贡献者：朱学斌、赵华成、海　燕、张建明

案例经验介绍

一、背景介绍

为推进长江经济带发展，2016年，交通运输部党组科学决策，部署开展了长江航运行政管理体制改革，并把长江干线水上综合执法改革试点作为重点任务之一，着力构建精简、统一、规范、高效的行政执法体制。实施两年多以来，在交通运输部、长航局领导的关心支持下，在全局干部职工共同努力下，顺利实现了长江海事统一执法的目标，形成了长江干线"海事执法、公安保障、技术支持"的水上联动执法模式。2018

年，为突出改革亮点，扩大改革效应，长江海事局组织开展水上综合执法示范区建设，并在长航局领导下进一步聚焦和升华，选取武汉港区海事处开展长航局综合执法示范基地建设，作为深化水上综合执法改革的重要抓手。2018年12月30日，港区海事处综合执法示范基地全面完成了"一区六室一中心"的建设工作——即一个党建文化区，综合执法研判室、案件调查室、违法行为处理室、证据保存室、综合执法设备保管室、警务室六个综合执法工作室，以及一个指挥分中心。

二、经验做法

武汉港区海事处坚决贯彻上级部署，创新"五同""五联"工作法，有力保障了辖区安全畅通。

1. 推行"五同"工作方法，实现执法统一对外

武汉港区海事处为有效履行航道、通信、运政现场执法职责，全面落实《水上综合执法工作规则》等综合执法主体制度，统一执法规范、执法程序和执法标准，率先推行"五同"工作法，即实行安全监管、污染防治、航道管理、通信秩序、运政检查等现场执法工作同布置、同落实、同记录、同检查、同考核，对违法行为一并调查、一并纠正、一并处罚，同时全方位开展岗位培训，优化执法人员配置，实现了执法力量一支队伍、执法内容一张清单、执法记录一本台账，行政执法更加精简高效。

2. 创新"五联"协作机制，形成执法监管合力

武汉港区海事处针对桥梁密集、两江交汇、渡运繁忙、安全监管任务重的辖区形势，落实《联动巡查工作机制》等配套制度，立足现场执法职责探索建立了"五联"工作法，即通过与系统内外单位联席会议共商共谋、联系通报共建协作、联动巡查风险隐患、联防整治突出问题和联合办案凝聚合力，形成了"海事执法、公安保障、技术支持"执法整体联动模式，构建了与系统内外协同配合的管理格局，服务保障辖区平安畅通的能力显著增强。

3. 探索智慧监管模式，助力执法便捷高效

武汉港区海事处充分运用信息化手段，通过航道管理和执法系统，实现航道行政处罚网上办理和执法数据对接；通过指挥分中心电子巡航系统，实现对辖区重点水域、渡口码头、重点船舶远程实时监控；通过通信宽带集群指挥调度系统，实现现场执法视频实时传输；通过无人机巡航，实现执法手段"空中协同"；通过探索"互联网+行政执法"，打造动静结合、互联互通、信息共享的执法环境；通过共享区段航道、公安、海事CCTV数据，实现航道、航标、码头、船舶等监管要素的有效覆盖，提升了监控预警能力和执法效能。

4. 建立标准规范体系，保障执法公正文明

武汉港区海事处探索建立水上综合执法站所建设标准，全面完成了综合执法研判室、案件调查室、违法行为处理室、证据保存室、综合执法设备保管室、警务室和指挥分中心的"六室一中心"建设。落实行政执法"三项制度"和交通运输"四基四化"建设要求，梳理执法事项，规范执法程序，建立了现场检查、执法公示、信息通报、协同查处等水上综合执法工作制度，实现了行政执法权力的规范透明、综合执法的有章可循，有力促进了严格规范公正文明执法，树立了长江航运执法部门的良好形象。

三、应用成效

通过综合执法示范基地的建设运行，有效推动了武汉港区海事处综合执法效能的提升，取得了显著的建设成效：一是实现了执法理念的突破，引导干部职工树立了"大安全"理念，以高站位、大格局的思想切实履行水上综合执法职责；二是实现了执法模式的突破，完善了"权责一致、程序规范、标准统一"的工作机制，构建了"资源整合、信息共享、协调联动"的工作格局；三是实现了监管水平的突破，优化了辖区执法资源配置，集中优势合力开展综合监管，维护航道资源、通信秩序、水上交通安全的效率同步提高；四是实现了服务能力的突破，围绕辖区监管重点，充分释放改革红利，在维护桥区通航安全等涉及社会民生的重点工作中发挥了重要作用。

四、推广建议

长江航务管理局综合执法示范基地建设得到了长江航务管理局、长江海事局的高度重视和大力支持，武汉海事局紧紧围绕上级要求，周密计划、严格落实、规范建设、科学施策，积极有序地推进长江武汉段综合执法示范基地建设，顺利完成各项任务，综合示范基地建设、运行已经初见成效。长江航务管理局综合执法示范基地是推动综合行政执法改革坚实基础，是落实长江大保护、生态优先、绿色发展的重大举措。

用于山体滑坡的监测报警系统

项目名称：用于山体滑坡的监测报警系统

申报单位：中国外运长航集团有限公司

成果实施范围（发表情况）：目前取得实用新型专利，专利号是 ZL201820742245.5；发明专利正在审核

开始实施时间：2018 年 5 月

项目类型：科技兴安

负责人：忻时咸

贡献者：裴正强、商成刚、顾伟凯

一、背景介绍

山体滑坡是指山体斜坡上某一部分岩土在重力（包括岩土本身重力及地下水的动静压力）作用下，沿着一定的软弱结构面（带）产生剪切位移而整体地向斜坡下方移动的作用和现象，是常见的地质灾害之一。近年来，我国地质灾害发生频繁，造成巨大人员伤亡和经济损失。不同类型、不同性质、不同特点的滑坡，在滑动之前，均会表现出异常现象，无论是水平方向还是垂直方向，均会出现位移变化趋势，滑坡后缘的裂缝急剧扩展，这是山体即将出现滑坡的明显迹象。

因此，对于道路、铁路两侧或者人们生活、生产区域附近的危险山体，当出现滑坡预兆时可以通过监测山体脆弱危险区域相对位移的变化对滑坡进行预警，发出警报，以便及时采取应对措施，防止受其影响的关键区域因山体突然滑坡造成人员伤亡和财产损失。

二、经验做法

对此类问题，有一种GPRS远程无线监测报警系统技术方案，该系统采用预埋杆或利用山体树干作为山体滑坡位移移动体，再用一根钢线配上滚珠轴承滑轮和下移侧挡块，构成山体滑坡串联位移传递单元，采用永磁铁和干簧管继电器作为位移传感器，当其中任一个位移移动体有位移时，即通过钢丝带动磁铁移动，磁铁移动到干簧管工作区域，两个干簧管闭合，即可触发报警系统，实现本地报警或远程报警。该系统的位移传感器采用永磁铁和干簧管继电器，但是干簧管采玻璃封装，在运送和加工过程中容易受损，对工作人员的安装水平要求高，否则会影响产品及寿命；而且该方案对位移传感器的安装条件要求相对较高，传感器在各种不同的安装条件下不能保证测量的精确度。由于市场上缺乏简单、方便价格低廉的山体滑坡预警系统，所以绝大多数具有滑坡风险的山体均未安装预警系统。

为了用一种简单、方便、安全、测量精度高的方法解决山体滑坡风险预警问题，发明了"一种用于山体滑坡的监测报警系统"，该系统包括山体位移监测单元、供电单元和报警单元，山体位移监测单元包括若干连接杆组，连接杆组的两端通过固定组件设置于山顶上；连接杆组包括能够套接在一起的小端杆和大端杆，小端杆与大端杆均采用绝缘材料制成，小端杆和大端杆之间设有导电装置，导电装置通过导线与供电单元连通。本发明只需要安装简单的供电和报警电路，便可以监测危险区域的位移变化，能够近程和延伸输出报警信号，不受气候变化影响，监测成本低，预警山体滑坡事故效果明显；而且本系统结构简单，从安装到后期维护成本极低，也无须专门建立复杂的通信系统即可实现精准的远程报警。具体说明如下：

一种用于山体滑坡的监测报警系统，所述大端杆和所述小端杆发生相对位移时导电装置处于断开状态；所述报警单元用于当所述导电装置处于断开状态时发出报警信号。

所述固定组件包括若干组地钉，所述地钉的顶部在中心轴的位置开设有螺栓孔；所述地钉的上方通过与所述螺栓孔配合的固定螺栓连接有支架；所述支架上铰接有连接柄，所述连接柄的末端与所述连接杆组连接。

所述支架其中两个相对的侧面对称开设有圆孔，所述连接柄的一端成型有与所述圆孔配合的圆柱头，所述连接柄能够以所述圆孔的连线为旋转轴翻转；所述连接柄的另一端成型为带螺纹的圆柱状结构，所述大端杆远离与小端杆连接的一端内壁成型有与所述圆柱状结构配合的螺纹。

所述小端杆与所述大端杆均采用绝缘材料制成，所述大端杆的外径为30~40mm，所述大端杆的内径为25~35mm，所述小端杆的外径为24.9~34.9mm，所述小端杆的内径为20~30mm。

优选地，所述导电装置包括：相互配合的第一导电环和第二导电环，所述大端杆的内壁开设有第一凹槽，所述第一导电环为镶嵌在所述第一凹槽内的C型卡环，所述第一导电环厚度与所述第一凹槽的深度相等；所述大端杆侧壁对应所述第一凹槽的位置开设有第一杆壁孔，所述第一导电环的外壁上连接有从所述第一杆壁孔伸出所述大端杆外的第一导线；所述小端杆的外壁开设有第二凹槽，所述第二导电环为镶嵌在所述第二凹槽内的卡环，所述第二导电环的厚度与所述第二凹槽的深度相等；所述小端杆侧壁对应所述第二凹槽的位置开设有第二杆壁孔，所述第二导电环的内壁上连接有从所述第二杆壁孔伸入所述小端杆内的第二导线。

所述小端杆的外壁距离与所述大端杆连接的一端30~70mm处划有一道标识刻度。

所述小端杆由两个外壁成型有方向相反的螺纹的分段对接而成，两个所述分段的对接处套设有调节螺母，所述调节螺母的两侧均设有锁死螺母。

所述大端杆靠近与所述小端杆连接的一端设有环绕在所述小端杆外的密封圈，所述第一杆壁孔与所述第一导线和所述第二杆壁孔与所述第二导线之间均涂有防水胶。

所述大端杆与所述小端杆之间连接有弹性的回收绳。

所述供电单元为与可充电电池连接的直流电路，所述可充电电池设置于带有防水的电池盒内；所述报警单元包括两条并联在所述供电单元内的支路，其中一条支路由1kΩ电阻和山体位移监测单元串联而成，另一条支路由晶闸管、信号发射器和复位开关串联而成；所述报警单元还包括通过网络与所述信号发射器数据连通的信号接收器，所述信号接收器连接有声光报警器，当所述导电装置处于断开状态时产生的报警信号通过网络远程向指定位置的声光报警器提醒相关人员。

进一步地，还包括延伸单元，所述延伸单元包括与所述山体位移监测单元并联在所述供电单元中的延伸电路，所述延伸电路上设有串联的电容和互感器，所述互感器通过导线连接有手机，所述互感器的输出端与所述手机的主板上的重播键相连，所述手机的电源与所述供电单元连接，所述手机设置有指定的重播电话号码。

三、应用成效

目前，该系统已经在中石化长江燃料有限公司南京分公司684油库、重庆长航钢城物流有限公司安装使用，浏阳景美烟花仓储有限公司将于近期安装。根据用户使用情况报告反映，该系统只需要安装简单的供电和报警电路，便可以监测危险区域的位移变化，能够近程和延伸输出报警信号，不受气候变化影响，监测成本低，预警山体滑坡事故效果明显；而且本系统结构简单、安全，从安装到后期维护成本极低，也无须专门建立复杂的通信系统即可实现精准地报警，运行可靠，创新性很强，非常实用，能够大幅减少人力资源投入。

四、推广建议

该系统监测精度高，不受气候变化影响，预警山体滑坡事故效果明显。该系统结构简单、安全，从安装到后期维护成本极低，运行可靠，创新性很强，批量生产成本将进一步降低，对于山区居民房前屋后及生产区域、道路铁路两侧山体滑坡预警非常实用，大面积推广应用前景广阔，将对保护人民生命财产安全发挥其有效作用。

五、应用评估

该系统已经得到用户应用，并获得使用满意评价。通过该系统预警，人们能够对相应安全风险采取针对性的措施，减少人工检查的人力投入，为平安交通保驾护航。

案例38 ▶ 河池高速科技创新工作室

基本信息

项目名称：河池高速科技创新工作室

申报单位：广西交通投资集团河池高速公路运营有限公司

成果实施范围（发表情况）：河池高速公路部分路段

开始实施时间：2013年1月

项目类型：科技兴安

负责人：黎水昌

贡献者：唐明旭、余康文、廖冬林、谢恺夫、黄俞云

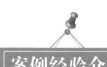

案例经验介绍

一、背景介绍

2012年7月，由广西交通投资集团河池高速公路运营有限公司（以下简称"河池运营公司"）管辖的G75兰海高速六寨至河池段及G78汕昆高速河池至宜州段正式通车。河池高速地处云贵高原南麓，路段山高、路陡、坡多、弯急，路面海拔最大落差460m，最大坡度4.5%，桥隧比高，沿线有251座桥梁、59座隧道，其中17座长隧道、11座中隧、31座短隧道单洞总长分别为52398m、14731m、19702m，安全管理难度巨

大。通车后，交通事故率居高不下，特别是六寨至河池段隧道交通事故高发。

为破解高速公路隧道事故高发的难题，营造安全、畅通的高速行车环境，同月，河池运营公司建立"河池高速科技创新工作室"，以引导公司安全和应急科技创新能力建设，推进高速公路科技兴安和应急信息化管理。

河池高速科技创新工作室共有养护、机电、应急等技术人员16人，大学本科及以上学历人员占比100%。河池高速科技创新工作室建立7年来，共取得国家专利成果2项，实用型专利成果5

项，其他创新成果8项。迎接来自交通运输部、区内外同行等参观指导百余批次，得到各级领导认可。

二、经验做法

1. 自主研发"管式可导向防撞垫"，降低隧道口交通事故伤害程度

该项目2014年获国家新型实用专利。该项目2014年应用于六寨至河池高速公路。当失控车正面碰撞管式可导向防撞时，在支撑架的支撑作用下，骨架沿导轨滑动，鼻件和吸能管发生压缩变形，吸收碰撞能量，减轻乘员伤害程度；当失控车侧面碰撞管式可导向防撞时，导向板对车辆进行导向，吸收能量，降低乘员风险。

下一步，河池高速科技创新工作室将在河池运营公司管辖范围内，进一步扩大该专利的应用范围。

2. 发明"一种极薄表面磨耗层用沥青、其混合料及其使用"国家专利，有效降低隧道事故率

该项目2016年获国家发明专利。该项目Thus-20的极薄磨耗层（20mm）成品和配套同步、异步施工工艺，实现了其技术性能不低于20mm厚的国内外同类产品而成本降低25%的目标，有效改善了该隧道水泥混凝土路面行车条件，提高了隧道路面的抗滑性能（SRI指标提升60%），降低了行车噪声（噪声值下降约12%），使行车的安全性、舒适度得到了很大的提高，工程成本较SMA、环氧铺装更为便宜（极薄方案为85元/㎡，大面积施工可以降到65元/㎡），缩短至少一半的施工时间，而且因其厚度极薄的特点，降低了对隧道净空的影响，是长大隧道铺装改善和提升行车环境的针对性解决方案。

2013年该项目投入使用，之后3年，河池高速隧道事故率大幅降低，大大降低了管理风险并减少了经济损失。

下一步，河池高速科技创新工作室将在河池运营公司管辖范围内，进一步扩大该专利的应用范围。

3. 自主研发"一种隧道照明控制装置及系统"，在确保隧道照明度的同时有效降低隧道能耗

该项目2016年获国家新型专利。该项目利用测控技术自动检测车辆驶入、驶离隧道或在隧道内停留等状态，继而有针对性地自动调节照明度，在满足隧道照明亮度行车需要，确保行车安全的同时，尽可能降低隧道用电成本。该系统应用后，使该年度隧道节约能耗支出20%。

下一步，河池高速科技创新工作室将在河池运营公司管辖范围内，进一步扩大该专利的应用范围。

4. 发明"隧道口护栏过渡段"国家实用新型专利，有效减轻隧道口碰撞事故伤害程度

该项目2013年获国家新型专利。该专利是通过在隧道洞壁与路基护栏之间构筑防撞过渡段结构，实现强度和高度的平稳过渡。过渡段组合形式为隧道口护栏过渡段由2m立柱间距的加强型双波梁护栏和1m立柱间距的三波梁护栏过渡（过渡长度为10m），在与混凝土过渡段设置加强搭接梁，与隧道壁连接的为钢筋混凝土护栏（长度约5m），护栏最高高度为2.5m。该专利试点应用于隧道口后，有效减轻了碰撞事故的伤害程度，减轻了人员伤亡。

5. 自主研发低温预警系统，提升冰冻灾害天气高速公路行车安全系数

该系统2016年在六河路长下坡路段（巴怀水库高架大桥）安装使用，其由连续的爆闪灯组成，在温度低于4℃时，通过智能感应，所有的爆闪灯亮起，既能及时提醒过往司乘人员小心驾驶，又能使管理人员及时获悉该路段气温最新情况，及时采取抗冰措施，有效减少交通事故发生。

下一步，河池高速科技创新工作室将进一步优化该系统使用功能，使其为运营公司应对冰冻灾害天气"保安畅"发挥更大作用。

6. 自主研发"隧道数据监测平台"，提升高速公路消防安全系数

该项目2018年完成自主研发，并在河池至都安段高速公路投入使用。该项目利用软硬件结

合的原理，采用精密传感器设备采集消防水压、发电机油位、机房温度和湿度等数据，使用网络继电器设备控制配电箱来控制水泵的启停，被监测设备的实时数据通过MODBUS通信协议经IP网络与中心服务器进行通信，服务器将接收到的数据处理成图像、数据、曲线等信息，同时兼容PC和移动设备，实现"互联网+"，达到随时随地获取消防水压、发电机油位、机房温湿度等信息，实现远程控制消防水泵抽水，确保高速公路消防供水，提升消防安全系数的目的，同时提高了工作效率。

7. 自创自动化应急物资装卸系统，提高高速公路应急处置效率

该项目2016年在河池排障队投入使用。该项目共投入开发成本1.5万元，实现了应急物资装卸从人工操作到机械操作的转变，原先需4~5人耗时近半小时装卸的应急物资，应用该系统仅需1人2min便可完成装卸，不仅减少了人力投入，还极大提高了应急处置效率。

下一步，河池高速创新工作室将进一步完善该系统，并扩大其应用范围。

三、应用成效

1. 使河池高速安全生产形势稳步向好

河池高速公路自2012年通车以来，事故多发，运营管理成本高。河池运营公司通过加大科技创新投入，攻克了一个又一个安全生产和应急管理工作重点、难点问题，河池高速安全生产形势稳步向好。

2. 使河池高速隧道事故率大幅下降

"十二五"期间，河池高速公路万车事故率由2012年的0.37%下降到2015年的0.31%，降幅达17%。2017年河池高速万车事故率再次降低至0.20%；事故高发的六寨至河池高速公路方面，2012年7月通车后至当年12月，共发生隧道事故62起，2018年下半年隧道事故2起，同比下降96.77%，成效显著。

3. 使河都高速应急处置效率大幅提升

以河池至都安高速公司为例，以往进行应急处置时，需要人工装卸应急物资，耗时较长。目前，采用应急物资自动装卸系统，仅2min便可完成应急物资成套装卸，极大缩短了应急处置前期准备时间，提高了应急处置效率。

四、推广建议

（1）实施时间：2013年1月。

（2）实施情况：已于2013年1月，在河池高速路段陆续应用。

（3）实施范围：河池高速公路路段。

（4）努力方向：河池高速科技创新工作室将继续致力科技创新，不断提升高速公路安全管理及应急管理水平，筑牢高速公路安全生命线。

五、应用评估

河池高速创新工作室将在河池运营公司管辖范围内，进一步扩大其应用范围。下一步，河池运营公司还将持续加大科技创新力度，以河池高速科技创新工作室为平台，以课题攻关为抓手，进一步创新安全生产工作思路，营造更加安全、畅通的高速公路行车环境。

交通行业高危作业人员岗前
状态智能检测评估仪

项目名称：交通行业高危作业人员岗前状态智能检测评估仪

申报单位：天津东方泰瑞科技有限公司

成果实施范围（发表情况）：已申请发明专利与实用新型

开始实施时间：2018年9月

项目类型：科技兴安

负责人：詹水芬

贡献者：何 琪、武云鹤、魏 明、于 辰、王立峰

一、背景介绍

随着社会和经济的不断发展，安全生产已经成为国家的意志、人民的期盼、企业的共识。安全生产事故往往给企业造成巨大的经济损失，给劳动者带来严重的人身伤害。

虽然国家对安全事故的监管力度空前，企业也在利用各种手段来避免安全事故的发生，但安全事故依然时有发生。尤其是涉及公共安全的行业和交通行业的高危岗位，一旦发生安全生产事故则危害和损失不可估量。

天津东方泰瑞科技有限公司研制生产的交通行业高危作业人员岗前状态智能检测评估仪是针对危险岗位工作人员上岗前身体状态及风险感知能力进行检测的设备，能避免身体状态或风险感知能力不佳的人员上岗工作，减少由于在工作中身体不适或风险感知能力缺失造成对社会或本人的伤害，及不安全行为引发的安全生产事故。

二、经验做法

岗前状态智能检测评估仪采用人工智能、生物识别、物联网等前沿技术，能快速、准确地检测评估岗前作业人员身体的基本生理数据（体温、血压、脉搏）、呼气酒精含量及风险感知能力，通过云计算将检测数据储存、分析，评估被检测人的岗前状态，并同步将检测评估结果推送至远程显示端（PC、App），安全责任人可依据检测数据及时对作业人员进行科学调度，确保上岗作业人员的状态适合当日上岗，从而降低安全事故发生的概率。

1. 岗前状态智能检测评估仪应用范围

1）起重吊装作业人员（港口行业）

港口起重机械主要包括门座起重机、岸边集装箱装卸桥、轮胎集装箱门式起重机、流动式起重机。上述起重设备操作人员在岗前身体健康异常或者心理异常的情况下从事起重吊装作业工作，辨识功能易受到影响，发生辨识错误，误操作引发事故。

2）公共交通运输设备驾驶员（地铁、公交、长途客运）

驾驶员的生理和心理特征是交通系统设计的基础性指标，也是影响交通系统安全性的本质性因素。与交通安全紧密相关的生理和心理因素包括：视野与视力、人眼对光线变化的适应和炫目、立体视觉、驾驶员的反应时间、疲劳驾驶、驾驶员的错觉、驾驶员的群体差异、饮酒和药物对驾驶员的影响、驾驶员的动态判断等。驾驶员的状态、驾驶员对于交通工具的控制、驾驶员对于紧急情况的处理方式都对交通运输安全有着重要影响。

3）危险化学品运输车辆驾驶人员（危险化学品运输）

危险化学品运输车辆驾驶员由于其驾驶车辆运输的物品的特殊性，（易燃易爆、有毒有害）驾驶员的岗前生理和心理的要求更加严格。因为一旦发生事故，其涉及面广、危害严重，对人民生命财产、社会公共安全以及周边环境构成严重威胁。

4）场（厂）内机动车驾驶人员

行驶中的场（厂）内机动车运动动能大，起重的悬空吊运重物势能高，工程车辆倾翻重量大，以及危险事件的突发性这些因素使得场（厂）内一旦发生机动车辆事故，后果一般都比较严重，常常导致人员重伤甚至死亡，即使不发生人员伤害事故，往往也会造成财产损失。事故伤害不仅可能是驾驶员、乘员，还会波及附近作业的作业人员。如果是乘员多的车辆事故，或在人员密集的施工场所发生的事故，严重时可造成群死群伤。这就要求场（厂）内机动车驾驶人员在上岗前有良好的生理和心理状态。

5）有限空间作业人员

由于有限空间存在燃爆危险、缺氧和富氧危害、中毒危害、生物性危害、物理危害、化学危害等危险有害因素，同时有限空间作业具有作业环境、作业过程情况复杂、危险性大、发生事故后果严重、发生事故施救困难等危险特点，所以有限空间作业人员在上岗前要有良好的生理和心理状态。

6）其他危险作业人员

对于其他进行危险作业的人员，保证其上岗前的生理和心理状态良好也是避免误操作及减少安全事故发生的基本条件。

2. 岗前状态智能检测评估仪构成

1）人机交互系统

岗前状态智能检测评估仪人机交互系统由显示屏幕、扬声器、键盘输入系统等组成，便于使用者进行操作。

2）身份确认系统

岗前状态智能检测评估仪的身份确认系统在设计中采用了国内外先进的人脸识别系统和技术。人脸识别一般都有人脸检测、人脸识别、人脸追踪、活体检测等功能，能识别人脸上200多个特征点，可以在人移动过程中进行识别比对，错误率低、稳定性高。

3）身体生物体特征检测评估系统

岗前状态智能检测评估仪的身体生物体特征检测评估系统包括测血压及心率传感器、体温传感器、酒精传感器。检测设备均采用国内外成熟技术和正规厂商生产的产品，如血压与心率检测仪和体温检测仪采用医用检测仪，呼气中的酒精含量检测仪采用警用汽车驾驶人员呼气酒精含量检测仪。这些产品技术性能先进、质量可靠、使用寿命长、维护方便。这些优选传感器的应用，可以保证人体生物特性检测准确、可靠。

4）风险感知能力评估系统

岗前状态智能检测评估仪的风险感知能力检测评估内容采用了国内外最新风险感知能力检测评估科研成果，将人的风险感知能力分为认知能力、注意力、手脑协调能力、心理压力、计算能力等5个方面，通过人机交互、手脑并用等方式，检测评估被检测人的风险感知能力。这些方法简单实用，可以快速判定和评估被检测人员的风险感知能力。

5）数据分析、评估、储存、打印系统

岗前状态智能检测评估仪利用计算机技术，将上述人体生物特性检测结果与风险感知能力测试评估结果结合起来，按照特定评估标准智能评估被检测人的状态，提出被检测人可否当日上岗的建议，并储存在云端服务器，同时打印评估报告，供管理部门生产调度参考。

岗前状态智能检测评估仪的软件开发及云端平台是在已完成的6个大型云端系统平台和安全风险分析评估软件系统的基础上开发的软件系统，已拥有相关专利与软件著作权。

6）电源与开关

岗前状态智能检测评估仪的电源与开关均选用符合国家标准规范要求的产品。若在特殊环境下有相应需求，则选用拥有相应防护要求和等级的电源与开关。

3. 系统检测流程（图 1）

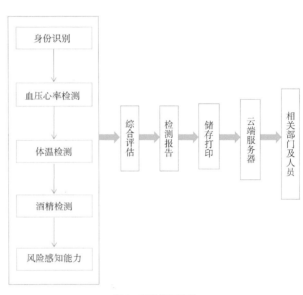

图1　系统检测流程

4. 检测评估结果

岗前状态检测评估报告如表1所示。

岗前状态检测评估报告 表 1

姓名		工号		人脸识别时的照片
性别		工种		
身份证号	前 4 位与后 4 位可见（将中间 10 位隐藏为 ＊）			
检测时间	年　月　日上午（下午）　：			
血压	高压	mmHg	低压	mmHg
心率	次 /min			
体温	℃			
酒精	mg/100ml			
风险感知力	分			
评估结论	经检测与评估，本次岗前状态评估结果为合格，身体状态及风险感知能力适合当日上岗工作。 或经检测与评估，本次岗前状态评估结果为不合格，当前身体或风险感知能力不适合当日上岗工作。其中 ××× 不符合当日上岗工作要求			
提示	对于检测结果达到合格标准上限或超标的，给予相应的提示，如注意休息、少饮酒等			
备注	对于某些人，由于某种原因长期某项指标偏高或偏低时，可以在提示的基础上，允许人员干预，提高或降低当事人的某个指标			

三、应用成效

1. 社会效益

本产品属于预防人的不安全行为引发生产安全事故的装置，本产品推广应用可减少人为的生产安全事故，社会效益巨大。据不完全统计，国内生产安全事故90%以上是由于人的不安全行为引发，通过岗前健康状态检测，可帮助高危操作工及单位了解操作工的健康状态，保证操作工上岗工作时，身体状况和风险感知能力（注意力等）良好，降低工作过程出错的概率，从而降低发生事故的概率。

2. 经济效益

岗前健康状态智能检测评估仪适用行业较广，且在工业、水运、公路、建筑、电力等行业首次推广应用。企业使用岗前健康状态智能检测评估仪可以有效降低因员工生理和心理原因引发的安全生产事故带来的经济损失。

四、推广建议

建议制定相关法律法规，规范危险岗位员工上岗前状态检测相关要求。

建议在港口行业、公共交通运输行业（地铁、公交、长途客运）、危险化学品运输行业试点应用。

五、应用评估

1. 实施开始时间

本案例实施开始时间为2018年9月。

2. 实施情况

岗前状态智能检测评估仪已完成产品标准制定及备案和ISO 9000质量管理认证，具备设备投入市场的条件，已有部分企业使用该设备。

3. 实施范围

岗前状态智能检测评估仪实施范围包括：起重吊装作业人员（港口行业）、公共交通运输设备驾驶员（地铁、公交、长途客运）、危险化学品运输车辆驾驶人员（危险化学品运输）、场（厂）内机动车驾驶人员、有限空间作业人员、其他危险作业人员。

4. 成果成效

天津港远航矿石码头有限公司、天津港环球滚装码头有限公司、天津港太平洋国际集装箱码头有限公司、天津市公共交通集团（控股）有限公司已将岗前状态智能检测评估仪应用在其危险岗位员工岗前检测中。

通过企业一段时间的使用及反馈，本设备能较好地避免身体状态或风险感知能力不佳的人员上岗工作，减少由于在工作中身体不适或精神不振造成对企业或本人的伤害，及由于不安全行为引发的安全生产事故。同时，能帮助企业安全管理人员更好地管理本企业员工及相关方人员。

5. 努力方向

本设备在今后的更新中会根据企业的使用情况、国家和行业的安全标准和要求，从硬件和软件两方面进行优化。硬件方面根据最新人脸识别技术及人体生物特性检测传感器和检测技术的更新进行升级换代。软件方面不断完善检测流程、评估算法，使之更符合企业的实际情况，满足企业的需求。

案例 40　隧道施工人员进出洞管理及洞内定位技术应用

基本信息

项目名称：隧道施工人员进出洞管理及洞内定位技术应用
申报单位：中国交建云南华丽高速公路项目第三项目经理部
成果实施范围（发表情况）：新民隧道
开始实施时间：2017 年 9 月 30 日
项目类型：安全管理
负责人：王连彬
贡献者：杨　杰、赵　晓、徐　量、王　麟、舒大勇

案例经验介绍

一、背景介绍

新民隧道为一座分岔式隧道，结构形式为 Ⅱ 型无中导连拱-小净距-分离式。隧道右幅起点里程 K115+596，止点里程 K118+130，全长 2534m，左幅起点里程 K115+596，止点里程 K118+145，全长 2549m，最大埋深约 405m。隧道区海拔高程介于 1700～2200m 之间，相对高差 500m；属构造剥蚀及构造岩溶低中山地貌，地形较为陡峻，地表植被发育一般。

主洞采用 R=5.5m 单心圆衬砌断面，内轮廓净空宽度 11m，净空高度 7.1m；紧急停车带采用 R1=8m、R2=5.5m 的三心圆衬砌断面，内轮廓净空宽度 14m，净空高度 7.6m；人行横通道采用拱顶为 R1=1.2m 半圆、边墙为直墙的衬砌断面，内轮廓净空宽度 2.4m、净空高度 3.15m；车行横通道采用拱顶为 R1=2.35m 半圆、边墙为直墙的衬砌断面，内轮廓净空宽度 4.7m、净空高度 6.25m。

二、经验做法

隧道人员定位系统以现代无线电编码通信

技术为基础，应用了现代无线电通信技术中的信令技术及无线发射接收技术，并结合了流行的数据通信、数据处理及图形展示软件等技术。系统能够及时、准确地将动洞内各个区域人员和移动设备情况动态反映到洞外计算机系统，使管理人员能够随时掌握隧道人员和移动设备的总数及分布状况；系统能跟踪干部跟班进隧道情况、每个工人入隧道、出隧道时间及运动轨迹，并精准到1m范围内，以便于项目经理部进行更加合理地调度和管理。

隧道人员定位系统由无线编码发射器、数据采集控制设备、数据传输网络、洞外中心软件系统及服务器组成。

无线编码发射器发出代表人员身份信息的射频信号，经采集控制设备接收并通过数据传输网络上传到洞外中心软件系统，经过分析处理在显示终端实时显示各种信息。

系统为同步建立隧道工业以太网，即构建一个网络支撑平台，将来隧道各监测监控系统均可接入到该网络中，避免网络重复建设、节省人力物力，有效消除"信息孤岛"现象。

系统具有传输距离远、识别无"盲区"、信号穿透能力强、对人体无电磁污染、环境适应能力强、便于网络连接远程监控、故障自我诊断等特点，使矿方真正实现隧道人员全自动化安全管理的目标。系统还有如下优点：

（1）零漏读/误读。系统在无线编码发射器和采集控制器之间采用先进可靠的无线通信交互方式，保证了当批量人员同时通过采集控制器时，也不会发生漏读、误读情况，保证了数据的准确性。

（2）多用户浏览及联网功能。系统软件采用B/S网络架构，可以分配多个不同权限用户，客户端不需要安装任何程序，即可在网络终端浏览及了解相关信息。

（3）自动考勤及进入隧道身份核实，实现人员出入隧道的自动考勤。通过入隧道身份核实功能，确保入隧道人员身份唯一性检验，杜绝人员替岗、非法身份人员入隧道等现象，特别对外包队人员的变更实现有效管理。

（4）安装调试简单，易于维护和管理。对于隧道作业人员来说，无须培训及特别要求，易于操作和被作业人员接受。

（5）双向信息呼叫功能，满足矿方综合管理的需要。系统可以向目标发出呼叫信息，如一般呼叫、紧急呼叫、撤离呼叫等信息；可以呼叫一个特定目标，也可以呼叫多个目标（群呼）；信息可以在第一时刻立即传达到每一个人，实现实时信息传递。紧急情况下，隧道人员还可以通过便携式卡向系统发出呼救信号，从而得到其他人员的及时救助。通过此功能，在发生突发事件时可通知全部人员紧急撤离，最大限度地防止危害扩大。

隧道外呼叫指令发送机制：

①第一步：洞外计算机软件系统发送群呼或呼叫某人指令。

②第二步：无线网线信号广播。

③第三步：被呼叫携卡人员识别卡声光报警。

④第四步：携卡人员呼叫应答。

⑤第五步：无线网络信号接收。

⑥第六步：洞外中心获悉。

三、应用成效

（1）当人员进入隧道以后，只要在隧道网络覆盖范围内，在任何时刻任意一点，基站都可以感应到信号，并上传到信息工作站，经过软件处理，得出各具体信息（如是谁、在哪个位置、具体时间），同时可把它动态显示（实时）在监控中心的计算机显示屏上或隧道外的LED大屏幕上，并做好备份。监管人员可随时了解隧道中人员的状态。管理者也可以根据计算机显示屏上的分布示意图查看某一区域，计算机会把这一区域的人员情况统计并显示出来。管理者能实时地观察到隧道内工作人员的即时区域位置，实现隧道内人员精确定位。

（2）一旦隧道内发生事故，隧道内人员只要按定位仪上的报警按钮，即可通过所携带的定位仪（识别卡）发出警报。在监控室的动态显示界面会立即弹出红色报警信号，相关人员可根据计算机显示屏中的人员定位分布信息马上查出事故地点的人员情况，以便帮助营救人员以准确快速的方式营救出被困人员。

四、推广建议

（1）在大型建设工程项目中，信息交流的问题导致工程变更和工程实施的错误约占工程总成本的3%～5%，通过本项目的实施，能够大大减少信息交流问题所导致的成本损失。建设隧道施工人员进出洞管理及洞内定位技术应用信息化指的是建设项目管理信息资源的开发和利用，以及信息技术在建设项目管理中的开发和应用。

在建设项目中提倡管理手段信息化有如下意义：信息存储数字化和存储相对集中；信息处理和变换的程序化；信息传输的数字化和电子化；信息获取便捷；信息透明度高；信息流扁平化。

（2）通过进出洞管理系统及人员定位系统，简化了人工管理，更加细致简单化隧道内作业人员的动态管理，为隧道内应急突发情况的处理提供了较大的保障，大大缩减了救援时间，确保了救援过程的顺利。

五、应用评估

（1）充分应用了信息化手段参与工程建设的安全管理，大大减少了人力物力投入，使工程安全管理达到了信息化、可视化，实现了动态管理。

（2）对隧道施工洞内作业人员起到了良好的监控作用，避免了无关人员进出隧道所引发的安全事故。

（3）大大加强了在应急救援工作中的救援力度，确保了救援过程中救援的时效性，为应急工作提供了良好的保障措施。

案例41 ▶ 安全生产双重预防体系与船舶管理体系融合实践

基本信息

项目名称：安全生产双重预防体系与船舶管理体系融合实践

申报单位：上海长升工程管理有限公司

成果实施范围（发表情况）：经上海长升工程管理有限公司试点应用，在长江口航道维护范围推广

开始实施时间：2019年1月

项目类型：安全管理

负责人：赵伟江

贡献者：周毓麟、周仲方、石　进、许勇进、霍保江

案例经验介绍

一、背景介绍

国务院安委办2016年10月9日印发《关于实施遏制重特大事故工作指南构建安全风险分级管控和隐患排查治理双重预防机制的意见》，要求坚持风险预控、关口前移，全面推行安全风险分级管控，进一步强化隐患排查治理，尽快建立健全相关工作制度和规范，交通运输部2017年4月27日印发了《公路水路行业安全生产风险管理暂行办法》和《公路水路行业安全生产事故隐患治理暂行办法》（以下简称"两个《暂行办法》"），要求各部门、各单位要按照"标本兼治、综合治理、系统建设"的总要求，将安全生产风险管理和隐患治理作为当前和今后一段时期安全生产工作的重中之重。构建安全生产风险管理和隐患治理双重预防体系是转变安全生产管理方式、提高安全生产管理水平的重要途径，是落实国务院和交通运输部安全生产工作部署的重要抉择。长江口航道是长江黄金水道的咽喉，是建设上海国际航运中心的重要基础

设施，也是关乎长江三角洲乃至长江流域地区经济发展的重要航道。长江口航道的建设与维护工程内容主要为航道维护疏浚工程、航道整治修复工程以及管理局自有基地配套工程，长江口航道总体处于开展隐患排查治理和风险分级管控双预防预控体系建设前期研究阶段，还处于以隐患排查治理为主的缺陷型安全管理时期，即主要针对可能导致事故发生的物的危险状态、人的不安全行为和管理上的缺陷开展安全管理。

二、经验做法——努力将理论与实践结合，促"双控"意识沉底落地

为了切实做好本项目的试点应用工作，长升公司领导班子高度重视，2018年11月23日成立了长升公司安全生产双重预防体系领导小组，统筹试点应用工作，建立了组织架构，明确工作目标，选定试点船舶，编制工作路线，制定试点应用方案，确定试点船舶为把吸船"长江口02"和绞吸船"浏河沙"。

根据长江口航道安全生产双重预防体系的体系架构、管理工作程序以及风险评估指南、隐患判定指南开展分阶段、分对象、分内容的培训，通过一系列有针对性的培训，让公司各层级人员了解双重预防体系的内容。

"长江口02""浏河沙"船长组织船员开展风险辨识和隐患排查。针对深水航道船舶航行、施工作业的人、物、管、环四个因素，进行施工前准备、靠泊离泊、明火作业、消防救生、设备养护、防台防汛、防污染、防冻防滑、恶劣天气以及个人防护、工作生活用电、安全管理等方面的风险辨识与分析。其中"长江口02"辨识出致险因素484项，"浏河沙"辨识出致险因素278项。

根据公司试点应用工作相关安排，公司试点应用领导小组成员周毓麟、周仲方以及科研单位相关人员，于2019年1月15日在选取的试点船舶"长江口02"和"浏河沙"上进行现场宣贯和培训，详细介绍风险辨识、分析、评价、控制，以及隐患排查、治理相关要求，规范指导

船舶开展安全生产风险管控与隐患排查治理工作。"长江口02"船长许勇进、"浏河沙"船长霍保江对试点工作的推进给予了积极配合，并且对风险评估过程中的相关问题进行了积极反馈，试点应用领导小组就反馈的问题现场进行解答。

2019年1月19日，"浏河沙"组织了全体船员学习双重预防体系，船员作为一线工作人员，通过学习双重预防体系，了解其重要性以及双重预防体系的运行过程，加强了船员对于风险管控与隐患排查治理的警觉性。这对于推动船舶安全生产，把风险控制在隐患形成之前、把隐患消灭在发生事故之前起到了积极作用。

"长江口02轮""浏河沙"分甲板、轮机两个部门依照个人岗位职责，对照船舶安全检查表，对全船的设备、操作规程、施工要素、文件证书、人员操作行为、规章制度建设、执行以及防止水域环境污染等方面开展隐患排查。根据《长江口航道安全生产隐患判定指南》和SMS体系的相关要求，试点船舶"长江口02"和"浏河沙"对船舶设备、施工工艺、作业环节、安全管理等进行了全船、全方位的隐患排查，其中"浏河沙"查出问题8项，一般不符合项4项，无重大不符合项；"长江口02"查出问题12项，一般不符合项4项，无重大不符合项。船长针对上述问题和不符合项，把隐患治理落实到相关责任人整改并举一反三，杜绝此类问题再次出现。

2019年2月20日，为完善隐患治理闭环管理工作，由试点应用领导小组成员与研究单位两位老师再次到试点船舶"长江口02"与"浏河沙"对隐患整改情况进行了复查，并对隐患治理闭环工作进行了指导。两条船舶对查出的隐患和问题都已逐项分析研究，及时拿出了整改落实措施，开展问题整改"回头看"，紧盯隐患排查中发现的问题，针对重复性安全隐患和习惯性违章行为的岗位或隐患类型，着重标出治理，查找重复性问题频发的内在原因，认识其危害的严重性，提出预防和治

理措施，消除和控制重复性问题的发生。各项隐患治理情况、验收结果已及时报安全监督室。

2019年3月1日在"长江口02轮"，试点应用领导小组成员、试点船舶管理人员和科研单位相关人员指导了风险管理工作，完成了安全生产风险评估基本程序：风险辨识、分析、评价、控制。根据船舶的实际和特点，试点应用领导小组成员和专家与船员进行了风险评价交流，采用风险定性粗筛、定量评价、结果复核三个步骤，对受自然环境影响较小或作业程序相对简单的作业评估单元，采用作业条件危险性评价法（LEC）进行评价；对于作业条件复杂、受自然环境影响较大、作业程序相对复杂的作业评估单元，采用系统评价法（M-PEC）进行评价；最后，对风险评价结果复核。评估小组和船员采用头脑风暴法对风险粗筛、定量评价结果进行复核，形成最终评估结论，复核过程形成记录。在评定过程中提出的意见分歧，经研讨、说明，达成一致，最终评出一般风险52项，较大风险20项。风险随着各种因素的变化也发生着变化，对风险信息和控制也要不断地补充和更新。

公司安全监督室针对上述20项较大风险制作了《重要作业安全风险控制卡》，并对重要作业安全风险控制卡的使用作出了指导；针对52项一般风险制定了安全风险控制清单。

2019年3月2日，重要作业安全风险控制卡被发送到各个试点船舶与部门，在试点应用领导小组成员指导下，组织了相关船员对重要作业安全风险控制卡进行现场张贴上墙，并在相关作业前进行了组织学习，切实把风险管控工作落实到实处。

三、应用成效——"双体系"相互借力，同存共进融合运行

开始推进"双重预防体系"时，船舶、公司安全管理人员担心在实施双重预防体系过程中存在不清晰和困惑之处。有些员工认为，我公司有自己一套运行多年的SMS（船舶安全管理体系）体系，引进"双重预防体系"是不是有必要，甚至有人认为多此一举，两种体系各自形成阵营，给公司的双重预防体系实施造成诸多困难，最终可能导致两个体系成为"两张皮"，不仅无法真正保证安全管理的系统性、连续性、长效性，还会打击公司和船舶安全管理的积极性、主动性。

首先双重预防体系与SMS安全管理体系二者之间的关系，是否能互有关联，还是各自独立？若是单独运转，那公司和船舶会陷于不同的文件编写、记录台账填写等重复性的工作，疲于应付文书、台账的记录，最终无法将精力完全投入于实际的安全管理中。两种体系的隐患排查表格的格式不相同，两个体系有些定义描述不统一，例如：安全隐患，是指生产活动中违反安全生产法律、法规、规章、标准、规程、安全生产管理制度的规定，或者其他因素在生产经营活动中存在的可能导致不安全事件或事故发生的物的不安全状态、人的不安全行为、生产环境的不良和生产工艺、管理上的缺陷，从性质上分为一般安全隐患和重大安全隐患（两个级别）。而安全管理体系"缺陷"系指没有满足某个预期的使用要求或合理的预期；"不符合规定"系指行业内《国际安全管理规则》和《国内安全管理规则》所述"不符合规定的情况"分为问题、一般不符合、严重不符合（分三个级别）。"险情"系指如果进一步发展会造成事故的情况（事故前兆）。双重预防体系对问题的描述分为"隐患"或"重大隐患"等，船上关键性操作指涉及船舶安全和防止污染的船上操作，根据不同特点分为临界操作（其错误会立即导致危及人员、环境和船舶的事故或险情的操作）、特殊操作（其错误仅在已遇到险情或已发生事故时才会明显看出的操作）和《重要作业安全风险控制卡》的关系。那么，应该如何正确理清这两种体系之间的关系和差异，在安全监督、管理过程中如何将其融合呢？通过多次会议讨论与宣贯，公司管理人员与一线工作人员通过学习，认识到"双重预防体系"是贯彻落实中共中央国务院关于推进安全生产领域改革发展的重要要求，是转变安全生产管理方式，提高安全生产管理

水平的重要途径,是有效防范遏制安全生产重特大事故的重要举措。公司应该以安全管理体系(SMS)运行为主,在运行过程中融入风险分级管控和隐患排查治理的工作,也就是说双重预防体系与安全管理体系(SMS)是相互结合的,目标一致的,不应单独运行,各自为政。实践证明,"双重预防体系"是对现有的SMS体系的完善和发展,与现有的海事管理可以无缝连接。

我们在试点过程中完善了长江口航道安全生产风险清单与隐患排查清单。通过现场调研与试点船舶风险调查,重新梳理了作业单元的划分,使其更符合实际的作业流程,从人、机、环、管四方面对致险因素进行了补充或修订,提升了风险分析结果覆盖的全面性;根据长升公司船舶安全检查现状,从船舶设备/作业区域的角度重新梳理归类了隐患排查清单,使其更加贴合隐患排查实际工作的需要。

根据《长江口航道安全生产隐患判定指南》中的隐患分级与隐患排查周期,考虑到船舶安全管理体系规定,船舶检查出的问题分为问题、一般不符合项、重大不符合项,为了确保在实际工作中的可操作性,将隐患判定指南中的一般隐患对应问题与一般不符合项,重大隐患对应重大不符合项;针对隐患排查周期进行了细化明确,涉及船舶和设备的隐患排查频次按照船舶安全管理体系中的检查周期要求进行。经过研究,长升公司现有的船舶安全管理体系SMS中的"对船舶安全检查规定"与"不符合规定情况的报告、调查、分析和实施纠正的程序"与《长江口航道安全生产隐患判定指南》中的相关规定是相容的。为避免船员重复工作,应将两者检查相关表格进行有效结合。

建立安全生产双重预防体系融合了原有的SMS安全管理体系,既是难点又是我们工作的重点。怎样做到不冲突、不矛盾并能相互补缺、相互完善、有机结合,重点是将历年安全管理的具体做法用"双控体系"的语言来表述。

全面开展安全生产风险管控和隐患排查治理行动,重点把握公司安全生产的关键环节和主要设备,加快推行安全生产风险评估与分级管控、隐患排查与治理闭合工作,建立健全安全生产双重预防机制,把风险控制在隐患之前,把隐患消灭在事故前面,提升公司安全生产风险预防预控能力;进一步抓好公司安全管理体系的有效运行,强化对体系运行有效性的检查力度,加强对相关人员的体系培训。继续探索如何将双重预防机制体系与公司既有的SMS安全管理体系有机整合,让双体系融合运行并同服务于公司安全生产,切实起到指导和规范作用,提升公司安全生产管理水平。

建立实施双重预防体系,核心是树立安全风险意识,关键是全员参与、全过程控制,目的是通过精准、有效管控风险,切断隐患产生和转化成事故的源头,从根本上防范事故,实现关口前移、预防为主,落实公司、部门、岗位安全生产责任制。

四、推广建议

(1)构建风险分级管控与隐患排查治理双重预防体系,是落实党中央、国务院关于建立风险管控和隐患排查治理预防机制的重大决策部署,是实现纵深防御、关口前移、源头治理的有效手段。

(2)客观引入风险理论、开展安全风险评估、进行风险预判预控,系统全面排查、治理、消除事故隐患,是有效防范和遏制安全生产重特大事故的重要举措,是提升建设与维护安全管理水平的直接需要。

(3)双重预防体系建设是企事业单位安全生产的主体责任,也是企事业单位主要负责人的重要职责之一,作为企事业单位安全管理的重要内容,是企事业单位自我约束、自我纠正、自我提高地预防事故发生的根本途径。

(4)对于扎实开展SMS安全管理体系和安全生产标准化的企事业单位,通过双重预防体系建设将会使目前安全管理体系更加系统和深化,从根本上实现事故的纵深防御和关口前移。

五、应用评估

在试点过程中使大家充分认识到双重预防体系是对公司SMS安全管理体系的有益补充，是SMS安全管理体系的具体方法，是验证SMS安全管理体系的一个最有效的抓手，是有效防范、化解安全生产风险，扎实推进船舶安全生产的重要举措。船员作为一线工作人员，通过学习双重预防体系，了解其重要性以及双重预防体系的运行过程，对于船员自身，可以加强其对于风险管控与隐患治理的警觉性；对于船舶安全生产，可以做到把风险控制在隐患形成之前，把隐患消灭在发生事故之前。

案例 42　▶ 构建安全文化新体系

基本信息

项目名称：**构建安全文化新体系**

申报单位：玉溪公路局

成果实施范围（发表情况）：云南省

开始实施时间：2015 年 6 月

项目类型：安全文化

负责人：陈　波

贡献者：钱　春、马翔宏、王廷强、李　岸、黄向荣

案例经验介绍

一、背景介绍

习近平总书记在关于建设社会主义文化强国系列重要讲话中指出，中华民族创造了源远流长的中华文化，也一定能够创造出中华文化新的辉煌。要坚持社会主义先进文化前进方向，坚定文化自信，增强文化自觉，加快文化改革发展，加强社会主义精神文明建设，培育和践行社会主义核心价值观，增强国家文化软实力，建设社会主义文化强国。

国务院安委会办公室《关于大力推进安全生产文化建设的指导意见》要求，把安全文化建设纳入全局的行业文化建设总体布局，用安全文化建设的实际成效引导和规范干部职工安全生产行为，夯实行业人、机、路、管理和谐统一，着力打造"平安交通"，努力维护安全生产工作平稳态势，实现公路管养行业安全发展、和谐发展的目标。

二、经验做法

1. 强化安全文化建设工作的组织领导

局成立由党委书记、局长任组长的安全文化

建设领导组织机构，书记、局长亲自抓安全文化建设，指定专门的部门和人员负责，认真研究部署，动员全局干部职工参与，形成齐抓共管、常抓不懈局面，推进了安全文化建设工作持续深入的开展。

2. 编制具有行业特点的安全文化手册

局安全文化建设参照《企业安全文化建设导则》相关要求，树立了正确的安全文化理念：以"打造平安交通、建设幸福家园"为安全愿景；以"关注安全、杜绝伤害"为安全使命；以"安全为天、生命无价"为安全价值观；以"以人为本、生命至上"为安全宗旨；以"生产无隐患、安全零事故"为安全目标；以"安全生产高于一切"为安全生产工作核心；以"一岗双责，人尽其责"为安全责任；以"全员、全方位、全过程，提升职工安全"为安全教育理念。借鉴、收集了部分安全成语、安全哲理、安全定律、寓言故事等内容，深刻阐述安全生产理念，通过行之有效的安全宣贯举措促使文化落地，不断增强职工安全素质和安全意识，营造良好的安全文化氛围，引导规范全局职工安全生产行为，从而形成完整的安全文化体系。

3. 明确责任目标，合力共建安全文化

坚持"党委（总支）抓党、行政抓长、工会抓网、共青团抓岗"的工作思路。"党委抓党"，即党委（总支）注重抓文化和思想教育。通过开展"党员身边无违章""党员安全生产示范岗""安全生产示范党支部"等活动，充分发挥各级党组织的战斗堡垒和党员的先锋模范作用；"行政抓长"，即行政注重抓队伍，抓过程控制，抓责任制的落实；"工会抓网"，即工会组织注重抓监督；"共青团抓岗"，即共青团注重抓青年、团员的安全工作。通过党委、行政、工会以及共青团层层压实责任，助推了安全文化建设工作。

4. 创新方法，精心培育行业安全文化土壤

1）安全文化建设延伸到站所"末梢"

各公路分局的公路管理站所充分利用班前会、班后会、板报、文化墙等方式向职工宣传安全法律法规、规程制度、操作规程。利用典型案例，开展警示教育，汲取事故教训，增强职工防范事故的意识，调动了职工学安全、讲安全、保安全的积极性。

2）积极探索研究安全管理课题

不断探索公路养护安全生产管理课题，系统总结、提炼、整合。2013年率先创作了《云南省干线公路养护施工安全防范解析》3D动漫，并在全省公路系统推广。动漫以直观、形象、生动的形式，开展了职工安全知识宣传、培训、教育，从而提高了公路养护干部职工的整体安全意识、安全技能和事故防范能力，在公路管养行业内为首创。2016年结合《公路养护安全作业规程》（JTG H30—2015），对《云南国省干线公路养护施工安全防范解析》3D动漫重新进行了改版、升级。

3）牢固树立安全教育培训不到位是最大的安全隐患的理念

把安全教育培训作为安全文化建设的重要内容，作为提升职工安全素质和安全技能的基础。结合工作实际制订了中长期职工安全教育培训计划，建立了"全员、全方位、全过程"的安全培训模式，开展了新职工岗前"三级安全教育"培训、《安全培训进基层、提高素质保平安》巡回专题安全知识培训等30余场（次），培训职工（农民工）200多人（次）。同时，采用"请进来"的方式，聘请消防、职业健康安全专家对干部职工进行了培训。采取"走出去"的形式组织全局党、政、工、团领导、安全监管人员、基层所站长480多人（次）参加省内安全管理人员换（取）安全证的培训。

4）开展丰富多彩的安全文化创建活动

2015年以来开展了"安全在我心中"征文活动，征集了150余篇文章；组织了"美丽交通安全先行""安全发展、忠诚卫士"等演讲比赛10余场（次）；持之以恒开展"强化安全发展观念，提升全民安全素质""生命至上、安全发展"等"安全生产月""安康杯"安全知识竞赛系列活动3场（次）；开展"安全文化系列活动"书法摄影绘画活动，征集到干部职工安全主题书法作品300余幅、摄影作品170余幅，绘画作

品280余幅，安全警句240余条；创作安全文化墙400余幅。从而增强了干部职工参与和融入安全文化建设的氛围。

三、应用成效

1. 规范职工安全生产行为，营造浓厚的安全生产氛围

人不仅是安全管理的主体，而且是安全管理的客体。在安全生产人、机、环境三要素中，人是最活跃的因素，同时也是导致事故的主要因素。因此，能否做到安全生产关键在人。能否有效地消除事故，取决于人的主观能动性，取决于人对安全工作的认识、价值取向和行为准则，取决于职工对安全问题的个人响应与情感认同。而安全文化建设的核心就是要坚持以人为本，全面培养、教育和提高人的安全文化素质，完全符合安全生产的工作规律。

2. 提高行业安全管理水平和层次，树立良好的行业形象

安全文化是一种新型的管理形式，它区别于传统安全管理形式，是安全管理发展的一种高级阶段，其特点就是将安全管理的重心转移到提高人的安全文化素质上来，转移到以预防为主的方针上来。通过安全文化建设提高职工队伍素质，可以树立职工新风尚、行业的新形象，增强行业的核心竞争力。

3. 共享安全文化建设成果，提高行业公共服务能力

玉溪公路局始终把公共服务作为指引前进和发展进步的动力，在履行好公路管理和养护主要职能的同时，积极发挥安全文化资源优势，以玉溪市城市区域文化共建工作为契机，打造安全文化教育基地，把我局的安全综合体验馆、3D动漫等用"好"、用"活"；积极参加全市各项安全文化宣传志愿服务，把安全文化理念传得"更好"、传得更远，让更多人关注安全，接受安全教育，进一步扩大玉溪公路局安全文化建设成效（影响力），通过持续开展文化共享活动，玉溪公路局安全文化建设工作得到社会公众的广泛认可和好评。玉溪公路局安全文化建设在全局干部职工的共同努力下，2005年获得云南省交通运输厅安全生产"五星级"单位称号；2013年获得中华全国总工会、国家应急管理部"全国安康杯竞赛优胜单位"称号；玉溪公路局通海分局秀山所、养护中心获得团省委、省安监局2014—2015年度"云南省青年安全示范岗"称号；玉溪公路局峨山分局、江川分局等9个分局获得团市委、市安监局2014—2015年度"玉溪市青年安全示范岗"称号；2017年玉溪公路局获得省安监局授予的"全省安全文化建设示范单位"；2018年被中国交通企业管理协会评为"全国交通运输系统安全文化建设优秀单位"。

四、推广建议

建议在交通运输部管辖的单位（企业）中推广应用。

案例 43 ▶ 12360 天天守护您

基本信息

> 项目名称：12360 天天守护您
>
> 申报单位：交通运输部珠江航务管理局运输服务处
>
> 成果实施范围（发表情况）：
>
> （1）珠江水系航运市场秩序监督管理
>
> （2）内地（广东、广西、海南、福建）与港澳间海上运输市场监督管理
>
> （3）琼州海峡省际客船、危险品船运输市场监督管理
>
> 开始实施时间：2017 年 9 月
>
> 项目类型：安全管理
>
> 负责人：刘将铭
>
> 贡献者：熊勇旺、黄婉丽、刘文韬、王利超、张懿慧

案例经验介绍

一、背景介绍

2017年8月交通运输部《关于交通运输部珠江航务管理局主要职责机构设置和人员编制的通知》明确珠江航务管理局承担珠江水系航运行政管理职责，负责实施3个水运市场监督管理：珠江水系航运市场秩序监督管理；内地（广东、广西、海南、福建）与港澳间海上运输市场监督管理；琼州海峡省际客船、危险品船运输市场监督管理。经过实践-总结-再实践-再总结，珠江航务管理局运输服务处提炼出"12360监管法"，即："一把尺子量到底、两袖清风树正气、三管齐下聚合力、六个到位抓落实、问题归零求实效。"

二、经验做法

"12360监管法"具体做法是：

（1）一把尺子量到底——这是正确监管的标准保障。

鉴于珠江水系、港澳航线、琼州海峡适用的监管要求不同，运输服务处集体研究，依据规定分别制定了3个非常详细的运输市场监督检查登记表。检查时依据表格逐项进行，对发现的问题在表格上由各方签字确认。这样保证了不管谁去检查、不管检查哪家企业，都能做到标准相同，一把尺子量到底。

（2）两袖清风树正气——这是正确监管的政治保障。

作为对外窗口部门，我们依法廉洁审批，依规高效检查。检查时由自身解决就餐，或自觉缴纳餐费、交通费，回来后将缴费收据的纸质和电子版同时保存。可以自信地说，运输服务处人员没有拿受检企业的任何礼物、没有接受企业任何不当宴请，保持了人民公仆本色，做到了两袖清风树正气。运输服务处也被评为全国交通运输行业文明服务示范窗口。

（3）三管齐下聚合力——这是正确监管的层级保障。

按照"管行业管安全、管业务管安全、管生产管安全"要求，作为行业管理部门的我们，联合管业务的地方政府交通运输主管部门、管生产的企业领导共同开展监督检查。对于检查发现的问题，三方共同签字予以确认，由企业领导具体负责按期整改，地方交通部门负责抓好督促，我们跟踪掌握情况、适时开展回头看抽查，取得三管齐下聚合力的效果。

（4）六个到位抓落实——即计划到位、领导到位、程序到位、整改到位、服务到位，交流到位，这是正确监管的措施保障。

计划到位：我们在年初就统筹制定了全年度监督检查计划，并尽量按照计划开展检查，下半年根据实际情况进行适当调整。

领导到位：每次检查时我们的部门领导都身先士卒，带头登船检查、查阅台账，瞪大眼睛查找问题，拉下脸面指出问题，红着脖子整改问题。

程序到位：我们梳理规范了检查准备、检查展开、检查反馈、检查通报、信用登记等流程，形成一个完整的检查闭环。

整改到位：对于检查出的问题，我们明确整改时限和整改责任人，并要求及时上报整改情况报告。对于拒不整改或逾期未整改的企业，我们在行业内予以通报，并按照水路运输信用管理的有关规定，视情纳入"信用交通"或"信用中国"系统予以公开。

交流到位：我们认真听取企业意见建议，及时沟通行政许可、市场监管中的问题。组织企业代表召开座谈会，听取企业的意见和建议，梳理企业意见和建议并逐条提出处理意见，共同探讨行业有关问题，建立了"亲""清"的和谐关系。

服务到位：从管理型政府转变为服务型政府主要区别在于是否提供良好的公共服务，做好服务也是监管应做的工作。我们依规高效做好行政许可和监督，尽量为企业提供便利；及时通报行业有关政策信息，尽力帮助企业反映困惑需求、协调解决有关难题。

（5）问题归零求实效——这是正确监管的效果保障。

我们以"咬定青山不放松"的韧劲，持续督促企业和地方政府对存在问题加以改正，分析梳理风险清单，推进风险管控和隐患治理体系建设，朝着问题归零求实效的方向努力。

三、应用成效

实施"12360监管法"的应用成效主要有：

（1）珠江水系、港澳航线、琼州海峡3个水路运输市场安全生产形势保持稳中向好。实施后，3个水路运输市场运输船舶4项事故指标全面下降，安全生产形势呈现出明显稳中向好。2018年珠江水系发生一般等级以上运输船舶交通事故7件、死亡9人、沉船3艘，造成直接经济损失987.45万元，同比分别下降65.0%、59.1%、62.5%、42.4%。琼州海峡客滚运输市场平稳有序、安全畅通。

（2）珠江水系、港澳航线、琼州海峡3个水路运输市场的运输生产持续增长。面对严峻复杂的国际挑战与国内矛盾交织叠加的局面，珠江水系、港澳航线和琼州海峡水路运输全行业加强水运供给侧结构性改革，统筹稳增长、调结构、防风险各项工作，取得了积极成效，3个水运市场保持总体平稳、稳中见优的生产增长态势：2018年，珠江水系完成货运量9.5亿t，同比增长5.8%；货物周转量1906亿t·km，同比增长7.4%。长洲枢纽船闸过货量超过1.3亿t，同比增长了33.4%，港澳航线和琼州海峡运输也保持持续稳定增长，有力支撑了区域国民经济和对外贸易快速发展。

（3）珠江水系、港澳航线、琼州海峡3个水路运输市场的经营秩序良好。对珠江水系714个公司、13344艘船舶，港澳航线260个公司、1732艘船舶，琼州海峡8个公司、58艘船舶实施监管后，做到对六省区管理部门和航运企业"情况清、底数明、联得上"，企业经营资质受到动态管理，不规范的经营行为得到有效监督，有效加强了3个水路运输市场的经营秩序。

（4）加强现场监督检查，切实推进风险管控和隐患治理体系建设。加强现场监督检查，其中珠江水系水路运输市场监督检查5次，检查省际液货危险品运输企业10家，实现100%全覆盖，抽查7艘液货危险品船；港澳航线水路运输市场监督检查7次，检查企业19家，抽查11艘客运船舶；琼州海峡省际客滚运输市场全面大检查4次。我们指导、督促企业按照《公路水路行业安全生产管理暂行办法》和《公路水路行业安全生产隐患治理暂行办法》等相关要求，认真分析梳理企业安全生产风险，推进风险管控和隐患

治理体系建设，严格落实安全生产隐患排查与整改措施情况。

（5）加强沟通联系，建立"亲""清"的新型政商关系。为强化监督管理和事务协调，我们牵头与省区各级管理部门和企业建立联系通讯录和业务交流群，及时通报行业有关政策信息，帮助企业解答疑问困惑，尽量为企业提供便利，积极作为、靠前服务，建立"亲""清"的新型政商关系。

四、推广建议

结合"12360监管法"，建议把检查准备、检查展开、检查反馈、检查通报、信用登记等形成完整的监管闭环，推广纳入各部门、单位建设的信息管理系统中，进一步提高工作效率，共享管理信息。

五、应用评估

（1）实施开始时间：2017年9月。

（2）实施情况：开展水路运输市场监督检查。

（3）实施范围：珠江水系航运市场秩序监督管理，内地（广东、广西、海南、福建）与港澳间海上运输市场监督管理，琼州海峡省际客船、危险品船运输市场监督管理。

（4）成果成效：安全生产形势稳中向好、水路运输生产持续增长、有效监督市场经营行为、切实推进风险管控和隐患治理体系建设、建立"亲""清"的新型政商关系。

（5）努力方向：①要结合有关信息化系统建设完善监管模式，提高工作效率和信息共享；②要进一步建立相关工作的专家库并建立、健全管理制度，提升监督检查能力。

天津市高速公路管理处安全监管标准化建设

项目名称：天津市高速公路管理处安全监管标准化建设

申报单位：天津市高速公路管理处

成果实施范围（发表情况）：

（1）《天津市高速公路管理处安全监管手册（综合安全管理篇）》

（2）《天津市高速公路管理处安全监管手册（建设管理篇）》

（3）《天津市高速公路管理处安全监管手册（养护管理篇）》

（4）《天津市高速公路管理处安全监管手册（运营管理篇）》

开始实施时间：2019 年 3 月

项目类型：安全管理

负责人：黄殿会

贡献者：张　亮、李俊敏、王国军、王慧仙、李　超

一、背景介绍

为深入贯彻党的十九大精神，落实中共中央、国务院关于安全生产领域改革发展的意见，积极响应新形势下"尽职照单免责，失职照单问责"的工作口号，推动行业管理部门工作人员尽职尽责、履职到位，按照管行业必须管安全、管业务必须管安全、管生产经营必须管安全和谁主管谁负责的原则，厘清安全生产综合监管与行业监管、安全生产综合监管与业务监管的关系，加快适应新形势下安全生产工作开展的需求，有效提升安全监管工作效能，充分发挥标准化的基础性、战略性作用，我处运用标准化理念和方法构建了我市高速公路行业领域安全监管标准化工作

体系。

二、经验做法

《天津市高速公路管理处安全监管手册》（以下简称《监管手册》）是为有效解决当前行业管理部门开展安全监管工作过程中普遍存在的安全监管职责不清、边界不明，新任职或刚转任的监管人员对于业务流程不清晰，对于新出台的法律法规、政策文件了解不及时、掌握不到位等问题，我处结合"三定"职责与内部科室职能分工，按照法律法规的相关要求，以高速公路建设、高速公路养护、高速公路运营三大业务板块儿为中心，同时结合法律法规、上级政策文件对于综合安全监管工作不断提出的新要求，为我处建设管理科、养护管理科、运营资产科以及安委办量身定制的工作指导手册，共分为建设管理篇、养护管理篇、运营管理篇和综合安全管理篇4个部分。

《监管手册》对于我处三大业务科室及安委办全年涉及的与安全监管相关的工作内容按照时间顺序和工作步骤进行了全面梳理，主要包括以下内容：工作任务、工作依据、责任主体、归档文件、工作要求、法律责任、事故案例、工作流程图以及相关表单台账等。通过《监管手册》的编制与应用，实现了我处日常开展安全监管工作过程中的内容标准化、主体标准化、流程表化、痕迹标准化、归档标准化，将标准化建设工作贯彻到我处日常各项工作、各个环节、各个岗位，切实做到制度全覆盖、管理无盲区、要求科学明晰、操作简单易行、标准规范统一。让开展工作的责任人能够快速地掌握本科室、本岗位全年涉及的主要监管工作内容与工作要求，大大提升了监管水平和工作效能。

三、应用成效

我处通过安全监管标准化体系建设，基本形成了具有行业领域特点的"标准化+行业监管"的工作模式，构建起了以合法合规为依据，以规范高效为重点，以监督制约为保障的高速公路行业领域安全监管标准化工作体系。通过标准化建设，有效整合了我处日常安全监管工作要素，梳理工作清单，创新形成"管理科学、行为规范、运转高效"的安全监管工作新机制。进一步明确了相关主体之间的权责边界，改进了监管工作方式，提升了监管工作效能，有效推进行业领域安全监管工作精确、高效、协同和可持续运行，全面推进各项安全生产决策部署真正落到实处。

四、推广建议

行业管理部门开展安全监管标准化建设工作是一项全新的课题，既要开拓创新、整体规划，又要重点突破、敢于试点，同时要充分考虑本单位、本行业、本领域、本地区的突出特点和监管难题，将法律法规、标准规范的强制性要求灵活运用于各单位、各行业、各领域、各地区安全监管工作过程中，全面推动安全监管标准化建设工作的开展和提升，有效解决日常工作中存在的困难和问题。

五、应用评估

《监管手册》自2019年3月份开始逐步投入使用，先期以我处安委办和建设管理科作为试点运行。由于《监管手册》涵盖要点内容较多，且要求全部工作内容有效闭环，及时归档，以往部分仅停留在口头上、行为上的工作全部要落在笔头上、字面上，因此《监管手册》在运行过程中需要逐步摸索，总结经验，在保证合法合规的基础之上，逐步简化工作流程，力争节约更多的时间，填写更少的表单，提供更好的服务。此外，由于《监管手册》中大部分要求出自法律法规、标准规范，使用过程中应结合当前法规文件的调整，及时进行修订。在《监管手册》各项内容与流程逐步完善、成熟以后，将进一步与信息化手段相融合，从而提升工作效率，最大限度地节约人力和时间成本。

营运驾驶员体验式安全培训基地建设

项目名称：营运驾驶员体验式安全培训基地建设

申报单位：焦作市交通运输局

成果实施范围（发表情况）：营运驾驶员安全培训

开始实施时间：2018 年

项目类型：科技兴安

负责人：王树人

贡献者：郭　凯、李立广、赵　铭、韩超峰、赵　静

一、背景介绍

交通运输历来都是安全生产的重点和难点领域。超载、超速、酒后驾驶、疲劳驾驶等人为因素是导致交通事故的主要原因。提高驾驶员素质，是遏制营运车辆事故频繁发生的关键。

在交通运输企业安全培训中，多数存在照本宣科、枯燥无味、脱离实际、强行灌输等问题，加之司机素质偏低，姿态应付，培训效果极差。体验式教育是指学习者通过在真实或者模拟环境中的具体活动，获得新的知识、技能并端正态度，并将学习到的应用于实践中的过程。将体验式教育引入营运驾驶员安全培训，可以有效解决以上问题。

安全生产"十三五"规划要求："改革大中型客货车驾驶人职业培训考试机制，加强营运客货车驾驶人职业教育。"因此，有必要将体验式教育应用到营运驾驶员安全培训中，提高培训质量，提升培训效果，减少由人为因素造成的重特大交通事故。

二、经验做法

营运驾驶员体验式安全培训基地组成如图1所示。

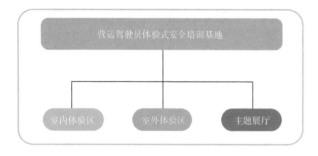

图1 营运驾驶员体验式安全培训基地组成

1. 室内体验区

（1）汽车翻转体验区：通过体验装置，让体验者体验到车辆翻转事故的危险性，体验到翻转瞬间安全带对体验者的安全保护作用，提高体验者的交通安全意识。

（2）安全带体验装置：通过模拟碰撞，体验者可感受汽车在碰撞过程中的产生的冲击力及安全带的作用效果，让体验者体会到在驾驶过程中系好安全带的重要性。

（3）交通标志标线认知、法律法规触摸区：通过内置的触摸互动软件，承载道路交通标志标线认知、道路交通管理部令、法律法规等交通安全出行常识教育内容。

（4）视觉盲区体验装置：通过不同行车事件的模拟，全方位展现实际驾驶过程中车体的各类盲区，从而警示驾驶人在实际道路驾驶车辆时注意视觉盲区，提高安全驾驶意识。

（5）交通事故责任认定体验装置：通过不同类型交通事件的模拟，让驾驶员对交通事故责任的认识进行交互式问答体验，从而提交安全驾驶意识。

（6）酒驾模拟：通过让体验者佩戴醉酒体验眼镜，沿指定路线行走，直观体验意识和行为不能统一的感觉，以感受酒后驾驶的危险性。

（7）驾驶安全度评测装置：基于模拟驾驶环境，评测驾驶人"驾驶安全度"，包括对驾驶操作正确性、文明交通安全意识、注意力分配、安全风险预判及突发险情应对等方面进行评测，得出评价结果，并给出相应的干预措施建议。

（8）驾驶性格评测装置：基于心理学、交通行为学等专业学科，采用专业性格量表测试驾驶人性格特征，并提出干预措施帮助驾驶人自我调适。

（9）安全驾驶模拟训练体验：位于内廊北侧的中部区域，让学员在一个虚拟的驾驶环境中，感受到接近真实效果的视觉、听觉和体感的汽车驾驶体验，并可模拟疲劳驾驶条件下的反应。

（10）放松操训练教室：通过由专业的培训教练或者根据视频资料学习放松操，以便驾驶员在长途运输过程中能够及时调整身体及精神状态，做到安全驾驶。

（11）事故急救模拟教室：通过采购若干急救器材、橡胶模拟人等事故急救模拟设备，训练驾驶员止血、徒手心肺复苏等急救意识，提高驾驶员的救护能力，以保证事故受伤人员的康复能力。

（12）4D警示教育体验区：主要是将典型交通事故案例通过4D影视制作技术再现发生过程，体验者佩戴立体眼镜观看，使其在身临其境和强烈的视觉冲击中铭记安全驾驶的重要性，强化其"负责任"驾驶及安全驾驶意识。在4D立体演示环境中，体验者观看多视角再现的典型交通事故4D立体影片，能够身临其境地感受交通违法诱发事故的全过程，受到强烈的视觉与意识的震撼冲击，牢记驾驶责任。通过观看体验程序和布局的设计，让体验者接受从历史到现实知识的教育、感受从惨烈事故再回到温馨生活的场面，来增强教育效果。

2. 室外体验区（图2）

（1）模拟高速公路：沿场地外沿设置模拟高速公路，模拟高速公路路面工程及设施应符合JTG D80要求，路段长大于等于400m，同向至少设置两个车道，有条件可设应急停车带，同时设置入口和出口匝道。模拟高速公路应参照GB 5768.2、GB 5768.3设置标志标线，主要包括：入口指示标志，分道限速标志、地面限速标识，出口预告标志、出口指示标志、出口匝道限速标志。

（2）模拟连续急弯山区路：设置连续 2 个以上方向不同的 S 型急弯，纵坡 3%～5%、弯道

超高和加宽，规范设置限速标志和警告标志，道路直线段设置中心黄色单虚线，弯道段设置中心黄色单实线。并设置前方连续弯路标志、限速标志等。

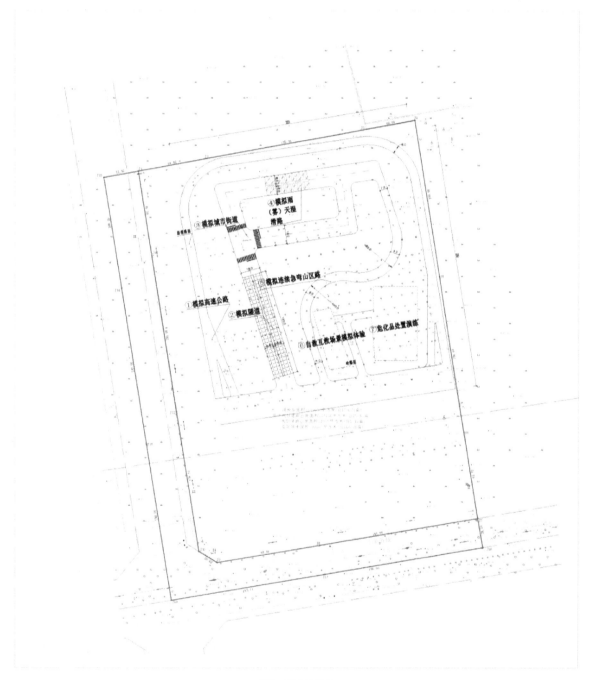

图2　室外体验区

（3）模拟隧道：搭建模拟隧道环境，车辆以 40km/h 速度通过隧道，识别在隧道入口和出口附近所放置的障碍物并采取紧急制动操作，一是使体验者体验明、暗效应，二是学习安全驾驶通过隧道的方法。模拟隧道L形弯道，长100m，

宽7m（施划中央黄实线），隧道侧向及上方布设遮光设施，内无照明，最暗处白天照度取值小于 50 lx。分别在隧道入口内和出口外的车道中央处各放置一高度约 10cm 的障碍物，并设置隧道警告标志、隧道开车灯标志、限速标志、禁止

超车标志等。

（4）模拟雨（雾）天湿滑路：车辆通过模拟雨、雾天气通道，一是体验雨雾天气对视距的影响，二是学习雨雾天气下安全驾驶操作要领。在道路的上部空间设置喷淋设施模拟雨（雾）天及湿滑路面，湿滑路面外侧设置对车辆无损的安全防护设施、易滑警告标志、限速标志等。设置模拟雨（雾）通道，模拟雨（雾）天气达到中雨（雾）效果，模拟湿滑路面附着系数低于0.3，长度约50m，宽度7m，路面两侧设置安全护栏。通道前设置车辆感应设施，检测到车辆驶入即开始喷淋。

（5）模拟城市街道：在场内设置人行横道、交叉路口、注意儿童、公交站点等标志和标线，设置模拟公交车站内行人突然横穿道路的设施、设备。

（6）危险品处置演练：运输罐体、灭火器、防毒面具，通过实物罐体模拟危险品发生泄漏场景，让驾驶员掌握处置方法。

（7）自救互助场景模拟体验：医用教学橡皮人、绷带等，通过橡皮人模拟急救场景，让驾驶员掌握急救知识。

3. 主题展厅（图3）

共分为五大主题展厅——"惨烈、悲痛、感悟、德法、收获"。

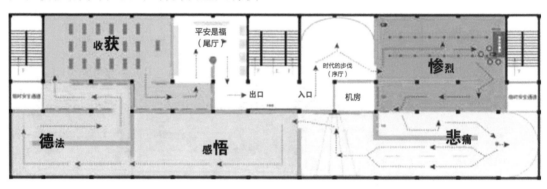

图3　主题展厅

（1）序厅——"时代的步伐"：面积约为86m²。通过影片的方式展现伴随时代的进步，道路交通和道路运输过程中人、车、路的关系以及目前道路交通和道路运输过程中所存在的严峻形势。

（2）主题展厅1——"惨烈"：面积约为147m²。通过声光电、情景道具相结合，给受众真实事故案例分类警示教育（超速驾驶、超载、超员、不系安全带、酒后驾驶，私家车等），给予参观学习者身临其境的震撼。

（3）主题展厅2——"悲痛"：面积约为190m²。通过影片、声光电装置及展板等，让参观学习者真切地感受到事故车祸带来的不仅是生命的逝去，更有亲人的悲伤和受害者、受害者家庭的悲痛。

（4）主题展厅3——"感悟"：面积约为162m²。通过质朴、真情、具体、细节的表现手法，让参观学习者感悟到"生"的珍贵。

内容1：家人的心声、家人的叮嘱（家人幸福生活的场景配合家人对幸福生活愿景的心声，开车前家人的叮嘱结尾）。

内容2：人在路上（道路从业人员工作的场景配合对工作和生活的心声）。

（5）主题展厅4——"德法"：面积约为127m²。通过影片和展板，让参观学习者对交通安全有一个从感官到心灵，再到精神道德的升华理解。通过传统中华美德和传统文化的引导，让学习者对自己的思想和行为做进一步的反思。

（6）主题展厅5——"收获"：面积约为131m²。"收获"展厅是警示教育中心的核心组成部分。用于进行道路安全专项教育学习（安全带、安全车速、法律法规）。

三、应用成效

（1）全国首创营运驾驶员体验式安全教育基地，创新营运驾驶员安全培训新理念、新思路、新方法。

（2）形成营运性驾驶员体验式安全教育基地建设标准、培训标准。

（3）每年为焦作市营运驾驶员提供体验式安全培训提升培训质量，提高培训水平，消除可能造成重特大交通安全事故的人为因素。

四、推广建议

该营运驾驶员体验式安全教育基地在全国交通运输领域建设乃属首创，具有极大的推广意义和价值。推广建议如下：

（1）2019年完成体验式培训基地的建设，并提供服务，对焦作地区的营运驾驶员进行体验式培训。

（2）2020年总结上一年度基地运行经验并进行修改完善，制定《营运性驾驶员体验式培训

基地建设标准》《营运性驾驶员体验式培训标准》并申报行业标准。

（3）2021年在全国范围内推广。

五、应用评估

（1）开始时间：2018年。

（2）实施情况：完成投资6000万元，投入使用。

（3）实施范围：室内、室外两个体验区。

（4）成果成效及努力方向：全国首创营运驾驶员体验式安全教育基地，创新营运驾驶员安全培训新理念、新思路、新方法；形成营运性驾驶员体验式安全教育基地建设标准、培训标准；每年为焦作市营运驾驶员提供体验式安全培训。提升培训质量，提高培训水平，消除可能造成重特大交通安全事故的驾驶员的因素。

案例 46 ▶ 以船员体面劳动推进航海安全文化

基本信息

项目名称：以船员体面劳动推进航海安全文化

申报单位：广东海事局

开始实施时间：2012 年 7 月

项目类型：安全文化

负责人：林文璋

贡献者：陈建东、庄庆生、章丹鹏、余　琼、林　洁

案例经验介绍

一、背景介绍

习近平总书记指出，一个国家，一个民族的强盛，总是以文化兴盛为支撑的。没有文明的继承和发展，没有文化的弘扬和繁荣，就没有中国梦的实现。党的十八大以来，"海洋强国""交通强国"等国家战略的伟大实践表明，安全已经成为航海文化的重要组成部分。

船员作为航海事业的具体执行者，同时是建设"海洋强国""交通强国"的基础力量。而作为高危职业之一的航海事业，"人为因素"成为安全的头号杀手，80%的事故与"人

为因素"息息相关。船员既是传播航海安全文化的主要载体，又是落实航海安全责任的核心主体。

汕头海域作为国际东南亚航线、国内南北航线的必经之地，同时又地处传统渔区，大航线上各类船舶十分繁忙，"人为因素"成为影响海域安全的决定因素。我们尝试以航海职业需求特点为导向，以推进船员体面劳动为切入点，率先成立"服务海员志愿者队伍"，营造航海安全文化氛围，以润物细无声的姿态，着力破解"人为因素"难题，力求将"人为因素"的"破坏性"标签逐渐改变为"建设性"标签。

八年来，随着"船员体面劳动"工作不断向纵深推进，汕头辖区航海安全文化氛围日渐浓厚，航海安全文化已经逐步根植于船员的意识中。

二、经验做法

自2012年7月以来，在交通运输部海事局、广东海事局的大力支持、指导下，汕头海事局从启动船员体面劳动等系列活动开始营造汕头航海安全文化品牌，以"结合国际海员俱乐部，推进船员之家建设；结合便利清单，推进船员便利活动；结合海事劳工公约推进，改善船员生活条件；结合口岸验收，完善岸基条件"这"四个结合"为载体，设身处地地为船员着想，以关爱船员、维护船员合法权益为主要目的，营造航海安全文化氛围，减少"人为因素"事故。

1. 结合国际海员俱乐部，推进船员之家建设

为更好地推进"船员体面劳动"等系列活动，汕头海事局积极尝试引进"第三方"。汕头市总工会下属的汕头国际海员俱乐部作为全国两家专业海员俱乐部之一，具有服务船员的天然优势，让俱乐部这个船员的"娘家人"与海事主管部门实施优势互补，从而更好地推进船员体面劳动。

自2012年起，汕头海事局率先成立"服务海员志愿者队伍"，并与汕头国际海员俱乐部携手建立起服务海员常态化工作机制，近8年来，先后为海员提供应急救助、医疗服务和培训服务工作，为船员职业生涯提供应急保障；开展送案例送书籍上船，现场推广"幸福船员"App，为船员提供法律法规学习"文库"；开辟法律援助热线、法律救助站，从专业的角度为船员纠纷提供法律意见；设立心理咨询热线，开展现场心理咨询活动，排解船员工作生活压力；开展传统节假日慰问，弘扬中国传统文化；组织海员参观游览潮汕风光，宣传汕头传统文化；在汕头打造一个较好的船员体面劳动环境，为国际、国内船员提供优良服务，使船员到港如到家。

8年来，通过引进"第三方"来推进船员体面劳动，累计惠及中外船员近10万名，让船员在他乡异地也能够感受到家一般的温暖，让船员职业拥有更多的获得感，筑牢航海安全意识基础。

2. 结合便利清单，推进船员便利活动

随着国家对船员队伍的重视，各种便民利民措施相继推出。从第一批《船员便利清单》出台以后，船员在从业资格、培训考试发证等方面享受到了越来越好的服务；劳务市场、职务晋升等信息也越来越透明公开，打通了航运企业与船员之间双向选择的通道。一方面，船员职业生涯自主性显著增加，越来越多的船员将航海作为终身职业的倾向，并开始规划自己的职业生涯；另一方面，航运企业也得以组建更优秀的船员队伍，从而提升航运安全指数。

特别是近年来，在海事政务改革和船员"口袋工程"的双轮驱动下，汕头海事局下大力气推动《船员便利清单》有效落地。船员业务不但顺利完成"最多跑一次"的要求，还利用现有的资源，让受理、审批、发证环节与船员申请做到"背靠背"办理，部分业务已经从"最多跑一次"向"一次也不用跑"转变。目前，汕头辖区的船员正常业务已经实现远程申报率100%，全面实现信息化、无纸化。

在这里，"服务船员"不是一句简单的口号，而是通过实实在在推进便民利民措施、实实在在推进"船员体面劳动"，让船员体会到实实在在的服务，进一步增强船员的自信心，让船员打开职业生涯发展的希望之门，这是推动船员自主安全意识生根发芽的土壤。

3. 结合海事劳工公约推进，改善船员生活条件

《2006海事劳工公约》履约是对国内航运市场的一大考验，不但考验船东、考验船员，更是对主管机关的考验。如何让履约要求落地落实，让船员在履约中获得足够的合法利益成为海事主管部门的首要任务，同时，劳工履约与推进"船员体面劳动"一脉相承，是"船员体面劳动"的重要抓手。

根据公约要求，汕头海事局坚持"三步走"策略。首先进行了充分的现场调研，从公司责任、制度建设、船舶配置等多方面对辖区各个类

别的航运公司进行逐项摸底。随后对各公司实施培训，让公司了解掌握公约精神，明确国内履约要求，"先走一步"推进履约进程，缓和履约矛盾。最后是组织对适检公司船舶开展履约检查。

在海事部门的积极推动下，各个航运公司对船员船上工作条件、生活条件、劳动保障等各方面均采取了必要的措施，解决大部分船舶的船员工作生活条件。船上好的工作环境生活环境是让船员保持良好工作状态的基本要求，也是最重要的环节，对转变"人为因素"的作用也有积极的意义。

4. 结合口岸验收，完善岸基条件

打造汕头航海安全文化品牌，推进船员体面劳动，港口硬件建设是不可或缺的内容。近年来，汕头市委市政府将建设广澳港作为"头号工程"，汕头海事局在发挥职能作用参与港口建设的同时，积极推动港口配套岸上船员福利设施建设，与设计方、业主、施工方多方沟通交流，对国际公约中对船员岸上福利设施的要求进行宣贯。汕头海事局这一举措得到广东海事局的大力支持，在口岸查验配套设施验收意见中将岸上福利设施单独予以明确："应将港口福利纳入口岸建设和规划，逐步发展福利设施供海员使用，为挂靠港口船舶上的海员提供充分的福利设施与服务，保障船员权益"。

为了确保将该要求落实落地，汕头海事局主动作为，与汕头国际海员俱乐部多次协商，在汕头广澳港区率先设立了"海员之家"，为海员提供了岸上集"休闲茶座、免费网络、棋牌娱乐、共享单车、图书阅览"于一身的综合福利设施，同时也为航海安全文化的传播、根植，提供了更有利、更有效的平台。

该项目的促成，为《2006年海事劳工公约》履约工作积累了实践经验。2014年，汕头应邀作为代表，专门就《2006年海事劳工公约》中"获

得使用岸上福利设施"项目履约情况向国际海事组织做了陈述。

8年来，随着汕头海事局"四个结合"的逐步推进，以人为本、体面劳动的理念在船员心中不断播植，船员的自信心、存在感、获得感不断增强，辖区航海安全文化氛围日渐浓厚。

三、应用成效

由于该项目的推进效果良好，得到了部海事局、广东海事局以及中国海员建设工会的一致认可，更重要的是得到了船员的认可。在推进期间，惠及船员近10万名，为数十名船员提供了急病救助，有效地协助近百名船员维护了合法权益，有效地维护了辖区航运市场的稳定，维护了安全形势的稳定。

四、推广建议

航海安全文化建设是一个系统工程，需要政府、社会、院校、企业以及海员自身等多方共同努力。

（1）有效落实部局船员便利清单。

（2）加强"海员是战略性资源"的宣传，提高社会各界对海员队伍建设的重视。

（3）增加对海员教育和培训的专项投入经费，减轻航海教育机构、海员培训机构的负担，适当减免航海专业学生的学费，提升海员的经济、社会地位，让航海教育、航海培训、航海职业更富吸引力，吸引更多的公民投身海员队伍。

（4）分时间、分项目、分层次推进落实《2006年海事劳工公约》。

五、应用评估

目前应用状况良好，后期推广应用需要增加相应的项目投入，引入第三方是有效的推广手段，形成国家、社会、职业群体共同建设共同进步的模式。

案例47 ▶ 首都高速公路交通导行安全系列措施

基本信息

项目名称：首都高速公路交通导行安全系列措施
申报单位：北京首发公路养护工程有限公司
成果实施范围（发表情况）：集团内部及社会单位
开始实施时间：2017 年 1 月
项目类型：科技兴安
负责人：周顺新
贡献者：邢 辉、戴 可、周卫东、马 森、刘思雨

案例经验介绍

一、背景介绍

为进一步落实首都北京的城市战略定位和建设国际一流和谐宜居之都的总体要求，养护公司对交通设施质量和服务品质提出的更高要求，以建设"安全、便捷、高效、绿色、经济"的综合交通体系为指导，紧紧围绕集团公司"百年首发"重要战略，持续发挥专业化、精细化优势，不断适应新形势，更好地保障首都，服务人民。这就需要我们紧紧围绕首都城市战略定位，切实转变发展思路、方式和路径、提质增效，更好地满足畅通、舒适的通行需求，尽力降低道路养护施工作业对通行产生的影响，同时不断提高占路作业的安全性。

二、经验做法

在交通导行业务领域发展过程中，为解决全社会日益增长的对高速公路"平安、绿色、便捷、畅通"的美好需求同现阶段道路运行情况间的矛盾，应树立新思维，开拓新思路。首都高速公路通行环境越发复杂，各项任务愈发艰巨，首发养护公司从3个方面，有效解决了施工作业区对道路通行能力产生的影响。

1. 施工前期，应用交通仿真技术软件做好数据分析

1）交通仿真技术软件的概念

交通仿真是以相似原理、信息技术、系统工程和交通工程领域的基本理论和专业技术为基础，以计算机为主要工具，利用系统仿真模型模拟道路交通系统的运行状态，采用数字方式或图形方式来描述动态交通的系统。

作为交通分析的有效手段之一，道路交通系统仿真旨在运用计算机技术再现复杂的交通现象，并对这些现象进行解释、预测、分析，找出问题的症结，最终对所研究的交通系统进行优化、比选和评价。

2）交通仿真技术软件的优势

带交通施工作业的安全重点在于交通导行，交通导行的重点在于审批。首发养护公司以进一步提升导行方案设计水平为切入点，以提升交通导行咨询服务能力为抓手，引进了交通仿真软件TransModeler，在实际应用过程中发现其具有6项优点：

（1）优化系统设计；

（2）评价系统性能；

（3）节省经费；

（4）避免试验危险性；

（5）提高预测精度；

（6）为管理决策和技术决策提供依据。

3）交通仿真软件的作用

通过直观的动画描述和展现导行路段的交通情况，分析机动车分时段出行需求与路径选择以及交通控制信息等交通流量数据，并可通过数据建模，分析交通导行方案是否可行，从而更好地优化交通导行方案、疏导措施及交通组织模式，最大限度降低交通导行对社会公众的影响。

2. 导行过程中，利用激光光幕提示车辆减速慢行

目前，在夜间道路施工作业时，经常需要设置警示标志。现有的实体警示标志必须安装于其他物体的表面，在空旷的地方不容易找到合适的位置设置警示标志。且由于施工现场经常比较昏暗，常规的警示标志也不容易引起驾驶员的注意，从而导致危险的发生。

1）激光光幕的简述

激光光幕投影是将提示文字投射到天桥、地面上或者更多地方，让过往驾驶员受到视觉冲击，更加直观、醒目了解提示内容，该技术代替原有标志牌提示，且提示内容的颜色和字体大小均能调整，图片、文字、限速等提示内容灵活多变。

2）激光光幕的应用原理

激光投射装置利用了人眼视觉残留的特性，通过驱动装置驱动反射棱镜对来自激光光源的单束光进行折射并快速重复绘制需要显示的图形，利用激光轨迹在人眼中的影像留存达成显示图像的目的。

为了保证本激光光幕在户外使用的续航能力，设备配置一套综合供电系统，包括发电机、滤波装置、太阳能发电板、交流直流转换控制装置、储电系统和逆变系统，从节能降耗、环保方面更突显该技术的先进性。

3）激光光幕的优势

本激光投射设备，具有如下有益效果：采用投射的方式，避免了安装多种实体标志，适用性强；亮度高，在夜晚或者光线较弱的环境中使用效果好，同时容易引起驾驶人的警觉。标志内容动态变化，颜色内容丰富，大小可调。

3. 设施方面，引进移动钢护栏，增加导改作业区的安全性

1）移动钢护栏的安全性能强

新型移动钢板护栏与常用水泥隔离墩相比较，安全防护等级更高，新型移动钢护栏的防护等级已经达到了SB级，同时操作更便捷，且与路侧原交通设施做到过渡段无缝化连接，达到外形美观、诱导性强且消除了过渡段的安全隐患。

在受到车辆荷载冲击的情况下，移动钢护栏能够良好地吸收冲撞能量，具有灵活性，对车辆起到缓冲、稳定作用，反弹风险低，受到碰撞的车辆可以轻易改变行驶方向，避免翻车，可以很快恢复原来的行驶方向，护栏也可以避免被撞翻。

2）移动钢护栏的使用优点

当一个方向车道上出现紧急状况，需要与另一侧车道打通时。只需要升起开口处两个轮子即可打通双向车道。在移动钢护栏时，只需把锁销拔出，两个施工人员就能轻松移动。通过内置的轮子，单人可在5min内打开护栏，实现中央分隔带活动护栏的快速打开，并不影响护栏整体的防撞性能，可在有效解决道路通行秩序的情况下，为施工作业人员提供最大的安全保障，明显减少事故发生率。

通过现场使用发现移动钢护栏具有以下8项优点：

（1）占地面积小，与原有波形护栏无缝连接。

（2）轻松快速重新定位，移动速度快。

（3）全身钢制，容易修复。

（4）重量轻便，方便运输。

（5）安装和拆卸时间短，并且不受天气影响。

（6）在紧急情况下避免发生堵车现象。

（7）材料相对经济、成本减少。

（8）具有很高的回收价值。

移动钢护栏还免去了水泥墩生产过程中对环境造成的污染，同时，移动钢护栏的使用寿命更长久，既能体现安全性，又有经济效益。

三、应用成效

目前该系列技术已被广泛应用到北京市范围内各项重点难点工程项目的交通导行中，如京开高速改扩建及三环主路大修等重点工程中。首发养护公司在占道施工前期，利用交通仿真软件，精准计算分析了交通导行对道路通行产生的影响，合理规划作业时间及占路方式，从源头上为业主实施方提供了科学合理的占路计划依据，为政府部门及行业主管单位的科学审批提供有力的数据支撑。在施工过程中辅以激光光幕提示过往车户道路施工情况，引导车辆通过减速慢行，在占路导改设施中应用移动式钢护栏进行渠化，有效减轻道路占路施工对道路通行产生影响，同时，很大程度上加强了作业区的安全性，保障了作业人员的人身安全，整体提升了占道施工效率。

四、推广建议

为响应"十三五"规划中贯彻落实"创新、协调、绿色、开放、共享"的五大新发展理念，在研发新型导行设施方面，养护公司担更大责任、尽更大义务、做更大贡献，以绿色环保为重点，一直在加快推进节能、环保的交通导行设施的研发及更新换代。

案例48 ▶ 三亚交通集团公交智能化平台

基本信息

项目名称：三亚交通集团公交智能化平台

申报单位：三亚市公共交通集团有限公司

成果实施范围（发表情况）：海南省三亚市

开始实施时间：2017年12月

项目类型：科技兴安

负责人：钟文娜

贡献者：贺正华、邓　斌、林彬彬、陈绍平、王　敏

案例经验介绍

一、背景介绍

公交智能化平台以公交运输车辆及驾驶员为对象，创新开发具有智能调度、监控功能的车载集成终端及平台支撑系统，具备实时定位、4G实时监控、智能信息发布、实时通话、车辆运行轨迹监管等功能，实时监控驾驶员驾驶行为，有效杜绝因不良驾驶行为导致的道路事故发生。系统通过终端数据上传，结合人、车、路数据运用大数据技术、人工智能算法，有效分析路况、车辆运行的规律，建立精准、智能的车辆排班计划，精准服务于公交运输企业，解放人力、节省物资，实现对公交运行安全监管及事后可追溯的管理平台。

随着三亚公共交通集团有限公司车辆的逐年增加（2017年末已达到928辆），原来的人工调度已经无法满足车辆调配管理需要，于是2017年12月，公司开始启动"三亚市公共交通集团有限公司公交智能化改造项目"。改造项目如下：

（1）公交智能调度系统（视频、运维平台）的建设。

（2）公交车车载智能终端旧设备的更换及

共同维护。

2018年4月25日，公交智能调度系统、视频、运维等平台完成建设，顺利经历了春运和春节旅游旺季的超负荷试运行，并经多次优化升级，现系统运行平稳，各项功能完善。

二、经验做法

三亚公交集团公交智能化平台是自主研发的调度、监控智能平台，采用先进的大数据分析技术、通过人工智能算法分析公交运行的规律，建立精准、可预测的数据模型，变被动为主动，实现对公交运输安全可靠管理，先进的大数据依托自主研发的调度、监控智能化平台，做到事中可控制，事后追溯。

具体推进步骤如下：

1）开发主动调度、监控智能化调度平台

（1）车辆实时监控和后台报警处理实现同步。

（2）传统的人干预变为无须人工干预的全流程管理。

（3）对车辆和驾驶员的不安全行为提供可视化追溯。

（4）根据政府端、企业端的不同需求，利用终端采集的数据和图片，通过智能分析，对企业、车辆和驾驶员进行系统化分析，提供月度、季度、年度运营报表，便于政府和企业进行精准化引导、管理。

（5）开发面向企业和乘客的App，乘客实时了解车辆位置，合理候车。

2）形成主动安全智能运营集成化终端设备

（1）终端集成算法，自动计算车辆排班及运营计划。

（2）车载主机作为终端设备的"大脑"，传输自动采集的数据和视频，经过智能分析传输至云端储存。

（3）针对多种功能实现高度融合，形成集成化产品。

（4）卫星定位服务，借助卫星定位服务商本地服务的优势，提供本地化安装、运维服务。

（5）不断对公交调度、监控智能化系统进行平台优化升级，通过大数据技术深度分析道路运行情况，实现对企业运行计划档案的建立，在企业运行计划数据的基础上，基于车辆路况管控模型，大幅提升运输车辆运营合理化、标准化，做到事前可预防、事中可控制，事后可追溯的管理能效。（详见附件1《智能调度系统构成》和附件2《智能调度平台功能演示》）

三、应用成效

1. 监管数据情况分析

截至2019年6月10日，智能化调度、监控系统有效监管的车辆超1000辆，行驶里程已超过6000万km。

2. 交通事故责任判定

借助智能化监控系统，给交警部门对事故认定提供依据。

综上，智能化调度、监控系统可以在有效降低企业降低人力成本的同时又向智能化、标准化推进一大步。通过真实的运营数据建立真实的运营档案，规范企业运营管理，提升驾驶员的整体素质，为安全生产提供有效助力。在未来结合特殊天气、行驶路段特征、路况等条件信息的数据后能够更智能地在各种环境下为企业提供合理的运营指导。

四、推广建议

随着安全生产工作不断步入标准化、法制化轨道，我们将按照交通运输安全教育学习相关要求，坚持问题导向，创新驱动的原则，以深化"互联网+交通安全教育"安全监管为主线，有效落实交通运输监管部门和企业安全生产两个主体责任，着力构建与新形势、新任务、新要求相适应的交通运输行业安全教育体系。未来将重点做好以下两个方面的问题探讨与研究工作：

一是政策层面。建议相关主管部门出台明确的政策性文件，大力推广应用"互联网+交通安全教育"的培训学习模式，促进交通运输行业安全生产主体责任的进一步落实。

二是技术层面。国内已有数家信息化公司推出道路运输运营系统，但均未从一定高度上统筹

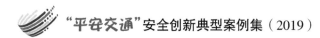

规划整个交通行业的合理运营平台，建议从宏观上规划平台功能及相关规范、标准，统筹建设。

五、应用评估

智能化调度、监控系统技术是借助科技力量提供道路运输合理化、标准化的重要手段，也是"科技兴安"的一项举措。智能化调度、监控系统技术的应用，提升了道路运输企业的安全管理效率，强化了科技手段在道路运输安全生产领域中的应用，全面提升了道路运输运营管理水平，为行业管理部门安全监管提供了多方面的支撑。

附件1：智能调度系统构成（附表1）

智能调度系统构成　　　　　　　　　　　　　　　　附表1

系统名称	系统功能／模块
调度系统	**运营管理：** （1）车辆轨迹回放：根据组织机构、车辆编号、时间区间等条件查询车辆在相应时间内的运行轨迹，并且在地图上进行回放，回放过程显示车辆的轨迹。 （2）车辆日运营管理：根据组织机构、线路、车牌号等信息对车辆日运营信息进行查询、新增、修改、删除，同时可对日运营详情中驾驶员里程、非运营里程、趟次进行新增、修改、删除等操作。 （3）日运营管理审核：审核新增的日运营信息。 （4）车辆电子路单：根据组织机构、线路、车牌号、日期信息查询车辆电子路单，可将车辆日运营信息进行详细统计。 （5）驾驶员电子路单：根据组织机构、线路、驾驶员、日期信息查询驾驶员电子路单，可将驾驶员日运营信息进行详细统计 **调度管理：** （1）实时调度：将各线路车辆的运营情况在直线图上直观地表现出来，包括离线车辆、停运车辆、待发车辆、非运营车辆不同状态下的信息、排班情况及各种指令操作等。 （2）运营时刻表：根据线路信息制定该线路下的运营时刻表。 （3）配车排班：根据制定好的运营时刻表及配车参数信息，对该线路的车辆及驾驶员进行排班，同时可实现配车排班表的复制。 （4）配车参数设置：为配车排班复制班表提供依据，在配车排班中根据班次和班制可以匹配到相应的配车参数 **统计报表：** （1）大站时间统计：根据组织机构、线路、车辆、日期进行车辆大站时间统计查询。 （2）车辆里程统计：根据组织机构、线路、车牌号、日期进行车辆里程统计查询，可详细查询车辆的日运营里程。 （3）驾驶员里程统计：根据组织机构、线路、车牌号、驾驶员、员工卡号、日期进行驾驶员里程统计查询，可详细查询驾驶员的日运营里程。 （4）驾驶员签到统计：根据组织机构、线路、驾驶员、车牌号、驾驶员卡号、日期进行驾驶员签到查询，可了解驾驶员出勤情况。 （5）车辆回场统计：根据组织机构、线路、车牌号、场站名称、驾驶员、回场日期等信息进行车辆回场统计查询，可具体了解车辆回场情况。 （6）调度指令统计：根据开始日期、结束日期可查询到所有车辆的调度指令。 （7）广播信息统计：根据开始日期、结束日期可查询到所有车辆的广播信息 **基础管理：** （1）线路管理：可实现线路的新增、修改、查看、删除、复制、分配站点（地图绘制）功能等，对线路进行合理的管理。 （2）站点管理：可实现站点的新增、修改、删除、查询功能，进行站点管理。 （3）发车屏管理：可实现控制机及发车屏的新增、修改、删除、查询功能，实现对运营车辆的发车时间等信息的显示。 （4）设备管理：可实现车辆设备的新增、修改、删除、查询功能，对车辆设备信息进行管理。 （5）车辆管理：可实现车辆新增、修改、删除、查询功能，对车辆信息进行管理。 （6）驾驶员管理：可实现驾驶员新增、修改、删除、查询功能，对驾驶员信息进行管理 **系统管理：** （1）机构管理：对公交公司的组织机构进行新增、修改、删除，建立不同的组织机构，来实现对组织机构的管理。 （2）用户管理：根据相应的管理角色建立的用户，授权不同的系统权限，可实现用户的新增、修改、删除、查询功能，对用户管理进行分级管理。 （3）参数管理：对系统中的相关参数进行设置，可实现新增、修改、删除、查询功能。 （4）数据字典：通过对数据字典及数据字典项的新增、修改、查询，实现系统某些菜单中可选项的管理。 （5）权限管理：通过对角色的新增、修改、查询、删除、资源权限的授权等功能，实现对系统菜单权限的管理。 （6）资源管理：对系统菜单进行新增、修改、删除，可对系统菜单进行管理。 （7）日志管理：根据登录名、开始时间、结束时间查询出不同用户的系统操作

系统名称	系统功能 / 模块
监控系统	客户端： （1）实时视频：可通过单屏、多屏画面展现车辆内部不同角度的监控画面，实现车辆内部视频的实时监控，同时可查看车辆基本信息、系统日志及报警日志等内容。 （2）历史视频：点击下载，弹出的页面可实现历史视频回放，并且可下载历史视频，保留下载记录。 （3）地图：可在此页面查看到该市区所有公交车辆的地理分布点，点击某一车辆，可具体查看该车辆信息，并且转到该车辆的内部监控画面。 （4）视频 / 地图：同时展示地图上某一车辆的地理位置及实时监控画面。 （5）GPS 回放：通过选择车辆、时间来查询某一车辆的历史轨迹，并且在地图上进行回放
	后台管理系统： 主要实现对车组车队、车辆设备、驾驶员、用户等信息的录入管理、相关报表的查询导出及客户端设置等功能

附件 2：智能调度平台功能

一、人工预案排班

支持预案制定，可根据预案进一步生成日发车时刻表及月发车时刻表。

二、间隔自动排班

支持用户根据高峰、平峰和低峰时间段设置发车间隔阈值，根据发车间隔阈值自动生成日发车时刻表及月发车时刻表。

三、智能调度系统——调度管理

（1）显示线路上下行中已运营和待运营的时间、趟次。

（2）对运营的趟次进行常规操作。

（3）对当天排班表进行常规操作。

（4）查询之前日期的排班表。

（5）进行轨迹回放。

（6）查询某趟次到离站信息，包括到达每一站的进站、出站的时间、速度，以及驻站时长。

（7）查询某一天、某辆车、某驾驶员的运营记录，并查看每一趟次的轨迹回放及查询该趟次到离站信息。

四、智能调度系统——实时调度（附图 1）

（1）支持多线路实时调度。

（2）直线图支持站点按比例分布和平均分布快速切换。

（3）实现车辆到站预测分析功能。

（4）对接车辆 CAN 数据并以仪表盘图形化展示。

（5）持语音、视频监控功能。

（6）发区车辆线路远程切换。

（7）客流数据无缝对接，实时提供车辆满载率信息。

五、智能调度系统——实时视频（附图 2）

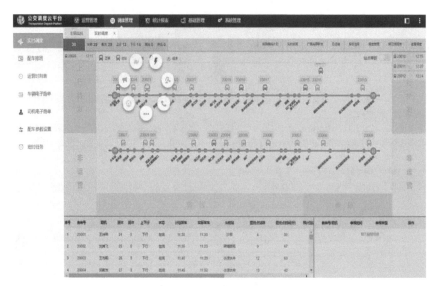

附图1　公交调度云平台界面

附图2　实时视频

案例49 ▶ 周盘式制动器的研究与应用

基本信息

项目名称：周盘式制动器的研究与应用

申报单位：湖北中尔车轴有限公司

成果实施范围（发表情况）：项目已经在危险货物运输、三轴栏板式、仓栏式半挂车进行应用

开始实施时间：2014年

项目类型：科技兴安

负责人：夏海龙

贡献者：孙铁汉、曾凡红、龚海建、屠玉华

案例经验介绍

一、背景介绍

大型货运车辆制动性能与交通运输安全关系密切，2018年底发生的"11·3"兰州重大道路交通事故，"11·19"大广高速驻马店段28辆货车相撞事故，除天气原因外，车辆制动效能不足也是事故发生的重要原因，都与车辆制动性能有直接关系。近几年由于制动器问题导致的重大交通安全事故频发，为切实解决这类问题，解决商用车终端用户痛点，提升商用车通行安全性，从而研发了一种将平盘式制动器和鼓式制动器优点结合，应于我国道路的周盘式制动器。周盘式制动器采用双面制动，制动面积是平盘式数倍以上，发热小、受力均匀、散热快、制动灵敏、使用成本低、抗热衰性好，是真正意义上"中国人自己的制动装置"。

2017年9月29日《机动车运行安全技术条件》（GB 7258—2017）正式发布，已于2018年1月1日起正式实施，要求所有专用校车和危险货物运输货车、货物运输半挂车、三轴栏板式和仓栅式半挂车的所有车轮，应装备盘式制动器。对于此次新国标的出台，旨在提高货车制动安全。

目前已经在商用车领域小范围运用的盘式制动器一般分为钳盘式制动器、全盘式制动器。该系列盘式制动器有着明显的优缺点：优点在于散热快，制动反应灵敏；其缺点在于结构复杂，制动面积较小，制动力也相对较小，摩擦片磨损较快，更换制动片频率较高，同时在特殊环境下，制动盘易损坏，诱发安全事故。

二、经验做法

湖北中尔车轴有限公司历时5年，成功自主创新研发出周盘式制动器。周盘式制动器不仅具备盘式制动器双面制动、中间通风、夹紧制动等特征，而且将制动面积提高到超过普通盘式的5倍，并且实现独特的双安全系统，提供双重安全保障，一套机构失效，另外一套照样使车辆减速或停止，有效避免制动失灵引发的交通事故。由于制动力内外分配，大大地提高了载重汽车制动的效率及安全性。周向夹紧制动装置，取消了传统的制动鼓，用周制动盘替代，杜绝了制动鼓破裂，避免制动鼓碎片飞出伤人的安全事故；周盘式制动器技术不仅可以在挂车桥上应用，同时可以在驱动桥、转向桥、客车桥、轻型桥上进行应用，中尔车轴已经形成产业化投向市场的是P1系列，广泛应用于商用车车桥领域，半挂车、自卸车、油罐车、轻卡、重卡等车型均可使用。周盘式制动器适用于重、中、轻、客所有车型领域，其革命性的创新技术属于行业首创。

三、应用成效

天津港琪物流有限公司从2018年10月21日起至今，在辽宁大连市到陕西西安市路段运营，主要从事危化品运输，沿途多处长下坡，转弯多。用户反馈：用了周盘式车轴制动不拖胎，比较好用。

五原县鹏腾物流有限公司从2018年6月23日起至今，在内蒙古五原县到昆明、四川等路段运营，沿途多处长下坡路段，转弯多。用户反馈：使用周盘式车轴5万多km了，制动器一次没调

过，制动器灵敏度高，制动片耐磨。

海伦市凯盛运输有限公司从2018年6月23日起至今，在黑龙江到山东、辽宁、吉林等路段运营，沿途多处长下坡路，转弯多。用户反馈：中尔周盘式车轴比较好用，拉70多t玉米，制动器都很灵敏。

目前已与河北昌骅专用汽车有限公司、河北宏泰专用汽车有限公司、荆门宏图特种飞行器制造有限公司、湖北海立美达汽车有限公司、芜湖中集瑞江汽车有限公司、山东万事达专用汽车制造有限公司等签订长期战略合作。

四、推广建议

国务院新闻办公室于2019年5月24日上午举行国务院政策例行会议，各部委表示应当加快科技成果转化和推广应用，为中小企业注入活力，融通发展的产业生态；强化中小企业创新公共服务，培育优秀项目和团队，促进产融对接、项目孵化和落地服务；提升中小企业知识产权的创造、运用、保护和管理的能力。为广大中小微企业提供技术创新服务和载体是首要任务。

耗资8000余万元研发的周盘式制动器，为世界首创，填补我国没有自主制动器的技术空白。1项国际专利、4项国家发明专利、24余项实用新型专利，上过3次CCTV-10科教频道，荣获"湖北省和十堰市科学技术发明奖、中国好技术"。就是这个满身荣誉的创新产品，受2017年发布的《机动车安全技术条件》限制，无法进入市场进行销售。

建议将周盘式制动器认定为盘式制动器，与盘式制动器等同使用，让自主创新的周盘式制动器和盘式制动器站在同一起跑线上，同台竞技，让好产品自己说话。

五、应用评估

1.实施开始时间

公司自2014年开始研发周盘式制动器，历时5年，成功研发出具有知识产权的周盘式制动器。产品知识产权：已授权国际PCT专利1项，

国家发明专利4项，国家实用新型专利24项，科技成果登记2项。

2. 实施情况

周盘式制动器自投放市场以来，前期主要在云南、贵州、四川等路况相对恶劣区域进行试验验证，满载分别运输砂石料、钢材、木板、食品等。在贵州使用周盘式制动器的孙师傅拉玉米等食品，里程跑3万km后拆解，制动片磨损不到1mm，制动片耐用、反馈制动很灵敏。类似案例相对较多。

3. 实施范围

周盘式制动技术可用于商用车领域，半挂车、自卸车、油罐车、轻卡、重卡等车型均可使用。

4. 主要技术创新点

周盘式制动器通过将鼓式内撑和轮式外抱制动结构相结合，使同一驱动机构实现制动轮内张和外抱同步制动。由于制动力内外分配，大大提高了载重汽车制动的效率及安全性。周向抱紧制动装置取消了传统的制动鼓，用周制动盘替代，杜绝了制动鼓破裂，避免制动鼓碎片飞出伤人的安全事故；周盘式制动器既兼顾了传统盘式制动器良好的散热性，同时也具备诸多传统盘式制动器不具备的优点：①大摩擦面积实现大制动力，大大延长使用寿命；②结构简单、使用维修成本低；③双面制动受热均匀，制动时发热小、散热快；④制动器尺寸大，制动效率高；⑤摩擦片磨损极限厚，使用寿命长。

交通运输部公路科学研究院于2018年12月初，联合国家汽车质量监督检验中心（襄阳），历时半月开展了周盘式制动器和盘式制动器的性能比对试验，验证其在实际道路试验中的制动性能，通过分析本次试验数据，可以验证和得出以下结论：

（1）安装ABS的周盘式制动器比未安装ABS时制动性能有明显提高。空载冷态制动性能提高6.1%、满载冷态制动性能提高1.3%、满载自动制动性能提高18.3%、制动响应时间提高5.7%。

（2）比对试验中，周盘式制动器制动性能指标较优。试验中，安装ABS的周盘式制动器制动性能指标比安装ABS的盘式制动器制动性能有明显提高。空载冷态制动性能提高3.7%、满载冷态制动性能提高2.0%、满载热态制动性能提高21.1%、满载自动制动性能提高17.5%、制动响应时间提高26.7%。

（3）周盘式制动器的制动效能尤其是热态制动效能较好。周盘式制动器空载冷态制动强度为53.8%，比标准要求45.0%高出了19.6%；满载冷态制动强度为46.0%，比标准要求的45.0%高出了2.2%；热态制动强度为41.3%，比标准要求的36.0%高出了14.7%，在热衰退试验后仍具有较好的热态制动效能。

本试验结果是在半挂汽车列车额定载荷条件下测得的，试验车辆和试验条件一致，试验结果具有说服力。从制动效能看，周盘式制动器具备推广使用的条件，试验中发现该制动器提高了制动强度。

2019年交通运输部公路科学研究院汽车运输研究中心已向全国各地车辆管理处下发关于周盘式制动器相关情况说明："周盘式制动器可作为新技术、新装置、新结构，视同盘式制动器予以注册登记，以推动新技术的应用。"

5. 成果成效

我们优势在于：解决其他制动器未能解决的难点与弊端，周盘式制动器通过央视科教频道《我爱发明》栏目组在2015年2月13日以《超级制动》为题进行了为时1h的专题报道，在2017年3月10日以《进击的达人——夏海龙》为题进行了专题报道。近期中央广播电视总台CCTV-10科教频道《走近科学》栏目签发采访函，于2019年5月对周盘式制动器拍摄了一期科普报道，让更多人了解这一国人的创新，传播科学知识、弘扬科学精神和科学思想。

周盘式制动器由于拥有完全自主知识产权的领先技术，又能依托十堰市完整汽车产业链和政府大力支持汽车产业的政策优势，故能迅速打开市场并拥有较强竞争力。产品技术处于行业领先地位并完全拥有自主知识产权，在市场

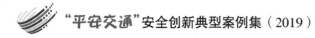
中拥有较强竞争力、话语权和定价权。周盘式制动器营销模式创新，采用订单销售的模式，同时和各地区代理商签订区域代理合同，目前已与河北昌骅专用汽车有限公司、河北宏泰专用汽车有限公司、荆门宏图特种飞行器制造有限公司、湖北海立美达汽车有限公司等签订战略性合作协议。周盘式制动器根据市场需求组织生产，现款现货，保证货款无拖欠、产品无积压。

苏州市轨道交通集团有限公司
运营分公司"五安"安全文化
建设项目

基本信息

项目名称：苏州市轨道交通集团有限公司运营分公司"五安"安全文化建设项目

申报单位：苏州市轨道交通集团有限公司运营分公司

成果实施范围（发表情况）：苏州轨道交通1、2、4号线121km，员工6882人

开始实施时间：2018年8月15日

项目类型：安全文化

负责人：韩建明

贡献者：凌世清、汪卫东、陈国强、王普照、沈维新

案例经验介绍

一、背景介绍

苏州市轨道交通集团有限公司运营分公司（以下简称"苏轨运营"）主要承担已开通的1、2、4号线总计121km线路的运营组织和服务工作，目前日均客流量达近105.8万人次，占苏州公共交通出行量的35%。自2012年4月28日1号线开通起，我们始终重视企业安全文化的建设，在安全文化建设过程中，秉承"以人为本、重在预防"的安全价值观，提炼出"五安"安全文化理念（即"宣教育安、岗位践安、制度保安、环境促安、亲情助安"），并将企业独具特色的"家文化"和"四精"质量方针（精诚管理、精细维修、精确调度、精致服务）相融合，化作企业安全文化建设的内在驱动力、行动力及保障力。

二、经验做法

1. 苏轨运营安全文化概述

（1）安全愿景：平安轨交，幸福家园。

（2）安全价值观：以人为本、重在预防。

（3）安全文化理念："五安"安全文化理

念，即"宣教育安、岗位践安、制度保安、环境促安、亲情助安"。

（4）安全发展目标：立志成为行业中的安全管理楷模，打造符合国际安全标准的轨道交通运营企业。

（5）安全使命：弘扬安全理念，规范安全行为，塑造安全环境，创新安全管理。

（6）安全生产口号：让安全成为习惯，让习惯更加规范。

2. 苏轨运营安全文化建设过程

（1）成立企业安全文化建设领导小组。根据中国交通企业管理协会《关于2018年度全国交通运输文化建设相关工作安排的通知》以及江苏省《安全文化建设示范企业评价规范》，苏轨运营通过与第三方安全咨询服务公司深度合作，共同开展好企业安全文化建设工作。同时为保障安全文化建设工作顺利实施，苏轨运营成立了以总经理为组长，分管安全管理负责人、各职能部门及生产中心负责人为成员的"安全文化建设"领导小组，在安全咨询服务公司的指导下，负责公司安全文化建设的总体规划，提炼企业安全文化理念，策划并实施安全文化宣传方案，确保安全文化宣贯到位、落实到位。

（2）提炼企业安全文化理念，形成以企业安全文化理念为核心的安全文化价值体系。苏轨运营与安全咨询服务公司通过座谈调研、资料收集、问卷调查等方式对企业安全生产现状进行了摸底了解。结合对公司员工及乘客的问卷调查结果，综合苏州市的城市人文特点，提炼出"五安"安全文化理念，即"宣教育安、岗位践安、制度保安、环境促安、亲情助安"。"宣教育安"：始终坚持将安全教育培训作为一项基本性、经常性的工作来落实，提高公司员工的安全主动意识和素质能力；"岗位践安"：严格践行落实岗位安全责任制，从签订安全责任书、建立安全奖惩、开展安全风险管控等方式，确保安全责任落实到位；"制度保安"：建立健全公司的安全管理制度体系，确保制度得到全面贯彻与执行，用科学有效的制度体系保障安全；"环境促安"：通过安全展报、安全活动、安全宣传音频

等方式，积极营造安全文化氛围，达到营造安全环境的效果；"亲情助安"：坚持企业"家"文化，始终将员工的身心健康和家庭幸福与公司的安全生产联系在一起，让员工家庭成为公司安全生产工作的"安内助"。同时，苏轨运营的"五安"文化与"四精"质量方针相辅相成，是公司精益求精、安全发展的体现，更是公司未来发展的不懈追求。

（3）编制安全文化手册。在提炼安全理念的基础上，进一步总结提出企业安全愿景、安全价值观、安全发展使命、安全生产口号和安全发展目标，各生产中心在企业安全理念的指导下，结合专业管理特点，提出本单位安全文化子理念。同时编制安全文化手册，从安全理念篇、法制篇、制度篇、行为篇、物态篇、团队篇、未来篇等方面形成苏轨运营特有安全文化建设的成果，印刷成册，派发至各部门（中心）进行宣贯学习；同时安全文化手册作为后期企业安全文化培训教材之一，纳入新员工入司一级安全教育培训内容。

（4）落实安全文化宣贯与推广，促进安全文化理念深入人心。一是营造宣传阵势，利用企业安全宣传板报、刊物、网络、生产现场等场所媒介，宣传安全文化理念，并通过各类安全活动，使安全文化理念灌输并植根于每一个员工，让安全文化理念成为处处能看见、时时能提醒的安全文化产物。二是邀请咨询专家对广大员工进行专项的培训，通过讲解安全文化建设的意义和作用，让员工认识安全文化建设的重要性，从思想上和感官上进行潜移默化的影响。并对企业层面和中心层安全文化理念的提炼和由来进行解读，扩大安全文化宣贯的覆盖面。三是拍摄安全文化动漫视频，以一名新员工入司成长历程为切入点，在企业的安全大环境下通过自身主观和客观意识的影响下逐步成长为有担当、有安全责任感的轨道运营安全人，在平凡的岗位上做成不平凡的贡献。通过视频对内对外的播放，展示苏轨良好的企业安全文化氛围。四是组织策划年度安全文化主题活动，围绕各层级安全文化理念组织策划安全文化大征文、安全之歌改

编、安全文化主题车站创建、安全文化微视频征集等专项活动，旨在通过多种形式活动的开展，将安全文化融入现场生产工作中，达到吸收、转化、同化的效果，进而转变到员工安全规范行为中去。

三、应用成效

苏轨运营通过提出"五安"安全文化理念，并组织开展一系列的活动宣贯工作，从"宣教育安、岗位践安、制度保安、环境促安、亲情助安"五个方面，进一步完善了企业安全管理体系，夯实运营安全管理基础，营造良好的安全文化氛围，提升运营管理水平。

（1）通过"宣教育安"，组织开展"安全大讲堂""安全大讨论"等活动，鼓励员工立足自身岗位，加强业务技能的交流与培养。同时在理论培训的基础上，围绕"以练促学、实战练兵"的目标，开展"演练标准化"和"岗位大练兵"工作，自主开展形式多样的实操演练和岗位练兵工作，针对常发易发故障和员工业务技能薄弱环节，建立员工业务技能清单，集中力量开展不打招呼演练，提升员工岗位技能。

（2）通过"岗位践安"，进一步梳理企业521个岗位安全生产责任制，明确安全主体责任，自上而下落实安全生产管理责任制。建立岗位安全责任制考核机制，每年年初层层签订安全责任状和安全承诺书，制定岗位年度安全目标、技能提升目标和安全生产红线；每半年组织对岗位年度目标和安全责任履职情况进行考核，形成一级保一级的安全生产责任制。同时在岗位安全履职的基础上，进一步加强安全先进人物素材的发掘和宣传，拍摄安全先进人物事迹短视频，在企业办公楼大屏、车站PIS、列车PIS上以及"抖音"等视频平台进行宣传，营造良好的宣传氛围。

（3）通过"制度保安"，进一步梳理完善制度流程标准要求，促使安全工作标准化，并通过规章制度固化安全成果。共制定安全生产管理制度149项、生产操作规程267个、应急预案119个，并且通过反复演练总结对制度和预案进行优化调整，形成了完整、规范、科学、有效的安全管理规章制度体系。同时在企业制度相对健全的基础上，推行安全管理标准化示范班组的创建工作，按照安全管理"5831"模型，进一步健全班组安全管理制度，完善安全管理制度与台账，规范作业程序，提升班组安全管理水平。

（4）通过"环境促安"，制定年度安全主题活动计划，内部组织开展班组安全风险管理培训、主题安全演讲比赛、"一站到底"安全知识竞赛、"安全每日一讲"等活动，提高员工安全素养。对外在轨道站内、列车PIS系统播放宣传视频，张贴公益广告宣传画，组织进公共场所、进校园、进社区"三进"活动、"站长面对面""走进轨道日"等活动，在"城市早8点"开辟安全宣传专栏，面向市民开展各种形式的安全知识宣传工作，提高乘客乘坐轨道交通的安全意识，扩大安全文化建设成果。

（5）通过"亲情助安"，组织以安全为主题的亲人寄语、亲子户外活动，邀请员工家属参观运营车站、车辆段，现场观摩检修作业、应急演练等，以家庭、亲情为纽带，增强员工的安全责任担当意识。同时大力开展企业文化建设，提倡与传播"家文化"，培养员工以企业为家的责任感与主人翁意识，将要我安全变为我要安全，从保护自己扩展到保护他人，形成"人人懂安全、人人管安全"的良好局面。

四、推广建议

由于轨道交通运营点多、线长、面广，员工数量庞大，苏轨运营在企业安全文化建设过程中，始终坚持安全文化建设重在宣贯落实的原则，围绕安全文化理念开展一系列安全宣贯活动，使安全文化内容融入广大职工的思想意识和安全生产行为之中，使之固化于制、内化于心、外化于行，真正起到文化强安的作用。因此，在轨道交通运营行业以及人员密集型生产经营单位，在建立健全安全管理制度的基础上，建议推行企业安全文化创建工作，通过刚性的安全管理制度约束以及柔性的安全文化熏陶，使得企业的安全管理水平更上一个台阶。

五、应用评估

苏轨运营安全文化建设项目从2018年8月15日起，在分公司内进行了广泛的宣传和推广。经过8个月的现场实践，从宣教育安、岗位践安、制度保安、环境促安、亲情助安五个方面，进一步完善了企业安全管理体系，夯实运营安全管理基础，营造良好的安全文化氛围。下一步我司将进一步扩大宣传阵地和宣传效果，结合2019年安全生产月活动，组织开展安全文化主题车站创建展示、抖音视频大赛、安全"三进"活动（进社区、进校园、进公共场所），面向乘客进一步加大企业安全文化的宣传力度，创造和谐良好、社企共建的安全文化氛围。

案例 51　隧道施工智能化安全管理系统研发与研究应用

基本信息

项目名称：隧道施工智能化安全管理系统研发与研究应用

申报单位：山西路桥第二工程有限公司

成果实施范围（发表情况）：集通高速 JTL03 项目部

开始实施时间：2017 年 1 月

项目类型：科技兴安

负责人：常新忠

贡献者：李兵兵、徐金生、成海伟、李前胜、刘光辉

案例经验介绍

一、背景介绍

集双高速公路集安至通化段 JTL03 合同段共有隧道两座，分别为五女峰隧道和矿山隧道。

为了能够充分利用先进的快速检测设备和网络信息化技术，与现有隧道工程质量控制的理论和方法有机结合，并与隧道施工过程安全预警机制结合，建立系统性的智能化方法，促进管理部门改变传统的监管模式升级，有效提高质量和安全监管工作水平，我公司与招商局重庆交通科研设计院有限公司合作，在本项目隧道施工中开展了《隧道施工智能化安全管理系统研发及应用》科研项目。

二、经验做法

在本项目实施过程中，主要开发和应用了以下管理系统：

（1）视频监控系统：在五女峰主洞左右隧道的二衬台车（钢筋台车）位置，分别安装一套图像数据采集系统，用于实时观测掌子面及二衬区域的施工情况。由于二衬钢筋台车与掌子面施工距离太远，现场改为焊接钢筋三脚架进行安装，作为移动监控检测点。在五女峰隧道通风斜井隧道洞口安装一套球形摄像机，用于监控管理隧道现场施工实时情况。在矿山隧道左右隧道洞口，分别安装一台枪机，分别监控管理隧道口施工实时情况。三个洞口的视频信号分别通过外网传输到项目部的服务器上，同时在拼接屏的电视墙上进行显示。

（2）人员管理系统：在主洞及斜洞的洞口-洞口200m处分别安装一套人员读卡器，一套LED显示屏，实时检测与管理进出隧道所有工程人员的信息，并加以管理，同时将相关信息循环显示在各洞口的LED显示屏上。

（3）环境参数检测系统：在五女峰主洞左右隧道内掌子面台车、二村台车（钢筋台车）上，分别安装一套有害气体检测传感器，用于检测隧道施工区域空气环境的设备系统，实时提供隧道施工区域空气质量参数，确保各施工环节的安全进行。

（4）场外监控系统：在五女峰主洞值班室后面及洞口、项目部会议室门口、斜洞值班室外、矿山隧道左右洞口等分别安装球形摄像机与枪机，对各区域的施工情况进行监控管理，实现各主要施工区域的监控管理工作，场内外共计9个视频监控点，所有视频信号将通过外网传输到项目部会议室的电视墙上，同时实现任何办公点的远程控制与管理。

（5）人车分流系统：在五女峰隧道的左右洞口，分别安装一套道闸，一套翼闸设备，对进出隧道的人员、车辆的进出进行分别管理。施工人员每人携带一张人员识别卡，识别卡具备双卡功能，用于开启翼闸闸门，同时也可以用于隧道人员进出隧道的实时管理，道闸的管理采用值班人员遥控器现场遥控控制管理进出隧道的车辆。在值班室前面，安装3块室外LED电子显示屏，分别对左右隧道的人员信息、有害气体数据进行显示。

（6）监控中心：监控中心设置在项目部会议室，主要由9块5.5in显示屏组成3×3的电视墙、控制计算机、UPS、服务器等设备系统组成，主要用于对工程上的所有监控视频信号进行远程监控与管理。

三、应用成效

（1）通过视频监控系统达到了项目部、洞口管理室及施工现场的实时掌控的目的。

（2）通过人员管理系统，能即时掌控洞内施工人员数量及所处位置，为施工安全管理提供了实时依据。

（3）通过环境监测系统对掌子面施工环境及洞内环境做到了即时监测，能实时提供隧道施工区域空气质量参数，确保各施工环节的安全进行。

（4）通过场外监控系统对各区域的施工情况进行监控管理，实现了各主要施工区域的监控管理工作，并将相关信息通过外网传输到项目部会议室的电视墙上，实现任何办公点的远程控制与管理。

（5）通过人车分流系统对进出隧道的人员、车辆的进出进行分别管理。

四、推广建议

通过视频监控系统、人员管理系统、环境监测系统、场外监控系统、人车分流系统，大大提高了隧道施工安全控制与管理效率，实现安全智能化管理。

五、应用评估

本系统自2017年1月开始实施，通过对以上管理系统的开发和研究（已在集双高速公路JTL03合同段隧道工程的施工中加以应用和检测），实现了对隧道工程施工安全智能化管理，并取得了良好的效果。本套管理系统充分利用了先进的快速检测设备和网络信息化技术，建立了系统性的智能化方法，促进管理部门将传统的监管模式升级，有效提高隧道施工质量和安全监管工作水平。图片资料如图1~图4所示。

图1　视频监控系统

图2　场外监控系统

图3　人车分流系统

图4　门禁系统

案例 52 ▶ 内河港口起重设备地面障碍物防撞安保系统

基本信息

项目名称：内河港口起重设备地面障碍物防撞安保系统

申报单位：广西梧州通洲物流有限公司

成果实施范围（发表情况）：梧州港中心港区紫金村码头

开始实施时间：2019 年 1 月

项目类型：科技兴安

负责人：涂　强

贡献者：梁培坚、张　飚、梁荣志、赵善民、李伟海

案例经验介绍

一、背景介绍

梧州港中心港区紫金村码头（属广西梧州通洲物流有限公司经营）成立于2011年7月13日，由广西交通投资集团旗下的全资子公司广西交投物流发展有限公司（出资75%）与梧州市交通投资开发有限公司（出资25%）共同出资注册成立，注册资本为7000万元人民币，系省属国有合资企业。

公司主要经营公路、水路普通货物运输；货物运输代理服务；港口码头货物装卸、搬运、仓储，是一家现代化、专业化的港口物流公司。

梧州港中心港区紫金村码头坐落于"广西东大门"的梧州市，位于梧州市长洲水利枢纽下游，距梧州市西江云龙大桥南岸下游约550m处，上游2000t级船可直达贵港，下游3000t级船可直达肇庆和珠三角及港澳地区，是西江黄金水道的重要节点。

梧州港中心港区紫金村码头规划建设7个3000t级多用途泊位，占地面积25万m²，总投资估算11.56亿元，分二期实施建设。其中一期工程占地面积18.4万m²，已经建设4个3000t多用途泊位，4座集装箱件杂货堆场，6座仓库，仓储面积2.5万m²。总投资约6.58亿元，前沿配置目前国内最先进的45t-22m的轻型岸边集装箱起重机1台、45t-25m低架门座式起重机2台和45t-40m轨道集装箱龙门式起重机4台。装卸设备45T集装箱正面吊1台、8t叉车3台、5t叉车1台、3t叉车1台、3台大马力集装箱牵引车。后方堆场面积约50000m²，堆场可以同时堆存5500标箱，港区设计年吞吐能力为328万t，其中集装箱26万标箱，件杂货68万t。根据行业对比测算，可满足年50万TEU吞吐量作业能力，一期项目已经投入正式运营。第二期工程规划建设3个3000t级泊位，设计年吞吐能力143万t，已获相关部门批准，计划实施中。

梧州港中心港区紫金村码头投入运营以来，以服务广西社会经济发展为己任，注重科学发展、安全发展，获得各级部门及社会认可：

2014年获得自治区发改委批准设立梧州港港口物流中心。

2014年成为广西机电职业技术学院正式挂牌校外实习基地。

2015年成为梧州学院校外教学科研实习基地。

2015年获批为广西示范物流园区，现已成为梧州港重要的港口码头企业之一，吸引了粤桂地区多家物流企业进驻合作。

2017年获得广西十大物流示范园区，2017年被自治区评为"广西首批现代服务业聚集示范区"，其现代综合服务经营模式成为业内同行的晓楚。在广西打造西江"亿吨黄金水道"占有重要地位。

2018年获得交通运输企业安全生产标准化建设二级，构建起港口码头安全标准化生产体系。

梧州港中心港区紫金村码头始终坚持安全发展、创新发展的理念，不断推进科技兴安，注重高科技装备产品的研发与应用，有效防范重特大事故发生，为打造"平安交通"作贡献。

港口码头常见的重要危险源是机械事故和交通事故（即机械与人员相碰撞、机械设备之间

相碰撞、车辆与机械设备之间相碰撞等），占据码头事故比例超80%以上。为有效确保安全生产及消除隐患，梧州港中心港区紫金村码头采用科技创新的方法，在梧州市创新性第一个使用"起重设备地面障碍物防撞保护系统"自运营至今未发生安全事故，自使用"防撞保护系统"以来更加有效地保证了码头运营的安全生产，在梧州市是"典型性"的安全生产标准化码头。

二、经验做法

安装"起重设备地面障碍物防撞安保系统"之前的做法：由公司安全管理人员和现场的管理人员共同监控和整改，出现危险时及时通知作业人员进行停机作业，避免事故发生，但是这也只是在作业量比较少的时候能起到作用，作业量多时安全隐患大、安全管理难度大。虽然能借助红外测距定点反射防撞方式，但由于红外测距定点反射防撞方式是固定在某个位置上，反射点有高低左右的误差范围，经常会有起重设备行走时的误差产生碰撞的隐患。

内河港口的起重设备机械防撞是港口安全的重要环节，梧州港中心港区紫金村码头安装"起重设备地面障碍物防撞安保系统"后的经验做法：

（1）实现提醒、减速、停机3级安全控制：基于雷达的起重机（轨道集装箱龙门式、岸边集装箱、低架门座式）与地面障碍物、运输车辆障碍物的防撞系统，丰富和完善安全防撞的应用系统。本系统采用雷达技术，在起重机运动时，检测起重机前进方向上的障碍物及与障碍物的距离。系统可设定信息区（前方障碍物，指示灯提示）、警告区（起重机减速）和报警区（起重机自动停止），实现3级控制。

（2）利用"防撞安保系统"的科学手段：雷达检测区域可以通过配置软件，设定三个区域：信息区域（区域1）、警告区域（区域2）和报警区域（区域3）。

①区域1控制策略：当在区域1内检测到存在障碍物时，雷达输出一个开关信号到PLC设

备，当起重设备行进与障碍物是相向方向时，无起重设备限速控制，碰撞报警信息发送到STS起重设备操作驾驶员室，通过指示灯提醒驾驶员，该信息也可显示在CMS的显示屏上。

②区域2控制策略：当在区域2内检测到存在障碍物时，雷达输出一个开关信号到PLC设备，当起重设备行进与障碍物是相向方向时，对起重设备的行进速度进行减速限制。同时一个碰撞报警信息发送到STS起重设备操作驾驶员室，通过指示灯显示给驾驶员，该信息也可显示在CMS的显示屏上。

③区域3控制策略：当在区域3内检测到存在障碍物时，雷达输出另外一个开关信号到PLC，这时立即控制起重设备停机。起重设备向障碍物方向的行进是禁止的，直到区域3内的障碍物消失后才可以行进。需要说明的是，起重设备的反向行进是没有限制的。

（3）做到避免事故，提高效率：梧州港中心港区紫金村码头启用"起重设备地面障碍物防撞安保系统"后，在起重设备作业量次数多、车辆多、恶劣天气环境因素下，利用先进的科学技术系统，出现危险时能够及时通知操作人员进行提醒、减速、停机作业，避免事故发生，提高工作效率，提升了安全管理工作。

三、应用成效

（1）"防撞安保系统"科学技术成效：利用雷达监测，雷达是一种非接触式测量系统，是通过不断地发射高频连续三角波，形成一个扇形柱体的检测区域，在检测到检测范围内的任何物体时均有反馈报告。为了防止STS与障碍物碰撞，雷达检测区域可以通过配置软件，设定三个区域：信息区域（区域1）、警告区域（区域2）和报警区域（区域3）。

（2）"防撞安保系统"环境因素成效：港口的机械防撞是港口安全的重要环节，现有的防撞方式主要是红外、激光、超声波等测距防撞方式，但由于港口环境比较恶劣，以上这些方式容易受环境影响，如温度飘移大，受云雾、雨雪、粉尘干扰大，遇到较恶劣天气不能测量等，与激

光、红外、超声波等测距方式相比，"防撞安保系统"借助雷达技术不易受云、雨、雾等天气因素的影响，仰角探测性能好，抗干扰能力强，可全天候工作、高精度地测距。

（3）"防撞安保系统"确保安全成效：起重设备生产作业过程中，操作人员可能无法及时发现轨道上停靠的集卡、大车行走等设备和停留的人员。如果发生碰撞，将造成巨大损失。起重设备地面障碍物防撞安保系统采用雷达测距原理和自动控制技术，实现轨道上障碍物检测，并根据设定策略实现障碍物信息提示、警告（减速）和报警（停止），确保起重设备运转的安全。

（4）"防撞安保系统"提高效率成效：梧州港中心港区紫金村码头每天的平均起重设备作业量次数达到1000次以上，每天进入紫金村码头的车辆300~500辆，利用"起重设备地面障碍物防撞安保系统"即便在紫金村码头作业最高峰时，参与作业车辆和管理人员非常多的情况，都能较好地调度及控制安全事故发生，改变以往采取派驻地面安全管理人员和现场的管理人员与操作人员协同，出现危险时及时通知操作人员进行停机作业的低效运营的局面，并能较好地避免事故发生，为安全管理工作提升了一定的高度，也确保了码头安全生产任务的完成和经济效益的提高。

（5）"防撞安保系统"弥补缺陷成效：由于红外测距定点反射防撞方式是固定在某个位置上，反射点有高低左右的误差范围，经常会有起重机吊装运转、轨道行走时的误差产生碰撞造成事故隐患，红外测距定点反射防撞方式没有预报警功能和非定点反射点的临时障碍物进行报警、急停处理缺陷。"防撞安保系统"正好弥补红外测距定点反射防撞方式的缺点，保障作业安全。

四、推广建议

"内河港口起重设备地面障碍物防撞安保系统"在内河港口码头是非常有推广价值和意义的。系统利用现代科技手段，使安全管理工作实

现智能化，避免了一些人为及物体因素造成的事故，从而把不可控及人控的危险源纳入可控范围。这是个利用科学、创新、高效、具有典型性的推广安全技术方案，可以为内河港口码头企业避免事故发生及造成人、财、物的损失，同时为企业的安全生产提供了保障，能使企业提高经济效益和社会效益。

五、应用评估

梧州港中心港区紫金村码头使用"内河港口起重设备地面障碍物防撞安保系统"后，人机之间、物体之间的碰撞没有发生过，原来的这些危险源由不可控、难控到现在的可控，既避免了事故，又保障了生产的连续性，同时在起重机大车行走时由需要两个人监控变成无人监控，节省人力资源达100%，每年节省人力成本近30万元，另外由人员监控变成了自动监控，把人员监控时间节省了，使生产效率提高了30%，一年增加效益近100万元。"内河港口起重设备地面障碍物防撞安保系统"完全达到了原先设想的要求，实现了轨道上障碍物检测，并根据设定策略实现障碍物信息提示、警告（减速）和报警（停止），确保吊装、轨道行走安全，提升安全水平、提高作业效率。

案例 53 ▶ 公路工程"体验＋在线"安全培训系统

基本信息

> **项目名称：**公路工程"体验＋在线"安全培训系统
> **申报单位：**合肥公路建设（集团）有限责任公司
> **成果实施范围（发表情况）：**合肥路建集团公司及所属各事业部、子公司
> **开始实施时间：**2019 年 1 月
> **项目类型：**科技兴安
> **负责人：**吴　俊
> **贡献者：**刘　峰、刘润峰、桑培勇

案例经验介绍

一、背景介绍

1. 公司简介

合肥公路建设（集团）有限责任公司（以下简称"合肥路建集团公司"）隶属于合肥市交通运输局，是经合肥市政府批准成立的国有大型企业。业务涉及公路工程、市政公用工程、港口与航道工程、水利水电工程、桥梁与隧道工程、钢结构工程、交通工程、房屋建筑工程、园林与绿化工程的施工、设计、监理、咨询、科研、检测、养护。拥有公路工程总承包特级资质；市政

工程总承包一级资质；路基工程、路面工程、桥梁工程、交通工程专业承包一级资质；港口和航道工程总承包二级资质；公路工程、市政公用工程甲级监理资质；公路、交通工程、特大桥专业甲级设计资质；市政桥梁、道路工程专业甲级设计资质。

2. 研究背景

安全培训是安全生产的一项重要基础性工作，是减少生产安全事故和伤亡人数的源头性、根本性举措，是提升安全管理水平和职工安全素质，构建安全生产长效机制的重要措施。有关统

计资料表明，90%以上事故是由人的不安全行为引起的，安全培训不到位是重大安全隐患。

目前国内大多数企业普遍存在安全培训不到位、培训覆盖面不高、培训资源少、培训效果差、工学矛盾等问题，在工业化与信息化高度发展的今天，创新培训手段，改变传统的安全培训方式，全面提高企业从业人员安全意识与素质势在必行。

2015年7月5日，国务院国发〔2015〕40号文《国务院关于积极推进"互联网＋"行动的指导意见》提出："鼓励互联网企业与社会教育机构根据市场需求开发数字教育资源，提供网络化教育服务。"国家安全生产监督管理总局令第44号《安全生产培训管理办法》指出："国家鼓励安全培训机构和生产经营单位利用现代信息技术开展安全培训，包括远程培训。"2016年4月28日，国务院安委会安委办〔2016〕3号文《标本兼治遏制重特大事故工作指南》指出："组织实施安全文化示范工程，积极推进'互联网＋安全培训'建设。"2016年12月31日，国务院安全生产委员会安委〔2016〕11号文《国务院安委会关于加快推进安全生产社会化服务体系建设的指导意见加快安全生产网络培训建设》指出："加强安全生产网络平台建设。拓展新媒体安全培训形式，构建共建共享、互联互通的泛在学习安全培训云平台。"以上文件与通知的出台，为企业安全教育与培训方式的创新指明了方向，提出了具体要求。

二、经验做法

（一）建设体验式安全教育培训中心

2016年11月4日，合肥路建集团公司成立安全技术研究中心，旨在通过运用现代技术成果，深入开展安全技术研究。依据研究成果制作规范化安全生产体验项目，建立现代化安全教育培训中心，丰富教育培训形式和内容，让安全教育培训工作取得切实效果，进一步提升全体员工安全文明素养，强化安全发展观念。安全教育培训中心位于合肥路建大楼西侧一二层场馆内，总面积650m²，共设置8个安全体验区（包括拌和站安全展示区、深基坑施工安全展示区、半幅施工安全规范展示、安全法律法规宣讲区、施工安全体验区、消防安全体验区、应急防护培训区、多媒体安全教育及考核区）可同时供30至50人体验，以实景模拟、图片展示、案例警示、亲身体验等直观方式，将施工现场常见的危险源、危险行为与事故类型具体化、实物化；让受训人员通过视觉、听觉、触觉来体验施工现场危险行的发生过程和后果，感受事故发生瞬间的惊险，从而提高安全意识，增强自我保护意识，避免事故的发生。体验项目展示区如图1所示。

（二）公路工程施工安全培训系统

合肥路建集团安全培训系统由普联软件股份有限公司根据行业性质定向开发，平台基于SaaS模式，实现"互联网＋安全培训"，顺应"互联网＋"发展趋势。针对公路工程施工的性质和特点，开发引入安全培训远程教育平台，该平台集"安全教育＋安全管理"为一体的安全培训整体解决方案，有效地解决了传统安全培训的诸多问题，可以快速搭建安全培训体系，实现高效、低成本、常态化的安全培训。同时对培训过程获得的大数据进行统计分析，作为安全管理和安全生产决策的科学依据。系统核心技术架构如图2所示。系统整体采用三层次体系结构来进行开发，无须安装客户端软件，界面统一，使用简单，可以通过互联网进行远程协同工作。安全管理人员可以通过系统全面监督培训实施情况，搜集培训数据，系统分析培训效果。采用云计算等领先技术，功能多，使用方便，可随时随地开展安全培训。平台拥有在线学习功能模块、在线考试功能模块，能全面管理安全培训实施全过程，为公司建立针对全员的安全培训管理体系。

1. 在线学习模块

可以通过平台安排员工在网上自主学习，也可以在项目部会议室组织员工集中进行视频学习。可以让员工自主选课，也可以按公司的培训要求，主动分配课程给员工。平台整合教学资源，实现课程学习、测试、模拟考试等多种教学手段的整合，极大地增强了学习的趣味性、生动性、实用性，并提升了安全生产培训的效果。支持三种学习方式，适用于三级安全教育的开展。

图1 体验项目展示区

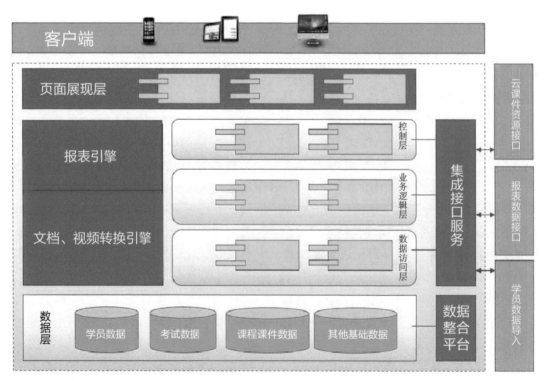

图2 系统核心技术架构

（1）计算机上网学习：适用于管理人员与专业技术人员，通过计算机登录平台，实现在线学习。

（2）手机移动学习：适用于全体员工，企业员工通过手机App登录平台，实现随时随地的学习。

（3）会议室集中远程学习：适用于项目部一线农民工，项目部可以在会议室通过笔记本电脑登录平台，利用投影机，组织农民工集中学习多媒体电子课件，轻松实现项目部安全教育。

2. 在线练习与考试模块

系统提供在线练习、模拟考试、正式考试等功能。考试的题库、组卷、阅卷、成绩统计等由系统自动完成，提高组织员工考试的工作效率。

3. 安全培训管理模块

通过管理模块，可以有效地建立安全培训管理体系，实现对培训计划、培训执行、培训过程、培训档案、培训统计的有效管理。培训不再是形式，培训也不再是盲目地开展，而形成体系化、全面化、专业化的工作，实现安全培训的科学化、制度化、体系化。

（三）安全教育培训中心与安全培训系统联合应用

合肥路建集团制定《加强"科技铸安"推进工作方案》，鼓励所属各单位积极开展安全技术研究，并将研究成果通过建模的方式在安全教育培训中心展示，供员工参观体验，提高安全培训效果。

制订计划，组织员工轮流分批参加安全教育培训中心开展的体验培训（图3），把安全知识普及纳入全员教育工作中，把安全生产技能纳入农民工技能培训内容。严格落实安全教育培训制度，做到先培训、后上岗，加强警示教育，强化全员的安全意识和法治意识，加强安全生产公益宣传和舆论监督。通过安全生产教育培训系统的应用，加强公路工程设计、施工、监理等不同性质子公司之间的交流互通，共同提高安全生产管理水平。

图3　组织员工参观培训

将安全教育培训中心通过模型展示的安全知识要点，编辑成安全培训系统的课件，并制作成试题，通过考试检验培训效果。在线培训系统和手机App学习平台的界面分别如图4和图5所示。

三、应用成效

基于互联网的安全培训是一种全新的培训方式，在多方面创造安全生产效益。

（1）基于模拟体验、互联网、移动电子教室与手机的在线学习，扩大了培训的覆盖面。安全培训提供的基于互联网、移动电子教室、手机的学习，特别适合于一线从业人员的学习，扩大了培训的覆盖面，实现了学习的全员覆盖。

（2）互动式学习，增强了培训效果。在线培训系统支持图文、动漫、3D虚拟仿真等多种多媒体课件，同时系统提供边学边练、在线提问等多种交互式学习模式，使培训具有生动性、趣味性，提高了培训效果。

（3）云课程中心丰富了企业培训课件。课件采用动漫、3D虚拟仿真等形式，一次制作，全员使用，解决培训成本高、实施周期长、师资不足的问题。

（4）提高安全培训组织实施的工作效率。培训计划的安排、培训活动的开展、题库的建设、试卷的自动组卷、考试的组织安排、培训记录与档案的管理，都能通过平台自动完成，极大地提高了安全管理人员的工作效率。网络和手机培训平台界面分别如图4、图5所示。

图4 在线培训系统界面

图5 手机App学习平台界面

四、推广建议

采用沙盘直观展示结合基于"互联网+"的在线培训系统，可以调动员工参与培训的积极性。推广建议：

（1）鼓励更多的安全技术咨询机构参与，为企业提供专业技术支持，打造安全生产技术研究、应用、推广等功能完整的安全生产技术支撑链。

（2）对交通运输行业的企事业单位开展在线教育给予支持和认可，培训记录的电子档案和书面签字档案同等效果。

五、应用评估

2019年1月安全教育培训中心成立，集团公司及3家下属施工企业开展公路工程施工专项安全培训，通过实体模型，应用"互联网+大数据"等技术，开展安全教育培训。项目实施以来，员工参与培训的积极性较以往有显著提高，培训效果较好，有助于员工深刻理解培训内容。培训系统全面记录培训过程，自动记录员工学习、考试情况，系统自动评估受训结果，大大提高培训效率。

　　下一步，我们将和专业安全科技研究服务企业开展合作，针对公路工程施工特征深入开展专项安全技术研究，制作更加丰富的多媒体课件，通过系统的安全培训，不断增强全员安全意识，提高员工安全技能，做好安全管理人员和从业人员安全素质提升的工作，严格落实企业安全教育培训制度，切实做到先培训、后上岗。

案例 54 ▶ 港口生产安全监管信息化

基本信息

项目名称：港口生产安全监管信息化

申报单位：福建省港航管理局

开始实施时间：2017 年 5 月

项目类型：科技兴安

负责人：张子闽

贡献者：张显松、谢友明

案例经验介绍

一、背景介绍

港口生产安全监管是"综合交通、智慧交通、绿色交通、平安交通"建设的重要内容，一直以来，得到了各级港口管理部门的极大重视。福建省人民政府在《福建省"十三五"综合交通运输发展专项规划》和《福建省港航暨地方海事"十三五"信息化规划》中，均将构建现代化水运体系，打造福建沿海现代化的港口群，作为全省港口发展的重要战略方向，并在此基础上，对以港口危险货物安全监管为核心的港口安全管理工作提出了更高的要求。2017年1月，交通运输部正式下发了《港口危险货物安全监管信息化建设指南》（交水办〔2016〕182号）（以下简称"指南"）指导和规范全国各港口行政管理部门开展港口危险货物安全监管信息化建设的内容与要求。福建省为创新港口安全监测监管方式，结合近年来港口危货安全管理和港航信息化建设的成果，围绕《福建省港口危险货物安全监管工作规定（试行）》的实际需求，提升完善福建省港口危险货物安全监管系统，利用信息化手段加强港口生产的安全管理，提高生产监管的有效性。

二、经验做法

1. 统一开发，聚合管理

由省级港口管理部门牵头，按照"统一规划、统一设计、统一开发、统一运维、统一管理"的理念，在全国率先开发港口危险货物安全监管系统，按"省级-港口局-企业"三级架构进行设计，全省港口管理部门及涉危企业统一通过该系统进行操作，实现从企业经营资质许可、重大危险源和评价报告等的备案、危险货物作业审批、危险货物储存动态报备、危险货物监督检查（含通过视频监控巡查）到日常的查询统计等各个环节的功能全覆盖，从而实现了全程信息化闭合管理。统一开发监管平台有效避免了各港口重复建设，节省投资，同时统一的平台和工作标准也进一步推进了港口危险货物监管标准化、规范化，促进了行业内各部门间的无缝对接，提升了监管的质量和效率。

2. 将精细化融入信息化

在全国率先出台《福建省港口危险货物安全监督管理规定》，明确督查频次，细化督查内容，制订了港口危险货物日常监督的37项检查表，并纳入福建省港口危险货物安全监管系统，明确了全省港口危险货物安全监管的统一标准，确保日常监督检查不留死角，全程痕迹化管理。

三、应用成效

1. 重大活动期间，该系统为福建省港口安全发挥了重要作用

通过该系统，港口管理部门除了可实时掌握危险货物仓储、流转各环节的动态信息外，还可利用视频监控平台，实时查看港口企业现场情况，为有效保障厦门金砖会务期间港口安保起到关键作用。我省结合信息化手段开展37项全覆盖检查和危险货物储罐专项整治，全面落实危险货物充装时"四必查"，持续推进港口危险货物作业安全治理专项行动，得到交通运输部肯定，并在全国港口安全会议上做经验交流。

2. 有效提升了港口危险货物的监管效率

该系统实现全省100%港口经营人许可基础

信息实时更新，港口危险货物仓储企业每天通过系统进行危险货物储存动态报备，各级港口管理部门管理人员可根据各自职责权限查询统计辖区港口经营人基本情况，极大地方便了各级港口管理部门日常监管，能及时掌握企业基本情况。

3. 有效改善企业在港口危险货物审批方面的服务体验

全省港口危险货物作业审批100%通过系统完成，大大缩短了审批时间，提高了审批效率。自该系统投用至2017年11月底，共完成11600批次危险货物审批，完成危险货物吞吐量5000多万t，涉及危货企业69家，自该系统投用以来，为企业节约大量的审批时间。

四、推广建议

港口安全监管数据初具规模，但是缺少对数据的深层分析应用。福建省港航管理局港口安全监管相关系统运行多年，港口安全监管数据有了一定的积累，但在数据采集与组织质量、深化数据共享与挖掘能力等方面，与实现数据的全面业务应用和领导决策支持的要求相比仍有一定差距。随着云计算、关联数据分析等先进技术的应用发展，通过对数据资源的全面整合、统一管理、深入挖掘应用，充分发挥数据的基础支撑作用，为业务系统和领导层提供分析决策支撑将成为助推福建省港航管理局科学发展的一项重要的手段。

五、应用评估

福建省港口危险货物安全监管系统目前已在全省各级港口管理部门及港口企业中成功推广，极大地提升了福建省港口危险货物安全监管水平。该系统的功能和应用也得到交通运输部的肯定，以该系统为基础的"福建省省级港口危险货物安全监管综合服务平台示范工程"已被交通运输部列为全国"智慧港口"示范项目（全国只有2个管理部门被列入），建成后将进一步实现港口危险货物监管"智能化、便利化、可视化"，可在全国范围内推广应用。

案例 55 ▶ 连霍高速（G30）小乌改扩建项目第 XWGJ-5 标段微信管理群曝光销号制度

基本信息

项目名称：连霍高速（G30）小乌改扩建项目第 XWGJ-5 标段微信管理群曝光销号制度

申报单位：贵州省公路工程集团有限公司

成果实施范围（发表情况）：在贵州省公路工程集团有限公司全体职工及各施工班组内实施，目前已发布各项安全生产动态、安全生产经验、安全生产知识 312 余次

开始实施时间：2019 年 3 月

项目类型：安全管理

负责人：杨小珠

贡献者：黄　美、王思荣、郑宏伟

案例经验介绍

一、背景介绍

为加强对施工现场的监督管理，预防和减少安全生产事故，保障人民群众生命财产安全；规范连霍高速（G30）小乌改扩建项目第XWGJ-5标段安全生产隐患排查专项工作，提高公路施工期间防风险、除隐患能力，实时跟踪督促隐患问题有效落实整改；促进施工现场安全生产管理的标准化、科学化、规范化和系统化，建立了微信管理群曝光销号制度。

二、经验做法

发动全体项目职工及施工劳务人员积极发现施工过程中存在的安全隐患曝光至微信群。

自2019年3月建立微信管理群曝光销号制度后，连霍高速（G30）小乌改扩建项目第XWGJ-5标段项目领导高度重视微信管理群曝光销号的执行情况，多次通过下发通知、召开会议等方式广泛向职工及施工队劳务人员宣贯"微信管理群曝光销号制度"。一是积极落实隐患跟踪整改部门，要求安全部迅速组织建立微信管理群；二是利用微信管理群转达相关制度内容，引起全体职工及施工队劳务人员的重视，提高安全生产意识；三是充分发挥全体职工及施工队劳务人员的积极主动性，建立奖惩制度，对于在微信管理群上及时曝光隐患问题的人员按项目部奖惩制度给予奖励；对不销号的、不按要求整改的、整改不及时、不到位的班组或班组负责人，项目部每天进行统计，按项目部奖惩制度进行处罚，直到整改闭合为止。四是互相监督，防风险、除隐患，明确施工现场职责划分，做到相关部门职责清晰，安全生产责任制度落实到人，牢固树立"管生产必须管安全"的安全理念，坚定不移的执行"一岗双责"制度。

三、应用成效

1.隐患曝光信息传播及时快速

微信管理群曝光销号利用网络在微信管理群直接发布曝光，群内所有人员在第一时间就能收到隐患照片信息，不用花时间打印隐患照片，不用下发纸质版整改通知单，少了很多制约，提高了隐患排查效率。

2.隐患曝光信息针对性强

隐患一经曝光至微信管理群，第一时间就能反映出隐患存在的位置，隐患性质，隐患大小，属于谁的管辖区域，谁负责整改等，针对性较强。由安全部定人、定时、定措施负责督促进行整改，时时跟踪整改情况，整改完毕后再由施工班组负责人或整改负责人将整改后的照片信息发送至微信群。

3.隐患曝光信息无死角

通过微信管理群举报投诉身边的安全隐患，进一步加强了安全隐患举报投诉的全面性。同时建立了隐患排查专项奖惩制度，这种排除隐患的

交流学习的奖惩方式，深受广大职工的喜爱。

4.隐患整改销号落实比较到位

发现隐患能及时直观地通知相应的责任人到位处理隐患问题，记录明显，追踪整改有依据，责任划分明确；只需安全部提出整改措施、整改时限；隐患整改销号落实比较简单明了，一步到位。隐患整改能达到100%。

四、推广建议

如何有效落实微信管理群曝光销号制度？

微信管理群曝光销号制度是否能得到有效执行，将直接影响隐患排查专项治理的实质性实施。因此项目部要求安全员及施工队负责人每天早晨施工前进行隐患排查，充分利用手机的相机对出现的隐患问题进行曝光，并将排查结果上报至微信管理群，对不认真进行隐患排查、拒不上报或瞒报隐患问题的责任人，按照项目考核管理办法、项目奖惩管理制度进行相应考核、处罚。处罚结果将通报至微信管理群。每月进行统计，对认真执行微信管理群曝光销号制度的责任人，按奖惩制度进行相应奖励，充分调动全体人员的积极性，对发现的隐患第一时间进行曝光，有效地落实了微信管理群曝光销号制度。

五、应用评估

微信管理群曝光销号制度是依托微信的普遍化使用面向全体职工及施工队成员的安全管理平台，具有广、准、快和互动性、先进性强等特点。可以实现和特定群体的文字、图片、语音的全方位隐患问题曝光和沟通学习。自建立微信管理群曝光销号制度以来，已曝光40个隐患问题，微信管理群督促落实、提出整改措施、明确整改责任人，完成整改40个隐患，整改率100%。

案例 56 ▶ 隧道停电标志牌自动翻转装置的研制

基本信息

项目名称：隧道停电标志牌自动翻转装置的研制

申报单位：陕西省高速公路建设集团公司西略分公司

成果实施范围（发表情况）：目前略阳辖区安装 11 套自动翻转装置

开始实施时间：2016 年 7 月

项目类型：科技兴安

负责人：赵建军

贡献者：赵　锐、郝一行、陈延鹏、郭晒宏、马科峰

案例经验介绍

一、背景介绍

略阳路政中队负责十天高速公路从K482+000至K541+590共计59.59km巡查养护工作。路段均为山区高速，双向四车道，设计时速80km，桥隧比90%，沿线路段共有桥梁134座，共70909.3m，沿线隧道22座，38945.84m，共计44个单洞。在隧道日常运行中，如遇隧道停电情况，需在隧道通行方向入口设置隧道停电警示标志。传统设置方式为人工摆放，人工摆放效率低，不能在停电的同时实时摆放警示，对交通的

干扰大，事故风险高，为此，中队下决心群策群力，提高隧道停电警示标志设置效率。

二、经验做法

2016年中队针对如何"提高隧道停电警示标志设置效率，实时警示通行车辆前方隧道照明情况"，运用"头脑风暴法"提出了5个突破口。

（1）采用插销式标志牌，隧道停电时，人工展开摆放。

（2）采用卷帘式标志牌，隧道停电时，展开卷帘警示。

（3）采用翻转式标志牌，隧道停电时，人工翻转警示。

（4）减少警示频率，隧道停电时夜间不做警示提示。

（5）研制隧道停电自动提示装置，隧道停电时，自动设置警示标志。

通过综合分析、评估，中队最终选定：研制隧道停电自动提示装置。

本着运行稳定性高、易操作、安全性好的原则，中队决定研制隧道停电自动提示牌。为使各部件布局合理，初步对隧道停电自动提示牌结构进行总体设计。

中队路政人员对机械的安全性和机械的可制造性进行咨询、静态分析，通过多次交流讨论，最终在满足安全性的条件下设计出了"隧道停电自动提示牌"的结构示意图（图1）。

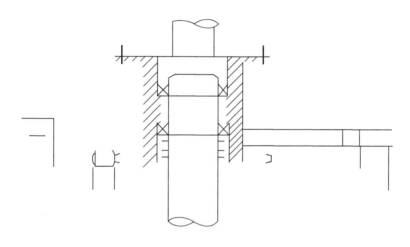

图1　"隧道停电自动提示牌"的结构示意图

此机械工作原理：标志牌为双面结构，工作时自动翻转180°，一面为通电提示，一面为停电提示，上立柱1连接双面标志牌，由法兰2连接自动翻转机构，隧道通电，正常提示时，电磁铁5工作，隧道停电时，转动臂12上的电磁铁5断电，该机构由复位弹簧4带动，绕轴承3转动180°，由锁扣11锁定，实现翻转和断电提示。隧道再次通电时，固定臂10上的电动机9自动通电，开始工作，由小齿轮8带动大齿轮7使该机构绕轴承3转动180°时，转动臂12上的电磁铁5工作，转动臂13和固定臂10上的行程开关6工作，电机9断电，实现通电提示。

2018年3月30日，该成果通过审核，被国家知识产权局授予实用新型专利（图2）。

三、问题探讨

标志牌的警示性不仅在于标志牌的摆放及时性与设置方式，目前标志牌在司乘正常行驶角度观察不够醒目，容易与其他标志牌形成视觉疲劳。在可视性和醒目性仍需要进行改进。

目前设计安装为全自动翻转装置，所带来的问题是全自动装置底部电机由于使用率低无法随时发现其是否存在故障，在日常管理维护中从在一定的难度，翻转装置仍有可提高的空间。

四、应用评估

本次课题的研究，累计支出经费7460元，投入使用后平均节约停电标志牌摆放时间约26.7min，最长节约45min，年均可节约在人工摆放标志牌过程中的车辆燃油、锥形桶损耗等各项费用约1.3万元，且一次研制安装，永久使用。自2017年安装使用至今未出现损坏情况，具有较高的经济效益，同时有效地降低了道路运营管理成本及安全风险，解决原先摆放停电标志牌占用应急车道现场，达到提质增效节能降耗的目的。

目前该装置（半自动、全自动）仍有进一步改进的空间，同时制作成本也会相应降低。

证 书 号 第 7143738 号

实用新型专利证书

实用新型名称：一种标志牌自动翻转装置

发 明 人：毛久海;李斌;郝一行;杨刚强;郭昞宏;徐九阳

专 利 号：ZL 2017 2 1101909.1

专利申请日：2017 年 08 月 30 日

专 利 权 人：陕西省高速公路建设集团公司西略分公司略阳管理所

授权公告日：2018 年 03 月 30 日

　　本实用新型经过本局依照中华人民共和国专利法进行初步审查，决定授予专利权，颁发本证书并在专利登记簿上予以登记。专利权自授权公告之日起生效。

　　本专利的专利权期限为十年，自申请日起算。专利权人应当依照专利法及其实施细则规定缴纳年费。本专利的年费应当在每年 08 月 30 日前缴纳。未按照规定缴纳年费的，专利权自应当缴纳年费期满之日起终止。

　　专利证书记载专利权登记时的法律状况。专利权的转移、质押、无效、终止、恢复和专利权人的姓名或名称、国籍、地址变更等事项记载在专利登记簿上。

局长
申长雨

第 1 页 (共 1 页)

图2　实用新型专利证书

案例 57 ▶ 建筑产业工人"三园两中心、五个人"安全素养培育模式

基本信息

项目名称：建筑产业工人"三园两中心、五个人"安全素养培育模式
申报单位：温州瓯江口大桥有限公司
成果实施范围（发表情况）：温州瓯江北口大桥项目
开始实施时间：2017 年 5 月
项目类型：安全文化
负责人：郑锋利
贡献者：马海峰、薛温瑞、杜　峰、郑　勇、杨运根

案例经验介绍

一、背景介绍

改革开放以来，我国建筑行业成就显著，促进了经济社会发展，行业市场容量持续扩张，但是建筑行业安全事故频发，使其成为五大危险行业之一，阻碍了建筑行业的健康发展，更与国家提出的高质量发展形成反差。当前建筑行业工人学历低、年龄大、安全素养差，是其中重要的原因。因此，解决问题的关键还是在于进一步提升产业工人的安全素养。

2017 年，党中央、国务院发布了《新时期产业工人队伍建设改革方案》，住建部发布了《关于培育新时期建筑产业工人队伍的指导意见》，都对产业工人队伍建设提出的明确目标，要求建设知识型、技能型、创新型劳动者大军。温州瓯江北口大桥项目积极响应国家号召，探索建筑产业工人队伍建设新模式，提升产业工人安全素养，提出了"三园两中心、五个人"的建筑产业工人安全素养培育模式。

二、经验做法

经过持续不断的摸索和总结，本项目提出了

"三园两中心、五个人"的建筑产业工人安全素养培育模式，通过提供专业安全技能和安全知识培训、改善生活硬件设施、提升现场安全生产条件、提高思想觉悟等手段和措施，提升产业工人的安全素养。

"三园两中心"：即建立培训园、生活园、工作园、党群工会服务中心、信息化管理中心等五个产业工人安全素养提升空间和设施。

"五个人"：即让培训改变人、让环境影响人、让管理规范人、让思想引领人、让科技点亮人。

1. 培训园：让培训改变人

培训园由进场登记、健康体检、多媒体教学考试、实操培训考核、安全体验、质量体验等几大模块组成，是工人进场的必经程序。同时，培训园还负责工人日常安全执业技能的教育交底以及培训考核取证工作。

培训园各模块形式上独立、功能上结合，通过理论与实操结合、理论与体验结合、教学与考试结合、多媒体智能化教学工具应用、与政府部门社会机构联合共建等一系列举措，将普工培育成技术工、将新手培育成熟练工、具有较高安全素养的产业工人。

2. 生活园：让环境影响人

以集中化布局、物业化管理、市场化运营的理念，打造统一住宿和生活的产业工人生活园。从源头上消灭驻地安全风险，让工人吃好、睡好、体面地生活，使工人获得存在感和自我尊重，从而间接减少现场违章作业。

1）集中化布局

打破传统的民工驻地分散模式，集中建设产业工人生活园。通过设置统一标准的房间和住宿条件、大型食堂和超市、统一洗漱间、体育活动设施等功能区，对各班组产业工人进行集中管理，提供优良的生活条件。

2）物业化管理

由第三方对生活园实行物业化管理，物业公司配备保洁、保安、管理员，按照管理制度进行日常管理，确保提供干净、整齐的生活环境，解决工人的生活后顾之忧。

3）市场化运营

采用市场运营机制，制定收费标准，由物业单位自负盈亏。

3. 工作园：让管理规范人

1）打造工厂化作业环境，让环境影响作业标准

通过封闭化管理、工厂化设施、工厂化布局实现作业环境工厂化；通过引入智慧用电、装配式和定制化安全防护、标准化场地规划等措施，实现生产环境工厂化。

2）深耕班组作业标准化，把规定动作做细做实

强化班前教育，采用视频固化交底并结合班组长动态喊话等方式优化教育交底形式；严抓班组首件，出现工况、主要人员、方案工艺调整以及施工中断、安全波动较大等情况时，重新组织首件施工；严格按照整理、整顿、清洁、清扫、安全、素养，将班组"6S"管理做细做实。

3）创新实行安全积分管理模式

安全积分管理模式包括违章作业扣分管理和安全行为积分管理。安全行为积分管理是指针对工人做出接受安全培训、积极整改隐患、提供隐患信息等符合《安全行为积分标准》的行为，管理人员可以给予该工人安全积分，累积的积分达到一定数值，即可在生活园超市兑换商品。

违章行为扣分管理是指工人做出符合《违章行为扣分标准》的违章作业行为时，管理人员通过人员管理系统从手机App端对违章人员的工卡进行扫码记录和扣分。

违章扣分制类似于驾驶证，当一个周期内（12个月）扣满12分后，智能工卡将被锁定，无法进入工作园，违章人员需重新进入培训园进行培训，待培训考核合格后再上岗；一个周期内连续两次扣满12分的人员由项目部直接清退。

本项目还利用人员数据库对工人违章数据进行整理分析。一方面形成班组和工人考核的数据支撑；另一方面通过分析，对后续安全管理的差异化管理和针对性管理起到指导作用。

4. 党群工会服务中心：让思想引领人

围绕政治上保证、制度上落实、素养上提高、权益上维护、人文上关怀的总体思路，依托党群工会服务中心引领工人思想，实现党建促工建，为培育产业工人保驾护航。党群工会服务中心定期开展思想教育活动，提高工人的凝聚力和思想觉悟，提升工人的归属感和存在感，使其更容易接受项目管理人员的教育和引导，减少工人违章作业和抵抗管理情绪。

5. 信息化管理中心：让科技点亮人

设置信息化管理中心，应用信息化手段，打造基于BIM的产业工人管理平台。通过安全培训魔盒教育系统与产业工人BIM平台互联、智能工卡与BIM平台互联，打通培训园、生活园、工作园，实现工人学习、工作、生活的互联互通，助推产业化形成体系。所有工人的个人基本信息、培训教育信息、持证信息、违章作业信息、安全行为信息全部集中进行管理和分析，得出工人的安全信用分，从而督促工人认识自我安全状况，努力提升安全素质。

三、应用成效

项目通过培育新时代产业工人，工人精神面貌焕然一新，责任心明显增强，职业技能和职业素养大幅提升，职业发展有了更深入的理解和更明确的目标，自身的尊严感、幸福感明显提升，工人工作干劲足积极性高，安全素养均快速提升。

项目现场作业标准化、6S、"三步走"班循环等工作由强制性趋于常态化，规范了现场安全标化作业行为，工人主动安全行为积分获得者增多，安全违章扣分人员减少，有效降低了工人作业安全风险。在项目防台抢险、抢抓工期等关键环节，培育的产业工人敢担当、靠得住、在状态、善合作，能高效有序完成任务，同时涌现一大批微改进微创新，绽放了工人智慧，实现了匠心传承，促进了品质工程建设。

截至目前，项目已接待前来参观的各省市领导、业主单位、兄弟单位90次，共计1800人次，并被多家媒体上报道：

（1）2018年8月7日，《工人日报》登载通信《由"边缘"进入"中心"》。

（2）2018年7月2日，《中国交通报》专版刊登了撰写本项目培育产业工人的长篇通信《孵化产业之星，凝聚发展力量》和《希望之冀，瓯江展翅》，该报道先后被网易中国网、中国新闻网、中国交通新闻网、凤凰网、高速网、千龙网等网媒争相转载。

（3）2019年1月15日《中华建筑报》整版刊登创新模式打造产业工人《思想引领铸品质》。

北口大桥产业工人安全素质培育模式还获得多项奖励：

（1）2017年，《违章作业扣分管理》，获得2017年温州市安全生产合理化建议一等奖。

（2）2018年，《安全行为积分管理》，获得2018年温州市安全生产合理化建议一等奖、浙江省安全生产合理化建议二等奖。

（3）2018年，本项目产业工人培训园，被温州市授予首个建筑类"安全生产文化建设示范基地"。

（4）2018年，本项目申报的《建筑企业"五化一体"培育新时代产业工人》，荣获交通运输部第17届全国交通企业管理现代化创新成果一等奖。

（5）2019年2月，本项目被中国海员建设工会、交通运输部联合授予"2018年度全国交通系统安全优秀班组"。

四、推广建议

（1）进一步加强政企部门、专业技能培训机构合作，提高各岗位工种专业操作技能和安全技能的培训，包括钢筋工、张拉工、起重工、电焊工、机械工等。培训园的建设用地、设备设施、人员管理等费用均较高，常规小项目承担吃力，无法形成规模，建议将培训园模式社会化，将周边区域工程建设项目班组、工人纳入培训园，分摊相关费用，或由政府部门分区域集中筹建，统一集中运营管理。

（2）推动建筑产业工人，尤其是交通工程建设产业工人的实名制管理，在本项目实名制管理的基础上，开发统一的实名制管理系统，全国交通工程建设行业联网通用，为后续施工项目选用班组、工人提供依据，减少各单位各自的开发成本。不仅能在前人基础上进行进一步完善，也避免造成大量资源浪费。

五、应用评估

实践证明，"三园两中心、五个人"的建筑产业工人安全素养培育模式是可行的，可以有效提升建筑产业工人安全素养。该成果在行业内进行推广，可以加快建筑业产业工人队伍的成长速度，吸引更多的人员投身国家基础建设，解决建筑工人技能技术差、安全素养低，建筑项目安全事故频发的问题。

案例 58　山区高速公路施工便道风险管控典型做法

基本信息

项目名称：山区高速公路施工便道风险管控典型做法

申报单位：龙丽温高速公路工程建设指挥部文泰分指挥部

开始实施时间：2017 年 3 月

项目类型：安全管理

负责人：谢小孝

贡献者：胡君武、张宏魏、冯　涛、范远林、胡海亮

案例经验介绍

一、背景介绍

浙江省文成至泰顺（浙闽界）高速公路（以下简称"文泰高速"）全长55.963km，主线共设置桥梁8976.69m（31.5座），隧道31455.02m（19座），桥隧占比72.24%。本项目地处浙西南山区，地势起伏高度大，山体自然坡度陡峭，山区河谷深切，河谷岸壁多陡立，河床基岩多有裸露，地质条件复杂，差异性大，存在崩塌、断裂破碎带、软弱土等特殊地质，是目前省内地形条件最差，施工难度最大的高速公路之一。由于施工地点大多处于山势陡峭的深山，施工材料运输和临时工程难度大，交通极其不便，按设计方案需铺设施工便道130多km，为项目主线长度的2倍多，大部分位于悬崖峭壁上，坡度大，弯道小，临水临崖路段多，安全风险高。若某工点正实施混凝土浇筑，施工便道上一旦发生中断交通的塌方、车辆碰撞事件，将直接影响浇筑质量和工程进展，所以施工便道的安全管理已成为工程建设安全管理的重点之一，创新并提升施工便道的安全管理水平，是高速公路工程质量、进度的有力保障。

二、经验做法

针对浙江省山区复杂自然条件下高速公路施工便道安全风险管控问题，龙丽温高速公路工程建设指挥部文泰分指挥部组织开展相关人员进行攻关、研究，在山区高速公路施工便道的安全风险辨识、风险管控等方面进行管理创新，全面提升施工便道安全管理水平。通过2年来的工作实践，形成了一套比较成熟的"山区高速公路施工便道风险管控典型做法"，为文泰高速建设的顺利推进提供保障。

1. 科技保障

运用现代科技建立施工便道智能预警让行系统。该系统是利用RFID无线物联网技术，通过射频识别获取便道上施工车辆通行信息，通过光纤远距离传输给会车点的红绿灯，并将前方信号指示转换为红灯，提醒对向车辆驾驶员。这种"会让"提前预警方法，可以对所有在便道上行驶的车辆进行有效管理。施工便道智能预警让行系统的投入使用，有效消除了便道交通"会让"安全隐患，保证便道通行通畅有序，有效降低交通事故发生率，完美地解决了山区高速公路便道路窄、弯多、坡陡、地形复杂、视距不良等问题，为实现本项目打造"山区高速公路品质样板工程"的目标提供了有力的保障。

2. 制度保障

建立路长制。本项目施工便道长达130多km，管理难度大。为落实管理责任，建立"路长制"，相关工区的负责人（技术员）担任路长，逐级落实管理责任，做到每条便道都有专人管理。路长对相关便道的路面、安全设施等的维护及山体巡查等工作负责。

3. 队伍保障

施工便道养护任务繁重，因此组建专业的便道管养队伍对便道进行日常管理。其职责：一是便道的日常巡查，班前排查路面、排水、防护设施、边坡等的隐患，班后复查，观察相关设施、坡体的变量。二是对便道进行日常维护，对检查发现的隐患及问题，开展路面养护、设施维护、边坡防护等工作。由于便道基础稳定性差及载重车辆的行驶，便道上容易出现路面坑洞，必须及时对便道路面铺设加固。三是对特殊路段进行监控，安排专人对工人上班经过路段、作业点提前进行风险排查，查看是否有滑坡体或孤石坠落现象。四是做好"三防"工作。雨水季节，小体积的土石滑落就能导致排水不畅，雨水侵入路面，极易损坏路面。

4. 投入保障

施工便道大多开凿于悬崖峭壁间，为保障通行安全，投入足额经费，设置较为完善的安全防护及警示设施。一是对涉及临崖、高落差、急转弯等路段安装防撞墩和波形护栏。二是在各个醒目位置增设诱导反光标志，克服地形视线不良及山区多浓雾对便道通行的影响。三是设置安全警示提示标牌，及早将前方的道路线型预告给驾驶员。四是采取安装柔性防护网、喷浆挂网和砌筑挡墙等措施做好边坡防护工作。

5. 基础研究跟进

目前正与交通运输部科学研究院合作开展施工便道施工安全风险评估等关键技术研究，编制《浙江省山区高速公路施工便道施工安全风险评估技术指南》（企业标准），加强山区高速公路施工便道施工安全风险辨识、风险评估、风险防控措施等方面的安全生产标准化建设，全面提升施工现场安全管控水平。

三、应用成效

施工便道的安全管理创新工作始于2017年3月，在文泰高速四标开始运用并逐步完善，现已形成比较规范的安全管理办法。

1. 智能预警让行系统的成效

1）保障大体积混凝土顺利浇筑

"智能化预警让行系统"指挥空载车辆在就近会车点避让，避免了空载车辆在狭窄道路与重车交会，提高便道的运输通行效率，保证混凝土等材料按时运到作业点。如洪溪特大桥桥墩单次浇筑大体积的混凝土用量达2000m²，浇筑用时为48h。若没有该系统对便道的有效管理，确保便道的通行效率，很难保证大体积混凝土的浇筑质量。

2）提高应急处置能力

"智能化预警让行系统"在遇到紧急事件或重大活动车队通行时，可以实现一键绿灯，让所有对向车辆进入会车点避让，保证重要车辆的顺利通行。

3）提高综合管理能力

"智能化预警让行系统"中高清摄像机具备实时录像监控功能，可有效记录便道通行过程中的违章行为，并反馈至项目安全管理部门，作为工区对违章行为的车辆、人员进行教育及考核的依据。

4）对特殊路段的山体进行巡查监控

"智能化预警让行系统"高清摄像头大部分安装在便道路狭窄、急弯曲线、坡陡等复杂路段，往往也是山体灾害较多的地段，可以起到监控、预警效果。

2. 制度保障的效用

实施"路长制"，责任人对便道的路况、隐患排查及治理、突发事件的处置等负责。做到路面修复、隐患排查及治理、安全防护设施维护、本工区人员的教育培训等各项工作落到实处。

3. 专业管养队伍的作用

专业管养队伍既是日常养护队伍，又是应急处置力量。一是及时修复防排水设施，及时对路面进行维护，对发现的边破、安全防护等隐患及时进行治理，有效地保障便道路况良好。二是积极发挥应急处置的作用，一旦发现险情，立即投入应急处置。三是做好边坡的巡查工作，每天在工人上班前提前对特殊山体进行检查。

4. 安全防护措施的作用

安全防护措施的作用明显。一是对涉及临崖、高落差、急转弯等路段安装防撞墩和波形护栏。二是在各个醒目位置增设诱导反光标志，克服山区浓雾对便道通行的影响。三是设置安全警示提示标牌，及早将前方的道路线型预告给驾驶员。

5. 山区高速公路施工便道风险评估关键技术标准研究应用前景

研究成果可应用于浙江省或全国山区高速公路建设中，有效解决山区高速公路工程施工便道安全管理中存在的突出问题，对于落实企业主体责任，切实提高山区高速公路施工便道安全生产管理水平和实效提供指导，也为行业相关技术标准的研究制定提供科学依据和技术支撑，具有重要的指导意义和实用价值。

通过实施一系列"山区高速公路施工便道风险管控典型做法"，在科技、制度、人员、投入等方面有了坚实的保障，确保高速公路施工便道运行良好。便道通行2年来，未发生车辆侧翻、会让相撞、落石砸坏、长时间堵车的交通事件，保障了大山深处各工点的顺利推进。

四、推广建议

1. 提供一种智能化管理模式

在山区高速公路施工便道的安全管理方面，一直未有成熟的管理模式。随着浙江省乃至全国高速公路建设工程逐渐从平原丘陵地区向偏远的山区推进，高速公路建设的安全管理面对新的挑战，急需创新安全管理办法。

2. 智能化管理是大势所趋

随着科技的不断进步，物联网的使用、5G技术的推广，智能化管控系统在便道管理中将发挥越来越大的作用。

3. 多措并举，才能夯实安全生产基础

多管齐下，多措并举才能抓好安全基础工作。一是建立健全责任制，通过实施"路长制"，层层压实安全生产责任。做到人员队伍到位、经费投入到位、隐患治理到位。二是充分发挥管养队伍的作用，确保便道路况管养到位，保证路况良好，保障施工便道的不中断运行。三是足额投入安全经费，确保安全防护设施、安全标志的完好。

两年来，通过实施"山区高速公路施工便道风险管控典型做法"，施工便道安全管理成绩明显，便道自开通以来，一直顺利通行，保障了各作业点的顺利推进。两年来便道上未发生人员受伤、车辆受损事故。

五、应用评估

山区高速公路施工便道风险管控典型做法，

在文泰高速四标开始试点，并逐渐在文泰高速项目全线推广，取得了良好效果，作为工程建设的基础性安全管理创新，是山区高速公路建设有效推进的有力保障。文泰项目现已取得阶段性建设成绩，央视、浙江卫视等媒体多次予以报道。这些成果，与施工便道安全管理创新密不可分。

经过2年多的摸索研究，山区高速公路施工便道安全管理正在朝着精细化、信息化、高效化方向改进，为山区高速公路建设提供基础性保障。

收费站水电暖设备异常情况报警系统

基本信息

项目名称：收费站水电暖设备异常情况报警系统

申报单位：河北省高速公路京沪管理处

成果实施范围（发表情况）：河北省高速公路管理局全局对标学习并推广应用

开始实施时间：2018 年 4 月

项目类型：科技兴安

负责人：姜　涛

贡献者：李俊国、刘致清、梁　栋、田宝新

案例经验介绍

一、背景介绍

收费站是现代高速公路运营系统中的一个重要枢纽，收费站水电暖设备较多，若没有及时发现设备出现异常状况，轻则设备损坏，重则收费系统瘫痪。此项技术创新的作用是当供电、供水、供暖设备突然出现异常时，能在第一时间迅速、及时采取应对措施，排除隐患，避免安全生产事故发生，确保收费正常运行。

二、经验做法

收费站水电暖设备异常情况报警系统，在出现突然停水、停电、停暖、发生火灾等情况后，通过自动给预先设定的手机拨打电话的方式，及时向管理、维护人员发送异常报警信号（设备出现异常情况时，10s 之内，管理、维修管理人员就可以得到及时的通知），维修人员会及时前去处理。此系统可设定 5 个接警号码，如果第一个预设号码没有接通，会继续拨打第二个预设号码。

收费站水电暖设备异常情况报警系统包括信号采集模块、信号处理器模块、通信传输模块、预警模块、电源模块。信号采集模块用于对信号进行采集，并将采集到的信号传递给信号处理器模块；信号处理器模块用于对信号采集模块采集到的信号进行处理，信号处理器模块包括信号转换器和信号传输器，信号转换器将各种信号转变为与信号传输器相匹配的开关量，信号传输器通过通信传输模块将信号进行传输给预警模块；电源模块为信号采集模块、信号处理器模块、通信传输模块以及预警模块提供电力。此系统实现了对收费站区水电暖供应情况的实时监控，确保了系统故障维修的及时性，成本较低。

三、应用成效

该套水电暖设备异常情况报警系统具有构造简单、成本低、可靠性强、适用性强等特点，它的使用不但解决了前述存在的安全隐患问题，还做到了早发现、早预警、早处置，提高了安全保障效率，降低了安全风险。

通过多次试验，整个系统运行平稳，发送信息及时准确。从2018年5月份投入使用以来，共计检测到停水26次，停电15次，高温报警1次（成功防止火灾1次），报警发出及时无延误，值班人员在手机接到电话报警后及时赶到现场排除故障。

此系统已经在省交通厅、高速公路管理局、京沪管理处和其他管理处推广使用，性能稳定，报警准确。

四、推广建议

收费站水电暖设备异常情况报警系统是一项技术上的安全创新、实用创新，给收费站各项工作的开展带来了极大的便利，且具有成本低、可靠性强、适用性强、构造简单的特点，易推广，作用大。

五、应用评估

收费站水电暖设备异常情况报警系统具备成本低、成效突出、系统稳定可靠、安全报警防护作用强的特点，初步实现了对水电暖设备异常情况的智能预警防控，在安全管理方面发挥重要作用。

该系统被列入省高管局2019年转化推广清单，在全局系统进行推广。目前此创新项目已申请专利，国家知识产权局已经受理。